우리 몸을 만드는 원자의 역사

나를 이루는 원자들의 세계

우리 몸을 만드는 원자의 역사

댄 레빗

이덕환 옮김

WHAT'S GOTTEN INTO YOU

까치

WHAT'S GOTTEN INTO YOU : The Story of Your Body's Atoms, from the Big Bang Through Last Night's Dinner

by Dan Levitt

역자 이덕환(李悳煥)

서울대학교 화학과 졸업(이학사), 서울대학교 대학원 화학과 졸업(이학석사), 미국 코넬 대학교 졸업(이학박사), 미국 프린스턴 대학교 연구원을 거쳐 서강대학교에서 34년 동안 이론화학과 과학커뮤니케이션을 가르치고 은퇴한 명예교수이다. 저서로는 『이덕환의 과학세상』 등이 있고, 옮긴 책으로는 『거의 모든 것의 역사』, 『지금 과학』, 『질병의 연금술』, 『화려한 화학의 시대』, 『같기도 하고 아니 같기도 하고』, 『아인슈타인 : 삶과 우주』, 『춤추는 술고래의 수학 이야기』 등 다수가 있으며, 대한민국 과학문화상(2004), 닮고 싶고 되고 싶은 과학기술인상(2006), 과학기술훈장웅비장(2008), 과학기자협회 과학과 소통상(2011), 옥조근정훈장(2019), 유미과학문화상(2020)을 수상했다.

우리 몸을 만드는 원자의 역사 : 나를 이루는 원자들의 세계

저자/댄 레빗
역자/이덕환
발행처/까치글방
발행인/박후영
주소/서울시 용산구 서빙고로 67, 파크타워 103동 1003호
전화/02 · 735 · 8998, 736 · 7768
팩시밀리/02 · 723 · 4591
홈페이지/www.kachibooks.co.kr
전자우편/kachibooks@gmail.com
등록번호/1-528
등록일/1977. 8. 5
초판 1쇄 발행일/2024. 11. 27

값/뒤표지에 쓰여 있음

ISBN 978-89-7291-859-2 03400

아리아드네, 조, 엘리와

어머니 로어와 아버지 데이브에게

150억 년에 이르는 우주의 진화를 통해서

수소 원자가 무엇을 할 수 있었는지를 보여주는

가장 훌륭한 예가 바로 우리 자신이다.

_ 칼 세이건[1]

차례

제4부 원자에서 인간까지

서론

우리 몸의 원가는 1,942.29달러

이 책은 할아버지의 말씀에서 영감을 받아 쓴 것이다. 채식주의자가 되겠다는 10대 딸의 이야기에 나는 할아버지의 말씀을 떠올렸다. 한때 작은 사냥용 오두막을 가지고 계셨고, 아흔까지도 사냥을 즐기셨던 할아버지는 나에게 고기를 먹지 않는 식생활이 건강에 좋지 않다고 말씀하셨다. 헨리 데이비드 소로도 언젠가 비슷한 이야기를 들었다고 했다. 어느 농부가 그에게 "뼈에 필요한 재료가 들어 있지 않은 채식만으로는 건강하게 살 수 없다"고 했다는 것이다. 소로는 그런 말을 했던 농부가 하필이면 황소 뒤에 서 있었다고 했다. "채식으로 만들어진 우람한 골격"을 가진 황소가 "여러 장애물에도 불구하고 자기 자신과 육중한 쟁기를 거침없이 끌고 있었다"는 것이었다.

나는 채식을 하겠다는 딸의 결심에는 긍정적이었다. 나는 딸이 채식을 하더라도 뼈에 심각한 문제가 생기지는 않는다는 사실을 알고 있었기 때문이다. 오히려 나는 우리 몸이 무엇으로 이루어져 있는지에 관심을 가지게 되었다. 대학에서 과학을 전공했고, 몇 년 동안 과학 영화 제작에 몸담았던 나는 과학에 대해서 상당히 많이 알고 있다고 자부하고 있었다. 그런데 사실 나는 컴퓨터나 자동차의 내부에 있는 것들에 대해서보다 내 몸이 무엇으로 만들어졌는지를 훨씬 더 모르고 있다는 사실을 깨달았다. 그래서 나는 스스로 질문을 하기 시작했다. 도대체 우리 몸에 무엇이 들어 있을까? 근육, 장기, 뼈 등이 있다는 사실은 쉬운 부분이다. 그렇다면 그것들은 무엇으로 만들어져 있을까? 세포, 분자, 원자. 계속 해보자.……다시 그것들은 도대체 무엇으로 만들어져 있을까? 흠. 훨씬 어려운 문제였다. 그것들은 어디에서 왔을까? 잘 모르겠다. 그리고 우리는 그런 사실을 어떻게 알아냈을까? 전혀 모르겠다.

나의 질문은 본격적인 구글 검색과 독서, 그리고 놀라울 정도로 강한 인내심을 가진 과학자들과의 대화로 이어졌다. 나는 곧 거대한 이야기에 빠져버렸다. 만약 원자가 말을 할 수 있다면, 그들의 경험담은 영원히 끝이 나지 않을 정도로 엄청난 내용일 것이다. 원자의 역사는 태초부터 시작되었다. 그리고 나는 수십억 년에 걸친 원자의 극적인 오디세이가 여러 가지 놀랍고 충격적인 발견을 통해서 밝혀졌다는 사실도 알아냈다.

시간이 지나면서 나의 탐구는 더욱 심오한 수준으로 진화했다. 핵심 주제의 연결고리가 분명해졌고, 긴 안목으로 바라보면 우리 존재의 장엄함이 내가 과거에는 전혀 알지 못했던 방식으로 드러난다는 사실도 확인했다. 언젠가 칼 세이건은 우리가 별 먼지star stuff로 만들어졌다는 유명한 말을 남겼다.

이 책은 그런 일이 어떻게 일어났는지에 대한 별난 이야기를 정리한 것이다.

이야기는 우리 몸과 주변의 모든 물질에게 우주가 탄생한 날이라는 궁극적인 생일이 있다는 정말 이상한 사실의 발견으로부터 시작된다. 우리는 그런 이야기를 통해서, 우리 몸에 도달하기까지 길고 이상한 여정을 지나온 원자들이 어떻게 별이 되었고, 어떻게 행성의 등장을 도왔고, 새로 탄생한 지구가 상상을 넘어서는 재앙을 겪는 동안에도 어떻게 안전하게 숨어 있었는지를 이해하게 될 것이다. 사태가 진정되고 나서야 죽어 있던 원자들은 놀라운 재조합을 통해서 생명을 탄생시켰고, 지구를 지구답게 만들었고, 식물을 창조했다. 그리고 마침내 우리의 존재를 가능하게 했다.

결국 여러분은 이 책을 통해서 우리 몸이 저녁 식탁의 음식을 어떻게 우리 몸으로 변환시키는지를 이해하게 될 것이다. 우리 몸의 내부는 얼마나 복잡한지를 정확히 헤아리기도 어려울 정도로 엄청나게 광대하다. 우리 몸은 끊임없이 변화하는 모자이크이다. 우리 몸은 30조 개의 세포로 이루어진 군체群體이고,[1] 각각의 세포는 다시 격렬하게 진동하면서 춤추는 100조 개가 넘는 원자로 구성되어 있다.[2] 우리 몸에 들어 있는 원자의 수는 지구의 모든 사막에 있는 모래알보다도 10억 배나 더 많다.[3] 체중이 70킬로그램인 사람의 몸에는 10킬로그램의 숯을 만들 정도의 탄소, 식탁용 소금 병을 채울 정도의 소금, 가정용 수영장 몇 개를 소독할 수 있을 정도의 염소, 그리고 7센티미터 길이의 못을 만들 수 있을 정도의 철이 들어 있다. 우리 몸속에는 주기율표의 원소들 중 대략 60여 종이 들어 있다. 그런 원소를 모두 팔면 가뿐하게 1,942.29달러를 손에 쥘 수 있을 것이다(정확한 금액은 체중과 시장 가격에 따라 달라질 수 있다).[4]

이렇게 이상한 이야기를 준비하는 과정에서 나는, 우리가 수십억 년에 이르는 원자의 역사를 재구성하는 일이 몇 개의 빗방울에서 태풍의 역사를 알아내는 것만큼이나 놀라운 일이라는 사실을 깨닫게 되었다.

그러나 그 실마리는 우리 주변의 어디에나 있었다. 다만 오랫동안 우리가 알아채지 못하도록 숨겨져 있었을 뿐이다. 그래서 우리는 우주에서 비처럼 쏟아지는 눈에 보이지 않는 입자들의 찰나의 흔적, 각 원소가 방출하는 고유한 빛의 파장, 혜성이 지구로 돌아오는 예상할 수 없는 시간표, 뼈가 부서질 정도로 높은 압력이 작용하는 어두운 바다 밑에서 번성하는 생물 등에서 그런 실마리를 찾아내야만 했다.

이 책에서 소개하는 과학들자의 이야기도 그들이 밝혀낸 발견만큼이나 흥미롭다. 아무도 예상하지 못했던 그들의 발견에는 치열한 경쟁, 집착, 비통함, 번뜩이는 직관, 순전한 행운이 가득 채워져 있다. 다른 모든 사람이 틀렸다고 거부하던 아이디어를 누군가가 기꺼이 받아들일 때까지 그런 실마리를 놓쳐버리는 일이 반복되었다.

이 책을 시작할 때까지만 하더라도 나는 우리의 생각을 흐릿하게 만드는 뇌의 무의식적인 작용에 대해서 배우게 되리라고는 짐작조차 하지 못했다. 우리는 누구나 우리가 세상을 보는 방법에 영향을 미치는 인지 편향 또는 사고의 함정이라고 부르는 무의식적 가정假定에 지배된다. 예를 들면, 우리가 불쾌한 사건에 더 많은 신경을 쓰는 것은 부정적인 편향 때문이다. 언론이 나쁜 뉴스에 집중하는 이유도 부정적 편향으로 설명할 수 있다. 여기에서는 과학자들이 압도적인 증거가 존재함에도 몇 가지 특정한 사고의 함정 때문에 돌파구를 인식하지 못하는 일이 반복되었다는 사실을 소개한다. 나는 이 책에 자주 등장하는 여섯 가지 편향에 별명을 붙였다.

- "진실이라고 하기에는 너무 이상하다."

- “현재의 도구로 검출하지 못하는 것은 존재하지 않는다.”
- “전문가인 나도 지금까지 알아내지 못한 것이 많다는 사실을 잊는다.”
- “우리는 기존의 이론과 일치하는 증거만 찾아서 살펴본다.”
- “세계 최고의 전문가는 반드시 옳다.”
- “가능성이 가장 높아 보이는 것이 반드시 옳다.”

편향으로 가득 채워진 세상에서 위대한 돌파구를 찾아낸 과학자는 놀라울 정도로 용감했다. 그런 사실이 잘 알려진 과학자도 있지만, 그렇지 않은 경우도 많았다. 아亞원자 입자를 찾기 위해서 서로 협력했던 두 여성 물리학자 중 한 사람은 유대인이었고, 다른 한 사람은 나치였다. 광합성을 발견한 오스트리아 황후의 주치의, 왓슨과 크릭이 DNA의 구조를 밝혀내기 80여 년 전에 이미 그 존재를 알아냈던 청각장애 화학자, 세포에 대한 이해에 혁명을 일으켰음에도 사기꾼이나 종말론자라고 조롱받았던 변절한 생화학자도 있었다. 과학의 발전은 어두운 구석과 예상치 못한 곳에서 시작된 도약처럼 보이기도 한다.

우리 몸의 이상한 역사를 살펴보는 일은 늘 검은 옷을 입었던 한 남자로부터 시작된다.

제1부

여정의 시작

빅뱅에서 바위투성이 지구까지

우리 몸에 들어 있는 입자 모두가 같은 순간에 탄생했다는 충격적인
이야기와 함께 그렇게 탄생한 입자의 놀라운 본질과 그런 입자에서 원소가
등장하는 기이한 방법, 그리고 원자가 흩어져 있던 괴물 같은 먼지구름에서
생명이 번성하는 행성이 만들어지는 유별난 일이
어떻게 일어났는지 알아보자.

1

모두에게 생일 축하를

시간의 시작을 발견한 성직자

위대한 진실은 모두 신성모독에서 시작한다.

_ 조지 버나드 쇼[1]

1931년 9월의 유난히 쌀쌀하고 건조한 어느 날, 머리를 매끈하게 뒤로 넘기고, 날카로운 눈매에 키가 작고 건장한 남자가 런던의 스토리 게이트로 걸어가고 있었다. 그는 웨스트민스터 사원 근처에 있는 대규모 집회 장소인 웨스트민스터 중앙홀로 들어섰다.[2] 서른일곱 살의 벨기에 출신 물리학 교수인 그도 전율을 느꼈을 것이다. 영국 과학진흥협회의 창립 100주년 기념행사가 열리는 그레이트 홀의 높은 돔이 분위기를 더욱 장엄하게 만들었다. 세계에서 가장 저명한 물리학자들을 비롯한 2,000여 명의 청중이 모인 가운데, 조르주 르메트르는 엉뚱해 보일 수도 있는 이론을 발표할 예정이었다.

물리학자이면서 수학자이자 가톨릭 성직자이기도 한 르메트르는 강연장에서 당시의 물리학자들이 고민하기 시작한 우주의 진화라는 주제로 강연을 할 예정이었다. 흰색 깃이 달린 검은 사제복을 입은 그는 고해성사를 받으려는 듯이 연단에 올라 신학에 위험할 정도로 다가서는 아이디어를 제시했다. 그는 우주 전체가 아주 작은 "원시 원자primeval atom"로부터 폭발하는 순간을 발견했다고 밝혔다.[3]

다른 과학자들 역시 흥미로운 아이디어를 발표했다. 유명한 천문학자 제임스 진스는 우주의 종말이 멀지 않았다고 주장했다. (성공회 주교이기도 한) 수학자 어니스트 반스는 우주가 너무 광대해서 생명이 존재하는 세계가 많이 존재할 것이고, 그중에는 "정신적으로 우리보다 측정할 수 없을 정도로 뛰어난" 생명도 반드시 존재할 것이라고 주장했다.[4] 그러나 르메트르의 이론이 가장 이상했다. 그는 창조의 바로 그 순간을 물리학으로 설명할 수 있다고 주장했다.

강연장에 있던 위대하고 훌륭한 청중 중에서 르메트르의 주장을 진지하게 여긴 사람은 거의 없었다. 그들은 단순히 어리둥절했던 것이 아니라 매우 회의적이었다. 청중석의 거의 모든 물리학자와 천문학자는 우주가 언제나 존재했다고 믿었다. 그런 믿음을 부정하는 르메트르의 주장은 터무니없는 것이었다.

당시의 청중은 알지 못했지만, 르메트르의 통찰은 결국 과학의 역사에서 가장 위대한 성과로 발전하게 되었다. 우리 자신을 포함하는 모든 가시적인 물질에 들어 있는 가장 기본적인 입자들이 갑자기 존재하게 된 순간이 있었다는 놀라운 사실을 발견한 것이다.

르메트르의 진리 탐구는 제1차 세계대전 중에 피에 젖은 참호에서 시작되었다. 그는 탄광 기술자가 되겠다는 실용적인 꿈을 품고 루뱅의 가톨릭 대학교를 다니던 학생이었다. 독일군이 1914년 8월 4일 벨기에 국경을 침략하면서 유럽은 전쟁의 소용돌이에 휘말리게 되었다. 계획했던 자전거 여행을 취소하고 곧바로 입대한 르메트르 형제는 나흘 만에 최전선의 자원부대에 배치되었다.[5] 그리고 2주일도 지나지 않아서 동생도 구

식 단발 소총으로 무장하고 전투에 투입되었다.[6]

보병이었던 르메트르는 불행하게도 전쟁의 역사에서 최초의 성공적인 독가스 공격을 목격했다. (이 책에서 나중에 다시 소개할) 화학자 프리츠 하버에게 세뇌당한 독일 제국군은 전선에 염소가스를 살포했다. 염소가스는 무방비 상태의 연합군 병사들의 허파를 녹여버렸다. 병사들은 비명을 지를 수밖에 없었다. 르메트르의 한 전우는 "당시의 광기 어린 광경을 기억에서 떨쳐버리지 못했다"고 회고했다.[7] 그후에 새로 배치된 포병부대에서도 그는 서로 주고받던 무시무시한 포탄에 시달렸다. 가족들의 이야기에 따르면, 르메트르는 과학적 성향 때문에 상관의 탄도 계산 오류를 자주 지적한 탓에 진급에 실패하고 말았다. 그는 장교에게 필요한 자질을 갖추지 못한 듯했다.[8]

그러나 물리학 서적을 가지고 갔던 르메트르는 참호에서 포탄이 날아오기를 기다리는 동안 프랑스의 물리학자 앙리 푸앵카레의 책을 읽었고, 실재reality의 궁극적인 본질에 대해서 깊이 고심했다.[9] 르메트르는 나뭇가지와 흙으로 만든 참호 속에서 우주가 궁극적으로 무엇으로 구성되어 있는가라는 큰 문제에 흥미를 가지게 되었다.[10] 신앙심이 깊은 가정에서 성장한 젊은이에게는 물리학과 기도가 모두 위안이 되었다.

전쟁이 끝난 후 르메트르는 참전용사로 훈장을 받았고, 그의 동생은 장교가 되었다. 그러나 전쟁은 르메트르의 영혼을 어지럽혔다. 안정을 되찾기까지 4년이 걸렸지만, 그에게는 실용적인 기술자의 일자리가 더 이상 중요하지 않았다. 그는 자신이 좋아하는 종교와 과학 사이에서 갈등했다. 벨기에의 대학으로 돌아간 그는 서둘러 수학과 물리학의 석사 학위를 마쳤다. 당시는 흥미진진한 시기였다. 베를린 대학교에서는 알베르트 아인슈타인이라는 당돌한 물리학자가 물체의 질량이 실제로 그 주변의 공간과 시간을 휘게 만든다는 극단적으로 급진적이고 불안정한 이론으로 동료들을 어리둥절하게 만들고 있었다. 그런데 대학을 졸업한 그는 갑자기 방향을 바꿔서 신학대학에 진학했다. 훗날 그는 "진리에 도달하는 데는 두 가지 길이 있다. 나는 두 길을 모두 가보기로 결심했다"고 말했다.[11] 르메트르는 사제 서품을 받은 후에 청빈 서약도 했고, 지속적인 신앙심의 계발을 강조하는 예수의 친구들Les Amis de Jésus이라는 작은 사제단에 들어갔다.[12] 그런 후에 그는 곧바로 물리학으로 돌아갔다. 당시 성 토마스 아퀴나스의 가르침을 따르던 대학의 일부 진보적인 교수들은 과학이 종교를 인도하지 못하듯이 성서도 과학의 문자적 안내서가 될 수 없다고 가르쳤다.

추기경의 축복을 받은 르메트르는 4년 전의 유명한 발견 덕분에 훗날 아서 에딩턴 경卿이 될 아서 에딩턴의 지도를 받기 위해서 케임브리지 대학교로 갔다. 천문학자 에딩턴은 일식日蝕을 관찰하는 탐사대를 서아프리카와 브라질로 보내서 아인슈타인이 옳았다는 사진 증거를 확보했다. 겉으로는 그렇게 보이지 않지만 실제로 빛은 태양 주위를 지나면서 휘어졌다. 그의 관측은 질량이 공간과 시간을 휘어지게 만는다는 확실한 증거였고, 두 과학자 모두 유명해졌다. 에딩턴은 상대성 이론을 연구하러 온 르메트르가 "놀라울 정도로 재빠르고 명석한 학생"이라는 사실을 알아차렸다.[13] 1년 동안 그를 지도하면서 그에게 감동한 에딩턴은 우리 은하수의 크기를 최초로 측정한 천문학자이자 자신의 친구인 하버드의 할로 섀플리에게 그를 지도해주도록 추천했다.

르메트르가 매사추세츠 주의 케임브리지에 도착한 1924년에 천문학계는 새로운 관측 때문에 요동치고 있었다. 많은 과학자들은 우주 전체가 은하수와 몇 개의 다른 은하로 이루어져 있다고 믿었다. 그것이 눈으로 직접 볼 수 있는 전부였기 때문이다. 그런데 그해에 캘리포니아 윌슨산 천문대의 에드윈 허블이 사람들을 놀라게 했다. 세상에서 가장 강력한 망원경을 들여다보던 그는 우주가 엄청나게 더 크다는 사실을 알아냈다. 우주에는 믿을 수 없을 정도로 많은 다른 은하가 존재한다는 것이다. 「뉴욕 타임스*New York Times*」는 각각의 은하가 우리 은하수와 같은 "섬 우주island universe"라고 했다.[14] 사람들은 우리가 우주의 한쪽 구석에 살고 있다는 사실을 깨닫고 겸손해졌고, 우주에 대해서 배울 것이 아주 많다는 사실에 전율을 느꼈다. 그것은 마치 은행이 느닷없이 천문학자에게 "죄송스럽게도 우리가 실수를 했습니다. 당신의 계좌에 500달러가 아니라 500조 달러가 남아 있습니다"라고 알려준 것과 같은 일이었다.

르메트르는 새로 밝혀진 거대한 우주를 이해하기 위해서 분투하던 천문학자들의 격렬한 논쟁에 빠져들었다. 몇몇 천문학자들의 최근 측정 결과에 따르면, 이상하게도 새로 발견된 은하가 정지 상태에 있지 않은 것처럼 보였다.[15] 그들은 서로 멀어지고 있었다. 더욱 어리둥절한 사실은 멀리 있는 은하가 가까이 있는 은하보다 더 빨리 멀어지고 있다는 것이었다.

르메트르는 흥미를 느꼈다. 그는 벨기에로 돌아와서 모교에서 학생을 가르치면서 아인슈타인의 방정식으로 그런 이상한 상황을 설명할 수 있는지를 확인하기 위한 연구에 몰두했다. 마침내 그는 당혹스러운 답을 찾아냈다. 은하가 서로 멀어지고 있을 뿐만 아니라 실제로 우주 자체가 더 커지고 있다는 것이었다. 그런 제안은 과학의 역사에서 가장 이상한 아이디어라고 할 수 있을 정도로 기이한 것이었다. 더욱이 그는 은하가 공간에서 단순히 서로 멀어지고 있는 것이 아니라 은하 사이의 공간이 실제로 팽창하고 있다고 주장했다. 은하가 부풀어오르는 빵 덩어리

에 들어 있는 건포도처럼 서로 멀어지고 있다는 것이다.[16]

의기양양해진 무명의 물리학 교수는 자신의 결과를 신속하게 발표하기 위해서 프랑스어로 작성한 논문을 잘 알려지지 않은 벨기에의 학술지에 실었다.[17] 그의 선택은 현명하지 못했다. 그의 논문은 철저하게 무시되었다. 그는 옛 스승인 에딩턴에게도 자신의 논문을 보냈지만, 답을 받지 못했다. 그는 아인슈타인과 유명한 우주론 학자 빌럼 더 지터에게도 논문을 보냈으나 역시 답이 없었다.

절망한 르메트르에게 마침내 1927년 아인슈타인의 입장을 직접 확인할 기회가 생겼다. 전 세계에서 가장 위대한 물리학자들이 참석하는 유명한 솔베이 회의가 열린 브뤼셀의 레오폴드 공원을 걷던 그에게 (『땡땡의 모험』[1929년 벨기에의 아동신문인 「르 프티 벵티엠」에 연재되었던 만화/역주]이라는 만화의 주인공 해바라기 박사의 모델인) 오귀스트 피카르가 아인슈타인을 소개해주었다.[18] 르메트르에게는 생존하는 세계 최고의 과학자를 만나는 첫 기회였다. 공간, 시간, 중력의 상호작용을 적절하게 설명하는 10개의 방정식으로 이루어진 아인슈타인의 일반 상대성 이론이 우주에 대한 우리의 이해를 완전히 바꿔놓던 시기였다. 르메트르에게는 그런 아인슈타인의 인정을 받는 것이 무엇보다 반가운 일이었다. 그러나 연장자였던 아인슈타인에게 르메트르는 그저 아무도 주목하지 않는 논문을 발표한 무명의 벨기에 신부일 뿐이었다.

르메트르의 이론에 대한 아인슈타인의 반응은 한마디로 "그의 이론을 혐오한다"는 것이었다.[19]

아인슈타인은 영혼의 깊은 곳에서부터 우주가 정적靜的이어야 한다고 믿고 있었다. 과거에는 놀라울 정도로 훌륭하게 그를 이끌어주었던 그의 강력한 직관에 따라서 그는 혼란스러워 보이는 물질세계에도 반드시 기반이 되는 단순한 질서가 있어야 한다고 믿었다. 그는 우주 자체가 팽창하고 있다는 사실을 도저히 믿을 수가 없었다. 그에게 그런 주장은 사실이라고 하기에는 너무 이상한 것이었다. 함께 공원을 걷던 르메트르에게 그는 "당신의 계산은 정확하지만, 당신의 물리적 직관은 끔찍하다"고 말했다.[20] 그는 자신이 몇 년 전에 러시아의 수학자 알렉산드르 프리드만의 비슷한 계산도 인정하지 않았다고 조금 더 정중한 말투로 설명했다. 사실 그런 아이디어가 너무 싫었던 아인슈타인은 우주를 정적으로 만들기 위해서 자신의 방정식에 임시방편으로 "우주 상수cosmological constant"라는 것을 추가하기도 했다. 르메트르는 택시에 오르는 아인슈타인과 피카르를 따라갔다. 그는 아인슈타인이 모르고 있는 것이 분명한 새로운 관찰에 관해서 설명하고 싶었다. 은하가 수수께끼 같은 속도로 서로 멀어지고 있다고 말이다. 그러나 그를 무시한 아인슈타인은 피카르에게 독일어로 이야기하기 시작했다.[21]

2년 후에 에드윈 허블이 윌슨 산에서의 새로운 관찰 결과를 발표했다. 그는 지름이 다른 망원경보다 2피트나 더 큰 8피트에 달하는 거울이 달린 반사 망원경의 강력한 집광集光 능력을 활용했다. 그의 자료에 따르면, 멀리 있는 은하가 가까이 있는 은하보다 더 빠른 속도로 우리로부터 멀어지고 있었다. 이제 에딩턴이 직접 아인슈타인의 방정식을 재검토했고, 아인슈타인의 방정식에 우주가 팽창한다는 의미가 담겨 있다는 사실을 발견했다. 얼마 지나지 않아서 에딩턴은 자신이 2년 전에 똑같은 결론이 담긴 르메트르의 논문을 읽고는 까맣게 잊고 있었다는 부끄러운 사실도 기억했다.[22] 에딩턴은 르메트르의 논문을 영국의 「왕립천문학회 월보*Monthly Notices of the Royal Astronomical Society*」에 신속하게 발표하도록 해 주었다. 이제 아인슈타인도 르메트르의 이론에 신경을 쓸 수밖에 없었다. 교과서에서는 대부분 허블이 팽창 우주를 제안했다고 소개하지만, 사실 그 이론을 처음 발견한 사람은 르메트르였다.*

한편 르메트르는 위대한 과학자의 반대에도 불구하고 아인슈타인의 방정식을 더 깊이 파고들어서 더욱 담대한 도약을 이룩했다. 머릿속으로 시간을 되돌려본 그는 지금 우주가 팽창하고 있다면, 얼마 전에는 우주가 지금보다 작았을 것이고, 그전에는 더 작았을 것이라고 추론했다. 황당한 결론으로 이어지는 자신의 논리를 근거로 그는 언젠가 우주가 너무 작고 밀도가 너무 커서 모든 물질에 들어 있는 모든 기본 입자는 말할 것도 없이 오늘날 존재하는 모든 은하가 하나의 "원시 원자"에 들어 있었을 것이라고 제안했다.

르메트르는 1931년 영국 과학진흥협회의 학술회의에서 자신의 결과를 발표했다. 그는 태초에 작은 원자의 "해체disintegration"를 통해서 우주의 모든 것이 만들어졌다고 주장했다.[23] 그는 자신의 주장을 시적詩的으로 표현하지는 못했으나 그렇다고 다르게 표현하는 방법도 알지 못했다. 훗날 그는 "우주의 진화를 불꽃과 재와 연기를 남기고 끝나버린 불꽃놀이에 비유할 수도 있었을 것이다. 우리는 완전히 식은 재 위에 서서 태양이 희미해지는 모습을 보면서 세상의 기원에서 빛나던 광채의 기억을 떠올리려고 노력하고 있다"고 했다.[24]

르메트르는 이론의 가능성에 대해서 오랫동안 고민했다. 하버드 동기인 바르트 얀 복의 회고에 따르면, 르메트르는 "바트, 재미있는 생각이

* 러시아의 물리학자 알렉산드르 프리드만도 아인슈타인의 방정식에서 팽창이나 수축하는 우주의 가능성을 확인했다. 그러나 안타깝게도 그는 1925년에 사망했다. 결국 독립적으로 아이디어를 발견한 르메트르가 천문학적 관측이 팽창 우주론과 일치한다는 사실을 알아낸 최초의 물리학자가 되었다.

떠올랐네. 어쩌면 우주 전체가 하나의 원자에서 시작했고, 그것이 폭발하면서 모든 것이 생겨났을 수도 있다고. 하하하"라고 말했다.[25]

일반 언론은 그의 이론을 좋아했다. 「모던 메커닉스*Modern Mechanix*」는 "하나의 원자가 폭발하면서 우리 우주의 모든 태양과 행성이 등장했다"고 경탄했다.[26] 그러나 물리학자에게는 그런 아이디어가 그저 터무니없고, 가증스러운 것이었다. 캐나다의 존 플라스켓은 그런 주장을 "어떤 근거도 없이 걷잡을 수 없게 되어버린 추론의 사례"라고 비판했다.[27] 르메트르의 옛 스승인 에딩턴도 그것을 "혐오스럽다"고 했다. 우주가 팽창하고 있다는 사실을 인정한 그에게도 르메트르의 주장은 지나친 것이었다. 그는 언제나 존재했던 우주를 믿고 싶어했다.

아인슈타인과 마찬가지로 에딩턴도 역시 "진실이라고 하기에는 너무 이상하다"는 사고의 늪에 빠져버렸다. 그것은 "자연에서는 절대 그런 일이 일어날 수 없을 것"이라는 편향이라고 부를 수도 있는 것이었다. 과학자들도 우리와 마찬가지로 자신의 가정을 철저하게 확인하지 않으면 오류의 함정에 빠지게 된다. 에딩턴은 끝까지 그런 생각을 고수했다.

아인슈타인 역시 르메트르가 독단적인 기독교 교리에 빠졌다고 믿었다. 실제로 그의 이론에서는 종교의 냄새가 풍겼다. 그의 이론이 성서에 등장하는 창조의 순간과 의심스러울 정도로 닮은 것은 사실이었다. 물론 르메트르는 그런 지적에 동의하지 않았다. 그렇지만 아인슈타인의 지적이 일면 옳았던 것이 사실이다. 꿀을 찾아가는 벌처럼 성직자이자 우주론 과학자인 그가 과학과 성서가 만물의 기원을 설명하는 방식을 주목하지 않을 수 있었을까? 실제로 1978년에 역사학자들은 르메트르가 대학원을 다니면서 썼던 논문을 찾아냈다.[28] 우주가 빛으로부터 시작되었다는 사실을 과학적으로 증명하고자 시도한 논문이었다. 그러나 르메트르는 젊은 시절에 이미 그런 연구를 포기했다. 그는 더 이상 과학이 창세기를 설명할 수 있을 것이라는 주장을 인정하지 않았다. 그는 "물리학은 창조를 감춰주는 베일이다"라고 했다.[29] 그는 「뉴욕 타임스」의 기자에게는 "과학과 종교 사이에는 아무 갈등이 없다"고 말하기도 했다.[30]

기자가 "만약 성서가 우리에게 가르쳐주는 것이 과학이 아니라면 도대체 무엇인가?"라고 물었다.

르메트르는 "구원의 길"이라고 대답했다. "성서가 과학 교과서가 아니라는 사실을 깨닫기만 하면 종교와 과학 사이의 오래된 논란은 사라진다." 그는 종교와 과학이 세상을 이해하는 서로 양립할 수 없는 방법이 아니라 독립된 서로 다른 방법이라고 보았다. 몇 년 후에 그는 교황 피우스 7세에게 자신의 이론을 영적靈的 진리에 대한 증거로 활용하지 말아달라고 요청했다.

아인슈타인은 자신의 아킬레스건만 아니었더라면 르메트르와 필사적으로 싸웠을 것이다. 그러나 그는 자신이 우주가 팽창하지 않도록 하기 위해서 방정식에 넣었던 우주 상수가 임시방편이라는 사실을 알고 있었다. 훗날 그는 그것이 자신의 "최대의 실수"라고 인정했다.[31] 1933년 평소와 마찬가지로 사제복을 입은 르메트르가 강연을 하던 캘리포니아 패서디나의 강연장에는 아인슈타인도 참석했다. 허블을 직접 찾아가서 자료를 보고, 다른 사람과 의견을 나누기도 한 아인슈타인은 다른 출구가 없다는 사실을 잘 알고 있었다. 르메트르의 주장이 승리했다. 아인슈타인은 "이것이 내가 지금까지 들어보았던 창조에 관한 가장 아름답고 만족스러운 설명이다!"라고 했다.[32] 그가 반어법反語法을 썼을 수도 있지만 어쨌든 르메트르의 주장을 인정하게 되었다. 그후에 두 사람은 함께 강연을 다니기도 했다. 르메트르가 최초의 불꽃놀이라고 불렀고, 우리가 다시 만나게 될 천문학자 헨리 노리스 러셀이 "세상의 다른 모든 재앙의 시작이었던 바로 그 재앙"이라고 불렀던 것을 우리는 기억하기 더 쉬운 이름으로 부르고 있다.[33]

아인슈타인의 인정에도 불구하고 사람들은 그의 이론을 쉽게 받아들이지 않았다. 그런 개념을 터무니없다고 믿었던 영국의 유명한 천체물리학자 프레드 호일이 가장 적극적인 반대론자였다. 그는 "우주의 모든 물질이 먼 과거의 특정 시각에 일어난 빅뱅에서 창조되었다는 가설(은) 불합리하다"고 하면서 빅뱅Big Bang이라는 말을 처음 사용했다.[34] 심지어 호일은 르메트르를 비웃기 위해서 그를 "빅뱅 맨Big Bang man"이라고 부르기도 했다.[35] 그러나 증거는 계속 늘어났다.

우리가 오늘날 우리 몸에 있는 모든 원자를 포함한 모든 것이 탄생한 기원에 대해서 알게 된 것은 르메트르 덕분이다. 현재 물리학자들은 태초에는 원자도 없었고, 분자도 없었고, 공간도 없었고, 시간도 없었다고 말한다. 그것이 우리가 우주의 기원에 대해서 알고 있는 거의 모든 것이 공간, 시간, 중력과 어떻게 얽혀 있는지를 설명하는 아인슈타인의 일반 상대성 이론을 나타내는 10개의 방정식에서 비롯된다는 것을 설명하는 물리학자들의 표현 방식이다. 그러나 아인슈타인조차도 받아들이기를 거부한, 아인슈타인의 업적에 함축된 가능성을 처음 발견한 사람은 르메트르였다. 엉터리처럼 보일 수도 있지만, 몇 개의 방정식이 우리 우주의 모든 것이 부피는 없지만, 밀도가 무한히 큰 작은 점에서 시작되었다는 사실을 알려주었다. 물리학자들이 작은 "특이점singularity"이라고 부르는 것 속에는 우리가 상상할 수도 없을 정도로 많은 에너지가 들어 있다. 그리고 바로 그 무한히 작은 점의 팽창에 해당하는 빅뱅으로부터 시간,

공간, 물질, 그리고 결국에는 우리가 창조되었다.

이 정도면 머리가 아픈 것이 당연한 일이다. 우리의 직관도 도움이 되지 않는다. 이 이론은 몇 가지 기본적인 질문을 요구한다. 어떻게 점의 밀도가 무한할 수 있을까? 어떻게 시간이 없을 수 있을까? 공간이 빅뱅으로 시작되었다면, 그전에는 모든 것이 어디에 있었을까? 이런 모든 질문에 대한 답은 단순하다. 우리는 여전히 아무런 단서도 찾지 못했다는 것이다.

나는 이해를 돕기 위해서 하버드 대학교의 우주론학자인 아비 러브에게 빅뱅 이전에는 무엇이 있었는지 물었다. 러브는 심오한 질문에 도전하기를 주저하지 않았다. 그는 우주에서 최초의 별이 만들어지는 과정을 연구 중이었고, 생명이 언제 처음 진화할 수 있었는지에 대한 논문을 발표했다(이에 대한 그의 대답은 빅뱅이 일어나고 고작 7,000만 년이 지난 다음이라는 것이었다). 그러나 내가 어떻게 빅뱅 이전에는 시간이 존재하지 않을 수 있는지를 묻자, 그는 추측하고 싶지 않다고 했다. "당신이 죽은 후나, 탄생하기 이전에 어떤 일이 일어나는지를 생각할 수 없는 것과 마찬가지이다."[30]

나는 그에게 계속 답을 요구했다. "나는 내가 모르는 것에 대해서는 가설을 이야기하고 싶지 않다"는 그의 대답은 빅뱅이 그전에 일어났던 모든 일을 가려버린다는 르메트르의 신념과 같은 것이었다.

그는 아주 작은 규모에서는 "아인슈타인의 방정식이 성립하지 않는다"는 것이 문제라고 인정했다. 아인슈타인의 방정식을 가장 작은 수준의 광자나 전자의 수준에서 물질의 상태를 설명하는 양자물리학이라는 놀라울 정도로 정확한 다른 이론과 결합할 수 있는 사람은 아무도 없다. 우리는 레이저, 원자시계, 컴퓨터 칩, GPS에서 양자 이론을 사용한다.

그러나 아원자 입자의 정확한 위치를 예측할 수 없다는 것과 같은 (하이젠베르크의 불확정성 원리로 알려진) 모순으로 인해서 양자론은 아인슈타인의 일반 상대성 이론과 양립이 불가능해진다. 적어도 과학자들이 두 이론을 조화시켜서 오랫동안 꿈꿔왔던 "만물의 이론theory of everything"을 정립할 때까지는 빅뱅 이전에 대한 추측은 가능하겠지만, 구체적인 사실은 여전히 미지의 상태로 남게 될 것이다.

이 시점에 우리가 말할 수 있는 것은 아인슈타인이 틀렸다는 사실을 증명하려는 개별적인 시도는 모두 실패했지만, 수많은 관찰이 그가 옳았음을 증명했다는 것이다. 1949년에 물리학자 조지 가모, 랠프 앨퍼, 로버트 허먼이 초기의 원소가 만들어지는 데에 필요한 극단적인 열의 양을 계산했다. 그리고 그들은 오늘날까지 남아 있는 잔광殘光의 정확한 에너지를 추정하는 계산도 했다. 그들의 예측은 15년이 지난 1965년 전파 망원경의 배경 잡음이 사라지지 않는 이유를 밝혀낼 수 없어서 전전긍긍하던 두 사람의 천문학자에 의해서 우연히 확인되었다. 그들은 망원경을 가까이 있는 별, 멀리 있는 은하, 또는 비어 있는 우주 등을 비롯해 어느 방향으로 향하든지 상관없이 낮은 수준의 전자기파가 감지된다는 사실을 확인했다. 안테나에서 간섭을 일으킬 수 있을 것으로 의심되는 비둘기 배설물을 포함한 모든 원인을 제거한 후에도 사정은 달라지지 않았다. 우주 배경 복사cosmic background radiation라고 부르는 이 전자기 복사는 하늘의 모든 방향에서 감지되었고, 정확하게 가모와 그의 동료들이 예측했던 진동수를 가지고 있었다. 그것이 우주가 빅뱅으로 시작되었다는 확실한 증거였다.

조르주 르메트르는 심장마비에서 회복 중이던 브뤼셀의 병원에서 그 소식을 들었다. 그는 자신의 이론이 입증된 것을 기뻐했다. 그 소식은 시기적절했다. 그는 11개월 후에 세상을 떠났다.

아인슈타인의 방정식과 르메트르의 팽창에 대한 실험적 증거는 계속 확인되었다. 2016년에 확인된 중력파가 앞으로 빅뱅의 중력 메아리를 감지할 수 있도록 해줄 수도 있을 것이다.[*37] 참고로 누구나 오래된 텔레비전의 채널을 돌리다가 빅뱅의 흔적을 볼 수 있다. 화면에 반짝이는 눈송이 중 대략 1퍼센트가 빅뱅에서 남겨진 복사輻射에 해당한다. 우주의 팽창 때문에 전자기파의 파장이 텔레비전으로 수신할 수 있을 정도로 길어진 것이다.

아인슈타인의 개인적인 호불호를 떠나서 상대성 방정식은 우리에게 시간이 빅뱅으로 시작되었다는 사실을 알려주었다. (우주의 밀도와 팽창 속도를 측정한 결과를 통해서) 시계를 되돌려본 물리학자들은 그 날짜가 138억 년 전이었다고 밝혀냈다. 그것이 우리의 놀라운 여정의 출발점이다. 그 직후부터 공간이 팽창하기 시작했다. 1조 초秒의 1조 배가 지난 후에 새로 만들어진 공간의 진공 속에서 물질과 (질량은 똑같지만, 전하가 반대인) 반反물질의 입자가 등장했고, 그런 입자는 서로 붕괴해서 완전히 사라졌다.[†] 그러나 우리의 이야기는 분명 끝나지 않았다. 과학자들이 아직도 머리를 긁적이는 어떤 이유 때문에 물질과 반물질의 양에 약간의 불균형이 있었다. 반물질 10억 개마다 물질의 입자가 1개 더 많

---

* 심지어 아인슈타인이 실수였다고 후회했던 우주 상수가 중요한 것으로 밝혀질 수도 있다. 그것이 우주에 존재하는 신비한 힘을 만들어내는 암흑 에너지의 성질을 예측하는 데에 도움이 될 수도 있기 때문이다. 물리학자들은 그것을 거의 이해하지 못해서 암흑(dark)이라고 부른다.

† 이상하게 들릴 수도 있겠지만 반(反)물질도 실재한다. 오늘날 우리는 그것을 감지할 수 있고, 비록 아주 적은 양이기는 하지만 실험실에서 만들 수도 있다. NASA의 과학자들은 우주선의 추진제로 사용할 수 있을 정도로 많은 양의 반물질을 만들고 싶어한다.

이 생겼다. 간단히 말해서 우리는 잉여물로 만들어졌다. 10억 개 중 1개의 입자가 살아남아서 우리 몸에 있는 모든 원자를 포함한 우주를 창조했다.

르메트르는 우리가 달력에 날짜를 표시하기 훨씬 전에 있었던 인류의 궁극적인 생일에 우주의 촛불이 켜졌다는 사실을 밝혀내는 데에 도움을 주었다. 138억 년 전의 어느 화창한 날에 우리 몸에 있는 물질의 기본 입자가 존재하기 시작했다.

이제 우리는 우리의 역사가 언제 시작되었는지를 알아냈다. 그러나 흐릿한 시간의 안개 속에서 그 이후에 일어난 일들 가운데 어느 정도를 우리가 추적할 수 있을까? 과학자들은 빅뱅에서 처음 등장한 입자의 본질을 밝혀내는 일부터 시작해야 했다. 궁극적으로 우리의 태양계, 행성, 생명, 그리고 우리 자신을 탄생하도록 해준 작은 구성 요소는 무엇이었을까? 이상하게도 그런 입자를 찾아내는 일도 가톨릭 성직자에 의해서 시작되었다. 이번에는 에펠탑의 꼭대기가 무대였다.

2

"재미있네"

눈으로 절대 볼 수 없는 것

과학에서 발견 소식을 알려주는 가장 흥미로운 문구는
대개 "유레카"가 아니라 "그거 재미있네"이다.
_ 아이작 아시모프, 출처 불명

전차와 마차가 다니던 시대에 우리 몸의 가장 기본적인 입자를 발견하기 위해서 애쓰던 과학자의 현실은 가혹했다. 오늘날 우리는 그런 입자가 빅뱅에서 만들어졌음을 알고 있다. 맨눈은 물론이고 가장 강력한 현미경으로도 볼 수 없는 입자를 어떻게 발견할 수 있있을까? 그것은 오랫동안 물리학자들을 괴롭혀온 문제였다. 르메트르와 아인슈타인이 우주의 기원에 대해서 고민하기 전에도 사람들은 우주를 이루고 있는 가장 작은 입자를 찾고 있었다. 그러나 과연 그런 입자를 찾아낼 수 있을까? 그런 의구심이 이런 시도를 어렵게 만들었다. 고대 그리스 사람들은 인간을 비롯한 모든 것이 작고 더 이상 나눌 수 없다는 뜻에서 아토모스atomos라고 부르던 쪼갤 수 없는 단위로 만들어졌다고 짐작했다. 20세기에 들어서면서 화학자들은 그것을 원자atom라고 부르기 시작했다. 그러나 많은 물리학자들은 반신반의했다.[1] 영향력 있는 물리학자인 에른스트 마흐는

"원자와 분자는……바로 그 본질 때문에 감각적인 사고의 대상이 될 수 없다"고 주장했다.[2] 화학자들의 실험에 따르면, 원자는 이론적으로는 존재하지만, 원자의 존재를 직접적으로 확인하는 실험은 불가능했다. 원자를 직접 보거나 만지거나 측정한 과학자는 없었다.

그런데 두 가지의 놀라운 발견이 의심을 믿음으로 변화시켰다. 1897년 영국 물리학의 중심이었던 케임브리지의 캐번디시 연구실에서 활기찬 J. J. 톰슨이 수수께끼 같은 현상을 연구하고 있었다. 유리 진공관에 있는 두 전극 사이에 전류가 흐르면서 만들어지는 신비로운 음극선의 정체가 무엇일까? 호기심을 느낀 그는 음극선을 자기장에 노출하면 무슨 일이 일어나는지를 보고 싶었다. 그는 자기장이 음극선을 휘어지게 한다는 사실을 보고 깜짝 놀랐다. 놀랍게도 그는 오늘날 우리가 원자의 일부라고 알고 있는 음전하를 가진 눈에 보이지 않는 입자를 발견한 것이었다. 조지 5세가 영국의 왕으로 즉위하고, 하이럼 빙엄이 마추픽추를 탐험한 1911년에 톰슨의 뛰어난 옛 제자인 어니스트 러더퍼드도 역시 기념비적인 발견을 했다. 얇은 금박을 향해서 양전하를 가진 방사성 입자를 발사하면, 대부분은 예상했던 대로 그냥 통과하지만 몇 개는 뒤로 퉁겨나왔다. 깜짝 놀란 그는 "믿을 수가 없었다. 휴짓조각을 향해 발사한 15인치 탄환이 뒤로 퉁겨져서 당신에게 돌아오는 것과 같았다"고 했다. 그런 입자는 금박 속에 있는 밀도가 큰 양전하를 가진 무엇인가에 의해서 퉁겨진 것이 분명했다. 그는 양전하를 가진 원자의 핵을 발견한 것이다.

시간이 지나면서 모든 사람이 러더퍼드의 의기양양한 결론에 동의했다. 이제 우리는 가장 기본적인 입자의 정체를 알아냈다. 우주에 존재하는 것은 모두 원자로 구성되어 있다. 그러나 원자가 우주에서 가장 작은 입자라는 그리스인들의 믿음은 사실이 아니었다. 원자의 중심에는 수만 배나 더 작은 양성자proton로 이루어진 양전하를 가진 밀도가 높은 원자핵이 있었다. 톰슨이 발견한 음전하를 가진 전자electron가 마치 태양 주위를 회전하는 행성처럼 원자핵 주위의 궤도를 돌고 있다.* 그리고 러더퍼드는 원자량을 근거로 원자핵에는 오늘날 우리가 중성자neutron라고 부르는 전하가 없는 입자도 들어 있다고 추정했다.

그것이 전부였다. 이제 이보다 더 작은 입자가 존재할 수 있다고 생각할 이유가 없었다. 혹시 그런 입자가 존재하더라도 그런 입자를 찾아낼 방법이 없었다. 가장 강력한 현미경도 도움이 될 수 없었다. 과학자들이 현미경으로 원자를 찾아낼 확률은 맨눈으로 명왕성을 찾아낼 확률과 같았다. 바늘의 머리에 수조 개의 수소 원자가 들어갈 정도인데, 양성자는 그보다도 10만 배나 더 작다.[3] 더 작은 입자가 존재한다고 해도 우리가 그것을 발견하는 일은 정말 불가능해 보였다.

경고 한마디. 이제 우리는 우리 주위의 가장 이상한 현상 속으로 여행을 떠나려고 한다. 물리학자들은 당혹스러운 아亞원자 입자로 이루어진 범죄자들의 얼굴 식별용 사진을 찾아낸 후에야 세상에서 가장 기본적인 입자를 발견하게 된다. 그러나 그 과정은 험난했다. 과학자들은 진혀 다른 것을 찾아다니다가 위대한 발견을 하는 경우가 많았다.

아무도 예상하지 못했던 첫 실마리는 맑고 푸른 하늘에서 내려왔다.

1910년 봄에 절망적인 수수께끼를 해결하고 싶었던 독일의 물리학자이자 예수회 성직자인 테오도어 불프 신부가 빵 상자 크기의 장치를 들고

* 양자물리학자는 곧바로 전자의 궤도를 예측하는 일이 쉽지 않다는 사실을 알아냈다. 그들은 전자의 궤도형 경로가 전자를 발견할 확률이 가장 높은 곳을 알려주는 구름이라고 생각한다.

엘리베이터에 타서 에펠탑 꼭대기에서 내렸다. 충성스러운 강아지처럼 어디에서나 성가신 전하가 과학자들을 따라다니고 있었다. 전하를 감지하는 성능이 크게 개선된 검전기檢電器가 연구자들의 정신을 쏙 빼놓았다. 다른 모든 것으로부터 차단되어 있는 검전기도 전하를 감지했다. 검전기가 들어 있는 두꺼운 금속 상자를 물탱크 속에 넣어도 성가신 전하는 사라지지 않았다.[4] 그래서 불프는 매우 튼튼한 휴대용 검전기를 설계했고, 그것으로 전하가 발생하는 원인을 확실하게 찾아내기 위한 연구를 시작했다.

불프가 가장 의심했던 것은 방사성 암석이었다. 파리 국립 역사박물관의 관장인 앙리 베크렐이 10년 전에 우연히 서랍 속에 있던 사진판 위에 우라늄 염鹽을 올려놓았다. 며칠 후 그는 사진판에 이미지가 생겼다는 놀라운 사실을 발견했다. 그는 우라늄을 비롯한 일부 암석이 방사성이어서 전하를 가진 입자와 함께 가시광선보다 파장이 짧아 우리 눈에는 보이지 않는 전자기파를 방출한다는 사실을 발견했다. 불프는 성가실 정도로 사라지지 않는 공기 중의 전하가 땅속 깊은 곳에 있는 방사성 암석에서 나오는 것이 분명하다고 생각했다. 암석이 방출하는 방사선이 공기 중에 있는 분자와 충돌하면서 전자가 떨어져 나오고, 그 과정에서 전하를 가진 입자가 만들어진다는 것이다. 불프는 그런 사실을 입증하기 위해서 자신의 검전기를 가지고 깊은 동굴 속으로 들어갔다.[5] 방사성 암석에 가까이 가면 검전기의 수치가 올라갈 것이라고 예상했으나 그렇지 않았다. 그래서 이번에는 검전기를 등에 짊어지고 세상에서 가장 높은 인공 구조물인 에펠탑의 꼭대기로 올라가는 엘리베이터를 탔다. 그는 그렇게 하면 전하가 사라질 것이라고 기대했다. 그러나 전하는 사라지지 않았다. 적어도 검전기의 수치가 충분히 줄어들지는 않았다. 너무 많은 수의 전하가 여전히 남아 있었고, 미스터리는 더욱 깊어졌다.

불프의 실험에서 영감을 받은 용감한 스물여덟 살의 오스트리아 물리학자 빅토르 헤스가 도전장을 내밀었다. 헤스는 성가신 전하가 땅에서 나오는지를 알아내는 유일한 방법은 검전기를 훨씬 더 높은 곳으로 가져가는 것이라고 생각했다. 1911년에는 위험한 고공비행을 하려면 비행선을 이용해야 했다.

지역 항공 클럽의 협조를 받은 헤스는 빈 인근에서 6차례 비행을 시도해서 6,000피트까지 올라갔다.[6] 그런데도 그의 실험은 실패였다(그러나 일식이 일어나는 동안에 했던 실험을 통해서 그는 전하가 태양에서 오는 것이 아니라는 사실은 확인할 수 있었다). 작은 위험 때문에 훌륭한 실험을 포기하고 싶지 않았던 그는 더 높이 올라가보기로 결심했다. 그는 오스트리아의 작은 마을에서 활동하던 독일 풍선 애호가협회를 설득해서 오렌지색과 검은색으로 칠해진 브멘이라는 아름다운 이름의 최첨단 비행선을 제작했다.[7]

1912년 8월 7일 새벽, 넓고 푸른 초원에서 항공 클럽의 회원들이 마차로 옮겨준 가스 탱크를 이용해서 거대한 브벤을 부풀렸다. 오전 6시 12분에 헤스는 조종사, 기상관측사와 함께 작은 의자, 검전기 3개, 손가방, 그리고 무엇보다 중요한 대형 산소통 3개가 실려 있는 작은 나무 바구니에 올라탔다.[8]

헤스는 공간이 몹시 비좁았지만 산소통이 반드시 필요하다는 사실을 잘 알고 있었다. 우리의 뇌는 호흡으로 흡입하는 산소의 4분의 1을 소비한다. 그래서 충분한 양의 산소가 없으면 문제가 생긴다. 그런 사실은 30년 전 세 사람의 프랑스 조종사들이 제니스라는 비행선으로 비행고도 기록을 깨려고 시도하는 과정에서 분명하게 확인되었다. 현명하게도 그들은 산소를 가지고 갔지만, 어리석게도 산소를 충분히 사용하지는 못했다. 그들 중 한 사람의 기억에 따르면, "2만 피트 넘게 올라갔을 때부터 갑자기 주위에서 빛이 쏟아지는 듯한 내면의 환희가 느껴지기 시작하면서 감각을 잃었다."[9] 그는 "의식이 멍해지면서" 혀가 마비되었다고 기억했다. 그러고는 정신을 잃었다. 다행히 그는 내려오던 중에 의식을 회복했지만, 동료들은 여전히 쓰러져 있었다. 그들은 산소 부족으로 임무를 완수하지 못했고, 그는 유일한 생존자가 되었다. 끔찍한 사망 사고 때문에 이후 20년 동안 비행선 조종사들은 고공비행을 포기해야 했다. 그런 높이까지 올라가고 싶었던 헤스는 살아남기 위한 방법을 찾아냈다.

오전 7시에 그는 (훗날 독일 제페린 사의 힌덴부르크라는 비행선을 파멸시킨 폭발성 기체인) 수소를 이용해서 이륙했다. 그들은 구름 한 점 없는 맑은 하늘로 올라갔다. 1만3,000피트 상공에서 시속 30마일의 강풍을 만난 그들은 1시간 30분 후에 독일 국경을 벗어났다. 끔찍한 추위에도 불구하고 헤스는 외투를 뒤집어쓰고 끈질기게 측정을 계속했다. 그는 9시 15분에 피로를 느끼기 시작했다. 현명하게도 그는 산소를 흡입해야 한다고 판단했다. 1시간 후 어지러울 정도의 고도인 1만7,400피트에서 실신할 만큼 약해진 그는 작업을 중단하기로 결정했다. 그는 선장에게 비행선의 수소를 빼달라고 요청했다. 그는 1만3,000피트로 내려온 후에야 다시 기운을 회복했다.

초원의 단단한 땅으로 돌아온 헤스는 기쁨에 들떴다. 그가 가장 높은 고도에서 측정한 전하의 양은 지상의 2배였다. 이 사실을 설명하는 방법은 하나뿐이었다. 더 높이 올라갈수록 전하의 근원에 더 가까워진다는 것이다. 그는 전하의 흐름이 외계로부터 지구로 계속해서 쏟아져 들어온다는 사실을 발견했다.

이는 다른 물리학자들이 이해할 수 없는 결론이었다. 예를 들면, 헤스의 기기가 얼어붙을 정도로 낮은 온도의 영향을 받았을 가능성이 더 높지 않을까?[10] 미국의 물리학자 로버트 밀리컨은 1925년에 스스로 고안한 실험으로 헤스의 측정을 확인하기 전까지는 특히 심하게 반발했다.[11] 처음에는 외계에서 날아오는 전하의 흐름을 곧바로 밀리컨 선線이라고 불렀다. 그러나 헤스의 격렬한 반발 때문에 밀리컨 선 대신에 우주선 cosmic ray으로 알려지게 되었다.[12]

그러나 안타깝게도 우주선은 밀리컨이 생각했듯이 빛, 방사선, 또는 X선처럼 고유한 파장을 가진 전자기파가 아니었다. 오히려 우주선은 우리의 머리 위로 계속 쏟아지는 전하를 가진 입자의 소나기였다.

그때까지도 물리학자들은 눈에 보이지 않는 소나기 속에 더 작은 입자에 대한 힌트가 들어 있다는 사실을 알지 못했다. 그리고 비현실적으로 작은 입자를 발견하기 위해서는 그런 입자를 "볼" 수 있는 새로운 도구를 발견해야만 했다.

사실 한 가지 도구는 이미 몇 년 전에 J. J. 톰슨의 연구진 중 한 사람이 발명했다. 그러나 그 도구는 당시 구름에 미쳐 있던 젊은이가 전혀 다른 목적으로 개발한 것이었다. 스코틀랜드의 양 사육가의 아들인 찰스 톰슨 리스 윌슨은 키가 크고, 조용하고, 말투가 온화한 사람이었다. 케임브리지에서 갓 물리학 학위를 받은 스물여섯 살의 그는 1895년 원시적 수준의 기상 관측소에서 몇 주일 동안 무급으로 일하고 있었다. 관측소는 스코틀랜드에서 가장 높은 벤네비스 산에 있었다. 그가 묵었던 돌로 지은 오두막은 안개에 묻히거나 비와 뇌우에 시달리기도 했다. 그러나 이른 아침에는 가끔 찬란한 광경을 즐길 수 있었다. 구름 아래로 장엄하게 펼쳐지는 햇무리를 본 그는 구름을 연구하기 위해서 실험실에서 인공 구름을 만들기로 했다.

아마도 심한 말더듬이였던 탓에 인내심이 유독 강했던 그는 케임브리지로 돌아온 후에 독학으로 지독히도 어려운 유리 세공기술을 익혔다. 수많은 실패 끝에 그는 결국 내부 압력을 변화시킬 수 있는 피스톤이 달린 독창적인 유리관을 만들었다. 윌슨은 신중한 실험을 통해서 자신의 유리관에 습도가 높은 공기를 채우고, 피스톤을 이용해서 부피를 빠르게 팽창시키면 수증기가 공기 중의 먼지 입자에 달라붙는다는 사실을 발견하고 몹시 기뻤다. 마침내 인공 구름을 만들 수 있게 된 것이었다.

그런 후에 독일에서 이루어진 발견으로 그의 연구는 완전히 방향이 달라졌다. 결국 그의 어설픈 탁상용 장치는 어니스트 러더퍼드가 과학의 역사에서 "가장 독창적이고 훌륭한 장치"라는 찬사를 아끼지 않았던 도구가 되었다.[13]

케임브리지에서 650킬로미터 떨어진 독일 뷔르츠부르크 대학교의 물리학자 빌헬름 뢴트겐도 J. J. 톰슨과 마찬가지로 음극선관에서 나오는 광선을 연구 중이었다. 그는 유리관을 검은 골판지로 세심하게 감싸서 광선이 절대로 빠져나올 수 없게 했다. 그런데도 그는 우연히 근처에 있던 형광 페인트가 칠해진 스크린이 마치 눈에 보이지 않는 빛이 비친 것처럼 밝게 빛나는 모습을 보게 되었다. 그는 깜짝 놀랐다.

그는 다른 사람들이 자기를 미쳤다고 생각할까 봐 온종일 연구에 몰두하고 있다는 사실을 아무에게도 말하지 않았다.[14] 그는 자신이 믿는 아내에게 유리관과 형광판 사이에 손을 넣어보라고 했다. 놀랍게도 손가락뼈와 결혼반지의 유령 같은 이미지가 나타났다. 이미지를 본 그녀는

"나의 죽음을 보았다"고 말했다. 뢴트겐은 유리관 속의 음극선이 유리관에 닿으면 전혀 다른 광선이 방출된다는 사실을 발견했다.[15] 그는 우연히 가시광선보다 파장이 훨씬 짧고, 우리 뼈에 들어 있는 칼슘처럼 무거운 원소만 흡수할 수 있는 전자기파인 X선을 발견한 것이다.

케임브리지 캐번디시 연구소의 물리학자들은 사진을 직접 보기 전까지는 그런 투과성 광선에 대한 신문 보도에 회의적이었다. 개종한 러더퍼드는 이제 그런 광선을 연구하겠다고 앞다퉈 나서는 물리학자들을 "유럽의 거의 모든 교수들이 전쟁터로 나갔다"라고 조롱했다.[16] 곧이어 미국에서도 토머스 에디슨이 X선으로 뇌를 촬영했고, X선 전구를 개발하기 시작했다(그는 몇 년 후 함께 일하던 조수가 X선에 화상을 입고 암으로 사망한 탓에 X선 연구를 포기했다).

찰스 윌슨도 열정적으로 연구에 참여했다. 그는 J. J. 톰슨에게서 빌린 조잡한 음극선관을 이용해서 축축한 공기를 채운 안개상자에 X선을 쪼였다. 그는 X선이 상자 속에 짙은 안개를 만들어내는 모습을 보고 놀랐다.[17] X선이 공기 분자에서 전자를 떼어내면서 만들어진 이온ion이라고 부르는 전하를 가진 분자에 수증기가 달라붙어서 안개 방울이 맺힌 것이었다. 윌슨은 황홀경에 빠졌다.[18] 그의 안개상자가 맨눈으로 볼 수 없는 것의 흔적을 보여주었다. 분자 하나하나는 너무 작아서 직접 검출이 가능하다고 기대하는 사람은 아무도 없었다. 윌슨이 안개상자에 방사성 입자를 넣자, 비행기 뒤에 생기는 비행운 같은 "작은 구름 조각의 실타래"가 생겼다가 사라졌다.[19] 그 모습은 거의 마술과도 같았다. 윌슨은 고심을 거듭하면서 자신의 상자를 개량했다. 구름을 연구하기 위해서 발명한 간단한 장치가 전 세계에서 전자, 이온, 방사성 입자를 연구하는 강력한 도구로 활용되기 시작했다. 그러나 원자보다 더 작은 정체불명의 입자를 검출하는 안개상자의 가장 위대한 성과를 얻기까지는 더 오랜 세월을 기다려야 했다.

과학자들은 1932년에 우주선에 전자가 들어 있다고 생각하게 되었고, 칼 앤더슨이라는 칼텍의 젊은 연구자는 어쩔 수 없이 우주선을 연구하기 위한 안개상자를 제작했다. 갓 박사 학위를 받은 그는 다른 대학으로 가고 싶었지만, 그의 지도교수인 로버트 밀리컨(헤스의 우주선이 존재한다는 사실을 확인했던 바로 그 밀리컨)이 앤더슨에게 우선 우주선 프로젝트를 해야 한다고 고집했다.[20] 앤더슨은 서던 에디슨 폐차장에서 빌려온 부품으로 하늘에서 상자 속으로 날아드는 전자의 경로를 휘어지게 할 정도로 강력한 자기장을 가진 거대한 전자석을 만들었다. 때로는 그의 인내심이 성공하기도 했다. 그는 전자의 궤적이 강력한 전자기장에 의해서 휘어지는 모습을 사진으로 찍을 수 있었다. 그러나 그는 가끔씩 비슷한 궤적이 정반대 방향으로 휘어지는 모습이 나타나기도 한다는 사실에 주목했다.

처음에 앤더슨은 그것이 위로 움직이는 전자에 의해서 만들어진다고 생각했다. 그러나 밀리컨은 그에게 우주선은 땅이 아니라 하늘에서 오기 때문에, 그 궤적은 하늘에서 내려오는 양전하를 가진 양성자에 의한 것이 틀림없다고 일깨워주었다.[21] 그러나 앤더슨은 그의 추정을 납득할 수 없었다. 양전하를 가진 유일한 입자인 양성자는 훨씬 더 무거워서 전자보다 궤적이 더 커야 했는데 그렇지 않았기 때문이다. 논쟁을 벌이던 앤더슨은 결국 실험을 수정했다. 새로운 증거를 얻은 그는 과감하게 자신이 새로운 종류의 아원자 입자를 발견했다고 발표했다. 그런데 그것은 아주 이상한 입자였다. 양전하를 가지고 있다는 사실을 제외하면 전자와 완전히 똑같았다.

러더퍼드, 보어, 슈뢰딩거, 또는 오펜하이머를 비롯한 양자물리학의 유명한 거장들 가운데 그 누구도 그의 주장을 믿지 않았다.[22] 당시에는 누구나 원자가 음전하를 가진 전자, 양전하를 가진 양성자, 그리고 갓 발견된 전하를 가지지 않은 중성자라는 입자를 비롯한 세 가지 구성 요소로 되어 있다고 알고 있었다. 양전하를 가진 전자는 있을 수 없었다. 그런데 몇 년간 아인슈타인의 상대성 이론과 씨름한 물리학자 폴 디랙이 6개월 전에 이상한 예측을 할 수밖에 없다고 주장했다. 전자와 질량은 똑같지만 전하는 반대인 쌍둥이가 있어야 한다는 것이었다. 심지어 디랙조차도 자신의 주장에 대해 회의적이었다. 그런데 앤더슨이 바로 그 입자를 발견한 것이었다. 이 새로운 아원자 입자가 최초로 발견된 반물질antimatter의 입자인 반反전자였다. 그 입자에는 양전자陽電子, positron라는 이름이 붙었다.

반물질이 우리의 일상생활과 아무런 상관도 없다고 생각하는 사람들에게는 양전자가 생각보다 익숙한 입자라는 사실이 흥미로울 것이다. 우리 몸에는 신경 신호를 방출하는 등의 역할을 하는 분자에 비록 적은 양이기는 하지만 자연적으로 존재하는 방사성 포타슘이 들어 있다. 그런 포타슘 원자 중에서 약 0.001퍼센트가 매일 붕괴하면서 양전자를 방출한다. 체중이 약 70킬로그램인 사람의 몸에서는 하루에 거의 4,000개의 양전자가 만들어진다.[23] 그러나 양전자는 오래 존재하지 않는다. 양전자는 재빠르게 전자를 만나서 붕괴하고, 그 흔적으로 작은 방사선을 남긴다.

우연히 양전자를 발견한 앤더슨은 2년 후에 뮤온muon이라는 새로운 입자를 또 발견했다. 놀랍게도 뮤온은 전자와 같은 양의 전하를 가지지만, 200배나 더 무겁다. 소식을 들은 물리학자 이지도어 라비는 “그런 입

자를 누가 주문했나?"라고 물었다.*[24]

헤스, 윌슨, 앤더슨은 모두 자신들의 발견으로 노벨상을 받았다. 이들은 아무도 존재할 것이라고 상상하지 못한 새로운 종류의 아원자 입자를 발견했다. 원자에는 단순히 전자, 양성자, 중성자보다 훨씬 더 많은 종류의 입자들이 들어 있다는 사실이 밝혀졌다. 우리는 우리 몸속에 있는 원자가 궁극적으로 무엇으로 이루어졌는지를 더 이상 확신하지 못하게 되었다.

그러나 물리학자들은 여전히 맹목적이었다. 그들에게는 원자의 가장 작은 구성 요소를 찾아내기 위한 창의적인 새로운 도구가 필요했다. 다행히 다른 핵심적인 도구가 곧 개발되었다. 152센티미터의 키에 내성적인 오스트리아의 연구자 마리에타 블라우의 기여는 오랫동안 잊히지 않을 것이다. 윌슨과 마찬가지로 그녀 역시 현미경으로도 볼 수 없는 작은 물체를 "보여주는" 방법을 개발한 선구자였다.

물리학에 대한 블라우의 관심은 여학생 예비학교에 재학 중이던 1910년대에 시작되었고, 빈 대학교에서 물리학 박사 학위를 받으면서 더욱 깊어졌다. 그녀는 마리 퀴리로부터 영감을 받아 방사능 현상이라는 새로운 수수께끼를 연구하던 유럽의 많은 여성 과학자들 중 한 사람이었다. 몇 년 전에 마리 퀴리와 그녀의 남편 피에르가 방사능이 우라늄보다 100만 배나 더 강한 라듐이라는 거의 마술에 가까운 새로운 원소를 발견했다. 과학자들은 라듐이 "무궁무진한 양의 빛과 열"을 방출하는 듯 보

---

* 오늘날 우리는 지구 표면에 충돌하는 우주선 입자의 대부분이 뮤온이라는 사실을 알고 있다. 매초 대략 10개 정도의 뮤온이 우리 몸을 뚫고 지나간다. 우주선에 의한 방사선 피폭량은 흉부 X선 촬영의 거의 3배에 해당하는 연간 약 27밀리렘(milirem)이다. (Sundermier, "The Particle Physics of You")

인다는 사실에 열광했다. 곧이어 시작된 라듐 열풍 덕분에 사람들은 라듐이 강화된 비누, 시가, 치약, 반죽은 물론이고 라듐이 든 가구 세정제와 좌약坐藥도 살 수 있게 되었다[25](라듐의 위험성을 몰랐던 퀴리 부인은 라듐 피폭으로 불의의 죽음을 맞았다*). 라듐은 우라늄 광석에서 추출했고, 유럽의 유일한 우라늄 광산은 오스트리아-헝가리 제국의 소유였다. 그래서 빈에 라듐 연구소가 설립되었고, 훌륭한 실험학자인 블라우가 그곳에 정착하게 된 것은 조금도 놀랄 일이 아니었다.

1925년 블라우의 상급자인 물리학자가 그녀에게 어려운 과제를 내주었다. 두 개의 원자핵이 충돌할 때 방출되는 양성자의 이동 경로를 사진판을 이용해서 감지할 수 있을까?[26] 그런 일은 생각보다 훨씬 어려웠다. 그녀는 원자보다 더 작은 입자 하나를 추적해야만 했다. 그녀는 끈질기고 체계적으로 실험을 계속했다. 사진 유화액을 더 두껍게 바르고, 사진판을 현상하는 새로운 기술을 시험하고, 겨우 알아볼 수 있을 정도로 희미한 흔적을 해석하려고 노력했다. 몇 년 후에 그녀는 실제로 불가능할 정도로 작은 입자의 이동 경로를 포착하고, 그 결과를 이용해서 입자의 에너지를 측정하는 일에 성공했다. 이는 그녀가 개발한 기술의 가능성을 보여주는 놀라운 성과였다.

그러나 블라우는 연구소에 근무하는 동안 보수를 받지 못했다. 그녀는 개인 교습과 의약 회사에서의 아르바이트, 그리고 가족의 지원으로 생계를 이어가야 했다. 국제적으로 능력을 인정받기 시작한 후에야 유급 직책을 요구할 용기를 낼 수 있었다. 그러나 그녀의 요구는 받아들여지지 않았다. 그녀가 유대인이고 여성이기 때문이라는 통보를 받았다.[27]

---

* 마리 퀴리의 서류는 지금까지도 방사능에 심하게 오염되어 있어서 방호복을 입어야만 살펴볼 수 있다.

1930년대 초에 블라우는 자신의 방법을 개선해서 우주선에서 직접 입자를 검출하겠다는 훨씬 더 야심 찬 목표를 세웠다. 그러나 그녀는 점점 더 심각한 어려움에 직면하게 되었다. 항상 그녀는 자신의 도움이 필요한 사람이라면 누구라도 돕고자 했다. 새로 알게 된 헤르타 밤바허라는 젊은 여성이 법학 공부에 만족하지 못하고 있다는 사실을 알고, 기꺼이 그녀를 도와주었다.[28] 밤바허는 그녀의 학생에서 조수, 그리고 결국에는 후배 동료가 되었다. 그러나 시간이 지나면서 그녀의 너그러움이 오히려 그녀를 괴롭히는 원인이 되고 말았다. 1933년에 파시스트 독재자인 엥겔베르트 돌푸스가 집권했다. 학계에서 유대인을 추방하라는 요구가 빗발치기 시작했다. 그리고 블라우가 도움을 준 동료는 불법적으로 경쟁하던 나치당의 초기 당원이 되었다.[29] 설상가상으로 왐버허는 연구소의 소장이 될 유부남 물리학자 게오르그 슈테터라는 열성적인 나치 당원과 불륜 관계였다.[30] 블라우와 밤바허는 함께 연구를 계속했지만, 한때 따뜻했던 두 사람의 협력 관계에는 긴장감이 돌기 시작했다.

1937년에 블라우는 마침내 우주선을 검출할 준비를 마쳤다. 그녀의 사진판은 육중한 안개상자보다 장점이 훨씬 더 많았다. 우주선이 가장 강한 높은 고도까지 쉽게 운반할 수 있었고 그곳에 사진판을 장시간 남겨둠으로써 희귀 입자를 포착할 가능성을 더 높일 수도 있었다. 블라우와 밤바허는 케이블카를 타고 빅토르 헤스가 7,500피트의 하펠레카르산 정상에 구축해둔 연구기지로 이동했다. 기대에 부푼 그들은 특수 제작한 사진판을 하늘을 향해 설치했다.

그들은 4개월 후에 돌아가서 사진판을 회수했다. 실험실로 돌아온 그들은 현미경을 들여다보다가 탄성을 질렀다. 사진판에는 길고 가는 선들이 있었다. 우주에서 눈에 보이지 않는 입자가 내려오는 궤적을 포착한 것이었다. 더욱 놀라운 사실은 한 개의 점에서 여러 개의 선이 갈라져 나오기도 한다는 것이었다. 우주선이 충돌한 후에 사진 유화액에 들어 있던 원자핵을 쪼개서 최대 12개의 작은 입자가 방출되면서 별 모양의 이미지가 만들어졌다.[31] 블라우의 발견은 전 세계 물리학자들의 관심을 불러일으켰다. 그녀가 몇 년에 걸쳐 수행한 실험이 성과를 거둔 것이었다. 그녀는 우리 몸속에 있는 가장 작은 입자를 밝혀내는 일에 도움이 되는 새로운 기술을 개발했다.

그러나 비극적이게도 블라우는 새 기술을 사용해볼 기회가 없었다. 오스트리아의 반유대 분위기가 고조되던 1937년에 슈테터는 블라우에게 작업을 후배에게 넘겨주고 연구소를 떠나도록 압력을 넣었다. 밤바허는 변덕스러웠다. 블라우에게 무례했다가 정중했다가를 반복했다. 고민하던 블라우는 연구를 포기할 생각까지 했다. 그러다가 예상치 못한 휴식의 기회가 찾아왔다. 그녀의 어려움에 대한 소문을 들은 과거의 친구이자 동료였던 앨렌 그레디치가 몇 달 동안 오슬로 대학에서 지내도록 그녀를 초청했다. 1938년 3월 12일 블라우는 가장 최근에 찍은 사진판을 가지고 기차로 오슬로를 향해 떠났다.[32] 그녀는 창밖으로 독일군이 국경을 넘어오는 광경을 보았다. 그날이 바로 히틀러가 오스트리아를 합병한 안슐루스Anschluss였다. 히틀러는 다음날 군중의 열렬한 환호를 받으면서 빈에 입성했다.

노르웨이는 오래 머물 수 있는 곳이 아니었다. 다행히 블라우의 난처한 사정을 알고 있었던 아인슈타인의 도움으로 그녀는 8개월 후에 멕시코 시티에서 교수직을 찾을 수 있었다. 전쟁이 임박했다는 두려움 때문에 그녀는 오슬로를 떠나는 첫 비행기에 올랐다. 그런데 유감스럽게도 그것이 독일 항공사였다. 블라우는 비행기가 연결편을 위해 함부르크에 착륙하자 곧바로 소환되었다. 나치 관리는 자신들이 무엇을 찾고 있는지를 정확하게 알고 있었다. 그들은 그녀의 가방을 샅샅이 뒤져서 사진판을 압수한 후에야 출국을 허용했다.[33]

빈의 밤바허는 블라우가 남겨둔 연구를 계속했고, 공동연구의 성과에 대한 공로를 인정받기 시작했다. 블라우는 상당한 충격을 받았다. 그후 그녀는 미국에서 여러 대학의 교수직을 역임했지만, 우주선에 대한 연구를 재개할 용기를 되찾지는 못했다. 60대에 들어선 후 미국에서의 비싼 백내장 수술 비용을 감당할 수 없었던 그녀는 결국 빈으로 돌아갈 수밖에 없었다. 그러나 더 이상 라듐 연구소에서 환영받지 못했던 그녀는 그곳에서 잠시 무급으로 일했다. 나치와의 관계가 잘 알려져 있었던 슈테터가 1950년대 초에 명문 대학의 교수로 복귀하는 모습에 그녀는 절망했다.[34] 블라우는 1970년에 사망했지만, 그녀의 고국인 오스트리아에서는 업적을 인정받지 못했다.

반면 많은 사람들이 블라우가 개척한 기술을 이용해서 중요한 성과를 거두었다. 1947년 세실 파월과 주세페 오키알리니는 프랑스 피레네 산맥의 정상에 설치한 고감도 사진판에서 파이온pion이라는 새로운 아원자 입자를 발견했다. 앤더슨의 뮤온 발견 이후 처음 발견된 새로운 종류의 입자였다. 뮤온이나 양전자와 마찬가지로 파이온도 이상한 입자였다. 전자보다 약 270배나 더 무거운 파이온은 양전하나 음전하를 가질 수도 있고, 전하를 가지지 않을 수도 있다.

이 발견으로 파월은 노벨상을 받았다. 블라우의 업적에 대한 언급은 없었다. 역시 노벨상 수상자인 물리학자 에르빈 슈뢰딩거가 네 번이나 블라우를 노벨상 후보로 추천했지만 수상에는 실패했다.

윌슨의 안개상자와 블라우의 사진판에 남겨진 아름답고 희미한 궤적이 판도라의 상자를 열어주었다. 그것은 원자보다 더 작은 새로운 입자의 존재를 밝혀냈다. 그렇다고 전체 모습이 명쾌하게 확인된 것은 아니었다. 양전자, 뮤온, 파이온 같은 입자의 등장으로 물리학은 우리 몸속에 있는 가장 기본적인 구성 요소의 발견으로부터 더욱 멀어진 것처럼 보였다. 마치 우물의 바닥에서 답을 찾고 있던 과학자들이 사실은 우물이 자신들이 생각했던 것보다 훨씬 더 깊다는 사실을 발견한 것과 같은 상황이었다. 그들이 할 수 있는 일은 고작 양동이를 더욱 깊이 내려보내면서 희망을 잃지 않는 것뿐이었다. 원자 내부의 모습은 더욱 혼란스러워지고 말았다.

1940년대에 이르러서 물리학자들은 우주선이 대부분 빛의 속도에 가까운 속도로 지구를 향해 날아오는 원자핵과 더불어 길을 잃고 떠돌아다니는 양성자와 전자로 이루어져 있다는 사실을 알아냈다. 우주선은 대부분 대기에 흡수된다. 그러나 일부 고속 충돌에서는 원자가 쪼개져서 파이온이나 뮤온처럼 더 작고, 더 이국적인 아원자 입자가 만들어지고, 그런 입자도 역시 지구를 향해 비처럼 쏟아진다.

그래서 연구자들은 더 직접적인 방법을 시도해보기 시작했다. 우주선이 아주 가끔씩 만들어내는 새로운 입자가 내려오기를 기다리는 대신에, 입자들을 서로 충돌시켜서 고속도로에서 충돌하는 자동차에서 파편이 튀듯이 새로운 종류의 입자가 방출되는지를 살펴보면 되지 않을까? 입자 사냥꾼들은 원자 충돌 장치를 만들기 시작했다. 그들이 입자 가속기 particle accelerator라고 부르고 싶어했던 충돌 장치에서는 놀라운 속도로 전자를 전자에 충돌시키거나, 중성자를 중성자에 충돌시킬 수 있다.

1949년 미국의 8개 대학이 컨소시엄을 구성해서 뉴욕 주 브룩헤이븐에 건설한 최초의 거대한 원자 충돌기에는 낙관적이고 미래지향적인 코

스모트론Cosmotron이라는 이름이 붙었다. 코스모트론은 시험 비행을 위해서 막 비행을 시작한 비행접시의 내부와 흡사했다. 물리학자들은 무게가 6톤인 자석 288개로 둘러싸인 60미터 크기의 원형 트랙 속으로 입자를 발사했다. 자석들이 입자가 트랙을 따라서 돌도록 해주고, 3미터마다 설치된 마이크로파 발생관이 마치 가속 회전목마를 밀어주듯이 입자가 회전할 때마다 가속한다. 연구자들은 60센티미터 두께의 콘크리트 벽 뒤에서 30억 볼트의 장치를 작동했다. 얽혀 있던 문제를 모두 해결한 그들은 입자를 빛의 속도에 가까울 정도로 가속해서 고작 0.8초 동안에 20만 킬로미터나 날아가도록 할 수 있었다.[35]

충돌은 놀라울 정도로 성공적이었다. 훨씬 더 작은 입자들의 흔적을 발견한 연구자들은 몹시 기뻐했다. 블라우의 사진판과 윌슨의 안개상자의 가까운 사촌이라고 할 수 있는 거품상자bubble chamber가 충돌 장치 주위에 배치되었다. 감지 장치는 놀라울 정도로 민감해서 지름이 100조 분의 1인치보다 작고, 1초의 10억 분의 1초보다 짧은 시간 동안에만 존재하는 입자도 감지할 수 있었다.[36] 갑자기 가장 기본적인 입자를 발견하는 일이 가능해진 것처럼 보였다.

물론 그렇지는 않았다.

발견되는 입자의 수가 늘어나면서 기쁨은 당혹감과 우려로 바뀌었다.[37] 1950년대 말에 물리학자들은 도무지 이해할 수 없는 수십 종의 이상한 입자들로 가득한 동물원을 마주하고 머리를 긁적이고 있었다. 목록은 케이온, 람다, 시그마, 사이, 하이퍼론, 메손 등으로 끝없이 이어졌다. 엔리코 페르미는 "내가 이 모든 입자의 이름을 기억할 수 있다면 물리학자가 아니라 식물학자가 될 것 같다"고 했다.[38] 입자물리학자들은 영광스러운 목록 작성자가 될 운명이었을까? 그들은 입자들이 일부 성질을 공유한다는 힌트를 찾아내기는 했지만, 그것들을 연결해주는 통일된 체계를 알아낼 수는 없었다. 혼란스러워 보이는 우주의 표면에서 우아하고, 단순한 질서를 발견하고 싶었던 과학자들의 꿈은 물거품이 되고 말았다. 모든 것의 가장 기본적인 입자를 찾아내기 위한 노력은 이제 길을 잃은 듯했다.

머리 겔만이 등장한 1961년까지도 상황은 여전히 혼란스러웠다.

겔만은 신동이었다. 그는 세 살에 큰 숫자의 곱셈을 암산으로 할 수 있었고, 열다섯 살에 예일 대학교에 입학했다.[39] 그는 과제를 마치지 못하고, 수업을 자주 빼먹는 일로 악명이 높았지만, 시험 성적은 언제나 뛰어났다. 서른두 살에 MIT에서 박사학위를 받은 그는 프린스턴의 고등연구소에서 일했고, 시카고 대학교에서 전설적인 엔리코 페르미와 함께 연구한 후에 칼텍의 교수가 되었다. 그는 상류층의 마야어를 포함해 13개 언어를 구사했다. 그의 동료인 셸던 글래쇼는 "그를 처음 만나는 사람은 곧바로 그가 고고학, 조류, 선인장에서부터 서아프리카 요루바족의 신화와 동물학에 이르기까지 거의 모든 것에 대해 자신보다 훨씬 더 해박하다는 사실을 알게 된다"고 기억했다.[40] 흔히 사진에 남아 있는 겔만의 모습은 두꺼운 뿔테 안경 안에서 웃고 있는 눈빛이 따뜻한 사람으로 보이지만, 사실 그는 몹시 까칠하고 거만했다. 그는 자신의 의견에 동의하지 않는 사람을 무시하기도 했다. 복도 끝에 있던 또다른 천재이자, 훗날 경쟁자가 된 동료인 리처드 파인먼도 예외가 아니었다.

겔만은 입자물리학을 공부했고, 숨겨져 있는 패턴을 알아내는 비범한 재능이 있었다. 몇 년 동안 연구한 그가 애매한 형태의 대수학 이론을 이용해서 전하, 질량, 스핀, (일부 입자가 더 단순한 입자로 붕괴되기까지 걸리는 시간의 차이를 구별해주는 성질에 해당하는) "이상성strangeness" 같은 성질을 이용해서 입자 동물원의 모든 구성 입자들을 군group으로 분류할 수 있다는 사실을 밝혀낸 것은 유레카의 순간이었다. 자연이 수학을 어떻게 반영하는지를 확인하는 과정에서 그는 입자가 옥텟octet이라는 8가지 기하학적 모양으로 구성되는 집합으로 분류된다는 사실을 알아냈다. 그는 농담처럼 선불교를 인정하는 의미에서 자신의 이론을 팔정도(八正道, 불교에서 열반에 이르기 위한 정견[正見], 정사유[正思惟], 정어[正語], 정업[正業], 정명[正命], 정정진[正精進], 정념[正念], 정정[正定]의 여덟 가지 수행 덕목/역주)라고 불렀다(어쨌든 몹시 어수선했던 1960년대의 캘리포니아에서 있었던 일이다). 아마도 그의 이론이 결국 입자물리학자들을 깨달음으로 이끌어 고통을 끝내주었을 것이다.[41] 겔만의 옥텟은 입자들을 군으로 분류해주었고, 그런 분류가 입자의 속성과 일치하는 것처럼 보였다. 그런 결과는 러시아의 화학자 드미트리 멘델레예프의 주기율표가 원소를 정리했던 것과 놀라울 정도로 닮아 있었다. 그는 입자가 채워져 있지 않은 기하학적 패턴의 경우에는 그런 성질을 가진 입자가 새로 발견될 것이라고 추정했다.

그러나 겔만은 자신의 이론을 논문으로 발표하는 일에는 자신이 없었다.[42]「피지컬 리뷰*Physical Review*」에 제출한 논문을 두 번이나 철회했을 정도였다. 결국에 그는 입자의 성질에 대한 논문을 제출하면서 팔정도에 대한 자신의 혁명적인 제안을 논문의 마지막 부분에 조심스럽게 끼워넣었다.

과학에서 흔히 그렇듯이, 같은 시기에 다른 사람이 똑같은 이론을 완성했다. 이 경우에는 역시 신동이었던 (훗날 이스라엘 내각의 장관이 된) 물리학자 유발 네에만이었다. 그들은 처음에는 실패로 보였던 애매한 발견에 대한 공로를 나눠 가지기로 원만하게 합의했다.[43] 그러나 그들의 이론이 제시한 입자는 자연에서 한 번도 관찰된 적이 없었기 때문에 그들은 자신들이 제 길로 가고 있는지조차 확신할 수 없었다.

그러나 같은 해에 발표된 브룩헤이븐에서의 실험 덕분에 겔만은 많은 인기를 얻게 되었다. 그는 자신의 기하학적 집합 중에서 알려진 입자가 없었기 때문에 임의로 오메가-마이너스라고 칭한 특정 입자의 성질을 예측했었다. 실험 연구자들은 바로 그것을 찾아나섰다. 가속기에서 필요한 장비를 준비하는 일에 몇 개월이 걸렸다. 그때부터 그들은 매일 수천 장의 사진을 찍기 시작했다. 결국 사진이 너무 많아지자 롱아일랜드의 가정주부들을 고용해서 24시간 교대로 사진을 분석했다.[44] 9만 장의 사진을 분석했을 때까지도 아무런 소득이 없었다. 그러나 그들은 97,025번째 사진에서 일치하는 증거를 발견했다.[45] 겔만은 오메가 입자의 성질을 제대로 예측했다. 팔정도 이론이 사실로 확인된 것이다.

겔만은 기뻤지만 만족하지는 않았다. 실험 연구자들이 분류해둔 우스꽝스러울 정도로 많은 입자의 수를 줄이지 못했기 때문이다. 그리고 그는 그 입자들이 왜 팔정도의 법칙을 따르는지를 알지 못했다. 그런 사실을 설명해주는 근본적인 패턴이 있어야만 했다. 그는 알려진 입자들이 더욱 단순하고, 기본적인 것으로 이루어져 있어야 한다고 생각했다.

겔만은 컬럼비아 대학교의 물리학자 로버트 서버를 만난 1963년 3월에 드디어 돌파구를 찾았다. 팔정도의 수학을 깊이 연구 중이던 서버는 기초가 되는 대수학에서 3진수를 기반으로 하는 패턴을 찾아낼 수 있다고 생각했다. 교수 클럽에서 점심식사를 함께하던 그는 겔만에게 옥텟 규칙을 따르는 입자들도 결국 세 종류의 더 작은 입자로 구성되어 있을 수 있지 않겠느냐고 물었다.

"그것은 재미있는 기벽quirk일 수도 있겠다"고 겔만은 말했다.[46]

함께 식사를 하고 있던 리정다오(패리티 비[非]보존 이론을 개발해서 양전닝과 함께 1957년 노벨 물리학상을 받았다/역주)는 "끔찍한 생각"이라고 했다. 겔만은 냅킨에 메모를 해가면서 그런 제안이 왜 터무니없는지를 설명하기 시작했다. 각각의 입자가 3개의 더 작은 입자로 구성되어 있다면, 각각의 입자는 3분의 1 또는 3분의 2에 해당하는 양전하 또는 음전하를 가져야만 한다는 것이 문제였다. 아무도 부분 전하를 본 적이 없었다. 그러니까 그런 입자가 어떻게 존재할 수 있겠는가? 그것은 불가능해 보였다.

그러나 같은 의문이 계속 겔만을 괴롭혔다. 그는 다음 날에도 자신이 그 질문에 매달려 있다는 사실을 깨달았다. 그는 부분 전하가 실제로 가능할 수도 있는 이상한 방법이 있지 않을까를 의심하기 시작했다. 부분 전하를 가진 입자들이 온전한 전하를 가진 더 큰 입자 속에 갇혀 있다고 생각해보자. 그렇게 되면 우리가 부분 전하를 가진 입자를 검출하지 못하는 이유를 설명할 수는 있을 것이다. 그런 입자는 자신들이 갇혀 있는 더 큰 입자를 절대 벗어날 수 없다. 그런 일은 너무 이상해서 실제로는 불가능한 것처럼 보였다. 그런데 그는 다시 생각했다. 도대체 안 될 이유가 뭘까?[47] 그런 생각을 하던 그는 이 기묘한 입자를, 'quack'(돌팔이) 또는 'quork'(꽥꽥거림)라는 이름을 저울질하다가 제임스 조이스의 『피네간의 야경*Finnegan's Wake*』에 나오는 쿼크quark로 부르기로 마음 먹었다(그는 쿼크가 독일어로 허튼소리를 뜻하기도 한다는 사실을 알고 웃었다).

겔만은 자신이 기발한 이론을 찾아냈다고 생각했지만, 그런 입자는 우리가 언젠가 관찰할 수 있는 것이 아니었다. 그 대신 그는 부분 전하를 가진 입자가 유용한 수학적 허구일 수도 있다고 보았다.[48] 논문이 거절당할 것을 걱정한 그는 편집자들이 지나치게 신중하다고 알려진 「피지컬 리뷰 레터스*Physical Review Letters*」에는 논문을 제출하지 않기로 했다. 그 대신 편집자들이 "엉뚱한" 아이디어에 대해서 더 개방적이던 「피직스 레터스*Physics Letters*」에 보냈다.[49]

이번에도 비슷한 아이디어를 가진 사람이 있었다. 과거에는 겔만의 학생이었고 동료과 된 조지 츠바이크가 독자적으로 부분 전하를 가진 입자에 대한 아이디어를 떠올렸다(그러나 그는 그런 입자를 쿼크 대신 에이스ace라고 불렀고, 3종류가 아니라 4종류가 있다고 추정했다). 젊은 과학자인 츠바이크는 세계에서 가장 강력한 입자 가속기가 있는 스위스의 CERN에서 일하고 있었다. 이 연구소는 연구원들이 어느 학술지에 어떤 내용의 논문을 발표하는지 엄격하게 관리했다. 연구부서의 책임자가 요구하는 까다로운 조건에 좌절한 츠바이크는 모든 것을 포기해버렸다.[50] 그는 CERN에서 출판 전 초고를 2번만 배포했다. 그의 기억에 따르면, 자신의 논문에 대한 반응은 "일반적으로 긍정적이지 않았다." 한 선임 과학자는 그를 사기꾼이라고 낙인을 찍은 것도 모자라 버클리의 교수직 임용도 가로막아버렸다.[51] 좌절한 츠바이크는 결국 물리학을 떠나 신경생물학으로 전공을 바꿨다.

에이스와 마찬가지로 쿼크도 처음에는 외면당했다. 한 번도 검출된 적이 없고, 불가능해 보이는 부분 전하를 가진 입자는 터무니없어 보였다. 그런데 겔만의 경쟁자인 리처드 파인먼이 1968년 여름 스탠퍼드의 가속기로 수행한 실험에서 양자물리학을 이용해 그 존재를 증명하면서 상황이 달라졌다. 그는 전자가 마치 내부에 3개의 단단한 물체가 들어 있는 것처럼 튕겨진다는 사실을 증명했다. 안개상자, 블라우의 사진판, 입자 가속기, 겔만의 직관과 수학적 감각을 이용해서 과학자들이 마침내 모래알보다 1조 배나 더 작은 입자인 쿼크를 검출한 것이다.[52] 「뉴욕 타임스」는 많은 물리학자들이 "물질의 가장 안쪽에 있는 성소聖所로 통하는 문을 열기 시작했다"고 했다.[53]

지난 50년간의 의혹이 이제는 확신으로 바뀌었다. 쿼크는 원자를 구성하는 양성자와 중성자를 비롯한 입자 동물원의 모든 구성 입자의 궁극적인 구성 요소로 널리 받아들여졌다.

쿼크는 6가지 유형으로 나뉜다. 쿼크는 입자를 서로 달라붙게 해준다는 뜻에서 겔만이 글루온gluon이라고 부른 힘 입자를 주고받으면서 상호작용한다. 쿼크가 부분 전하를 가지는 이유는 아무도 모른다. 그러나 과학자들은 부분 전하를 가진 쿼크가 양성자와 중성자를 빠져나오지 못하게 하는 힘을 발견했다. 쿼크가 서로 떨어지게 되면, 그들을 서로 달라붙게 하는 힘이 늘어난 고무줄처럼 점점 더 강해진다. 과학자들은 그들을 가둬두는 압력이 우주에서 알려진 다른 힘보다 훨씬 더 큰 것으로 추정한다. 그 힘의 세기는 가장 깊은 바다 밑에서의 압력보다 10억 배의 10억 배의 10억 배에 이른다.[54] 다른 사람들에 의해서 확장된 겔만의 이론에는 이제 누구도 도전하지 못한다. 이 돌파구 덕분에 겔만은 노벨상을 받았다.

겔만이 우리와 세상 만물을 구성하는 가장 기본적인 입자를 발견했다고 말할 수도 있겠지만, 사실 우리 몸에는 비어 있는 공간도 대단히 많다. 우리 몸이 단단한 고체라는 생각은 착각일 뿐이다. 사실 우리 몸의 99.9999999999999퍼센트에는 아무것도 없다. 원자에 들어 있는 빈 공간의 바다도 엄청나게 크다. 수소 원자의 핵을 테니스공 크기라고 생각하면, 수소를 구성하는 전자는 1.6킬로미터 정도 떨어진 거리에서 돌고 있는 셈이다. 전자, 양성자, 중성자 사이에 존재하는 공간을 모두 없애면 당신의 몸은 큰 먼지 한 톨보다도 작아진다. 전 인류를 각설탕 1개에 넣

을 수도 있을 정도이다.[55]

그런 사실에서 흥미로운 의문이 생긴다. 우리 몸이 그렇게 비어 있는데 우리가 단단하다고 느끼는 이유는 무엇일까? 우리가 테이블과 같은 것을 만지더라도 실제 원자에 손이 닿지는 않는다는 것이 그 답이다. 그 대신 손가락과 테이블에 있는 전자들이 서로 반발한다. 그래서 당신의 원자는 실제 테이블에 직접 닿는 대신 그 위를 겉돌면서 몸속의 신경에 접촉의 감각을 만들어낸다. 물리학자들은 다른 일도 일어난다고 설명한다. 양자역학의 세상에서는 똑같은 입자가 동시에 똑같은 공간을 차지할 수 없다. 그래서 원자들이 서로 다가오면 전자들은 원자핵 주위에서 다른 형식으로 춤을 춰야 하고, 그런 춤이 원자들이 서로 닿지 않도록 해주는 반발력을 낸다.

지금까지 과학의 역사에서 우리가 관찰을 통해서 알아낸 모든 사실에 따르면, 우리와 우리가 알고 있는 모든 물질은 빈 공간 이외에 전자, 쿼크, 글루온이라는 단 세 가지 기본적인 입자로만 이루어져 있다. 질량이 없는 힘 입자인 글루온은 쿼크들을 서로 달라붙게 해서 양성자와 중성자를 만들도록 한다. 어떤 의미에서 우리는 30,000,000,000,000,000,000,000,000,000(30옥틸리언[동양에서는 '10옥틸리언'에 해당하는 10^{28}을 '양(穰)'이라고 부른다/역주])개의 전자와 더 많은 수의 쿼크, 그리고 쿼크들을 서로 달라붙도록 해주는 수많은 글루온의 집합이다.

겔만의 발견 덕분에 우리는 기본 입자가 존재하게 된 순간부터의 역사를 알 수 있게 되었다. 138억 년 전으로 되돌아가면 우주도 없었고, 공간이나 시간도 없었다. 그리고 빅뱅의 순간에 무한히 큰 밀도를 가진 작은 점에서 쿼크, 글루온, 전자가 튀어나왔다. 그리고 쾅 하고 우리의 여정이 시작되었다. 밀리초도 지나지 않아서 글루온이 쿼크를 서로 달라붙게 해서 양성자와 중성자를 만들기 시작했다. (아인슈타인의 방정식과 우주에 존재하는 물질의 총량에 대한 추정치에 따라서) 3분 이내에 플라스마plasma가 조금 식었다. 그래서 글루온이 가지고 있는 엄청나게 강력한 핵력核力이 작용하게 되었다. 핵력이 양성자와 중성자를 서로 달라붙게 해서 우리 우주에서 가장 먼저 등장한 원자의 핵核이 만들어졌다.

그중 4분의 3은 원자핵의 양성자가 단 하나인 가장 간단한 원소, 수소였다. 우리 몸에 있는 4조 개의 1조 배에 해당하는 수소 원자핵 중 1개에 해당하는, 우리 몸무게의 약 10퍼센트는 빅뱅 이후 3분 만에 이미 만들어졌다는 뜻이다.[56]

그다음에 소용돌이치는 원시 플라스마에서 간단한 원소인 (2개의 양성자와 중성자를 가진) 헬륨과 그보다 적은 양의 (각각 3개와 4개의 양성자와 중성자를 가진) 리튬과 베릴륨이 만들어졌다. 그것이 전부였다.

약 2억 년 동안 우주는 지극히 지루했다. 그 시기는 진정한 암흑기였다. 볼 것도 거의 없었고, 세상을 볼 수 있도록 해주는 빛도 없었다. 우주가 팽창하면서 어두운 공간에 떠 있는 할 일 없었던 4가지 원소의 구름이 고작이었다.

아마도 처음 등장한 4가지 원소만으로는 생명이 절대 탄생할 수 없었다고 하는 것이 안전할 것이다. 우리의 몸에는 철과 셀레늄에서부터 플루오린과 몰리브데넘에 이르기까지 60여 종의 다른 원소가 들어 있다. 그리고 당신은 여기에 있게 되었다. 어떻게 그런 일이 가능했을까? 우리의 나머지 원소는 어떻게 만들어졌을까? 그런 원소들이 존재하기 위해서 필요한 1조 개의 1,000조 배의 수소폭탄에 해당할 정도로 엄청난 양의 에너지는 어디에서 왔을까?

예상하지 못했던 첫 실마리는 우연히도 강인한 영국 여성인 “하버드 최고의 과학자”가 찾아주었다.

3

하버드 최고의 과학자

별을 보는 방법을 바꿔놓은 여성

세상이 새로운 아이디어를 인정하는 데는 3가지 단계가 있다.
a. 아이디어가 터무니없다.
b. 누군가 그전에 생각했었다.
c. 우리가 언제나 그렇게 생각했었다.
_ 프레드 호일, 레이몬드 리틀턴의 말을 의역[1]

1923년 봄 스물한 살의 케임브리지 대학교 학생인 세실리아 페인은 자신의 미래를 걱정하기 시작했다. 천문학 연구가 좋았던 그녀는 천문학자가 되고 싶었다. 그녀는 과학자로서 자신이 도전하고 싶은 연구 과제를 노트에 정리해두었다. 그러나 대학 생활의 마지막 해에는 자신이 막다른 골목에 도달했다는 사실을 깨달았다. 당시 영국에서 그녀처럼 지성을 갖춘 여성이 기대할 수 있는 최선의 길은 여학교의 교사나 교장이 되는 것이었다. 그녀는 훗날 자서전에 "나는 내 발밑에 깊은 구덩이가 생기는 것을 보았다. 나는 여교사로서의 삶이 '죽음보다 끔찍한 운명'이라고 생각했다"고 썼다.[2] 다행히 그런 끔찍한 운명은 실현되지 않았다. 그 대신 많은 어려움 속에서도 그녀는 20세기 위대한 과학적 승리의 발판이 된 핵심적인 발견을 해냈다. 바로 (수소를 제외한) 우리 몸에 있는 원소들이 처음에 어떻게 만들어졌는지를 밝혀낸 것이다.

페인은 유성을 보고 깊은 인상을 받은 여섯 살부터 과학에 흥미를 느끼기 시작했다. 그러나 그녀가 본격적으로 과학에 관심을 가지기 시작한 것은 가톨릭 학교에서 기도의 힘을 실험해보았던 열 살부터였다. 그녀는 시험의 절반에서 좋은 점수를 받고 싶다고 기도했지만, 나머지 절반에 대해서는 그런 기도를 하지 못했다.[3] 그런데도 성적에 차이가 없었다는 사실에서 그녀는 이성의 힘을 확인했다. 훗날 그녀는 유니테리언 교회의 신자가 되었다.

신앙심이 깊은 교장은 그녀에게 과학을 공부하면 "자신의 재능을 팔아먹게 될 것"이라고 경고했다.[4] 당시에는 무명의 작곡가였지만 훗날 "행성The Planet"이라는 곡으로 명성을 얻은 학교 합창단장인 구스타브 홀스트는 그녀에게 음악가의 길을 권했다. 그러나 그녀의 계획은 달랐다.

케임브리지 대학교에서 장학금을 받은 페인은 식물학을 공부하고 싶었다.[5] 그런데 제1차 세계대전 이후 물리학이 한창이던 시기에 그녀는 엄청난 변화를 겪었다. 아인슈타인의 예측대로 태양의 중력장이 빛의 경로를 휘게 한다는 사실을 밝히는 천문학자 아서 에딩턴의 역사적인 강연에서 페인은 전율을 느꼈다. 훗날 그녀는 "내가 알고 있던 세상이 몹시 혼란스러워졌고, 신경쇠약과 같은 느낌을 경험했다"고 썼다.[6] 그녀는 물리학에 푹 빠져버렸고, 다음날 "대학 담당자"를 만나서 식물학에서 물리학으로 전공을 바꿨다. 집으로 돌아온 그녀는 강연의 내용을 빠짐없이 기록하느라고 거의 사흘 밤을 새웠다.

케임브리지에 있는 캐번디시 연구소의 분위기는 활기가 넘쳤다. 전자를 발견한 J. J. 톰슨과 안개상자를 발명한 찰스 윌슨이 당시 가장 빛나는 별이었던 원자핵을 발견한 전설적인 어니스트 러더퍼드와 함께 그곳에 있었다. 그러나 페인에게는 옥의 티가 있었다. 러더퍼드는 자신의 강의에 여학생의 수강을 허용하지 않았다. 더 이상 보호자가 필요한 것은 아니었지만 여학생에게는 별도의 실험대가 필요했다. 극도로 수줍음이 많았던 페인은 강의실에서 유일한 여성이었고, 앞줄에 홀로 앉아야 했다. 러더퍼드는 매시간 날카롭게 "신사 숙녀 여러분"이라고 인사를 했다. 그녀의 자서전에 따르면, 그녀는 "남학생들은 모두 우레와 같은 박수와 전통적인 방식에 따라 발을 구르면서 그의 재치를 반겼지만, 나는 강의 시간마다 땅속으로 꺼져버리고 싶었다."

페인은 곧 에딩턴을 찾아갔다. 러더퍼드보다 훨씬 더 긍정적이었던 그는 그녀의 추진력을 알아보았고, 그녀가 연구에 참여할 수 있도록 해주었다. 페인은 양자물리학을 정립한 발견자 중 한 사람인 닐스 보어로부터 직접 급진적인 새 이론을 소개받기도 했다. 그러나 케임브리지에서의 마지막 해에 그녀는 자신이 다시 막다른 골목에 들어서고 있다는 사실을 깨달았다. 케임브리지에서는 여성에게 고등 학위를 허용하지 않았다(사실 여학생은 공식적으로 학위를 받지도 못했고, 졸업식에 초청받지도 못했다). 그래서 페인은 온갖 역경에도 불구하고 끈질긴 노력 끝에 하버드 천문대에서 연구할 수 있는, 여성에게 주는 연구비를 따냈다. 그녀는 천문대 대장인 할로 섀플리의 연구실에서 일하게 되었다.

매사추세츠 주 케임브리지의 캠퍼스에서 1.6킬로미터 정도 떨어진 나지막한 언덕에 세워진 천문대는 여성을 채용하는 곳으로 잘 알려져 있었다. 전임 대장이던 에드워드 피커링이 여성들이 부지런하고 똑똑할 뿐만 아니라 예산 부담도 상당히 적다는 사실을 알아낸 덕분이었다. 하늘의 목록을 만들겠다는 전례 없는 작업을 위해서 피커링은 "피커링의 컴퓨터" 또는 "피커링의 하렘"이라고 알려진 80여 명의 여성을 고용해서 50만장에 이르는 사진을 처리했다.

섀플리는 페인에게 사진을 이용해서 별을 분류하고 목록을 작성하는 일을 맡길 생각이었다. 그러나 그녀는 처음부터 케임브리지의 교수가 제안한 훨씬 더 야심 찬 문제에 도전하려고 했다.[7] 우주에 대한 이해에서 남아 있던 커다란 문제, 즉 별이 무엇으로 이루어져 있는가를 연구하고 싶었다.

과학자들은 이미 어느 정도 알고 있었다. 하버드의 천문학자들은 별의 사진을 찍는 일과 함께 별빛의 스펙트럼을 사진판에 기록하는 일도 하고 있었다. 그런 사진판이 별을 구성하고 있는 원소에 대해서 많은 실마리를 제공했다. 별이 모든 색깔의 빛을 방출하기 때문이다. 그러나 주기율표의 원소들은 저마다 고유한 파장의 빛을 흡수한다. 그래서 별빛이 우리에게 도달하기 전에 별의 대기에 들어 있는 원소의 원자가 먼저 특정한 파장의 빛을 흡수할 것이다. 천문학자들은 별 스펙트럼의 띠에서 파장이 빠진 곳에 해당하는 얇은 검은 선을 볼 수 있었고, 그런 선으로부터 빛을 흡수하는 원소의 정체를 알아낼 수 있었다. 결국 유리로 만든 사진판은 별빛 스펙트럼의 지문과 같은 것이있고, 우주의 바코드와 같은 것이기도 했다. 그리고 그 사진으로부터 별에도 지구에서 발견되는 철, 산소, 실리콘, 수소를 비롯한 여러 원소들이 존재한다는 사실을 알아냈다.

그러나 천문학자에게도 어려움이 있었다. 스펙트럼 선의 패턴에 나타나는 비정상적인 특징 때문에 해석이 쉽지 않았다. 그래서 과학자들은 사진판으로부터 별에 어떤 원소가 있는지는 알 수 있었지만, 각각의 원소들이 얼마나 있는지는 알아낼 수가 없었다.

그런데도 천문학자들은 이미 답을 알고 있다고 생각했다. 별과 행성은 같은 것으로 만들어진 것이 틀림없었다. 동시에 행성은 지나가는 별에서부터 떨어져 나온 뜨거운 가스 덩어리로 만들어졌기 때문에 조성이 같아야만 한다고 믿는 사람이 많았다. 사실 별에 대한 유명한 전문가였던 헨리 노리스 러셀은 지구와 마찬가지로 태양도 철로 만들어진 무거운 핵이 있다고 확신했다. 그는 지구의 지각을 태양의 온도로 가열하면 그 스펙트럼이 태양의 스펙트럼과 거의 같을 것이라고 믿었다.

페인이 연구하고 싶었던 것이 바로 그런 문제였다. 그녀는 사진판을 이용해서 별에 들어 있는 다양한 원소의 비율을 알아내고 싶었다. 그녀는 머나먼 캘커타의 뛰어난 천체물리학자 메그나드 사하가 정립한 새로운 첨단 이론을 이용할 작정이었다. 양자역학의 새로운 이론에서 전자는 원자핵에서 멀리 떨어진 궤도를 따라 돌고 있고, 에너지 수준이 높아질수록 원자핵으로부터 점점 더 멀어진다. 사하는 그런 사실로부터 온도가 다른 별에서는 같은 원소의 원자라고 하더라도 전자가 다른 궤도에 있을 수 있고, 더 뜨거운 별에서는 원자가 전자를 완전히 잃을 수도 있다고 제안했다. 그런 변화 때문에 똑같은 원자라고 하더라도 다른 파장의 빛을 흡수하게 되어 별빛 스펙트럼의 해석에 혼란을 야기할 수 있을 것이다.

페인은 사하의 방정식을 하버드가 수집한 방대한 양의 사진에 적용하는 도전적인 연구를 수행하고자 했다. 그리고 그녀는 하버드에서 그런 연구에 필요한 양자 이론을 충분히 이해하는 유일한 사람이었다.

소중한 사진들이 보관된 대형 벽돌 건물의 3층에 있는 사무실에서 페인은 온종일 수천 개의 별에서 관찰한 스펙트럼의 혼란스러운 차이를 분석했다.[8] 당시의 사진은 지금도 색이 바랜 봉투에 든 채 같은 건물에 보관되어 있다. 그곳에서 페인의 대학원 학생이었던 천문학자 오언 깅거리치가 나에게 봉투 하나를 보여주었다. 그 봉투에는 분명하게 보려면 돋보기가 필요한, 강도가 다른 여러 개의 흐릿한 띠가 있는 4분의 1인치 두께의 검은 조각이 들어 있었다. 깅거리치는 "처음 보면 엄청 당황할 겁니다. 패턴을 인식하는 방법을 배워야 해요. 그러나 며칠을 앉아 있다 보면 익숙해질 겁니다"라고 했다.[9] 그러나 작은 얼룩을 보고 나니 믿기 어려운 이야기였다.

천문대 대장 섀플리가 가끔씩 저녁에 페인의 사무실을 찾았다. 그녀는 연달아 담배를 피우면서 흐릿한 띠에서 패턴을 찾아내 자신의 계산과 비교해보기 위해서 사진을 뚫어져라 쳐다보고 있었다. 그녀는 "온종일도 모자라 저녁 늦게까지 일하느라 지치고 절망에 빠져 있었던 때도 많았다"고 썼다. 몇 달이 "매우 당혹스러운" 1년이 되었다.[10]

그러나 결국 모든 조각이 제자리를 찾았다. 그녀는 사하의 방정식을 이용해서 전혀 예상하지 못했던 사실을 발견했다. 그녀는 박사 학위 논문의 초고에서, 거의 모든 사람이 믿는 것과 달리 별과 지구의 조성은 더 이상 다를 수가 없을 정도로 다르다고 과감하게 주장했다. 별에는 철, 실리콘, 산소, 또는 알루미늄처럼 흔한 지구형 원소가 없었다. 그 대신 모든 별에는 수소와 헬륨이 98퍼센트나 되었다. 사실 태양에는 수소가 지구보다 100만 배나 더 많다.

이는 이상한 결과였다. 그녀가 케임브리지에서 배운 것도 아니었고, 그녀의 교수들이 지구가 어떻게 만들어졌는지에 대해서 이해하던 것과도 맞지 않았다. 물리학자 앨프리드 파울러는 그녀에게 "페인 양? 아주 용감합니다"라고 말했다.[11] 섀플리는 당당하게 자신의 지도교수였던 프린스턴의 유명한 천문학자 헨리 노리스 러셀에게 그녀의 학위 논문 초고를 보냈다. 그의 답장은 정중했지만, 강력한 경고가 담겨 있었다. 별이 대부분 수소와 헬륨으로 되어 있다는 페인의 주장은 "명백하게 불가능하다"는 것이었다.[12] 태양에는 많은 양의 철이 있다고 생각해야 할 이유를 포함해서 다르게 생각할 만한 강력한 근거가 있었다.[13] 태양의 스펙트럼에는 다른 원소보다 철의 띠가 많고, 여러 운석이 철로 이루어져 있으며, 지구의 중심도 철로 가득 채워져 있다. 러셀에게는 그런 모든 것이 모든 천체에 철이 풍부하다는 사실을 보여주는 증거였다.

그저 평범한 대학원생이던 페인은 영향력 있는 전문가의 조언을 받아들이거나, 적어도 따르는 시늉이라도 해야 했다. 그녀는 "그의 말 한마디가 젊은 과학자의 성공과 실패를 결정했다"고 기억했다.[14] 그녀는 자신의 학위 논문의 결론 중 이 부분은 "거의 확실하게 사실이 아니다"라는 경구를 써놓았다.[15] 페인의 딸은 작가 도너번 무어에게 "어머니는 평생 그 결정을 후회했다"고 말했다.[16] 그러나 몇 년 후에 러셀 자신도 양자 이론의 발전과 여러 사람들이 전혀 다른 방법으로 페인과 같은 결론에 도달했다는 사실을 근거로 그녀의 발견을 인정했다.[17]

페인의 학위 논문은 오랫동안 천문학에서 가장 뛰어난 박사 학위 논문으로 알려져 있었다. 유명한 천문학자 에드윈 허블은 그녀를 "하버드 최고의 과학자"라고 불렀다.[18] 그러나 그곳에서의 진보는 오랜 시간이 걸렸다. 몇 년이 지나도록 그녀의 강의는 하버드의 강의 목록에 실리지 못했다.[19] 여성 교수에 대한 생각만으로도 경악했던 로런스 로웰 총장은 자신의 생전에는 그녀를 교수직에 임명하지 않을 것이라고 공개적으로 주장했다. 실제로 그녀는 로웰이 사망하고 몇 년이 지난 1956년에야 교수직에 임명되었다.

페인의 발견은 별이 어떻게 활동하는지에 대한 우리의 관점을 완전히 바꿔놓았다. 별이 대체로 수소와 헬륨으로 되어 있다는 사실을 알게 된 연구자들은 별이 어떤 연료를 태우느냐는 또 하나의 오래된 수수께끼도 풀 수 있게 되었다. 연구자들은 압력이 높은 별의 내부에서는 양성자가 1개인 수소 원자가 융합해서 양성자가 2개인 헬륨이 되는 과정에서 에너지를 방출한다는 사실을 알아냈다. 그것이 바로 우리의 태양이 열과 빛을 내는 방법이다. 페인 덕분에 과학자들은 새로운 이해를 근거로 결국 더 무거운 원소들이 어떻게 만들어지는지에 대한 신비를 해결할 수 있게 되었다. 그 답은 별의 내부에 있었다.

빅뱅 이론을 경멸하고, 조롱한 인물로 알려진 프레드 호일이 우리의 원소가 어디에서 왔는지를 발견한 최초의 과학자가 되었다. 호일은 중간 정도의 키에 두꺼운 뿔테 안경을 쓰고, 엉망으로 헝클어진 머리에 우울한 미소를 짓는 사람이었다. 어린 시절에 그는 교사들의 "멍청함"이 싫어서 몇 주일 또는 몇 달을 연달아 무단으로 결석하기도 했다.[20] "병"에 걸리지 않았을 때는 요크셔 마을 운하의 수문 근처에서 놀거나, 숲과 들판을 이리저리 돌아다녔다.[21] 집에서는 부모의 책장에서 찾아낸 화학 교과서를 살펴보고, 직접 만든 화약으로 친구들에게 깊은 인상을 남기기도 했다. 과학자로서 호일은 노골적으로 전통을 무시하고 경멸하기를 좋아하는 사귀기 어렵고 따지기 좋아하는 사람이었다. 그는 아버지로부터 그런 회의적인 성격을 물려받았다. 제1차 세계대전 중 솜 전투에 참전한 그의 아버지는 무시무시한 기관총의 위력과 영국 최고 사령부의 무능으로 참호전에서 그의 부대가 궤멸당하는 모습을 지켜보았다. 호일은 죽을 때까지 빅뱅을 인정하지 않았다. 그런데도 그는 "세상에 등장한 가장 혁신적인 지성인 중 한 사람"이었고,[22] "당대 가장 혁신적이고 독창적인 천체물리학자"로 알려졌다.[23]

호일은 케임브리지에서 수학에 능숙해진 후에야 물리학을 전공하겠다고 결정했다. 천문학에 관심을 가지게 된 그는 자신이 잘 알고 있던 통계학을 원자핵의 복잡한 반응에 적용할 수 있었다.

1940년대에 호일은 원소의 기원에 대해서 생각하기 시작했다. 물리학자 조지 가모는 빅뱅에서 만들어진 온도가 놀라울 정도로 높았다는 사실을 이미 알고 있었다. 그래서 가모는 초기의 뜨거운 불꽃놀이 과정에서 양성자와 중성자로부터 모든 원소의 원자핵이 빠른 속도로 만들어졌다고 추정했다. 그는 "오리를 요리하고, 감자를 굽는 데 걸리는 시간보다 더 짧은 시간"에 그런 일이 일어났다고 했다.[24] 그런 추정은 그럴듯해 보였다. 만약 우주를 만들려고 한다면 모든 구성 요소를 한꺼번에 만들고 시작하지 않겠는가? 그러나 가모는 그런 사실을 자신의 계산으로 설명할 수가 없었다. 처음 몇 개의 원소를 계산한 그는 더 이상 길을 찾지 못했다.

그런 상황에서 호일이 등장했다. 그는 페인의 유리판에서 별에는 수소와 헬륨 이외에 적은 양의 산소, 탄소, 철을 비롯한 다른 원소가 있다는 사실이 밝혀졌음을 알고 있었다. 호일에게는 별마다 그 비율이 조금씩 다르다는 사실이 중요했다. 별 자체가 새로운 원소를 생산하는 공장일 수 있다는 뜻이었기 때문이다. 그러나 그런 일은 가능해 보이지 않았다. 물리학자들의 계산에 따르면, 그런 일이 일어나기에는 별이 충분히 뜨겁지 않았다.[25] 별에는 충분한 에너지가 없었다.

주기율표의 첫 원소인 수소는 원자핵에 양성자가 1개이지만, 나머지 118개 원소는 양성자가 더 많다. 헬륨은 2개, 베릴륨은 3개 등이다. 그런 원소를 만드는 일이 쉬워 보일 수도 있지만, 현대의 연금술사라면 누구나 알고 있듯이 그렇지 않다. 원자핵에 양성자를 추가하기 위해서는 간단한 이유로, 어이가 없을 정도로 큰 에너지가 필요하다. 1930년대에 이르러서 과학자들은 원자핵의 양성자들이 중력이나 전자기력과는 다른 힘으로 결합되어 있다는 사실을 발견했다. 바로 과학자들이 "강한 핵력strong nuclear force"이라고 부르는 놀라울 정도로 강한 접착력이다. 그러나 그 힘은 지극히 짧은 거리에서만 작용한다. 먼 거리에서는 전자기력이 작용한다. 그래서 원자핵을 향해서 날아가는 길 잃은 양성자가 강한 힘으로 포획될 정도로 가까이 갈 충분한 에너지를 가지고 있지 않으면, 원자핵의 내부에 있는 같은 전하를 가진 양성자의 전자기력에 의한 강한 반발력에 밀려나게 된다. 천문학자들의 계산에 따르면, 내부에 양성자가 2개인 헬륨보다 더 무거운 원자핵을 만들기에 충분한 에너지를 가진 별은 없었다. 별의 온도는 더 많은 양성자를 융합해주기에는 너무 낮았다.

호일은 원소가 어떻게 만들어지는지에 대한 설명이 어딘가에 있다는 사실을 알고 있었다. 그러나 어디에 있을까?

그는 1944년에 모든 것을 바꿔놓을 여행을 떠났다. 제2차 세계대전 당시, 영국군에서 레이더 유도 대포에 대한 대응책을 설계하고 있었던 호일은 워싱턴에서 개최된 레이더 기술에 대한 극비 회의에 참석했다.[26] 그곳에 도착한 호일은 그 기회에 허가받지 않은 개인적인 천문학 관련 일을 했다. 그는 프린스턴으로 가서 엄청난 별 전문가 헨리 노리스 러셀을 만났다. 그는 호일에게 세계에서 가장 강력한 망원경이 있는 윌슨 산 천문대를 방문해보도록 조언했다.

전시 상황에서 에드윈 허블 이후의 가장 저명한 천문학자가 엄밀히 말하면 적국에서 온 외국인이라는 사실은 역설적이었다. 천문학자들은 대부분 전쟁과 관련된 연구에 투입되었지만, 월터 바데는 1931년 독일에서 이민을 왔다는 이유로 그런 연구에서 면제되었다. 그 대신 그는 로스

앤젤레스 카운티를 벗어날 수 없었다. 외국인에 대한 야간 통행금지 때문에 망원경을 사용할 수도 없었던 그를 위해서 천문대 대장이 군에 통행금지 면제를 요청해야 했다.[27] 그는 그 기회를 적극적으로 활용했다. 관측 시간을 얻기 위한 경쟁도 필요 없었고, 전시의 부분적인 정전 탓에 하늘도 어두웠다. 그는 호일에게 큰 별은 조용히 사라지지 않는다는 자신의 발견을 이야기해주었다. 그 대신 큰 별은 그와 어느 동료가 초신성 supernova이라고 부른 거대한 폭발을 통해서 사라진다. 더욱이 바데는 호일에게 자신의 최신 연구 결과에 따르면, 초신성이 가장 뜨거운 별보다 엄청나게 더 많은 열을 내는 것이 확실하다고 말해주었다.[28] 호일은 그의 이야기에 깊은 관심을 보였다.

호일이 세계 최초의 원자력 발전용 원자로를 설계 중이던 영국의 과학자들을 만나러 몬트리올로 출발했을 때는 별에 대한 그의 생각이 더욱 심오해졌다. 적어도 그들의 만남을 소개한 기사에 따르면 그랬다. 사실 그가 공개적으로 말할 수 있었던 것은, 그 사람들이 영국의 원자탄 개발팀에 속해 있었고, 캐나다의 동료들로부터 맨해튼 프로젝트에 대한 전시 정보를 수집하려고 노력 중이었다는 정도였다.[29] 그러나 핵물리학에 정통했던 호일은 그들의 업무에 대한 모호한 설명만으로도 미국의 플루토늄 원자폭탄의 원리를 충분히 이해할 수 있었다. 그는 원자폭탄에서는 재래식 폭약에서 발생하는 고리 모양의 엄청나게 강력한 내부 붕괴가 더욱 파괴적인 핵폭발을 일으킬 수 있도록 해준다는 사실을 깨달았다.

케임브리지로 돌아온 호일은 초신성도 같은 방법으로 시작되지 않을까에 대해서 생각하기 시작했다. 연료가 바닥난 별이 플루토늄 폭탄처럼 내부 붕괴되어 훨씬 더 큰 폭발을 일으킬 수 있을까?[30]

그의 계산에 따르면, 그런 일이 일어나려면 폭발하기 훨씬 전에 별이 상상도 할 수 없을 정도로 뜨겁게 달아올라야 했다. 그리고 그것이 사실이라면, 원소의 기원에 대한 답은 매일 밤하늘에서 우리를 내려다보고 있었을 수도 있다. 심지어 적색거성赤色巨星이라고 부르는 무거운 별은 폭발하기 전에도 이미 실제로 수소를 다른 원소로 변환시킬 수 있을 정도로 뜨거워질 수 있을까?[31] 그는 핵물리학과 통계학의 지식을 이용해서 그런 일을 일으킬 수 있는 반응에 대한 계산을 시작했다.

호일은 무거운 별의 중심에 있는 수소가 모두 헬륨으로 변환되는 과정에서 방출된 에너지 때문에 별이 훨씬 더 뜨거워지고, 내부에 있는 입자들이 더 빠르게 움직이게 된다고 가정했다. 이제 양성자가 2개인 헬륨 원자핵 3개가 충분한 에너지를 가지게 되면, 전자기력에 의한 반발력을 극복할 수 있을 정도로 빠르게 충돌해서 양성자가 6개인 탄소의 원자핵으로 융합될 수 있게 된다. 일단 별에서 탄소가 만들어져서 더 많은 에너지를 방출하기 시작하면, 내부는 더욱 뜨거워지고 입자들은 더욱 빠르게 움직이게 된다. 사실상 별은 독자적인 힘으로 자신을 끌어올린다. 처음에는 그의 계산이 온도와 압력을 증가시키는 연속적인 반응이 양성자가 26개인 철까지의 모든 원소를 만들 수 있는지를 보여주는 듯했다. 그는 엄청난 돌파구를 찾았다고 생각했다.

그러나 호일은 단단한 벽돌이 아니라 탄소의 벽에 부딪히고 말았다. 탄소 원자를 만드는 반응의 에너지가 잘 들어맞지 않았다. 그리고 탄소를 먼저 만들지 못하면 별은 더 무거운 원소를 만들 수 없었다. 결국 그의 이론은 전체적으로 의심스러웠다. 이제 호일은 막막해졌다. 몇 년 후에 그는 캘리포니아 주 패서디나에 있는 칼텍에서 몇 개월을 머물도록 초청을 받았다. 그곳에서 강의를 준비하던 그는 자신의 딜레마를 재검토했다. 그리고 먼저 2개의 헬륨 원자가 충돌한 직후에 거의 순간적으로 세 번째 헬륨이 충돌하면 탄소를 만드는 에너지가 맞아떨어질 수 있다고 생각했다. 그러나 여전히 문제가 있었다. 그런 반응에서는 존재할 수 없을 정도로 높은 에너지를 가진 탄소가 만들어진다는 것이었다.

양성자와 중성자가 배열되는 방식에 따라서 원자는 다른 양의 에너지를 가질 수 있다. 그래서 호일의 이론적인 반응에서는 실험에서 관찰된 실제 탄소보다 에너지가 훨씬 더 큰 탄소가 만들어지는 것이다. 그는 심지어 765만 전자볼트eV라는 에너지의 양까지 정확하게 계산해냈다.

호일은 자신이 중요한 무엇을 발견했다고 느꼈다. 그는 탄소가 우주에서 네 번째로 흔한 원소라는 사실을 알고 있었다. 탄소는 우리 체중의 거의 23퍼센트를 차지한다.[32] 그는 탄소가 별이 아닌 다른 곳에서 만들어질 수 있다고는 상상할 수 없었다. 어쩌면 탄소가 실제로는 그렇게 높은 에너지 레벨에서 존재하지만, 우리가 그런 탄소를 찾아내지 못하고 있을 뿐이라고도 생각했다.

흥분한 호일은 대담한 이론을 내놓았다. 그는 큰 별에서 양성자가 2개인 헬륨 원자 3개가 충돌해서 양성자가 6개인 탄소가 만들어진다고 주장했다. 그러나 그렇게 만들어진 탄소는 불안정하다. 그래서 탄소가 약간의 에너지를 잃어서 활력을 잃고 우리 주위에서 볼 수 있는 에너지가 더 낮은 평범한 형태로 바뀐다. 훗날 그는 탄소로 만들어진 우리가 존재한다는 사실로부터 자신의 예측이 맞아야만 한다고 주장했다. 우주는 탄소로 채워져 있고, 그런 우주가 만들어질 수 있는 다른 방법은 없다는 것이다.

다행히 호일은 세계에서 가장 위대한 핵 실험학자들이 입자 가속기 연구를 수행 중이던 칼텍에 있었다. 어느 날 그는, 연구팀의 리더인 건장한 체구의 윌리엄 파울러의 사무실에 불쑥 찾아가서 자신의 주장을 시험해주기를 요청했다. 파울러는 영국 억양의 괴짜의 갑작스러운 요구에 당황했다. "우리가 수행하고 있는 중요한 일을 전부 중단해야 한다고 생각하는 우스꽝스러운 작은 남자가 있었다.……우리는 그를 무시했다. 우리를 성가시게 하지 말고, 나가달라고 했다."[33]

그러나 호일은 끈질기게 파울러의 연구진을 괴롭혔다. 결국 그들은 호일의 이론이 지극히 비현실적으로 보이기는 하지만, 만약 사실이라면 대단히 중요한 결과가 될 것이라고 인정했다. 결국 그들은 그의 이론을 시험해보기로 합의했다. 그들은 탄소를 만들게 될 작은 입자 가속기에 원자의 에너지를 측정할 수 있는 분광기를 연결했다.

호일은 긴장한 상태로 결과를 기다렸다. 그는 "매일 실험실을 찾아갈 때마다 목이 후끈거리는 듯했다"고 기억했다. 그는 무죄인지 유죄인지를 알려주는 배심원의 발표를 기다리는 피고인과 같았다.[34]

몇 개월 동안의 실험을 통해서 물리학자들은 호일이 예측했던 것과 정확하게 일치하는 에너지 레벨에 있는 탄소 원자를 발견하고 깜짝 놀랐다.[35] 파울러도 놀랐다. 지금까지 아무도 그런 일을 해내지 못했다. 호일은 천체물리학과 별에 대한 이론을 이용해서 원자의 핵 구조와 같은 미시적인 사실을 정확하게 밝혀낸 것이다. 배심원의 평결 소식을 들은 그는 자신이 좋아하는 캘리포니아의 오렌지 향이 더욱 달콤하게 느껴졌다고 회고했다. 그는 원소가 어떻게 만들어졌는지에 대한 수수께끼를 풀어헤치기 시작했다.

빅뱅이 일어난 이후 거대한 수소 구름이 퍼져나가고, 우주가 엄청나게 팽창하면서 무대가 마련되었다. 2억 년 후에는 중력의 힘이 거대한 구름에 들어 있는 원자들을 함께 짓누르기 시작했고, 그런 과정에서 발생한 엄청난 양의 열과 압력이 원자핵에서 핵반응을 촉발했다. 수소가 헬륨으로 융합되었다. 쏟아져 나온 에너지가 구름에 불을 붙여서 불타는 별이 만들어졌다. 그런 별이 열을 방출하면서 칠흑처럼 어두웠던 우주에 처음으로 불을 밝혀주었다.

이 정도는 이미 알려져 있었다. 호일의 통찰은 큰 별의 중심부가 수소를 모두 소진한 후에는 맹렬하게 전개되는 새로운 단계에 들어간다는 것이었다. 중력이 중심부의 헬륨을 매우 강하게 압축해서 헬륨마저도 타기 시작했다. 초고온으로 달아오른 소용돌이 속에서 헬륨 원자핵은 반발력을 극복할 정도로 격렬하게 충돌하면서 우리 몸을 이루는 탄소가 만들어졌다. 일단 탄소가 만들어지고 난 후에는 별이 9개의 생명을 가진 고양이처럼 변신했다. 그런 융합에서 방출된 열이 별의 바깥층을 밀어냈고, 별은 무거운 "적색거성"으로 변했다. 현재 우리의 태양은 너무 작아서 헬륨보다 무거운 원소를 만들 수 없지만, 지금으로부터 약 60억 년 후에는 비슷한 운명을 맞게 될 것이다. 태양의 표면이 풍선처럼 부풀어서 우리의 행성 지구를 바삭바삭하게 구워버릴 것이다.

호일은 거대하고 오래된 별이 적색거성으로 변하고 나면 우주가 훨씬 더 흥미로운 곳이 된다는 사실도 깨달았다. 별의 온도가 점점 더 높아지면서 중심부 주변에서 양파 껍질처럼 새로운 원소들이 만들어졌다. 탄소는 산소로, 산소는 네온으로, 네온은 마그네슘으로, 마그네슘은 실리콘으로 변환되어 원자핵에 26개의 양성자를 가진 철까지 만들어진다.

우리 몸에 있는 원자는 대부분 그렇게 만들어졌다. 88퍼센트 이상이 맹렬하게 불타는 지옥인 거대한 적색거성에서 왔다. 우리의 운동에 필요한 연료를 공급하는 산소, 뼈에 들어 있는 칼슘, 신경 신호를 전달해주는 소듐과 포타슘, 그리고 DNA에서 수소를 제외한 원소들이 모두 그렇다. 그중에서 가장 다양하게 활용되는 탄소는 질량 기준으로 두 번째로 흔한 원소이다(산소가 가장 흔한 원소이다). 우리 몸에서 수분을 모두 제거하고 나면, 탄소는 뼈의 1퍼센트가 채 되지 않지만, 조직의 경우에는 대략 67퍼센트를 차지한다.[36] 탄소 사슬은 단백질, 당, 지방의 골격이다. 석쇠에서 고기를 구우면, 별에서 만들어진 탄소를 보게 된다. 적색거성의 대류가 내부에 있는 철까지의 모든 원소를 표면으로 운반해준다. 주로 전자와 양성자로 이루어진 항성풍(恒星風, 별의 내부 대류층에서 전달되는 열이나 빛에 의해 바깥 대기층의 전자와 플라스마가 우주 공간으로 방출되는 현상/역주)이 거대한 구름 속의 원소들을 우주로 날아가게 해주었다.

그러나 철보다 무거운 원소들이 어떻게 만들어졌는지를 계산하려던 호일은 걸림돌을 만났고, 그 걸림돌에 발목이 잡히고 말았다. 철까지의 원소는 반응에서 방출되는 열로 더 무거운 원소를 만들 수 있었다. 그러나 철 이후에는 더 이상 공짜 점심이 없었다. 호일의 계산에 따르면, 거의 상상할 수 없을 정도의 에너지를 추가로 확보하지 못하면 별에서는 철보다 더 무거운 원소를 만들 수 없다.

호일은 혼란스러워졌다. 지구에는 원자번호 26번인 철보다 무거운 원소가 66종이나 있다.[37] 우리 몸에도 비록 적은 양이기는 하지만 효소에 들어 있는 구리와 셀레늄, 치아의 에나멜에 들어 있는 플루오린을 비롯해서 그중 40여 종이 있다. 그런 원소들을 만들어준 에너지는 어디에서 왔을까? 우주의 어딘가에서 일어나는 어떤 사건이 훨씬 더 많은 에너지를 방출해야만 했다. 그러나 아무도 어디에서 그런 일이 일어났는지를 호일에게 알려주지 못했다.

호일은 칼텍의 입자 가속기 옆에 있는 창문도 없는 방에서 인내심을 발휘했다. 이제는 가까운 친구가 된 윌리엄 파울러와 천문학자 마거릿과 제프리 버비지 부부와 함께 팀을 꾸렸다. 그들은 계산자, 초보적인 계산기, 그리고 핵물리학에 대한 자신들의 집단 지식을 활용해서 처음에는 우리의 태양보다 훨씬 컸지만, 이제는 적색거성으로 바뀐 거대한 별의 긴 역사를 함께 연구했다. 그들은 적색거성의 중심부가 완전히 철로 변환된 후에는 차갑게 식어서 중심부의 반응이 갑자기 중단된다는 사실을 발견했다. 그것은 좋은 소식이 아니었다. 거대한 별은 더 이상 바깥층을 지탱해줄 수 있는 충분한 양의 에너지를 내지 못하게 된다. 그 대신 숨 막히는 한순간에 중심부가 지름이 50킬로미터도 되지 않고, 지구보다 밀도가 30만 배나 더 큰 공으로 수축한다(그런 물질로 조약돌을 만들면 무게가 10억 톤이 넘을 것이다). 그렇게 갑작스러운 수축으로 별의 층을 통해서 전파되는 격변적인 충격파가 발생하면서 폭발의 킹콩이라고 할 수 있는 우주 전체에서 가장 강력한 폭발을 일으키는 초신성이 된다. 이것이 바로 월터 바데가 처음 발견한 별의 폭발적인 소멸이었다.

죽어가는 거대한 별은 며칠 동안 수천억 개의 태양에 버금갈 정도로 밝게 타오르고, 그후에도 몇 개월 동안이나 계속 타올랐을 것이다.[38] 그런 상태에서의 온도가 나머지 모든 원소를 만들 정도로 뜨겁다고 생각할 수도 있었다. 그러나 호일의 연구진은 확신할 수가 없었다. 고작 4년 전에 처음 성공한 수소폭탄 실험에서 새로 공개된 자료를 살펴본 후에야 그들은 자신들의 생각에 자신감을 가지게 되었다.[39] 당시의 폭발로 마샬 군도에 속하는 산호와 모래로 이루어진 작은 섬인 엘루겔라브가 순식간에 사라졌고, 폭이 160킬로미터나 되는 버섯구름이 피어올랐다. 과학자들은 폭발의 잔해 속에서 폭발 과정에서 나온 반감기가 60일인 매우 무거운 방사성 원소를 찾아냈다. 호일의 연구진은 초신성의 빛이 같은 속도로 희미해진다는 증거를 찾아냈다.[40] 그것이 바로 초신성이 충분히 뜨거웠다는 확실한 증거가 되었다. 많은 경우에서처럼 그것은 잘못된 단서였던 것으로 밝혀졌다. 그런데도 호일의 연구진은 자신들이 올바른 길로 가고 있다고 생각하고, 연구에 더욱 박차를 가했다.

어느 날 칼텍에서 점심식사 전에 시간이 남았던 호일은 연구진의 방정식을 이용해서 우주에 철보다 무거운 원소들이 얼마나 많은지를 계산해 보기로 했다. 계산을 할 때마다 그의 흥분은 더욱 커졌다. 그의 계산 결과는 연구자들이 지구와 운석을 연구하고, 세실리아 페인의 방법으로 연구한 별의 조성에서 추정한 것과 일치했다. 호일의 결과가 일치하지 않았던 몇 가지 경우는 계산이 아니라 측정에 오류가 있었던 것으로 밝혀졌다.

연구진의 걸작인 107쪽 분량의 「별에서 원소의 합성」은 역사상 가장 위대한 과학 논문 중 하나로 알려졌다. 원소가 만들어지는 8가지 서로 다른 핵 합성의 경로를 제시한 논문이었다. 적색거성의 깊숙한 곳에서 철까지의 모든 원소들이 어떻게 융합되는지를 가장 정교하게 설명했다. 또한 괴물 같은 적색거성의 갑작스러운 붕괴에서 초신성이 만들어질 때 수십억 도라는 놀라운 온도에서 입자들이 어떻게 생성되는지를 보여주었다. 우리 태양 중심부의 하찮은 2,700만 도보다 수천 배나 더 뜨거운 온도였다.[41] 중성자, 양성자, 원자핵이 광속에 가까운 속도로 서로 충돌하면서 재구성되어 우리 몸에서 가장 무거운 원소를 포함한 우주의 모든 원소가 만들어졌다.*

* 초신성은 무거운 원소를 만들기 위해서 묘한 방법을 사용한다. 중성자들은 폭발에 의해서 더욱 빠른 속도로 날아가게 된다. 전하가 없는 중성자는 원자핵에 들어 있는 전하를 가진 양성자에 밀려나지 않기 때문에 빠르게 움직여서 원자핵의 내부로 파고 들어갈 수 있게 된다. 그 속에서 여분의 중성자는 양전하를 가진 양성자, 음전하를 가진 전자, 그리고 여분의 에너지를 가진 트로이의 목마로 붕괴된다. 그런 중성

호일은 자신의 획기적인 업적으로 명예와 상은 물론이고 기사 작위까지 받았다. 그러나 물리학자가 받을 수 있는 가장 명예로운 훈장은 언제나 그를 피해갔다. 1983년 10월, 그의 동료 윌리엄 파울러는 자신이 노벨상을 받게 되었다는 소식을 듣고 감격했지만, 호일은 함께 수상하지 못했다는 소식에 놀라움과 실망을 금치 못했다. 그 이유는 지금까지도 확실하게 밝혀지지 않았지만, 일반적으로는 짐작이 간다. 당시 호일은 물리학계에서 악동으로 알려져 있었다. 그는 "지루하면서 옳은 것보다 흥미롭지만 틀린 것이 훨씬 더 좋다"고 했고, 그 격언을 열성적으로 실천했다. 그는 언제나 권위를 무시했고, 자신과 다른 의견을 가진 유명한 동료를 모욕하는 일도 마다하지 않았다. 더욱이 그는 훌륭한 과학적 업적을 계속 발표했지만, 도발적이고 심지어 터무니없는 이론을 공개적으로 옹호하기도 했다. 지구상의 생명이 우주에서 시작되었다는 그의 범종설汎種說, panspermia이 더 이상 터무니없어 보이지 않을 정도였다. 그러나 런던의 자연사 박물관에 있던 유명한 시조새 화석이 가짜이고, 우주에는 1918년 독감과 백일해 유행이나 심지어 레지오넬라병과 같은 질병을 주기적으로 발생시키는 바이러스와 박테리아 구름이 가득하다는 그의 주장은 터무니없는 것이었다.[42] 2001년 세상을 떠날 때까지도 그는 빅뱅을 인정하지 않았다.

페인과 호일의 발견 덕분에 우리는 모든 원소의 여정을 태초부터 추적할 수 있게 되었다. 우리 몸에 있는 모든 수소 원자는 빅뱅 이후 1초도 되지 않는 시간에 쿼크와 글루온으로부터 양성자가 생성되면서 만들어졌다.

자의 붕괴에서 전자가 방출되고 남은 양성자가 원자핵을 더 무거운 원소의 원자핵으로 바꾼다.

2억 년 정도 지난 후에 철까지의 나머지 원소들이 불처럼 뜨거운 적색거성의 깊은 곳에서 형성되기 시작했다. 점점 더 뜨거워지는 열 속에서 원자핵들이 격렬하게 충돌했고, 양성자와 중성자들이 광속에 가까운 속도로 충돌해서 원소를 더 무거운 원소로 변화시켰다. 빅뱅에서 만들어진 수소와 적색거성에서 만들어진 (주로 산소, 탄소, 질소, 칼슘, 인) 원소가 대략 우리 몸의 99퍼센트를 차지한다. 나머지 1퍼센트는 적색거성이 초신성으로 폭발할 때 탄생한 아연과 망가니즈와 같은 더 무거운 원소들이다. 그런 원소들은 우주에서 가장 강력한 폭발에 의한 수십억 도의 온도에서 만들어졌다.*

이제 자신들이 만들어진 별에서 방출된 원자들은 새로운 적색거성으로 재활용되는 먼지와 가스 덩어리의 소용돌이 속에 남겨졌다. 훗날 다른 초신성으로 폭발한 더 큰 별에 휩쓸려 들어간 원자들도 있었다. 수십억 년 동안 원자들은 수많은 별에서 재가공되었을 수도 있었다.

마침내 대략 50억 년 전의 원자들은 이제 우리 태양계가 있는 비어 있는 공간 근처를 향해 움직이는 거대한 구름으로 흘러가고 있었다. 마침내 원자들은 우리가 되기 위한 놀라운 여정을 시작했다.

그러나 그 여정은 순조롭지 않았다. 실제로 문제는 이제 막 시작되었을 뿐이다.

* 2017년에 우리는 우리 몸에 있는 가장 무거운 원자 중 금과 같은 극히 적은 부분이 초신성에서 형성된 대체로 중성자로 이루어진 이례적인 고밀도 별인 중성자별의 극도로 격렬한 충돌 과정에서 만들어졌다는 사실을 발견했다.

4

고마운 재앙

중력과 먼지로 세상을 만드는 방법

우주는 우리가 생각하는 것은 물론이고, 생각할 수 있는 것보다도
더 기묘하다는 것이 내 짐작이다.
_ J.B.S. 홀데인[1]

48억 년 전에 우리를 탄생시킨 원자들은 거대한 가스와 먼지구름 속에서 아무것도 없는 우주를 정처 없이 떠돌고 있었다. 태양계도 없었고, 행성도 없었고, 지구도 없었다. 사실 과학자들은 생명이 살 수 있는 행성은 말할 것도 없고, 지구처럼 단단한 행성이 어떻게 만들어졌는지를 도무지 설명할 수 없었다. 아주 가벼운 가스와 먼지구름에서 지구와 같은 바위투성이 행성이 어떻게 마법처럼 만들어졌을까? 지구에는 언제, 어떻게 생명이 등장하게 되었을까? 그리고 생명이 진화할 때까지 우리의 분자들은 어떤 고난을 견뎌내야만 했을까? 과학자들은 원자들이 인류가 직접 경험했던 어떤 파괴와도 비교할 수 없을 정도로 격렬하고 재앙적인 충돌, 용융, 폭격을 견뎌낸 후에야 마침내 생명을 창조할 수 있게 되었다는 사실을 알아냈다.

우리 행성이 어떻게 만들어졌는지에 대한 초기의 설명은 그럴듯해 보

이기는 했다. 그러나 1950년대에 이르러서는 천문학자들도 그런 설명을 포기할 수밖에 없었다. 2세기 전 독일의 철학자 이마누엘 칸트와 프랑스의 학자 피에르-시몽 라플라스가 제대로인 것처럼 보이는 이론을 제시했다. 중력이 거대한 회전형 가스와 먼지구름을 끌어모아서 우리의 태양과 같은 별을 만든 후에 뜨거운 온도와 압력으로 불을 붙였다는 것이다. 그렇다면 행성은 어떻게 만들어졌을까? 남아 있던 먼지와 가스가 여전히 원판 모양으로 태양 주위를 회전하고 있었고, 그것이 더 작은 구름으로 쪼개져서 행성이 되었다는 것이 그들의 가설이었다. 그러나 원판이 어떻게 쪼개졌는지, 또는 더 작은 규모의 구름에서 어떻게 행성이 만들어졌는지는 아무도 확실하게 설명하지 못했다.

1917년 영국의 제임스 진스는 우리가 이미 살펴본 세실리아 페인 시기의 사람들이 인정한 새로운 길을 선택했다. 진스는 지나가는 별에 의한 충분히 강력한 중력에 의해서 태양의 표면에서 거대한 가스 덩어리가 떨어져 나와 행성이 만들어졌다고 주장했다. 행성은 별들의 충돌에서 튀어나온 파편이라고 생각한 사람도 있었다. 그러나 그런 충돌에서 어떻게 멀리 있는 9개의 행성이 만들어졌는지는 아무도 짐작조차 할 수 없었다. 그것은 젖은 빨래를 건조기에 넣어두었더니 빨래가 말랐을 뿐만 아니라 말끔하게 갠 것을 발견한 것처럼 비현실적으로 보였다. 그런 의문을 심각하게 고민했던 천문학자는 많지 않았다. 천문학자 조지 웨더릴에 따르면, 그런 문제는 "순진한 오락"이나 "터무니없는 추론"에나 어울리는 것이었다.[2] 우리가 과연 그렇게 먼 과거의 일을 알아낼 수 있을 것인지부터가 도무지 분명하지 않았다.

그렇지만 냉전이 정점에 이르렀던 1950년대 말 소련에서 어느 젊은 물리학자가 수학을 이용해서 그 문제에 정면으로 도전했다. 그의 이름은 빅토르 사프로노프였다. 자그마한 몸집의 사프로노프는 제2차 세계 대전 중 아제르바이잔에서 군사 훈련을 받다가 말라리아에 걸리는 바람에 고생하고 있었다. 얌전하고, 겸손했지만 보기 드물게 똑똑한 그는 모스크바 대학교 물리학과 수학의 고등 학위 과정에서 뛰어난 성적을 받았다. 그의 재능을 알아본 수학자, 지구물리학자, 극지 탐험가인 오토 슈미트가 그를 소련 과학 아카데미에 채용했다.

슈미트도 과거의 칸트나 라플라스와 마찬가지로 우리의 행성이 태양 주위를 돌고 있던 가스와 먼지 원판에서 만들어졌다고 확신했다. 그는 재능 있는 누군가와 함께 그런 일이 어떻게 일어났는지를 알아내고 싶었다. 부드러운 말씨의 사프로노프는 그런 일을 할 수 있는 뛰어난 수학자였다.[3]

과학 아카데미의 사무실에서 사프로노프는 첫 단계부터 살펴보기 시작했다. 그는 수조 개의 수조 배에 이르는 가스와 먼지 입자들이 어떻게 태양계를 형성할 수 있었는지를 설명해야 하는 엄두가 나지 않을 문제를 선택했다. 그는 주로 통계학과 기체와 액체의 흐름을 설명하는 유체 동역학 방정식과 같은 수학적 방법을 이용해서 문제 해결을 시도했다. 컴퓨터도 없었다. 사실 컴퓨터가 없었던 것이 오히려 그에게 도움이 되었다. 이미 뛰어난 그의 직관을 더욱 기민하게 해주었기 때문이다.

사프로노프는 공간에 떠다니고 있던 먼지와 가스로 만들어진 거대한 원시 구름에서 끊임없는 중력에 의해서 별이 만들어졌을 때, 우리 태양계도 처음으로 모습을 갖추기 시작했다고 가정했다. 거의 모든 것이(이제는 99퍼센트라고 알고 있다) 태양으로 끌려 들어갔다. 남은 잔해는 태양으로 끌려 들어가기에는 너무 멀고, 그렇다고 태양의 손아귀에서 완전히 벗어나기에는 충분히 멀지 않은 위치에 있었다. 남은 가스와 먼지구름은 중력과 회전에 의한 원심력 때문에 태양 주위의 궤도를 따라 회전하는 원판이 되었다. 수학적 추정을 빠르게 해내는 재능으로 동료를 놀라게 하던 사프로노프가 그런 원판 속에 있는 작은 입자들이 부딪히고 충돌하면 무슨 일이 벌어지는지를 계산하기 시작했다. 소련의 과학자들이 큰 사무실의 소란스러움을 피해서 주로 찾아가는 조용한 도서관에서 그는 펜과 잉크, 그리고 계산자를 이용해서 수조 번의 수조 배에 이르는 충돌의 결과를 추정하기 위한 계산에 열중했다. 그런 계산은 컴퓨터를 사용하더라도 믿을 수 없을 정도로 어려운 일이었다. 그의 계산과 비교하면 수증기 한 방울에서 비롯되는 허리케인의 경로를 계산하는 일은 오히려 어린아이의 장난과 같은 수준이라고 생각할 수 있을 정도였다.

사프로노프는 태양 주위를 도는 우주의 먼지와 가스 덩어리가 대체로 같은 속도와 방향으로 움직이리라는 사실을 깨달았다. 입자들이 가끔 가까이 있는 입자와 부딪히면 눈송이처럼 서로 달라붙기도 할 것이다. 충돌이 계속되면 점점 더 큰 덩어리가 만들어져서 바위, 원양 정기선, 산맥이 되고, 결국에는 미니 행성이 만들어진다. 그런 통찰력을 근거로 사프로노프는 행성의 기원을 설명하기 위해서 과학자들이 해결해야 할 중요한 여러 문제들을 제시했다. 그러고는 수학적 방법으로 여러 문제들을 해결했다.

몇 년 사이에 그는 거의 홀로 행성 형성을 연구하는 분야를 개척했다. 대체로 회의적이었던 대부분의 소련 동료들은 그의 연구에 관심을 보이지도 않았다. 그의 연구는 매우 추론적이고, 어떤 증거와도 거리가 멀어 보였다.[4] 그러던 1969년에 사프로노프는 10여 년에 걸친 자신의 외로운 연구를 정리한 얇은 단행본을 출판했다. 그는 자신을 찾아온 미국의 대학원 학생에게 그 책을 선물했고, 그 학생은 NASA에 그 책을 출판해줄 것을 추천했다.[5] 3년 후에는 서방에도 영어 번역본이 등장했다.

워싱턴 카네기 연구소의 조지 웨더릴이 그 책에 관심을 가졌다. 웨더릴은 어려서부터 근본주의자였던 어머니가 자연사에 관심을 가지도록 해준 덕분에 과학자로 성장한 인물이었다. 그는 물리학을 공부했고, 지구화학 분야에서 활동하고 있었지만, 수학에도 탁월한 재능이 있었다. 그는 사프로노프의 이론에 흥미를 느꼈을 뿐만 아니라 자신이 직접 그의 분석을 시험해볼 수 있다는 사실을 깨달았다. 소련의 과학자들과는 달리 초보적인 컴퓨터를 사용할 수 있었던 웨더릴은 사프로노프의 방정식을 이용해서 시뮬레이션을 할 수 있었다. 그리고 그는 원자폭탄 제조를 위해서 처음 개발된 몬테카를로 기법이라는 새로운 통계적 도구를 이용한 획기적인 프로그램을 사용할 수 있는 권한이 있었다.[6] 이 프로그램은 시뮬레이션에 확률의 요소를 추가한 것이었다. 그는 서로 다른 초기 가정을 이용해서 반복적으로 프로그램을 실행함으로써 가능성이 가장 높은 결과를 얻을 수 있었다.

웨더릴은 자신의 결과를 보고 깜짝 놀랐다. 그의 시뮬레이션은 수조 번의 수조 배에 이르는 작은 충돌이 태양을 돌고 있는 수백 개의 달과 같은 크기의 천체를 만들 수 있다면, 비록 그 수는 적겠지만 지구와 크기와 위치가 비슷한 행성도 만들어질 수 있다는 사실을 증명했다.

더욱이 그가 행성 과학자 글렌 스튜어트와 함께 수행한 시뮬레이션은 그런 일이 어떻게 일어났는지에 대한 놀라운 사실을 밝혀주었다. 지름 160킬로미터 정도로 커진 우주 암석의 중력이 주위의 모든 물체를 끌어당기기 시작할 정도로 강해졌다. 그것이 폭주 효과를 촉발했다.[7] 그런 암석은 마치 굴러가는 눈덩이처럼 빠르게 성장해서 크기가 커지면서 주위의 다른 물체와 더 자주 충돌하게 되었다. 곧이어 그것은 태양 주위의 궤도를 도는 구역의 더 작은 모든 물체를 진공청소기처럼 빨아들이기 시작했다. 행성 형성은 일단 시작되고 나면 느리게 진행되는 점진적인 과정이 아닌 것으로 밝혀졌다. 행성 형성은 매우 빠르게 일어났다.

그러나 그림은 그다지 아름답지 않았다. 사실 천문학자들에게는 그저 당혹스러운 정도가 아니라 끔찍한 일이었다. 우리의 행성은 평화적으로 만들어지지 않았다. 내부 태양계에서는 어쩌면 달과 화성 크기의 천체 수백 개가 롤러 게임처럼 서로 부딪히고, 서로의 궤도를 교란하면서 뒤엉켜 있었다. 일부는 태양에 충돌하기도 했다. 다른 행성들은 가장 큰 행성인 목성 쪽으로 튕겨 나갔다. 충돌하지 않은 천체들은 목성의 강력한 중력에 의해 궤도가 흐트러져서 태양계 바깥으로 튕겨 나갔다. 그런 사이에 지구가 형성되는 과정에서 거대한 암석과 미니 행성 안에 갇힌 우리의 불행한 분자들은 수많은 격렬한 충돌을 겪게 되었다.

웨더릴이 정교하게 다듬은 사프로노프의 이론은 역시 혼란스러웠던 다른 수수께끼도 해결해주었다. 암석으로 되어 있는 내행성과 거대한 기체로 되어 있는 외행성 모두가 어떻게 똑같은 구름에서 진화할 수 있었을까? 그들은, 태양이 형성된 직후 근처의 온도가 너무 뜨거워서 가벼운 원소들은 기체 상태로 남아 있고, 무거운 원소들만 고체 입자로 응축되었다는 것이 그 답이라는 사실을 깨달았다. 무거운 원소들이 수성, 금성, 지구, 화성과 같은 암석형 행성을 만들었다. 그 구역의 가벼운 원소들은 대부분 태양으로 끌려 들어가거나 원반 바깥으로 흩어져서 우주 공간으로 사라졌다. 그러나 태양으로부터 더 먼 곳은 물, 메테인, 이산화탄소가 얼어붙을 만큼 온도가 충분히 낮아서 고체가 대략 2배 더 많았다. 암석과 얼음이 뒤섞인 덩어리가 목성과 토성과 같은 행성의 중심을 키우는 데에 도움을 주었다. 행성이 충분히 크게 성장했고, 그 중력에 의한 인력이 충분히 커져서 수소나 헬륨과 같은 가벼운 기체들이 대기에 모여 거대한 가스 행성이 탄생했다.

사프로노프와 웨더릴의 이론은 심지어 모든 행성이 태양 주위를 똑같은 평면과 방향으로 회전하지만, 금성은 반대 방향으로 회전하고, 천왕성은 거의 옆으로 회전하고, 지구는 기울어진 각도로 자전해서 계절이 생긴다는 사실까지 설명해주었다.[8] 오늘날 지구의 반구半球가 태양을 향하고 있을 때는 여름이 되고, 반대쪽을 향하고 있을 때는 겨울이 된다. 행성들이 태양 주위를 계속 공전하면서도 방향이 동기화되지 못한 것은 다른 거대한 천체와의 심한 충돌 때문이었다.

사프로노프의 이론이 달의 신비를 설명해주었다는 것이 가장 위대한 성과 중 하나였다. 오랫동안 과학자들은 지구에 존재하는 가벼운 원소들을 달에서는 찾지 못하는 이유를 설명하지 못했다. 그런데 1970년대에 행성과학 연구소의 천문학자인 윌리엄 하트만과 도널드 데이비스, 그리고 하버드의 천문학자 앨러스테어 캐머런과 빌 워드가, 지구가 거의 완성되어 현재 크기의 90퍼센트 정도 되었을 때, 엄청난 충격을 받았던 것이 확실하다는 사실을 알아냈다.[9] 화성 크기의 충격체가 시속 수만 킬로미터의 속도로 충돌하면서 증발하고 파편화되었고, 지구 맨틀의 커다란 조각이 떨어져 나갔다. 그런 거대한 충돌 때문에 암석과 파편의 거대한 구름이 지구 대기로 방출되었고, 충격체의 무거운 철로 된 중심부가 지구의 중심부와 합쳐졌다. 우리의 원자들이 포함된 파편들은 대기 중으로 분출되었다가 대부분은 다시 지구로 떨어졌다. 그러나 전문가들이 대大타격(Big Whack, Big Thwack, 또는 Big Splat)이라고 부르는 지구를 뒤흔든 충돌은 엄청난 양의 암석을 우주 공간으로 쏟아냈다.

수소와 같은 매우 가벼운 원소 중 일부는 멀리 날아갔지만, 지구의 궤도에 갇혀 있던 더 무거운 원소들이 모여서 달이 되었다. 달에 지구보다 가벼운 원소들이 더 적게 존재하는 것은 바로 그런 이유 때문이다. 처음에는 이 이론이 무시되었지만, 더 개선된 이론은 달의 기원을 가장 잘 설명하는 이론으로 널리 알려지게 되었다. 대타격으로 지구의 질량은 약 10퍼센트 정도 늘어났고, 우리의 행성이 완전한 모습을 갖추게 된 45억 년 전이 바로 지구가 태어난 생일이 되었다.

이는 천문학자들이 눈을 가리고 있던 안대를 벗어버린 것과 같은 일이었다. 사프로노프가 등장하기 전까지 천문학자들은 암흑 속에서 살았던 셈이다. 이제 그들은 행성 형성에 대한 모형과 그것을 시험해볼 방법을 가지게 되었다. 컴퓨터 시뮬레이션이라는 그들의 타임머신은 정교하게 다듬어졌고, 천문 관측 자료와 대조해서 태양계와 지구의 진화를 완벽하게 재구성할 수 있게 되었다.

역설적으로 1970년대에는 대부분의 소련 과학자들처럼 컴퓨터를 사용할 수 없었던 사프로노프가 크게 뒤처졌다. 그러나 그는 서방을 자주 방문했고, 존경받았다. 웨더릴은 진심으로 "그의 공헌은 압도적이었고, 나는 그의 옷자락도 만질 자격이 없다"고 했다.[10] 우리 행성의 역사에 대한 우리의 이해를 극적으로 변화시킨 사프로노프의 공헌은 말로 표현할 수 없을 정도이다.

우리의 원자는 45억 년 전에 마침내 지구라는 집을 가지게 되었다. 갓 태어난 행성이 곧바로 단단해지고, 바다가 생기고, 생명이 무대를 마련하게 되었다고 생각할 수도 있을 것이다. 그러나 일은 그렇게 간단하지 않았다. 과학자들은 우리 행성이 격렬한 과정을 거쳐 만들어지고 나서 생명이 번성하기까지 또다른 놀라운 재앙들이 연이어 벌어졌다는 사실을 알아냈다. 첫 번째 재앙은 역설적으로 우리 자신의 존재를 가능하게 해준 '완전한 용융熔融 붕괴'라는 아주 특별한 재앙이었다.

비록 당시에는 알아채지 못했지만, 일찍이 1600년 무렵에 자연철학자이자 엘리자베스 여왕의 주치의였던 윌리엄 길버트가 지구가 철로 된 거대한 중심부를 가지고 있다는 사실을 발견했을 때 그런 재앙의 힌트를 알아냈다. 갈릴레오에게 큰 영향을 미친 길버트는 최초의 발견을 기록한 연대기에서 흔히 "최초의 과학자"로 칭송받고 있다.[11] 그는 단순히 이론을 제시하는 것으로는 자연 세계를 이해할 수 없다고 가장 먼저 주장한 사람이었다. 반드시 실험을 동반해야 한다는 것이었다. 그는 나침반 근처에서 마늘을 먹으면 나침반이 자기장을 감지하지 못하게 되고, 나침반이 자성磁性을 가진 산에 의해서 움직인다는 선원들의 오랜 믿음을 실험을 통해서 무너뜨렸다.[12] 길버트는 두 자기극을 가진 큰 자성 바위 주위에 나침반을 놓아두더라도 그 바늘은 지구를 횡단하는 선박의 나침반과 마찬가지로 여전히 남북을 가리킨다는 사실을 발견했다. 그는 자신이 실험에 이용한 바위와 마찬가지로 지구도 철 중심부에서 나오는 자기장에 둘러싸여 있다는 결론을 얻었다.

그런 자기장은 어디에서 왔을까? 1970년대에 이르러서 과학자들은, 지구가 완전히 만들어진 후에 내부에 있는 원자들이 중력에 의해서 단단하게 압축되어 지옥의 문보다 더 뜨거워졌다는 사실을 알아냈다. 그들은 사프로노프 덕분에 충격이 지구의 온도를 상승시켰다는 사실도 알아냈다. 특히 대부분의 맨틀을 녹여버린 대타격이 그랬다. 그리고 그들은 계산을 통해서 당시에 더 많았던 우라늄과 같은 방사성 원소가 행성을 더욱 뜨겁게 달궜다는 사실도 발견했다. 그런 사실을 종합하면, 지구에 철 중심부가 만들어지는 방법은 지구가 뜨겁게 달아올라서 완전히 녹아버리는 것 하나뿐이라는 사실이 명백해졌다.

과학자들은 그 시기를 명왕누대(1972년 국제층서위원회가 시생누대 이전의 지구 초기를 뜻하는 기간. 명왕[Hades]은 그리스 신화에 등장하는 죽음의 신이다/역주)라고 부른다. 당시 지구의 표면은 요동치는 마그마 바다였고, 그 속에서는 분자가 질량에 따라 분리되었다. 질소나 이산화탄소와 같은 가벼운 기체 분자는 대기 중으로 방출되었다. 녹아 있는 지구의 내부에서는 인燐, 소듐, 포타슘과 같은 생명의 원소가 실리콘과 결합한 상태로 떠올라서 지각地殼이 되었다. 그러는 사이에 무거운 금속성 철은 약간의 니켈과 함께 연못의 침전물처럼 지구의 중심으로 가라앉았다. 당시의 거대한 용융에서 발생한 잔열殘熱이 심지어 오늘날에도 지구의 중심부에 남아 있다. 그곳의 온도는 태양의 표면 온도와 같은 거의 섭씨 5,500도에 이른다. 지질학자들은 당시의 용융을 철의 대변혁Iron Catastrophe이라고 부른다. 그러나 그런 행성적 재앙은 우리에게는 고마운 일이었다. 그런 재앙이 없었더라면, 우리는 지금 여기에 존재할 수 없었을 것이다.

대체로 철로 되어 있는 우리 행성 중심부는 바깥 부분이 녹아 있었기 때문에 자전하는 지구와 함께 회전한다. 그 속에서 흐르는 전류가 지구 주위에 우리 눈으로는 볼 수 없는 거대한 자기장을 만든다. 대기권 바깥까지 확장되는 거대한 힘 장('지자기장'이라고 부른다/역주)이 강한 에너지를 가진 우주선cosmic ray으로부터 우리를 지켜준다. 그런 힘 장이 없었다면 우리의 DNA는 작은 조각으로 부서졌을 것이다. 지구 자기장은 지구의 대기를 잘라내서 우주로 날려보낼 수 있는 또다른 위험 요소인 태양에서 오는 (주로 전자와 양성자로 구성된) 태양풍도 막아준다. 화성에서도 그런 일이 일어난다. 그러나 크기가 너무 작은 화성의 자기장은 태양풍 입자의 충돌을 막아줄 정도록 강하지 못하다. 그래서 화성의 대기는 우주 공간으로 날아갔다.* 지구의 초기에 융용이 발생하지 않았더라면, 지구는 자기 보호막을 가지지 못했을 것이다.

그런 재앙이 역설적으로 우리에게는 행운이었다.

생명이 번성할 수 없을 정도로 위험한 상태로 녹아 있던 우리 행성이 생명이 번성하는 에덴 동산으로 얼마나 빨리 바뀌었을까? 1960년대의 지질학자들은 그 단서를 찾기 위해서 히말라야의 고지대부터 가장 외딴 사막에 이르기까지 전 세계 곳곳을 샅샅이 뒤졌다. 그들은 고생한 보상을 받지 못하고 돌아왔다. 지구 자체는 45억 년 전에 만들어졌지만, 그들이 발견할 수 있었던 가장 오래된 바위는 고작 35억 년 정도였다.† 지구에서 가장 오래된 암석을 찾아다녔던 지질학자들에게는 안타까운 일이지만, 지각판의 움직임이 충돌하는 지각판의 가장자리를 뜨거운 맨틀 속으로 밀어넣었다. 결국 우리 행성의 역사에서 최초의 10억 년에 대한 흔적은 거의 남지 않게 되었다.

그래서 지질학자들은 달에 관심을 가지기 시작했다. 달은 대륙 이동이 일어나기에는 너무 작고 차가웠다. 달의 표면에는 오래된 암석이 여전히 남아 있었다. 연구자들은 달에 갈 수만 있다면 자신들이 지구와 달의 초창기 이야기를 알아낼 수 있으리라고 확신했다.

1969년 7월 20일, 덥고 습했던 텍사스 휴스턴에 있는 NASA의 존슨

---

* 이곳 지구에서는 북극과 남극에서 발생하는 오로라 보레알리스와 오로라 오스트랄리스라는 색깔을 가진 빛의 쇼를 통해서 태양풍의 영향을 볼 수 있다.

† 지구의 나이가 45억 년임을 알게 된 것은 행성 형성 과정에서 남은 파편이었던 운석의 기원에 대한 방사능 연대측정 결과 덕분이다. 행성은 운석보다 아마도 1억 년 정도 먼저 형성되었을 것이다.

우주 센터에서는 지질학자, 천문학자, 생물학자로 구성된 대응팀이 손톱을 물어뜯고 있었다. 아폴로 10호 우주 비행사들이 달 궤도를 돌았던 것이 고작 두 달 전이었다. 이제는 아폴로 11호의 우주 비행사인 닐 암스트롱과 버즈 올드린이 최초의 달 착륙을 시도하고 있었다.

지구 바깥에서 가져온 암석을 분석할 목적으로 설계된 최초의 시설에서 일할 과학팀이 꾸려졌다. 기대감이 고조되었다. 열정적인 젊은 지질학자 엘버트 킹 박사는 「뉴요커*New Yorker*」의 기자에게 "내가 아는 한 이것이 과학의 역사에서 일어난 가장 흥미로운 일이 될 것이다"라고 했다.[13] NASA를 설득해서 800만 달러와 8만3,000제곱피트의 시설을 확보한 킹 박사에게는 달 시료 큐레이터라는 낙관적인 직함이 주어졌지만, 사실 그 날까지도 그의 시료함은 텅 비어 있었다.[14]

많은 정치인에게 달 착륙 성공은 미국의 정치와 경제 체계가 공산주의 경쟁국보다 뛰어나다는 부정할 수 없는 사실을 전 세계에 자랑하는 증거였다. 그러나 휴스턴의 과학자들은 전혀 다른 이유로 긴장하고 있었다. 우주 비행사의 주요 과학적 목표는 달에서 우주 센터의 실험실로 암석을 직접 가져오는 것이었다. 250억 달러(현재 화폐 가치로 1,600억 달러)의 비용이 들어간 아폴로 프로젝트는 역대 가장 많은 예산이 투입된 지질학 현장 탐사였다.[15]

1969년까지도 우리는 달에 대해서 아무것도 몰랐다. 과학자들은 달 표면에 움푹 파인 거대한 분화구가 화산 폭발에 의한 것인지, 아니면 거대한 소행성이나 혜성의 충돌에 의한 것인지를 놓고 논쟁을 벌이고 있었다.[16] 아는 것이 너무 없었던 탓에 유명한 행성 과학자가 달 착륙선이 달에 쌓여 있는 두꺼운 먼지에 파묻힐 수도 있을 것이라고 엄중하게 경고할 정도였다.[17] 그렇게 된다면 우주 비행사를 태운 우주선의 안전한 귀환이 지극히 어려워질 수도 있었다. 다행히 이전에 시행한 무인 탐사로 그런 위험은 배제할 수 있었지만, 우주 비행사가 심각한 미지의 위험에 직면하게 될 가능성을 부인할 수는 없었다.

휴스턴 시각으로 오후 7시 59분에 텔레비전 방송사들은 거미처럼 생긴 달 착륙선 이글 호가 달 궤도에서 기다리고 있는 사령선으로부터 분리되었다고 보도했다. 착륙선이 하강을 시작했다.

착륙선의 닐 암스트롱과 버즈 올드린은 조종간 앞에 약간 구부린 자세로 서 있었다. 착륙선이 너무 무거워진다는 이유로 그들이 앉을 좌석을 만들지 않았기 때문이다. 그들은 매사추세츠 공과대학에서 개발한 원시적인 조종용 컴퓨터에 의존해서 착륙선을 통제하고 있었다. 그들은 컴퓨터를 믿기는 했지만, 완전히 믿은 것은 아니었다. 은빛 달에 가까워지면서 올드린은 컴퓨터가 계산한 고도를 읽어주었고, 암스트롱은 창밖을 내다보면서 자신들이 제대로 하강하고 있는지를 확인했다.

한동안 모든 것이 정상으로 확인되었다. 그런데 분화구로 채워진 표면으로부터 6,000피트 상공에서 갑자기 올드린의 콘솔에 노란색 경고등이 켜지고, 헤드폰에 경고음이 울렸다. 기지에서 화면을 보고 있던 과학자들은 모르고 있었지만, 달 암석을 연구할 기회가 사라지고 있었다. 관제사들은 깜짝 놀랐다. 디지털 코드에 따르면, 조종 컴퓨터에 문제가 발생한 것이 분명했다. 올드린은 자신의 컴퓨터가 꺼졌다가 다시 켜지는 모습을 속절없이 지켜보고 있었다. 몇 분 후에 비슷한 경고가 다시 떴다. 관제사들은 이유를 알 수 없었다. 그리고 비행을 중단하는 위험한 결정을 내려야 하는지를 판단할 시간도 거의 없었다.

그런데 순발력이 뛰어난 어느 비행 엔지니어가 손으로 작성한 경고 코드를 살펴보았다. 그는 시뮬레이션에서도 똑같은 경고등이 켜졌지만, 컴퓨터가 곧바로 정상화되었다는 사실을 확인했다.[18] 관제사는 순간적으로 경고를 무시하고 최선의 노력을 하도록 결정했다.

선택은 훌륭했다. 컴퓨터가 다시 작동했다.

그러나 암스트롱은 정신을 차릴 수 없었다. 이제 몇 분 동안 사용할 연료만 남은 상황에서 작은 창문을 내다보던 그의 몸이 경고를 울렸다. 조종 컴퓨터가 착륙 지점을 6.5킬로미터 정도 잘못 예측한 탓에 그들은 폭스바겐 비틀 크기의 바위가 가득한 분화구에 착륙할 모양이었다.[19]

NASA가 시험 비행사 중에서 우주 비행사를 선발한 데에는 그럴 만한 이유가 있었다. 암스트롱은 순간적으로 수동 조종간을 작동시켰다. 그는 급선회하면서 시속 12킬로미터의 속도를 88킬로미터까지 가속해서 멀리 떨어진 곳을 향해 필사적으로 돌진했다. 암스트롱의 맥박이 두 배로 빨라지는 동안 관제사들은 속절없이 지켜보고 있었다.[20] 하강 탱크에 고작 25초 분량의 연료가 남은 상태에서 그는 먼지구름을 일으키면서 착륙선을 착륙시켰다. 관제소가 우주 비행사들에게 "이제 다시 숨을 쉬게 되었다"라고 알려주었다.

휴스턴의 과학자들은 환호했다. 임무의 첫 단계에 성공한 것이다. 그들은 암스트롱의 강철 신경과 환상적인 공학적 성과 그리고 NASA의 엄청난 행운 덕분에 드디어 실제로 달의 암석을 손에 넣을 수 있게 되었다.

우주 비행사들은 중력이 약한 달에서 걷고 뛰는 아찔한 실험을 했다. 휴스턴의 연구실에서는 또 무슨 일이 잘못되지는 않을지 걱정하면서 초조하게 지켜보고 있었다.[21] 우주 비행사들은 깃발을 세우고, 닉슨 대통령과 대화를 나누고, 몇 가지 과학 장비를 설치했다. 그리고 암스트롱과 올드린은 마침내 2개의 여행 가방 크기의 알루미늄 상자에 집으로 가져갈 암석을 채우는, 과학자들에게 가장 중요한 일에 착수했다.

사흘 후 사령선인 컬럼비아 호가 해군 군함과 헬리콥터가 뒤따르는 가운데 하와이의 남서쪽 태평양에 떨어졌다. 그 순간부터 달 시료 연구소Lunar Receiving Laboratory의 연구진은 은행원이 금을 대량으로 운반하는 과정을 추적하듯이 암석의 운송 과정을 초조하게 지켜보았다. NASA의 최고 관리자는 그 암석이 가장 희귀한 보석보다 더 가치가 있다는 농담을 했다. 그는 바위의 가격을 우주 프로그램 전체의 비용인 240억 달러라고 평가했다.[22] 달 암석이 1파운드당 4억 달러라는 뜻이었다.

우주 비행사들은 장난 삼아서 미국 세관 양식을 작성했다. 한편 27킬로그램의 암석과 흙이 들어 있는 2개의 알루미늄 상자는 별도의 C-114 제트기로 휴스턴에 있는 엘링턴 공군 기지로 운송되었다. 그 상자들은 6.5킬로미터 떨어져 있는 달 연구소로 운반될 예정이었다. 그러나 달 시료 큐레이터였던 엘버스 킹은 위험을 감수하고 싶지 않았다. 때는 1969년이었다. 반전 운동과 인권 시위가 격렬했다. 랠프 애버내시 목사는 빈곤 퇴치 사업 대신 아폴로에 막대한 예산을 지출하는 정부에 항의하기 위해서 NASA의 발사 기지가 있는 케이프 커내버럴에 노새 수레를 끌고 왔다. 달 암석의 도착을 준비하던 경찰은 우주 센터 진입로를 폐쇄하고, 차량을 호위할 준비를 했다.[23] 그러나 킹은 여전히 "급진적인 히피 단체"가 문제를 일으킬 수 있다고 걱정했다.[24] 그는 추가적인 보안을 위해서 집에서 6발의 총알을 장전한 총신이 긴 스미스 앤드 웨스턴 .357 매그넘을 가져왔다. 그런 후에 그는 리볼버를 좌석 밑에 넣고 목욕 수건으로 덮은 다음 자신의 차를 몰아 운송차를 따라갔다. 그 상자를 자신의 실험실까지 운반하는 일에 어떤 방해도 있어서는 안 되었다.

결국 상자는 아무 탈 없이 도착했다. 암석은 달 시료 연구소가 있는 37번 건물에 안전하게 도착했다. 새 시설에는 많은 소형 연구실, 생물학적 분리 시스템, 우주 비행사의 격리 구역 등이 마련되어 있었다. 과학자들은 외계 생명체에 의한 오염이라는 종말론적 시나리오를 배제할 수 없었기 때문이다. 겨우 두 달 전에 발간된 마이클 크라이턴의 유명한 공상과학 스릴러 소설인 『안드로메다 균주*The Andromeda Strain*』에서는 우주 캡슐에 무임 승차해서 지구로 날아온 미생물이 인류를 거의 멸망시켰다. 그래서 과학자들은 우주 비행사와 마찬가지로 암석도 치명적인 달 세균의 흔적을 확인하는 3주일 동안 철저하게 격리해야만 했다. 그들은 해조류, 식물, 집파리, 큰 왁스 나방, 독일 바퀴벌레, 굴, 큰 머리 잉어, 새우, 흰쥐, 일본 메추라기를 달에서 가져온 먼지와 흙에 노출해서 결과를 조심스럽게 시험했다.[25]

그러나 킹과 그의 동료들은 격리가 끝날 때까지 기다릴 필요가 없었다. 힘든 과정을 거쳐 밀폐된 철제 진공 장치가 설계되었다. 과학자들은 유리창을 통해 튀어나온 검은 고무장갑을 이용해서 진공 장치 속에 있는 암석을 다룰 수 있었다. 당시 연구원이었던 빌 쇼프의 기억에 따르면, 진공 장치에서 많은 양의 시료를 쏟는 일이 벌어지면 과학자들은 긴급 대응 조치로 외부의 풀밭으로 달려나가 헬리콥터를 타고 공군 기지로 이송되었다. 그리고 그곳에서 기다리고 있던 비행기로 태평양의 비키니 섬으로 가서 격리 생활을 해야 했다.

상자가 도착한 직후, 한 무리의 과학자들이 청정실에서 샤워하고, 수술복을 입고 모자까지 썼다. 그런 후에 가스 마스크를 옆구리에 차고 진공 장치로 다가갔고, 폐쇄회로 텔레비전을 보고 있는 동료에게 진행 상황을 하나씩 설명해주었다.[26] 거추장스럽고 딱딱한 고무장갑에 양손을 넣은 기술자가 암석 상자의 겉면을 강력한 살균제로 문질러 닦았다. 그런 후에 상자를 열고 물러나서 과학자들이 창문을 통해서 상자 속을 살펴보도록 해주었다.* 그리고 마침내 진실의 순간이 다가왔다. 암석이 달과 초기 지구에 대해서 무엇을 밝혀주었을까? 연구원들은 마치 신대륙을 처음 발견한 탐험가처럼 열심히 작업했다.

그들은 몹시 실망했다. 달 암석은 골격만 앙상했고, 두꺼운 먼지로 덮여 있었다. 지질학자인 쇼프는 "나는 세상에서 두 번째로 그 암석을 본 사람이었다. 정말 대단한 일이었다. 그 암석은 석탄 덩어리처럼 보였다"고 말했다.[27] 과학자들이 먼지를 제거하고 나자 암석은 용암이 식으면서 만들어지는 흔한 회색빛 덩어리 암석인 평범한 현무암인 것으로 밝혀졌다. 이제 새롭게 생각해볼 문제가 생겼다.

달 암석의 첫 모습은 부인할 수 없을 정도로 평범했다. 그러나 달 암석에서 놀라운 사실들이 밝혀지기 시작했다. 우선 달 분화구의 기원에 대한 오래된 논란을 해결해주었다. 우주 비행사가 가져온 것은 일부 과학자들이 추정했던 화산 분화구의 잔해가 아니었다.[28] 오히려 그 암석은 소행성이나 혜성이 남긴 거대한 원형 흉터에서 나온 것이었다. 암석의 연대는 더욱 놀라웠다. 달 암석이 지구와 우리 원자의 역사에서 재앙의 시기를 설명해주었다.

NASA가 달 암석의 시료를 고등학교 중퇴자에서 칼텍의 지구화학자로 성공했고, 분석기기에 미쳐 있었던 제럴드 와서버그의 실험실로 보낸 후에야 그런 사실이 밝혀졌다. 1960년대 초에 국립과학재단은 암석 분석에 사용할 수 있는 기계 장치가 될 수 있었던 최초의 디지털 질량분석

---

* 빌 쇼프는 자신들이 조금 놀란 상태였다고 기억했다. 상자를 열려고 시도한 기술자는 상자의 봉인이 훼손되었다는 사실을 발견했다. 달에서 작업을 하던 우주 비행사에게는 상자의 걸쇠가 너무 빽빽했고, 결국 상자의 표면에는 이미 달의 먼지가 묻어 있었다.

기를 제작하겠다는 그의 연구비 요청을 거절했다. 그는 방사성 원소의 붕괴 과정에서 만들어지는 원소의 양을 측정해서 암석의 연대를 더 정확하게 계산하고 싶어했다. 결국 와서버그는 직접 자금을 모아서 제작한 장비를 터널과 1킬로미터 길이의 전선으로 대형 IBM 컴퓨터에 연결했다.[29] 그의 분광기는 곧바로 암석의 연대를 다른 연구자들보다 30배 이상 더 정확하게 알려주는 롤스 로이스가 되었다. 달 암석을 분석하게 된 그는 자신의 장비에 루나틱 1이라는 이름을 붙였다. 그는 복도에 정신병원Lunatic Asylum이라는 동판이 걸려 있는 멸균 청정실 안에서 장비를 가동했다.[30]

와서버그는 달에는 지각판이 없었기 때문에 암석의 연대가 달이나 지구만큼 오래된 45억 년일 것으로 예상했다. 그러나 우주 비행사가 처음 가져온 암석의 연대는 36억 년에서 39억 년이었다. 그는 다음 비행에서는 더 오래된 암석을 가져올 것으로 기대했다.

3년 후인 1972년에 그의 연구진은 다섯 번의 아폴로 미션에서 가져온 암석을 확보했다. 이제 와서버그와 그의 동료 (정신병원의) "수용자들"은 우주 비행사들이 걷거나 카트를 타고 찾아갔던 모든 분화구에서 가져온 암석의 연대를 살펴보았다.

그들은 자신들의 결과를 믿을 수가 없었다. 너무 흥분한 와서버그는 자신의 연구진을 패서디나의 술집으로 데려가서 축하 파티를 열었다.[31]

그들은 비록 달이나 지구만큼 오래된 암석은 찾을 수 없었지만, 전혀 다른 사실을 발견했다. 달의 고해상도 사진을 보면 그 표면이 거대한 분화구로 완전히 덮여 있는 것을 볼 수 있다. 이상하게도 우주 비행사들이 찾아갔던 분화구는 모두 41억 년에서 38억 년 된 것이었다. 더 오래된 것은 찾아볼 수 없었다. 그리고 더 나중에 만들어진 것도 없었다.

놀랍게도 그 결과는 달과 지구가 만들어지고 4억 년이 지난 41억 년 전에 갑자기 거대한 혜성과 소행성과의 충돌로 달 표면에 분화구가 생기고, 전체 모습이 완전히 달라졌음을 시사했다. 그런 후에 마찬가지로 약 38억 년 전에 강렬했던 충돌이 갑자기 멈췄다. 와서버그와 그의 동료들은, "안전하게 지켜볼 수 있는 좋은 벙커가 있었다면, 지구에서 지켜보는 그 모습은 대단한 장관이었을 것이다"라고 썼다.[32] 그들은 그런 파괴적인 시기를 달 대격변Lunar Cataclysm이라고 불렀지만, 오늘날에는 후기 대폭격Late Heavy Bombardment이라는 덜 거슬리는 이름으로 부르고 있다. 달 암석은, 우리의 이웃인 달이 만들어지고 몇억 년 동안은 조용한 교외가 아니라 바쁜 촬영장에 더 가까웠다는 증거를 제시하는 듯 보였다. 달은 거대한 소행성이나 혜성의 충돌에 시달렸다. 지구는 달보다 훨씬 더 큰 목표물이었을 것이다. 결국 우리의 행성도 똑같은 재앙을 겪었던 것이 틀림없다.

당연히 천문학자들은 거대한 소행성이나 혜성의 충돌이 어디에서 시작된 것인지를 알고 싶어했다. 2005년에 그들은 그 출처를 찾았다고 생각했다. 우리는 행성의 궤도가 안정적이라고 생각하고 싶어하지만, 우리 태양계 역사의 초기에는 가스로 이루어진 거대한 목성과 토성이 여전히 태양 주위를 도는 궤도로 안정화되는 중이었다. 천문학자 알레산드로 모르비델리와 그의 동료에 의한 시뮬레이션에서 화성과 목성 사이의 궤도에 있는 소행성 벨트에 있던 우주 암석들의 분포에 교란이 일어났던 사실이 밝혀졌다. 오늘날에도 암석형 소행성 수백만 개가 그곳에서 돌고 있다. 가장 큰 세레스는 지름이 940킬로미터나 된다. 천문학자들은 소행성 벨트에는 한때 훨씬 더 많은 소행성이 있었던 것으로 추정했다. 후기 대폭격 시기에는 목성의 움직임 때문에 그 소행성들이 당구공처럼 모든 방향으로 흩어졌을 것이다. 그 결과 현재 소행성 벨트에 있는 우주 암석 전체보다 20배나 되는 질량의 소행성들이 지구와 충돌했다.

이 시나리오는 10여 년 동안 널리 인정되었다. 그러나 오늘날에는 그렇지 않다고 생각하는 사람도 많다. 오늘날 모르비델리는 소행성의 그런 방출이 달이 만들어지기 전에 일어났다고 생각하고 있다. 후기 대폭격이 존재했다는 사실에 회의적인 사람도 많다. 그런 문제가 논란이 되고 있다. 그러나 그 때문에 혼란스러워하지는 말아야 한다. 거의 모든 사람이 지구와 달이 38억 년 전까지는 거대한 소행성과 혜성의 우박에 두들겨 맞았다는 사실에는 동의한다. 지구가 형성된 후에 상당 기간 동안 잠잠했다가 갑자기 다시 충돌이 늘어났다는 사실을 믿지 않는 사람도 있다. 그들은 충돌이 줄어들었다고 생각하지 않는다. 다시 말하면, 회의론자들은 "후기"에는 동의하지 않지만 "대大"에는 동의한다는 뜻이다. 오히려 그들은 더 오래된 분화구의 흔적이 새로운 충돌에 의해서 지워졌다고 의심한다.

다행히 우리는 그 정도 규모의 또다른 폭격을 두려워할 이유가 없다. 30억 년 전에 행성 형성 과정에서 남은 파편이 내부분 안징된 궤도에 자리를 잡았기 때문이다. 일부 큰 암석 천체가 여전히 소행성 벨트에 남아 있는 것은 사실이다. 그리고 카이퍼 벨트Kuiper Belt라고 부르는 해왕성 바깥의 영역에서 궤도를 도는 혜성을 비롯한 다른 우주 천체들도 있다. 모르비델리는 목성과 토성의 궤도는 이제 충분히 안정화되었고, 우리 쪽으로 돌진하는 소행성이나 혜성의 큰 소용돌이는 더 이상 없을 것이라고 믿는다(지금으로부터 대략 35억 년 후에는 수성의 궤도가 약간 불안정해져서 수성, 금성, 또는 화성이 지구와 충돌하게 될 정도로 이웃 행성들의 궤도를 교란할 가능성이 있다고 추정하는 사람도 있다[33]).

이제 분명한 것은, 우리 행성이 만들어지고 수억 년 동안 생명으로 조직화되기 시작한 분자가 숨을 곳이 거의 없었다고 믿는 과학자가 많다는 것이다. 지름이 400킬로미터인 소행성이 시속 6만1,000킬로미터로 날아오면 미국의 5분의 4가 넘는 크기의 분화구가 생길 것이다. 그런 충돌로 인해서 산더미 같은 암석이 우주로 날아갈 것이다. 충돌한 소행성이 갑자기 멈추면 운동 에너지의 대부분이 열로 변환된다. 분화구에서 뜨거운 마그마 파동이 모든 방향으로 뿜어져 나오면서 펄펄 끓는 섭씨 3,800도까지 가열된 암석 증기가 대기를 완전히 멸균滅菌시킬 것이다.[34] 그런 충돌과 비교하면, 공룡을 멸종시킨 지름 15킬로미터 정도의 소행성이나 혜성의 충돌은 작은 자갈이 튀는 수준이었을 것이다. 38억 년 전에 대부분 끝난 이 치명적인 충돌은 생명을 탄생시키려던 초기의 모든 시도를 파괴했다. 아니면 적어도 그 속도를 크게 늦췄을 것이다.

1960년대 초 철의 장막 뒤에서 연필과 종이로 계산하면서 고군분투하던 빅토르 사프로노프는 자신의 이론이 우리 행성의 격동적인 역사와 우리 분자의 역사에 대해서 그렇게나 많은 사실을 밝혀주리라고는 짐작도 하지 못했다. 우리가 서 있는 단단한 땅은 한때 멀리 있는 별의 빛으로 희미하게 밝혀지고, 우리 분자가 들어 있었던 먼지와 가스로 이루어진 신비스러운 구름이었다. 사프로노프의 도구를 이용한 과학자들은, 45억 년 전에 먼지 알갱이의 충돌을 통해서 더 큰 입자와 자갈과 거대한 암석이 만들어졌고, 그런 후에는 그 궤도에 있는 모든 것을 빠르게 집어삼킨 괴물이 바로 지구가 되었다는 사실을 밝혀냈다.

그것은 우리 원자가 겪은 고난의 시작에 지나지 않았다. 일단 지구가 만들어진 후에는 그것이 다시 녹아버렸고, 우리 원자는 녹아버린 지구에서 헤엄쳐야만 했다. 무거운 철이 중심부로 가라앉으면서 분자는 스스로 분류되었다. 그러나 여전히 지구의 표면에 도달하지 못한 것을 불행하게 여기는 분자들이 있었다면, 그런 분자들은 곧 행복해졌을 것이다. 대략 5,000만 년 후에는 화성 크기의 행성이 지구에 충돌해서 대부분의 맨틀을 증발시켰다. 표면 근처에 있는 모든 원자는 다시 내려앉기 전에 우주로 높이 날아갔을 것이다. 그후에 지구는 스스로 자신을 추스를 시간을 가졌을 수도 있고, 그렇지 않을 수도 있다. 그러나 4억 년이 지난 41억 년 전에는 모든 것을 부숴버린 소행성의 사격이 지구를 폭격했다. 그런 폭격으로 마그마의 거대한 쓰나미가 발생했고, 행성의 대기가 뜨거운 암석 증기로 가득 채워졌다. 그 시기에 등장한 생명이 있었다면, 그런 생명은 뜨거운 충돌에 파괴되었을 것이다. 아니면 적어도 깊이 숨어서 살아야 했을 것이다.

지구가 만들어지고 넉넉하게 7억 년이 지난 38억 년 전이 되어서야 우리의 태양계가 마침내 안정을 찾게 되었다. 행성도 안정한 궤도에 자리를 잡았다. 불량 소행성과 혜성의 총격전은 줄어들었다. 지구의 표면도 냉각되었다. 암석으로 이루어진 얇은 지각이 만들어졌다.

마침내 생명이 살기에 적절한 조건이 갖춰졌다.

제2부

생명이 있으라!

우리 몸의 구성 요소인 물과 유기 분자가 어떻게 지구에 도달했고,
우주의 역사에서 가장 놀라운 해트 트릭을 통해서
어떻게 생명이 탄생했는지를 알려주는 놀라운 방법을 알아보자.

5

지저분한 눈덩이와 우주 암석

사상 최악의 홍수

행성에 마법이 있다면, 그 마법은 물에 들어 있을 것이다.

_ 로렌 아이슬리[1]

우리는 늘 마시는 물이 우리 몸에 있는 것이 당연하다고 생각한다. 그러나 우리 행성이 갓 만들어진 수십억 년 전에는 지구 환경이 물을 기체로 증발시킬 정도로 뜨거웠고, 암석 덩어리와 충돌해서 우리 행성이 만들어지는 동안에도 물은 사라질 수 있었다. 지구상의 모든 생명은 물에 의존해서 살아간다. 그림을 그리려면 캔버스가 있어야 하듯이 생명이 존재하려면 반드시 물이 필요하다. 물은 매우 중요하기 때문에 NASA가 외계 생명을 찾기 위해서 강조하는 구호도 "물을 따라가라"이다. 물이 없었다면 우리도 여기에 있지 못했을 것이 분명하다. 과학자들은 혈관을 따라서 흐르는 물이 애초에 어떻게 이곳에 오게 되었는지를 설명하기 위해서 애를 쓰고 있다. 과학자들이 그렇게 단순한 의문에 대한 답을 찾는 일이 놀라울 정도로 어렵다는 사실을 알게 되기까지 수십 년이 걸렸다.

사실 물은 우주에서 가장 특이한 분자 중 하나이다. 우리는 태양계에서 유일한 물의 세계라고 할 수 있을 정도로 표면에 물이 넘쳐나는 유일한 행성에서 살고 있다. 아서 C. 클라크는 "분명히 바다로 이루어진 이 행성을 '지구地球'라고 부르는 것은 매우 부적절하다"고 했다.[2] 짙은 푸른색의 물이 행성 표면의 70퍼센트를 평균 4킬로미터의 깊이로 덮고 있다. 물이 없으면 지구는 대부분의 신비를 잃어버린다. 물만큼 지구의 표면을 넓게 덮어주는 분자도 없고, 지구의 자연 상태에서 고체, 액체, 기체로 존재하는 다른 분자도 없다. 태양계에서 유일하게 구름, 강, 호수가 있는 다른 곳은 토성의 위성 중 하나인 타이탄뿐이다. 그러나 타이탄에서는 물이 아니라 메테인이 비처럼 쏟아진다. 그곳에는 전혀 다른 화학을 기반으로 하는 생명이 살고 있을까? 어쩌면 그럴 수도 있을 것이다. 그런 사실은 우리가 직접 찾아가보기 전에는 확인할 수 없는 것이다. 그러나 이곳 지구에서는 생명체가 물 위에 그림을 그리고 있다.

얼고, 녹고, 흐르고, 떨어지고, 아찔한 높이까지 올라가는 등의 순환에 관한 한 지구상에서 물은 경쟁 상대가 없다. 지표면에서 몇 킬로미터나 내려간 동굴, 해저 깊은 곳의 암석, 강, 시내, 온천, 연못, 안개와 이슬은 물론이고, 1세제곱피트에 수백만 개의 물방울이 들어 있는 구름을 비롯한 모든 곳에는 생명이 존재할 수 있다. 2010년 소시아 대학교의 화학자가 학생들에게 NASA의 연구용 항공기를 탈 기회를 마련해주었다. 아찔한 3만 피트 상공까지 올라간 그들은 먹구름 속에서 100여 종 이상의 박테리아와 곰팡이가 멀쩡하게 살고 있다는 사실을 확인했다.[3]

우리도 역시 온전하게 물에 의존하고 있다. 우리는 우리 자신이 건조한 육지에서 살고 있다고 생각하지만 사실 우리는 속속들이 물로 되어 있다.[4] 우리가 자궁을 떠났을 때는 바나나와 마찬가지로 무게의 약 75퍼센트가[5] 물이었다.[6] 남성의 경우에는 평균 약 60퍼센트가, 여성의 경우에는 평균 55퍼센트가 물이다.[7] 나이가 들면 그 비율이 약 10퍼센트 정도

줄어든다. 물의 양이 상당한 것처럼 들리지만, 고작 2퍼센트만 부족해도 뇌가 즉시 갈증을 느끼게 된다. 우리는 음식을 먹지 않더라도 한 달 이상 생존할 수 있지만, 물을 마시지 못하면 고작 일주일 정도 버틸 수 있을 뿐이다.

물은 우리에게 수많은 혜택을 준다. 물은 음식에 들어 있는 에너지를 저장하고 방출하는 화학반응을 도와준다. 물은 우리의 DNA와 단백질이 만들어지고, 지나칠 정도로 복잡한 모양을 유지하도록 해준다. 물은 세포가 분자로 분해되는 일도 도와준다. 그리고 소변을 배출하여 방광을 비울 때마다 물이 폐기물을 운반한다. 매일 약 11컵 정도의 물을 대체해야 하는 것도 바로 그런 이유 때문이다.[8]

무엇보다도 물은 우리의 분자가 서로 만나고 뒤섞이는 우리 몸속의 바다에 해당하는 매질媒質이다. 역설적으로 그런 일은 물이 심한 약골이기 때문에 가능하다. 물 분자 사이의 결합은 아주 쉽게 끊어진다. 물 분자는 2개의 너그러운 수소 원자가 1개의 산소 원자에 불평등하게 결합해서 만들어진다. 더 무거운 산소는 가진 것을 너그럽게 나누지 않는다. 산소는 각각의 수소와 공유하는 전자를 자신에게 좀더 가까이 끌어당겨서 산소 쪽에는 약간의 음전하가 생기고, 수소 쪽에는 약간의 양전하가 생기게 만든다. 이웃한 분자의 산소와 수소 원자들이 가진 전하에서 나타나는 작은 차이가 수소결합이라고 부르는 약한 연합을 만들어서 액체의 물 분자가 서로 달라붙게 해준다.

그런 행운의 연약함은 우리 몸속의 물 분자 사이의 결합이 1조5,000억 분의 1초마다 계속해서 끊어졌다가 다시 이어지도록 해준다는 뜻이다.[9] 그 덕분에 다른 분자가 물을 쉽게 통과할 수 있게 된다. 따라서 전하를 가진 이온은 물에 젖어 있는 뇌에서 신경 신호를 최대 초속 100미터의 속도로 보낼 수 있다.[10] 우리는 탈수脫水 상태가 되면 물이 부족해진 뉴런이 수축하거나, 물이 부족해진 혈관이 산소를 충분히 운반하지 못하게 되어 생각이 흐려진다. 어쩌다가 생각이 흐릿해지면 물 한 잔이 필요할 수도 있다.*[11]

그런 모든 사실이 자연스럽게 과학자가 우리 몸에 있는 물이 어떻게 지구에 도달하게 되었는지 궁금증을 가지게 된 이유가 되었다. 그 답을 찾는 과정에서 그들은 기존의 이론을 의심하게 만드는 새로운 증거를 계속 발견했다.

물이 우리 행성에 나타난 당혹스러운 일에 대한 최초의 실마리는 1950년대에 한 천문학자에 의해서 밝혀졌다. 그는 로켓 과학자 베르헤른 폰 브라운과 함께 50명의 과학자와 기술자로 구성된 탐험대를 달에 보내는 방법에 대한 책을 쓴 것으로 유명했다.[12] 프레드 휘플은 어린 시절에는 과학자가 될 생각이 없었다. 과학자가 되기로 한 선택은 지루함과 실패 끝에 생각해낸 궁여지책이었다. 실패의 경험이 먼저였다.

농부의 아들로 태어난 휘플은 1900년대 초에 아이오와 수 레드오크에 있던 단칸 교실에서 대부분의 교육을 받았다. 병원에서 멀리 떨어진 곳에 살았던 그의 가족은 여러 가지 건강 문제에 시달렸다. 그에게는 악몽과도 같은 일이었다. 휘플은 네 살에, 두 살 터울의 동생을 성홍렬로 떠

---

* 얼음낚시를 해보면 물이 생명에 도움이 되는 또다른 이유를 잘 알게 된다. 물은 얼어서 고체가 되더라도 아래로 가라앉지 않는다. 오히려 얼음은 물 위로 뜬다. 물이 얼게 되면 기묘한 수소결합이 분자들을 밀도가 낮은 결정으로 배열하게 해주기 때문이다. 만약 얼음이 대부분의 고체와 마찬가지로 아래로 가라앉는다면, 강, 연못, 바다는 물속의 가장 깊은 곳에서부터 얼기 시작할 것이고, 온도가 충분히 낮아지면 그 밑에 있는 모든 생물은 얼음 속에 갇히게 될 것이다.

나보냈다. 1년 후에는 휘플 자신이 소아마비에 걸렸다. 다른 사람들이 맹장염으로 고통스러워하는 모습에 놀란 그의 부모는 가족 모두가 선제적으로 맹장 절제술을 받도록 했다(그는 "나는 몇 년 동안 아버지의 맹장, 어머니의 맹장, 그리고 어린아이의 맹장이 들어 있던 폼알데하이드 병 3개의 끔찍한 모습을 보았다"고 회상했다[13]). 그런 어려움에도 불구하고 그는 학교에서 뛰어난 학생이었다. 1922년 그의 비범한 가능성을 알아보고, 옥수수 가격의 폭락을 걱정했던 그의 가족은 더 나은 교육을 받을 수 있는 캘리포니아로 이사를 했다.[14] 그곳에서 휘플은 테니스를 좋아하게 되었다. 그는 캘리포니아 대학교 로스앤젤레스UCLA에서 수학을 전공했는데, 수학 공부가 너무 쉬웠던 탓에 자신이 프로 선수가 되기 위한 테니스 실력을 쉽게 쌓을 수 있을 것이라고 믿었다.[15]

실제로 그렇게 되지는 않았다. 휘플은 소아마비 때문에 왼쪽 다리가 오른쪽보다 3센티미터 더 짧았다. 현실을 받아들일 수밖에 없었던 그는 테니스로 성공하겠다는 꿈을 접어야 했다. 미래를 걱정하던 그는 수학에서의 경력이 자신이 상상할 수 있는 다른 직업과 마찬가지로 지루할 것이라는 두려움 때문에 천문학으로 방향을 돌렸다.[16]

버클리의 대학원을 다니던 1930년에 휘플과 동료 학생은 고작 몇 주일 전에 발견된 명왕성의 궤도를 처음으로 계산했다.[17] 그는 자신이 "궤도 계산 작업"을 좋아한다는 사실을 좋아했다.[18] 박사학위를 받은 그는 하버드로 가서 밝은 불이 켜져 있던 케임브리지에서 40킬로미터 정도 떨어진 곳에 세워진 새로운 천문대에서 하늘을 관측하는 프로그램을 지휘했다. 망원경이 설치된 건물 근처에 있는 작은 벽돌 건물에서 작업을 하던 그의 업무 중에는 새로운 사진판을 돋보기로 들여다보면서 카메라의 정확도를 확인하는 일도 있었다.[19] 휘플은 그 기회를 혜성 사냥에 사용하기로 했다. 그는 10년 동안 7만 장의 사진을 조사했다. 다른 사람에게는 지루한 작업이었겠지만 휘플에게는 그렇지 않았던 것이 분명했다. 그런 노력 덕분에 그는 6개의 새로운 혜성을 발견하는 영광을 누렸다(30개가 넘는 혜성을 발견한 천문대 문지기였다가 천문학자가 된 18세기의 장-루이 퐁이 기록 보유자이다[20]). 그러나 그가 새로운 천체를 발견해서 명성을 얻은 것은 아니었다. 혜성의 기묘한 움직임에 호기심을 가진 덕분에 그는 영원히 기억되는 성과를 거두었다.

옛날에는 밤하늘을 수놓는 혜성의 밝은 불꽃이 종종 파멸의 징조였다. 하늘을 관찰하는 사람은 섬뜩할 정도로 길게 빛나는 꼬리가 붙어 있는 밝은 공을 보았다(혜성comet이라는 이름도 "머리털"이라는 뜻의 그리스어 komētēs에서 유래했다). 그러나 휘플 시대의 과학자는 태양 주위의 긴 타원 궤도를 공전하는 그런 천체를 더 이상 인상적이라고 생각하지 않았다. 그것은 단순히 모래나 자갈 입자로 구성된 구름에 중력의 힘으로 느슨하게 붙어 있는 약간의 가스로 이루어진 "날아다니는 모래언덕"이었을 뿐이다. 오랫동안 널리 알려졌던 이론은 프레드 호일의 동료인 케임브리지의 유명한 천문학자 레이먼드 리틀턴에 의해서 다듬어졌다.

휘플을 괴롭혔던 것은, 혜성이 태양에 접근하면서 수십만에서 수백만 킬로미터에 이르는 긴 꼬리가 생긴다는 점이었다. 그런 꼬리는 혜성의 표면에서 나오는 가스로 만들어졌다. 그러나 그의 계산에 따르면, 엥케 혜성(가장 짧은 주기로 태양에 접근하는 근지구 혜성. 1786년에 프랑스의 천문학자 피에르 메생이 처음 발견했지만, 1819년에 그 궤도를 계산한 요한 엥케의 이름이 붙여졌다/역주)은 이미 태양을 1,000번 이상 공전했지만 긴 꼬리를 만드는 가스가 바닥날 기미를 보이지 않았다.[21] 그리고 한 가지 문제가 더 있었다. 혜성은 믿을 수가 없었다. 혜성은 태양 주위의 안정된 궤도를 따라 움직이기는 했지만, 정확하게 시간을 지키는 행성이나 소행성과는 달리 예상된 시기에 돌아오는 경우가 드물었다. 엥케 혜성처럼 3.3년마다 돌아오기는 하지만, 항상 30분에서 1시간씩 일찍 도착하는 혜성도 있었다.[22] 반면에 핼리 혜성처럼 76년마다 돌아오지만 언제나 예상보다 며칠씩 늦게 나타나는 혜성도 있었다. 휘플에게는 무엇인가가 옳지 않아 보였다.

그는 1949년 어느 날 하버드에서 우리 대기 중으로 진입하는 혜성의 파편인 유성의 궤적을 계산하고 있었다. 유성에 작용하는 힘을 분석하던 그는 유성의 앞부분이 뜨거워질 것이라는 사실을 깨달았다. 만약 유성에 얼음이 포함되어 있다면, 그중 일부가 가스로 바뀔 수 있다는 생각이 떠올랐다. 그는 "맙소사, 혜성에서 일어나는 일이 바로 그런 것이었구나!"라고 생각했다.[23] 그에게는 유레카의 순간이었다. 갑자기 혜성의 이상한 거동을 완전히 이해하게 되었다.

휘플은 공전公轉하는 모든 천체가 그렇듯이 태양 주위를 공전하는 혜성은 홈을 향해 던진 야구공처럼 스스로 자전自轉도 한다는 사실을 깨달았다. 만약 혜성이 모래로 만들어진 구름이 아니라 거대한 얼음덩어리라면, 얼음의 앞부분 중 일부가 가스로 바뀌면서 작은 제트 분사처럼 옆으로 흐를 것이다. 그는 혜성의 움직임을 신뢰할 수 없었던 이유를 그런 가스 흐름을 이용해서 설명할 수 있었다. 그런 가스가 혜성이 자전하는 방향에 따라서 공전 궤도를 조금 더 키우거나 줄이기도 하고, 혜성의 움직임을 가속하거나 지연시킬 수도 있다는 것이었다.

1950년에 휘플은 혜성이 리틀턴을 비롯한 사람들이 믿었듯이 모래와 가스가 느슨하게 모여 있는 것이 아니라는 과격한 주장으로 큰 파문을 일으켰다. 언제나 혜성을 둘러싸고 있는 모래와 가스로 이루어진 구름이 혜성의 중심에 거대한 얼음덩어리가 숨겨져 있다는 사실을 베일처럼 가린다는 것이었다. 다시 말해서 혜성은 날아다니는 지저분한 눈덩이라는 것이다. 혜성의 가스가 바닥나지 않는 것도 그런 이유 때문이다. 혜성의 얼음 핵의 크기는 수 킬로미터에 이를 정도여서 태양에 접근할 때 잃는 가스의 양이 상대적으로 많지 않다. 휘플은 그 핵이 주로 메테인, 암모니아, 이산화탄소, 물과 같은 가스가 얼어붙은 것으로 추정했다. 그런 물질은 태양계가 만들어질 때 태양으로부터 먼 곳에 흔하게 존재했다.

엄청나게 큰 얼음덩어리가 실제로 태양 주위를 수억 킬로미터의 궤도를 따라 수만 년이 넘도록 돌아다닐 수 있을까? 적지 않은 과학자들이 의구심을 품었던 것은 놀랄 일이 아니었다. 케임브리지의 리틀턴은 휘플의 제안을 격렬하게 반박했다. 모래와 자갈에서 어떻게 혜성이 만들어졌는지에 대한 자세한 수학적 이론이 있었던 리틀턴은 휘플의 이론을 신랄하게 비판했다. 휘플의 이론이 살아남은 유일한 이유는 그것이 틀렸다는 사실을 아무도 증명하지 못했기 때문이다. 휘플이 혜성의 머리 부분에 있을 것이라고 주장한 얼음 핵은 너무 작아서 지구에서는 감지할 수도 없다는 것이 그의 반론이었다.[24]

30년이 지나 휘플의 나이 일흔아홉 살에 연구자들은 마침내 그의 이론을 시험할 수 있게 되었다. 고대 중국에서 관측되었고, 아마도 그 이전 바빌로니아와 그리스에서도 관찰되었을 가능성이 있는 핼리 혜성이 75년 만인 1986년에 다시 돌아올 예정이었다.

역사적인 귀환을 예상한 연구자들은 혜성을 연구할 기회를 놓치지 않았다. 핼리 혜성이 1억4,300만 킬로미터까지 다가왔을 때, 4만1,000피트 상공을 날던 NASA의 항공기가 분광기로 혜성을 추적했다.[25] 소련은 핼리 혜성에 8,000킬로미터까지 접근할 쌍둥이 인공위성을 보냈다. 일본도 자체 제작한 2개의 인공위성을 발사했다. 그리고 유럽우주국ESA은 자신들의 첫 우주 탐사선이자, 핼리 혜성의 내부를 탐사할 유일한 인공위성인 조토Giotto를 선보였다.

1986년 3월 13일에 독일 다름슈타트에서는 전 세계의 과학자들이 조명이 어둑한 ESA의 통제실과 통신 장비로 연결된 근처의 실험실에 모여 있었다. 10년 동안이나 준비를 해온 연구자들은 당시의 만남을 초조하게 기다리고 있었다. 휘플도 그들과 함께 있었다. 한 과학자가 "프레드, 내일이 진실의 순간입니다"라고 말했다.[26]

조토의 엔지니어 중에는 부서지기 쉬운 인공위성이 "카미카제 미션"으로 혜성의 비밀을 밝혀낼 수 있을 만큼 충분히 오랜 시간을 견뎌줄지를 확신하지 못하는 사람도 있었다.[27] 혜성의 중심에 있는 핵에 도달하기 위해서는, 조토가 인공위성과 혜성이 초속 65킬로미터로 서로 다가가는 동안 분출하는 먼지와 가스의 구름을 통과해야 했기 때문이다.[28]

조토의 앞과 뒤에는 날아오는 파편으로부터 동체를 보호하기 위한 휘플 차폐막이 장착되어 있었다. 차폐막은 알루미늄과 케블라(1971년 미국 듀퐁 사가 개발한 강도와 탄성이 뛰어난 아라미드 계열이 고강력 섬유/역주) 층 사이에 약간의 간격을 두고 만들어진 것이었다. 우주여행이 여전히 벅 로저스(1928년 미국 일간지에 처음 실렸던 필립 노런의 공상과학 만화의 주인공/역주)의 꿈이었던 1947년에 휘플 자신이 직접 개발한 우주선용 경량 범퍼였다. 그러나 휘플 차폐막에도 불구하고 연구자들은 조토의 민감한 기기들이 끔찍한 모래폭풍의 충격을 견뎌내야 한다는 사실을 알고 있었다. 그리고 작은 먼지 입자와 잘못 충돌하면 기기의 작동이 중단될 수도 있었다.

조토가 혜성의 중심으로부터 10만 킬로미터 거리에 도달했을 때부터 먼지 입자의 본격적으로 충돌이 시작되었다.[29] 1만6,000킬로미터부터는 연속적인 충돌이 발생했다. 인공위성은 계속 다가갔다. 그리고 핵으로부터 800킬로미터 떨어진 곳에서 0.07그램도 되지 않는 입자가 인공위성에 충돌했다. 그런 충돌로 0.5톤짜리 인공위성이 요동치기 시작했다.[30] 걱정스럽게도 엔지니어와의 교신도 끊어졌다. 많은 사람이 최악의 상황을 각오했다. 다행히 30초 이내에 교신을 복구했지만, 먼지 입자 때문에 카메라가 망가졌고, 차폐막이 파괴되었으며, 일부 감지기가 작동 불능 상태에 빠졌다.

그런 피해에도 불구하고 휘플을 비롯한 과학자들은 기쁨에 들떴다. 충돌하기 몇 초 전에 찍은 사진에는 유령처럼 보이는 놀라운 모습이 담겨 있었다. 핵 자체는 맨해튼 크기와 비슷한 대략 15킬로미터 정도의 감자 모양이었다. 그리고 질량 분광기의 데이터로부터 혜성이 내뿜는 가스의 80퍼센트가 물이라는 사실이 밝혀졌다.[31] 그러나 전체적으로 혜성의 핵에는 휘플이 예상했던 것보다 훨씬 더 많은 암석과 먼지가 있었다. 물이 얼어서 만들어진 얼음은 대략 3분의 1 정도였다. 혜성의 핵은 지저분한 눈덩이가 아니라 눈이 덮인 흙덩어리었다는 뜻이다. 어쨌든 혜성에 엄청난 양의 물이 들어 있다는 점은 분명했다.

오래된 지구가 어떻게 물을 가지게 되었는지를 알고 싶어했던 행성 과학자에게 이제는 눈으로 뒤덮인 거대한 흙덩어리가 유력한 용의자가 되었다. 수십억 년 전에 혜성의 우박이 지구에 떨어지면서 물의 바다가 전달된 것으로 보였다.

그렇다면 그런 혜성들은 어디에서 왔을까?

과학자들은 오래 전부터 혜성이 화성 너머의 차가운 영역에서 태어났다고 믿었다. 1990년대까지만 해도 혜성의 대부분이 성장하는 행성에 빨려 들어갔던 것이 확실해 보였다. 그렇지만 네덜란드의 천문학자 얀 오르트가 태양계 가장자리에서 수조 개의 혜성이 살아남아 있을 수 있다고 제안했다. 행성으로 빨려 들어가기에는 너무 멀리 있었던 혜성들은 그 당시 오르트 구름이라고 불리는 거대한 공 모양의 껍질로 태양계를 둘러싸고 있다. 그곳에는 지구의 바다를 채워줄 수 있을 정도로 많은 얼음 덩어리 혜성들이 있었다. 문제는 그 혜성들이 지구와 태양 사이의 거리보다 몇천 배나 더 멀리 떨어져 있다는 것이었다. 혜성이 지구까지 오기에는 너무 멀리 있었다.

일부 혜성이 우리 태양계에서 더 가까운 목성의 궤도 바깥에 남아 있었을 가능성을 의심한 연구자도 있었다. 오르트 구름보다 1,000배나 더 가까운 곳이다. 그러나 이는 단순한 추측일 뿐이었다. 그렇게 먼 곳에 있는 크기가 수십 킬로미터도 되지 않는 혜성을 직접 발견할 수 있다고 생각할 만큼 어리석은 사람은 없었다.

MIT의 젊은 교수인 데이비드 주윗과 그의 대학원생 제인 루를 빼고는 아무도 없었다는 뜻이다. 이마가 넓고 항상 웃으면서 영국인 특유의 유머를 던진 주윗은 런던의 공장 노동자와 전화 교환원의 아들이었다. 어린 시절 밤하늘에서 우연히 본 유성이 그를 천문학으로 이끌었다.

그는 1985년에 태양계의 먼 영역에 있는 혜성과 같은 작은 천체를 찾기 위한 망원경에 CCD라고 부르는 새로운 디지털 광光 검출기를 부착하는 새로운 아이디어를 떠올렸다. 그는 단순히 우리가 볼 수 없다고 해서 존재하지 않는 것은 아니라고 생각했다. 그는 다른 사람들은 존재한다고 의심조차 하지 않는 천체를 찾기 위한 연구비를 구하고 있었다. 그의 연구비 신청서는 계속해서 거부당했다. 30여 년이 지난 후에 자신의 신청을 무시했던 검토 의견을 기억해낸 그는 다시 흥분하기 시작했다. 그는 "보통은 '제안한 측정이 가능하다는 것을 입증하지 못했다'는 정도였다"라고 했다.[32] "그런데 맙소사 그것은 세상에서 가장 어리석은 지적이었다. 아직 해보지 않은 일을 해보는 것이 핵심이다. 그리고 그것이 불가능할 수도 있겠지만, 시도를 해보자는 것이 아이디어였다." 일부 평가자들이 "현재의 도구로 감지하지 못하면 존재하지 않는다"는 편견, 즉 우리가 지금까지 아무것도 발견하지 못했다면, 그곳에는 아무것도 존재하지 않는다는 생각에 빠졌을 수도 있었다.

포기하기를 거부한 주윗과 루는 수십억 킬로미터나 떨어진 곳에 있는 정체불명의 천체를 찾아내기 위해서 다른 연구 프로젝트의 망원경 관찰 시간을 몰래 빌렸다.

그들은 몇 년 동안 아무것도 찾아내지 못했다. 1년, 2년이 지나고, 4년, 5년, 6년이 지났다. 그리고 1992년 어느 여름날 밤에 그들은 하와이의 빅아일랜드에 있는 마우나 케아 천문대에서 일하고 있었다. 그들은 5년 동안의 노력이 실패로 끝났다고 결론을 내리기 직전에 아주 희미한 점을 발견했다. 그리고 그들은 그것이 아주 느리게 움직이고 있다는 사실을 알아냈다. 주윗은 "그것이 진짜일 리가 없나"고 생각했다.[33] 그런데 그것은 진짜였다. 주윗과 루는 해왕성 너머에서 수백만 개의 혜성이 있는 것으로 밝혀질 궤도를 발견했다. 그 궤도는 1950년대에 그런 가능성을 처음 제기한 네덜란드 천문학자의 이름을 따서 카이퍼 벨트라고 부르게 되었다(그러나 역설적으로 카이퍼 자신은 카이퍼 벨트가 존재할 수 있다고 믿지 않았다).

카이퍼 벨트에 있는 혜성 무리가 발견되면서 우리 몸에 있는 물의 기원에 대한 의문이 해결된 것처럼 보였다. 지구가 형성되고 어느 정도 시간이 흐른 후에 카이퍼 벨트의 혜성과 어쩌면 더 먼 거리의 오르토 구름에 있는 적은 수의 혜성이 지금 지구를 덮고 있는 물을 운반해왔다.[34] 날아다니는 빙산의 저수지는 지구의 대양을 채우기에 충분할 정도로 컸다. 이 이론은 곧바로 인정을 받았고, 거의 모든 사람이 그 이론을 가르치기 시작했다. 미스터리는 풀렸다.

정말 그랬을까? 문제는 1995년에 다시 불거졌다. 애리조나 주 피닉스 근처에서 열린 별 관측 파티에서 콘크리트 공급회사의 부품 관리자였던 토머스 밥이 순서에 따라 친구의 망원경을 들여다보았다. 그는 접안 렌즈 구석에서 흐릿한 빛을 주목했다. 같은 날 저녁에 뉴멕시코 주 클라우드크로프트에 있는 집의 진입로에서 천문학자 앨런 헤일도 같은 천체를 발견했다. 그들이 새로 발견한 혜성은 지금까지 보았던 것 중에서 가장 밝았으며, 그때부터 헤일-밥 혜성으로 알려지게 되었다.

다음 해에 데이비드 주윗이 다른 과학자들과 함께 강력한 전파 망원경으로 헤일-밥을 관측하러 마우나 케아 천문대로 돌아갔다. 고도 1만 4,000피트의 불편할 정도로 희박한 대기 속에서 그들은 야간에 13-16시간씩 돌아가면서 분광학적 측정 작업을 반복했다. 그들은 혜성에서 관측된 희귀한 물의 비율을 지구 바다의 비율과 비교해보고 싶었다.

물이 여러 가지 형태로 존재한다는 사실을 아는 사람도 있고, 모르는 사람도 있을 것이다. 그중 대부분은 하나의 핵에 하나의 양성자를 가진 수소 원자로 만들어진 것이다. 그러나 10퍼센트 더 무거운 형태로 존재하는 물도 있다. 이런 물의 수소 원자는 양성자 외에 중성자가 하나 더 있어서 중수소deuterium라고 부르는 동위원소이다. 더 무거운 물은 매우 드물어서 우리 바다에는 6,400개의 물 분자 중 1개에 불과하다. 그래서 헤일-밥에 대한 측정을 수행하던 마우나 케아의 연구진은 같은 비율의 중수重水를 발견할 것이라고 확신했다. 결국 지구의 물은 혜성에서 온 것일 수밖에 없었다.

그러나 발견된 사실은 전혀 달랐다. 헤일-밥에는 우리 바다보다 2배나 많은 중수가 있었다. 그리고 그것이 문제였다. 과거의 천문학자들이 핼리 혜성에서도 비슷하게 높은 비율을 측정했지만, 그들은 그것을 단순한 이상 현상으로 치부했다. 그리고 과학자들이 하쿠다케라는 혜성에서도 비슷한 비율을 측정했다. 이제 세 가지 수치가 일치하면서 혜성의 물이 우리 바다의 물과 조성이 똑같지 않다는 증거를 더 이상 무시할 수 없게 되었다.

나는 주윗에게 "천문학자들이 헤일-밥 측정에 어떻게 반응했나요?"라고 물었다.

그 사실이 가져온 영향을 언급하면서 그는 그것이 "사람들을 놀라게 했어요. 어떤 의미에서 그것은 사람들의 의식을 일깨워주었습니다. 새 시대의 문이 열렸죠"라고 했다. 그는 웃으면서 "내가 그런 말을 하지 않았으면 좋았을 것입니다"라고 덧붙였다. 그의 주장은 분명했다. 연구자들은 발등에 불이 떨어진 셈이었다. 갑자기 혜성을 녹인다고 바다가 만들어지는 것이 아니라는 사실이 분명해졌다. 혜성에 물이 가득하다는 점에서는 휘플이 옳았지만, 우리의 바다는 태양계의 다른 곳에서 온 것이었다. 그렇다면 지구의 물은 도대체 어디에서 왔을까?

그때 다른 사람들과 마찬가지로 주윗도 얼음덩어리 혜성에서 소행성이라고 부르는 우주에 떠다니는 거대한 암석에 관심을 가지기 시작했다.

암석에서 물을 짜낼 수는 없다고 생각할 수도 있다. 그러나 그럴 수 있다. 적어도 일부 암석에서는 가능하다. 지구로 떨어지는 소행성의 파편인 암석으로 된 운석을 가열하면 결정 구조 속에 갇혀 있던 물 분자가 수증기로 빠져나오게 된다. 과학자들은 몇 년 전부터 소행성에 물이 숨겨져 있다는 사실과 소행성마다 숨겨놓은 물의 양이 크게 다르다는 사실을 알고 있었다. 태양에 가까운 곳에서 만들어진 대부분의 소행성에는 물이 거의 들어 있지 않았다. 그러나 화성 너머의 꽁꽁 얼어 있는 영역에서 만들어진 소행성에는 들어 있는 물의 양이 13퍼센트에 달할 수도 있었다. 주윗과 다른 연구자들은 지구에 떨어지는 충분히 큰 소행성의 경우에는 많은 양의 물이 들어 있을 수 있다는 사실을 깨달았다. 천문학자들은 그뿐만이 아니라 화성과 목성 사이에 있는 소행성대Asteroid Belt라고 부르는 궤도에 대단히 많은 소행성이 모여 있다는 사실도 알고 있었다. 그리고 혜성과 달리 소행성에 들어 있는 중수의 비율은 우리의 바다나 몸에 있는 물과 일치했다. 그런 모든 것이 우리 행성에 있는 물이 우주에 떠다니는 암석에서 온 것일 수 있다는 사실을 알려주었다.

그것으로 문제가 해결된 것처럼 보일 수도 있었다. 그러나 소행성대는 4억8,000만 킬로미터나 떨어져 있다. 그곳에 서서 지구를 향해 당구공을 조준한다고 생각해보자. 명중시키려면 엄청나게 정확해야 한다. 지구를 물로 덮을 수 있을 만큼의 소행성을 정확한 각도로 발사할 확률은 얼마나 될까? 그리고 우리가 그런 사실을 어떻게 알아낼 수 있을까?

1998년 햇볕이 내리쬐는 리비에라의 모래사장에서 1,600미터도 떨어지지 않은 프랑스의 니스 천문대에서 알렉산드로 모르비델리는 자신이 소행성 이론을 시험해볼 방법을 찾아냈다고 생각했다. 그는 망원경을 이용해서 소행성을 관측하는 대신 자신의 책상에 앉아서 지구의 진화 과정을 재검토해보기 시작했다. 모르비델리는 행성 진화 게임에 새로 뛰어든 신인이었다. 그는 얼마 전에 행성 형성의 마지막 단계를 시뮬레이션하는 훨씬 더 정교한 컴퓨터 프로그램을 개발한 조지 웨더릴과 존 체임버스에게 영감을 받았다. 모르비델리는 체임버스에게 자신과 함께 프로그램을 이용해 지구가 만들어지는 과정에서 충돌했던 소행성과 혜성을 비롯한 모든 혼란스러운 천체의 근원을 추적하는 일을 할 수 있는지 물었다.

셜록 홈스의 숙적인 모리아티가 소행성의 복잡한 궤도를 계산할 수 있을 정도로 똑똑했듯이 모르비델리도 역시 충분한 수학적 소양을 갖추고 있었다.* 이탈리아에서 대학을 다닌 모르비델리는 10대 시절에 품었던 천체 관측에 대한 열정을 호기롭고 자신만만하게 이어가고 싶었다. 그러나 교수는 이런 그를 말렸다. "나는 그런 일을 하지 말아야 한다는 충고를 받았다. 순수 천문학 학위로는 일자리를 찾기 어렵다는 것이었다. 위험이 너무 크다고 말이다"라고 했다. 실망한 그는 대신 물리학을 공부했다. 졸업 후에 그는 천문학 분야의 석사 학위를 위해서 대학의 교수들을 찾아갔다. 아무도 그를 받아주지 않았다. 다시 좌절한 그는 수리물리학과 카오스 이론으로 박사학위를 받은 후에 다시 전공을 바꿀 길을 찾아보았다. 박사후 연구원이었던 그는 우연히 천체 역학과 관련된 수학 문제를 연구하게 되었다. 소행성대에 있는 소행성이 어떻게 지구에 도달하는지에 대한 모형에 카오스와 확률과 같은 더 정교한 수학을 추가하고 싶어했던 니스의 천문학자들이 그의 연구를 주목했다. 그들과 함께 일하게 된 그는 계속 성공의 길로 나아갔다.

모르비델리, 체임버스와 그의 동료들은 컴퓨터 시뮬레이션을 수정해

* "그는 과학 출판계에서는 비판할 수 있는 사람이 없었을 정도로 순수수학의 높은 경지에 오른 책인 『소행성의 역학』의 저자로 유명한 사람이 아닐까?" 「공포의 계곡」에서 홈스가 왓슨에게 물었다. 모리아티는 소행성 궤도의 자세한 역학에 관한 수많은 논문을 발표하고, 좋아하는 사람보다 두려워하는 사람이 더 많았던 유명한 캐나다계 미국인 천문학자 사이먼 뉴컴을 모델로 삼은 인물이었을 것이다.

서 지구에 대양을 만들 정도로 충분히 많은 수의 소행성이나 혜성이 지구에 충돌할 수 있는 확률을 추정했다. 소행성에 관한 한 그들의 답은 가능성이 매우 높다는 것이었다. 그들의 시뮬레이션에 따르면, 지구 형성의 마지막 단계에서 화성과 목성 사이의 소행성대에는 지금보다 훨씬 더 많은 소행성이 있었던 것으로 보였다.[35] 거대한 목성이 안정된 궤도에 정착하면서 수많은 소행성이 당구공처럼 사방으로 흩어지게 되었고, 그 중에는 곧바로 4.8억 킬로미터의 궤적을 따라 지구에 명중한 소행성도 있었다.

모르비델리는 혜성이 지구에 충돌할 확률은 소행성이 충돌할 확률보다 훨씬 낮다는 사실도 마찬가지로 분명하게 확인했다. 그는 "논문의 그 부분은 종종 간과되기도 하지만, 목성 너머에 있는 천체가 지구에 충돌할 확률은 100만 분의 1 보다 낮다는 사실을 보여준 것이 어쩌면 훨씬 더 중요할 수도 있다"고 말했다. 그것이 바로 아하의 순간이었다. 더 멀리 있는 카이퍼 벨트에 있는 혜성은 훨씬 더 먼 곳으로부터 이동해야 하므로, 소행성이 충돌할 확률이 같은 크기의 혜성이 충돌할 확률보다 100배 이상 더 높다는 것이다.

모르비델리와 체임버스는 얼음덩어리 혜성이 지구의 바다에 있는 물의 대부분을 전해주었을 가능성은 매우 낮다는 사실을 밝혔다. 혜성은 탈락했고, 소행성이 남았다. 그것으로 충분해 보였다. 우리 몸에 있는 물은 우주에서 날아온 거대한 암석에 의해 지구로 전달된 것이었다.* 끝.

* 소행성이 우리 이웃 행성에도 물을 전달했는지가 궁금할 수 있다. 물론이다. 금성은 아마도 지구만큼 많은 물을 공급받았을 것이고, 심지어 생명이 살았을 수도 있다. 그러나 태양에 더 가까이 있는 금성은 약 30도나 더 뜨거웠기 때문에 수증기가 금성 대기로 증발했고, 그곳에서 금성의 물은 자외선에 의해 서서히 분해되었을 것이다.
  화성에도 바다가 있었지만, 크기가 작은 화성의 중력은 대기를 강하게 붙잡아둘 정

*　*　*

이번에도 논란은 끝이 아니었다. 지구의 화학적 조성에 대한 전문가인 애리조나 대학교의 영국 태생 지질학자는 여전히 회의적이었다. 한때 동료 대학원 학생으로부터 책상을 지나치게 깨끗하게 치운다고 놀림을 받기도 했던 마이크 드레이크는 자신이 지저분한 이론을 정리할 수 있다고 생각했다.[36] 소행성대는 4억8,000만 킬로미터나 떨어져 있다. 우리 몸속의 물이 정말 그렇게 먼 곳에서 왔을까? 어쩌면 물을 우리 몸까지 운반하기 위해 소행성이 필요하지 않았을 수도 있다. 어쩌면 더 간단한 설명이 가능할 수도 있을 것이다.

드레이크는 태양계의 가장 이른 초창기부터 물이 지구에 도달한 여정을 마음속으로 되짚어보았다. 그는 먼지와 가스의 광대한 원반에서의 충돌로 지구가 만들어지기 시작했을 때 우리 이웃은 어떤 모습이었을지를 생각했다. 그는 그 원반에서 가장 풍부했던 기체가 무엇이었는지를 물었다. 수소 다음에 헬륨과 이산화탄소였을 것이다. 그리고 4번째로 흔한 물질은 무엇이었을까? 물이었다. 그래서 드레이크가 보기에는 지구를 형성한 그 구름은 기본적으로 수증기로 둘러싸인 많은 먼지였을 것이다.[37] 당시 지구의 주변은 매우 뜨거웠을 것이라고 인정할 수밖에 없었다. 그렇다고 해도 정말 그 물이 전부 그냥 사라졌을까?

애리조나의 어느 화창한 날에 다른 사람들처럼 차가운 음료를 마시던 그는 자신의 유리컵 바깥에 맺힌 물방울을 발견했다. 즉시 그의 마음속에 의문이 떠올랐다. 지구의 가장 작은 구성 요소에서도 똑같은 방법

도로 강하지 못했다. 약한 자기장도 물을 자외선으로부터 보호해주지 못했다. 따라서 지표수는 점진적인 파괴에 취약할 수밖에 없었다. 그렇지만 지금도 일부의 물은 화성의 표면과 그 밑에 얼음으로 남아 있다.

으로 물방울이 맺혔을까? 즉 충돌을 통해서 지구를 만들었던 작은 먼지 알갱이에도 물이 달라붙어 있었을까? 그렇다면 우리에게 물을 가져다줄 소행성은 필요하지 않았을 수도 있다. 어쩌면 물은 대부분 처음부터 지구의 암석 속에 갇혀 있었을 것이다. 드레이크는 심지어 지구 맨틀에서 가장 흔한 암석인 감람석이 엄청난 양의 물을 저장할 수 있다는 사실도 계산으로 확인했다.

그러나 그는 여전히 물이 지구 내부에서 넓게 퍼져서 숨어 있던 곳에서 어떻게 빠져 나왔는지를 설명해야 했다. 다행히 이것은 훨씬 간단한 문제였다. 화산 가스는 60퍼센트 이상이 물이다. 상부 맨틀이 뜨거워져서 녹으면서 그 속에 들어 있는 가벼운 물 분자가 한곳에 모여 대기 중으로 배출되었다. 가끔 지질학자 케빈 라이터와 공동연구를 했던 드레이크의 계산에 따르면, 지구가 형성될 때의 먼지 입자에는 바다의 몇 배에 해당하는 양의 물이 들어 있었다. 심지어 오늘날에도 지구의 맨틀에는 아마도 현재 표면에 있는 물의 몇 배나 되는 많은 양이 들어 있을 것이다.[38] 드레이크는 바다에서 순환하는 물의 대부분이 계속 숨어 있었다고 확신했다. 물은 먼지 입자의 충돌로 만들어진 암석 속에 숨어 있었다.

누구나 드레이크의 이론을 반겼던 것은 아니었다. 모르비델리와 주윗을 비롯한 많은 천문학자들은 그의 이론을 받아들이기를 망설였다. 그런 방법으로 지구에 도달한 물도 있었겠지만 정말 대부분의 물이 그랬을까? 우선 모르비델리는 다음과 같은 의문을 가지고 있었다. 수증기가 작은 먼지 입자에 응축되어 있었다고 하더라도 그 수증기가 지구가 형성되는 과정에서 발생했던 수많은 격렬한 충돌을 겪는 동안 어떻게 먼지 입자에 계속 붙어 있을 수 있었을까?

나는 주윗에게 오늘날의 과학자들은 대부분 어떤 이론을 따르는지 물었다. 그는 "모든 이론은 그 자체로 널리 받아들여지고 있다"고 심드렁하게 말했다. 그리고 대다수가 아마도 지구의 물이 멀리 있는 여러 곳에서 왔을 것이라는 데에 동의할 것이라고 덧붙였다. 드레이크가 제안했듯이 소량의 물은 처음부터 먼지 입자에 응축되어 지구 내부에 갇혀 있었을 것이다. 카이퍼 벨트의 혜성에서 온 물도 어느 정도 있었을 것이고, 태양계 바로 바깥에 멀리 떨어져 있는 오르트 구름에서 온 물은 더 적었을 것이다. 그러나 우리 몸에 있는 물의 대부분은 소행성에서 왔을 것이다. 모르비델리의 최신 시뮬레이션에 따르면, 소행성대가 아니라 목성 주변의 소행성들이 목성의 궤도 변화나 성장에 의해서 지구 쪽으로 날아왔던 것으로 보인다.

물이 지구에 도달한 후에는 어떻게 바다로 흘러들었을까? 그것은 성서의 홍수 이야기만큼이나 극적이었다. 초창기의 지구를 높은 곳에서 내려다보면, 지구는 진한 붉은빛으로 빛나고 있었을 것이다. 뜨거운 마그마의 바다가 조수潮水 현상에 의해서 소용돌이치면서 지구 표면 전체를 덮고 있었을 것이다. 어느 정도 시간이 흐른 후에 다시 바라보면, 바깥쪽의 얇은 층이 식어서 어두운 색깔의 암석 껍질로 바뀌었을 것이다. 지층이 두꺼워지면서 아래쪽의 마그마로부터 아마도 수많은 화산과 균열을 통해 빠져나온 수증기로 만들어진 두껍고 짙은 먹구름이 위협적으로 지구를 덮고 있었을 것이다. 한편 초기에는 소행성과 더 적은 수의 혜성이 끊임없이 지구를 강타하면서 전달된 더 많은 양의 물이 마그마에 흡수되거나 대기 중에 남게 되었을 것이다.

마침내 지구와 대기가 식으면서 위협적인 구름은 너무 무거워져서 노아마저도 놀라게 했을 사상 최악의 홍수가 발생했을 것이다. 우리 몸에 있는 물은 한때 끔찍한 홍수를 일으켰던 물이다. 아래쪽의 마그마에서 계속 분출되어 대기 중으로 공급된 수증기에 의해서 수천 년이나 수만 년 동안 비가 쏟아졌다.[39] 판 구조가 만들어지기 이전의 시기에는 지구에 높은 산이나 깊은 분지가 없었다. 비가 멈추면서 수심이 1,600미터가 넘는 바다가 지구 전체를 둘러싸게 되었다.

지구의 초기 역사를 재구성하는 일은 결코 쉬운 일이 아니다. 지질학자 존 밸리는 "지금 돌이켜보면 논란이 없었던 경우는 없었다"고 말했다.[40] 이제 과학자들은 물이 어떻게 지구에 도달했는지는 그럴듯하게 설명할 수 있게 되었지만, 생명이 살 수 있는 물이 얼마나 일찍 나타났는지를 알아내는 일은 물 자체의 근원을 찾아내는 것만큼 어려워 보였다.

처음에는 문제가 쉬운 듯했다. 2001년까지 과학자들은 대부분의 이야기를 알고 있다고 믿었다. 이미 살펴보았듯이, 45억 년 전에 지구와 달이 만들어지고 나서 소행성과 혜성의 충돌로 지구가 부서지는 일이 계속되었다. 당시 운 나쁘게 지구 표면에 있었던 물은 증발하거나, 멸균되거나, 아니면 거대하고 격렬한 충격으로 발생한 뜨거운 마그마 속으로 흡수되었다. 후기 대충돌이 끝난 38억 년 전부터 안정적인 바다나 연못이 등장할 수 있었다.

그러나 모래알보다 크지 않은 오래된 결정結晶에서 화학적 기록을 발견하면서 지구 역사에 대한 과학자들의 정돈된 서술이 뒤집히기 시작했다. 과학자들은, 생명이 살기에 적합한 바다가 훨씬 더 일찍부터, 어쩌면 지구가 만들어진 직후부터 존재했을지도 모른다는 의문을 품게 되었다.

문제의 결정은 지질학자 사이먼 와일드가 오스트레일리아 오지의 지질을 탐사하던 중 처음 발견했다. 와일드는 퍼스에서부터 사막을 지나

큐라는 마을에 이르기까지 북쪽으로 거의 650킬로미터를 달린 후에 다시 200킬로미터의 비포장도로를 따라서 잭 힐스라는 나무가 우거진 붉은색과 갈색의 산맥에 도달했다. 그곳에서 작은 언덕을 살펴보던 그는 옆으로 1.8미터 정도 떨어진 곳에 노출되어 있는 희귀한 녹색을 띠는 수정 자갈 덩어리를 발견했다. 그는 전율을 느꼈다. 자갈 덩어리는 여러 종류의 암석이 모래, 진흙, 그리고 다른 화학적 접착제에 의해서 서로 달라붙어 있었다. 그리고 와일드가 발견한 특별한 종류의 암석은 사람들에게 부를 가져다주는 것으로 유명했다. 그런 암석을 발견한다면 살펴볼 가치가 있을 것이다. 비트바테르스란트라는 남아프리카의 비슷한 지층에서는 지금까지 채굴된 금의 30–40퍼센트가 생산되었다.[41]

와일드는 잭 힉스의 암석 덩어리에서 어렵사리 최대한 작은 조각을 떼어냈다. 그를 부자로 만들어줄 덩어리는 찾아내지 못했다. 그러나 상황을 깨닫기까지 시간은 조금 걸렸지만, 그는 과학적 금광을 발견한 것이었다. 여러 가지 암석 중에는 믿을 수 없을 정도로 내구성이 좋은 지르콘zircon이라는 광물의 결정 몇 개가 들어 있었다. 그리고 그 암석은 지구에 있는 다른 암석보다 훨씬 더 오래된 것으로 밝혀졌다. 그것은 41억 년이나 된 것이었고, 훗날 더 정확한 분석을 통해서 43억 년으로 수정되었다.

그것은 대단한 소식이었다. 그리고 더 좋은 소식이 될 것이었다.

10년 후인 1999년에 워싱턴 대학교의 지질학자 존 밸리와 그의 대학원생인 윌리엄 펙이 와일드에게 오래된 결정을 연구하도록 허가해달라고 요청했다.[42] 그들은 이 작은 암석 조각에 초기 지구에서 뜨거운 마그마로부터 결정이 만들어진 상황에 대한 화학적 실마리가 들어 있는지를 알고 싶어했다. 밸리와 펙은 와일드의 결정 100개 정도를 가지고 에딘버러로 날아갔다. 이 지면의 마침표보다도 크지 않은 결정들 중에는 가장 오래된 5개도 들어 있었다. 스코틀랜드의 한 동료는 그들에게 입자 가속기를 자동차 크기로 축소시켜놓은 것처럼 보이는 값비싼 새로운 이온 감지기를 사용해보라고 제안했다. 결정에 이온빔을 쪼여서 떨어져 나온 분자를 분석하면, 내부에 있는 산소의 양과 종류를 알 수 있다. 그들은 14시간씩 야간작업을 했다. 놀라울 정도로 민감한 장비는 건물 안에 아무도 없고, 엘리베이터도 멈춘 밤에 더 안정적으로 작동했기 때문이다. 열흘째 되는 날 새벽 3시에 밸리는 가장 오래된 결정을 분석하기 시작했다. 그는 곧바로 자신들의 산소 동위원소가 매우 높은 온도에서 만들어진 결정에 들어 있는 산소보다 더 무겁다는 사실을 알아냈다. 펙이 아침에 마실 차茶를 들고 오자, 밸리는 "잠자리에 들기 전"에 마시는 영국 에일을 마시면서 그들은 밤에 얻은 결과를 해석하려고 노력했다. 밸리는 "앞으로 나흘 동안 내가 무엇을 잘못했는지 알아내겠다"고 말했다.

가능한 모든 오류의 가능성을 확인한 그들은 자신들의 측정 결과가 정확하다고 결론을 내렸다. 무거운 희귀 산소 동위원소가 놀라울 정도로 높았던 것은 (여기에서 설명하기에는 너무 복잡한 이유로) 지르콘이 놀라울 정도로 이른 시기에 액체 상태의 물이 존재하는 지구 표면에서 쌓인 퇴적층으로부터 만들어졌다는 뜻이었다.*

다른 사람들도 곧바로 그들의 발견을 확인해주었다.[43] 우리가 알기로는 오스트레일리아 오지에 노출된 암석에만 남아 있는 고대의 유물인 작은 모래알 크기의 결정 10여 개가 지구의 역사에 대한 우리의 이해를 완전히 새로 쓰도록 해주었다. 그들이 전해준 이야기에 따르면, 거대한 충

---

* 동위원소는 지구 표면의 암석이 물에 의해서 진흙으로 분해되었기 때문에 점토의 산소 동위원소 비율도 변화했다는 사실을 밝혀주었다. 진흙이 퇴적암에 묻힌 후에는 지하의 높은 압력에 의해서 지르콘 결정이 만들어졌다.

돌로 지구에 상처가 생기고 달이 만들어진 이후 고작 1억 년에서 3억 년이 지난 42억 년에서 44억 년 전에 지구의 표면에는 이미 많은 양의 물이 있었고, 아마도 바다가 있었을 가능성도 높다.

마침내 4억 년 후에 후기 대폭격이 끝날 때까지 거대한 소행성이 지구에 처음 펼쳐진 바다를 반복적으로 증발시켰을까? 아니면 당시 바다의 일부가 훼손되지 않고 남아서 생명체에게 안전한 항구가 되어주었을까? 합리적인 과학자들은 동의하지 않지만, 오늘날에는 후기 대폭격이 처음에 생각했던 것만큼 가혹하지 않았을 수도 있다고 생각하는 연구자들이 많다. 우리의 세포 조상이 처음 진화한 바다는 지구 자체가 만들어진 후에 매우 빠르게 나타났을 수 있다는 뜻이다.

여전히 많은 의문이 남아 있다. 우리가 아직 알아내지 못한 것도 많다. 우리가 확실하게 말할 수 있는 것은 우리의 혈관을 따라 흐르는 물의 일부는 서로 충돌해서 지구를 처음 만들었던 먼지에서 응축된 것이었다. 해왕성과 명왕성 사이에 있는 카이퍼 벨트에서 출발한 혜성을 타고 오랜 여행을 떠난 물 분자도 우리 몸에 남아 있다. 또한 태양계의 바깥 경계에 해당하는 훨씬 더 먼 오르트 구름에서 지구까지 수만 년 동안 여행한 물도 조금 남아 있다. 그러나 우리 몸의 물 대부분은 목성 근처에서 출발한 거대한 암석 소행성에 의해서 도달했을 것이다. 그리고 지구가 탄생하고 1억 년에서 7억 년이 지난 38억 년에서 44억 년 전에 이르러서는 그런 이질적인 곳에서 도착한 물이 모여서 광활한 바다가 되었다.

그런 고대의 원시 풍경에서 가끔 부서지는 파도 위로 섬이 머리를 내밀었다. 화산이 지칠 줄 모르고 가스, 용암, 화산재를 공중으로 내뿜었다. 번쩍이는 번개가 끊임없이 하늘을 밝혔다. 먼 곳에서 보면, 지구는 더 이상 녹아 있는 마그마의 바다나 검은색과 회색의 화산암으로 완전히 덮여 있지 않았다. 이제 우리의 푸른 행성에서는 반짝이는 물이 흐르고, 부서지고, 소용돌이치고, 썰물처럼 빠져나간다. 우리의 분자적 조상도 마침내 서로 만날 수 있는 물의 집을 가지게 되었다. 이제 생명이 진화할 수 있는 무대가 마련되었다.……이제 또 하나의 결정적인 성분을 찾아낼 수 있다면 말이다.

6

가장 유명한 실험

생명 분자의 기원을 찾아서

나는 내 일생의 대부분을 분자와 함께 살았다. 분자는 훌륭한 친구이다.
_ 조지 월드[1]

1918년 공산주의 러시아의 새로운 수도가 된 모스크바의 시민들은 정상적인 생활을 유지하려고 애쓰고 있었다. 시민들에게는 쉽지 않은 일이었다. 러시아의 백군과 적군 사이에 잔인한 내전이 벌어지고 있었기 때문이다. 서방에서는 무역 전쟁이 벌어지고 있었다. 러시아의 수도는 혁명적 이념과 평등, 정의, 역사에 대한 새로운 사고방식으로 소용돌이치고 있었다. 도피하지 않고 남아 있던 부유층은 일반 시민으로 강등되었고, 재산과 집을 강제로 서민들에게 나눠주어야 했다. 뜨거운 혁명의 열기에도 급진적인 과학 사상에 젖어 있던 젊은 생화학자 알렉산드르 오파린은 실망스러운 소식을 들었다. 검열위원회가 생명이 단순한 화학물질에서 어떻게 생겨났는지를 추론하는 원고의 출판을 허가하지 않았다는 것이다. 볼셰비키가 1년 전에 차르를 몰아냈지만, 볼셰비키의 혁명적 이념은 아직 검열관에게까지 전해지지 않았다. 아마도 러시아 정교회와 맞설 준비를 하지 못했기 때문이었을 것이다.

그렇지만 오파린은 자신의 급진적인 주장을 오래 숨길 수는 없었다. 그런 주장은 고대의 화학적 조상, 즉 생명의 구성 요소인 유기 분자의 기원을 찾기 위한 노력을 부추길 수밖에 없는 것이었다. 그는 자신의 이론이 "산 자의 세상"을 "죽은 자의 세상"과 연결하려는 노력의 첫걸음이 되기를 기대했다.[2]

오파린은 비포장도로에 마차가 다니는 시골 마을인 우글리치의 전통적인 통나무 가옥에서 자랐다. 현화식물 수집에 관심이 많았던 그는 가문비나무, 자작나무, 소나무 숲에서 찾을 수 있는 나무, 풀, 꽃, 곤충의 다양성을 좋아했다.[3] 1914년에 그는 모스크바 대학교에 입학해서 식물학을 공부했다. 그는 카리스마 넘치는 클리멘트 티미랴제프의 가르침에 매료되었다. 차르에게 저항했다는 이유로 대학에서 쫓겨난 그는 여전히 아파트에서 학생들에게 강의를 계속했다. 스물여섯 살이던 티미랴제프는 다윈에게 감동해서 영국으로 순례 여행을 다녀오기도 했다. 다윈의 집 근처 호텔에 묵었던 그는 은퇴한 과학자의 집 앞에서 일주일을 기다린 후에야 마침내 다윈으로부터 만나겠다는 동의를 얻을 수 있었다. 티미랴제프는 다윈의 가장 유명한 홍보대사가 되었다. 그는 다윈의 진화론과 마르크스주의가 서로 잘 어울릴 뿐만 아니라 똑같은 "과학적" 세계관을 제시한다고 주장했다.[4] 마르크스주의가 인간의 문제에 대한 우리의 이해를 완전히 새로 쓰게 만들었듯이, 다윈주의도 우리의 생물학적 과거에 대한 이해를 혁명적으로 변화시켰다는 것이다. 공산주의와 마찬가지로 진화론도 그에게는 역사의 필연적인 결과였다.

볼셰비키가 권력을 장악했던 1917년에 오파린은 식물 생리학을 전공하기 위해서 대학원에 진학했다. 그는 레닌을 닮은 염소수염과 콧수염을 기르고, 『차르의 굶주림*Tsar Hunger*』이라는 널리 알려진 준열한 저서로 혁명적 사회주의를 대중화한 저명한 과학자이자 혁명가인 알렉세이 바흐의 연구실에서 연구를 시작했다. 오파린은 바흐의 지도로 조류藻類의 광합성을 연구했다.

그는 더 많은 공부를 하면서 화학적 진화로 생명의 기원을 설명할 수 있다는 새로운 혁명적 생각을 더욱 확신하게 되었다. 당시는 다윈이 『종의 기원*The Origin of Species*』을 발간하고 반세기가 지난 후였지만 다윈의 생각에 동의하는 사람은 거의 없었다. 영국에서는 오래 전부터 신의 창조가 얼마나 장엄한지를 밝혀내는 것을 사명으로 여기는 유명한 과학자들이 많았다. 그들에게 생명이 무생물적인 화학물질에서 생겨날 수 있다는 주장은 지극히 이단적이었다. 그러나 새로운 러시아에서는 사정이 달랐다. 오히려 새로운 노선을 따르는 오파린의 추정이 (검열위원회가 승인하지는 않았지만) 긍정적으로 장려되었다.

우리 자신의 화학적 기원을 추적하고 있던 오파린은 놀라운 문제에 직면했다. 우리 몸과 모든 생물체에 들어 있는 분자가 우리 주위의 암석에서 발견되는 무기물과는 전혀 다르다는 것이었다. 우리 몸의 조성을 분석해보면, 약 60퍼센트는 물이라는 사실을 알게 된다. 나머지 1퍼센트는 소듐, 포타슘, 마그네슘과 같은 원소로 만들어진 전하를 가진 분자인 이온이다.[5] 손톱부터 뼈와 근육과 뇌에 이르기까지 나머지 모든 것은 탄소의 사슬과 고리로 만들어진 분자인 유기有機 분자로 이루어져 있다.

원소를 성격 유형별로 규정한다면, 탄소는 외향적 연결자라고 해야 할 것이다. 실제로 많은 과학자들이 우주의 어디에선가 생명이 발견된다면, 그 생명체도 역시 탄소를 기반으로 할 것이라고 믿는다. 탄소의 다양성은 최외각 껍질에 4개의 전자를 가지고 있다는 사실에서 비롯된다. 그런 사실과 충분히 작은 크기 덕분에 탄소는 정교한 기하학적 묘수를 통해서 쉽게 네 방향으로 연결되어 길고 안정적인 고리와 사슬을 만든다. 그런 분자가 우리와 같은 유기체의 핵심이다. 우리 몸에 있는 당糖, 지방산, 아미노산, 핵산核酸이 모두 탄소를 중심으로 만들어진다. 그런 분자들이 서로 연결되면 더 큰 유기체 구성 요소인 탄수화물, 지방, 단백질, DNA가 된다. 예를 들면 큰 근육인 우리의 심장은 (수분을 제외하고) 70 퍼센트가 단백질, 즉 아미노산이다.[6]

그러나 당시의 과학자가 알고 있는 한 그런 유기 분자는 생명체에서만 만들어질 수 있었다. 아무리 오래 찾아보더라도, 유기물로 만들어진 석탄과 같은 퇴적암을 제외한 지구의 암석에서는 그런 분자를 찾을 수 없을 것이다. 아무리 온건하게 말하더라도 그런 사실은 생명의 기원을 설명하는 데에 도움이 될 수 없었다. 구성 요소가 어디에서 왔는지를 알지 못하면, 생명의 출현을 제대로 이해할 수 없을 것이었다. 과학자들은 도무지 이해할 수가 없었다. 당시의 과학자에게 죽은 암석에 들어 있는 무기 분자와 생명에 들어 있는 복잡한 유기 분자 사이의 차이는 오늘날 뇌에 있는 분자가 어떻게 의식을 만들어내는지를 설명하려는 것만큼이나 어려운 문제였다. 유기 분자는 살아 있는 유기체에서만 발견되는 난해한 힘인 "생기生氣, vital spark"에 의해서 만들어질 수 있다고 믿는 사람들이 많았다.

학생 시절에 나는 언제나 생기론生氣論, vitalism이 말도 안 되는 주장이라고 생각했다. 과학자가 어떻게 그런 생명관을 믿을 수 있겠는가? 과학자의 입장이 되어보면 더 쉽게 이해할 수 있을 것이다. 아리스토텔레스까지 거슬러 올라가면 일종의 생기론을 믿었던 위대한 사상가들이 많았다. 단순한 분자가 어떻게 유기물이 되는지에 대한 이론은 없었고, 세포나 그 내부의 구조를 보여주는 강력한 전자현미경도 없었다. 유전 정보가 어떻게 전달되는지를 모른다면 죽은 화학물질에서 살아 있는 생물로의 도약은 마술처럼 보일 것이다. 다음과 같은 경우를 생각해보자. 돌을 반으로 쪼개면, 두 조각 모두에서 아무 일도 일어나지 않는다. 편형선충을 반으로 자르면, 두 조각이 모두 똑같이 온전한 편형선충으로 재생된다. 그런 사실을 어떻게 설명할 수 있을까? 18세기 스웨덴의 화학자 옌스 베르셀리우스는 "살아 있는 자연에 존재하는 원소는 죽은 것에 들어 있는 원소와는 다른 법칙을 따르는 것처럼 보인다"라고 썼다.[7] 무생물적 물질에는 생명 에너지가 없는 것처럼 보였다. (공기보다 무거운 비행기계는 절대 불가능할 것이라는 주장으로도 유명했던) 19세기의 뛰어난 물리학자 켈빈 경은 "죽은 물질은 살아 있던 물질의 영향을 받지 않고는 살아 있을 수 없다. 그것이 나에게는 중력 법칙과 마찬가지로 확실한 과학적 가르침이다"라고 썼다.[8] 20세기에는 양자역학을 정립한 닐스 보어가 생명을 이해하기 위해서는 우리가 완전히 새로운 물리 현상을 발견해야 할 수도 있다고 주장했다. 심지어 새로운 생물 종이 어떻게 출현했는지를 밝혀낸 다윈 자신도 화학물질의 웅덩이에서 최초의 생명이 어떻게 생겨났는지를 설명하지 못했다. 식물학자 조지프 후커는 "지금 당장 생명의 기원에 대해서 고민하는 것은 쓸모없는 일이다. 오히려 물질의 기원에 대해 생각해야 할 것이다"라고 썼다.[9]

19세기의 여러 과학자들은 절망했다. 켈빈 경의 제안은 우주와 생명이 언제나 존재했다는 것처럼 보였다. 유명한 과학자이자 철학자인 헤르만 폰 헬름홀츠도 그렇게 생각했다. 그들은 생명이 태초부터 존재했고, 물질 자체만큼이나 오래되었다고 믿었다. 생명은 지구에 등장하기 오래 전부터 우주의 모든 곳에서 존재했던 것이 분명했다. 생명이 어떻게 이곳에 왔는지는 알 수 없었다. 물론 생명이 운석이나 혜성을 타고 왔을 것이라는 추측이 있기는 했다. 헬름홀츠는 "우주의 어디에나 떠돌아다니는 이 물체가 새로운 세상이 있는 곳이라면 어디에나 생명의 세균을 뿌리지 않았는지 누가 알겠는가?"라고 주장했다.[10] 켈빈과 헬름홀츠 등이 주장했던 (생명의 씨앗이 어디에나 있었다는) 범종설은 그저 길에서 깡통을 걷어찬 수준이었을 뿐이다. 그런 주장은 생명의 기원에 대한 신비를 밝혀내는 일에는 아무 도움이 되지 못했다.

검열위원회의 승인을 받지 못하고 몇 년이 지난 1922년에 오파린은 자신의 볼셰비키 영웅인 알렉세이 바흐와 함께 모스크바의 연구실에서 일하고 있었다. 그는 교수직에도 임명되었다. 또한 오랫동안 대학에서 눈길을 끄는 독특한 인물로 기억되었다. 잠시 외국에서 공부하기도 했던 그는 언제나 낡고 허름한 옷을 입었던 학생들과는 달리 깔끔한 유럽식 정장을 입었다.[11] 그리고 항상 우아하고 권위적인 인상을 주는 나비넥타이를 매고 다녔다. 새로운 노동자의 천국에서의 생활 여건은 열악했다. 경제는 엉망이었고, 모스크바에서는 많은 사람이 굶주리고 있었다. 오파린은 자신의 생화학 지식을 이용해서 빵과 차茶의 생산에 도움을 주려고 노력했다.

그러나 그렇게 어려운 때에도 그는 더욱 심오한 과학적 문제에 관한 관심을 떨쳐버릴 수 없었다. 또한 다윈의 걸작인 『종의 기원』에 "가장 앞부분에 해당하는 1장이 빠져 있다"는 사실을 알고 있었지만, 간단한 해결 방법이 있을 것이라고 믿었다.[12] 그는 제1원칙으로 돌아가기로 결심했다. 유기 분자가 살아 있는 유기체에 의해서만 만들어질 수 있다는 것이 정말 사실일까? 그렇다면 막 속에 에너지를 생산하고 복제할 수 있는 분자들이 들어 있는 최초의 세포는 자신이 만들어내는 바로 그 물질까지 생산할 수 있을 정도로 놀라운 수준의 정교함을 갖춰야만 했을 것이다.

그것은 생각만 하기에도 너무 엄청난 진화적 도약이었음이 분명했다. 최초의 세포는 이미 주변에 존재하던 유기 분자에서 생겨났다고 가정하는 것이 훨씬 더 합리적이었다. 그렇지만 도대체 그런 분자들은 어디에서 왔을까?

오파린은 생명의 기원을 기만적일 정도로 단순해 보이도록 해주는 한 가지 사실을 이미 알고 있었다. 19세기 화학자들은, 주기율표에 많은 원소가 있지만 우리 몸의 대부분은 탄소, 수소, 산소, 질소, 황, 인의 6가지 원소로 만들어진다는 사실을 알고 있었다.

우리 몸에 있는 지방과 탄수화물은 오로지 탄소, 수소, 산소로 만들어진 분자 사슬이다. 단백질은 탄소, 수소, 산소, 질소, 황으로 만들어지고 DNA는 탄소, 수소, 산소, 질소, 인으로 만들어진다. 그 6종의 원소는 우리 몸에 있는 모든 것의 거의 99퍼센트를 차지한다. 몸무게가 150파운드(68킬로그램)인 사람의 몸에는 산소 94파운드, 탄소 35파운드, 수소 15파운드, 질소 4파운드, 인 거의 2파운드, 그리고 황 0.5파운드가 있다.

그 6종의 원소는 또한 우연히도 우주에서 가장 흔한 원소들이다. 수소가 가장 풍부하고, 산소는 3번째, 탄소는 4번째, 질소는 13번째, 황은 16번째, 인은 19번째이다. 어떤 의미에서 생명의 기원을 이해하는 것은 화학 스크래블 게임과 마찬가지이다. 그런 몇 가지 원소들이 어떻게 결합해서 유기 분자를 이루는지를 설명하면 된다.

물론 그것은 지극히 어려운 일로 밝혀졌다. 원자가 다른 원자와 결합하는 일은 매우 까다롭다. 그리고 이 6종의 원소가 만들 수 있는 잠재적 조합의 수는 놀라울 정도로 많다. 탄소는 제멋대로이고, 변형과 결합의 재능이 뛰어나서 지구상에 존재하는 유기 분자의 종류는 무려 1,000만 종이 넘을 정도이다.

1924년 국민에게 신이 존재하지 않는다고 설득하는 일에 열을 올리고 있던 붉은 러시아의 모스크바 노동자연맹은 오파린의 71페이지 원고를 책으로 만들고, 그 표지에 "세계의 프롤레타리아는 단결하라!"는 문구를 넣었다. 12년 후에 오파린은 자신의 주장을 더욱 확장하고, 최신 과학을 더 많이 반영한 책을 발간했다.

오파린의 첫 번째 획기적인 통찰은 생명이 처음에 어떻게 생겨났는지를 이해하려면 수십억 년 전의 지구에 대한 명확한 그림이 필요하다는 것이었다. 신기하게도 그때까지는 생명에 대해서 생각하는 거의 모든 사람이 그런 사실을 고려하지 않았다. 천문학과 지질학의 최신 발견을 모두 검토한 그는 지구가 처음 생성되었을 때는 그 모습이 지금과 전혀 달랐다는 사실을 깨달았다.

가장 중요한 것은 무엇이 없었는지의 문제였다. 과학자들은 산소가 항상 존재했다고 생각했다. 그런데 오파린은 대기 중의 산소가 광합성에 의해 생성되었다고 보았다. 생명이 출현하기 전에는 대기 중에 산소가 없었다는 뜻이다. 우리는 그런 곳에서는 1초도 살지 못했을 것이다.

오파린은 지구의 초기 대기가 당시의 천문학자들이 발견했듯이 암모니아와 메테인으로 가득 채워진 목성의 대기와 비슷했다고 주장했다. 놀랍게도 그는 메테인(CH_4)과 같은 간단한 탄화수소와 더불어 암모니아(NH_3), 수소(H_2), 물(H_2O)과 같은 기본 성분으로부터 단백질과 같은 더 복잡한 유기 분자와 생명을 탄생시킨 일련의 화학반응을 소개하는 논문을 발표했다. 그는 생명을 화학적 진화의 정점으로 이해할 수 있다고 주장했다. 자신의 책에 다윈의 『종의 기원』의 후속에 어울리는 『생명의 기원*Vozniknovenie zhizni na zemle*』이라는 점잖은 제목을 붙였다.

최초의 생명은 어떤 모습이었을까? 오파린과 동시대의 사람들은 광합성을 하는 조류藻類였을 것이라고 주장했다.[13] 오파린에게 그것은 명백하게 불가능한 것이었다. 식물 생화학자인 그는 광합성의 복잡성을 알고 있었다. 최초의 유기체가 그렇게 정교하게 진화했을 수는 없었다. 그것은 진화론적으로 너무 엄청난 도약이었다. 그 대신 그는 느린 속도로 박테리아로 진화한 바다의 유기 분자 덩어리가 최초의 생명체였을 것이라고 주장했다.

영국에서는 자유분방한 진화생물학자, 생화학자, 수학자이면서 많은 저서를 출간한 저술가인 J. B. S. 홀데인이 독립적으로 비슷한 이론을 세워서 「합리주의자 연보*Rationalist Annual*」에 발표했다. 과학자들은 처음에는 그의 이론을 "터무니없는 추측"이라고 일축했고, 홀데인도 중요한 다른 문제를 연구하기 시작했다.[14] 그러나 오파린은 여생 동안 생명의 기원에 관한 연구를 계속했다.

그는 소련 과학계에서 대단한 명성을 얻었고, 사회주의 노동 영웅 훈장, 붉은 기수 노동 훈장, 그리고 민간인에게 최고의 영예였던 레닌 훈장을 비롯한 수많은 훈장을 받았다. 말년에 방문했던 서방에서도 찬사가 쏟아졌다.

그러나 그가 소련 과학의 정점에 오르는 과정에서 감춰졌던 이면이 드러나면서 그의 명성은 퇴색하기 시작했다. 1940년대에 그는 권력에 굶주린 생물학자로서 치명적인 결함이 있는 마르크스주의적 유전 이론으로 스탈린의 호감을 얻은 토로핌 리센코와 손을 잡았다. 리센코는 사람과 마찬가지로 식물의 형질도 그 스스로가 존재를 인정하지 않았던 "유전자"가 아니라 환경에 의해서 결정된다고 주장했다. 그는 자신의 주장과 치열하게 경쟁하고 있던 멘델의 유전 이론에 동의하는 사람은 누구라도 무자비하게 괴롭혔다. 자신에게 줄 서기를 거부한 사람은 시베리아로 추방하거나 제거했다. 그러나 오파린은 그런 일에 개의치 않고 리센코를 지지하는 친구가 되었다. 심지어 그들은 서로 이웃한 곳에 휴가용 별장인 다차dacha도 가지고 있었다.[15]

몇 년 후에 작가 로렌 그레이엄이 오파린에게 리센코를 지지한 이유를 물었다. 오파린은 "당신이 그 당시에 이곳에 있었다면, 그를 공개적으로 비판하고, 시베리아에 갇힐 용기가 있었을까?"라고 대답했다.[16]

그렇지만 스탈린의 살인적인 러시아에서 자신의 지위와 권력을 지키기 위해 기회주의적 처세를 마다하지 않았던 오파린의 획기적인 과학적 공헌은 과학 분야에서의 폭발적인 발전을 가능하게 해주었다.

오파린은 생명의 기원을 연구하기 위한 이론적 틀을 마련했지만, 아무도 그것을 시험해보고 싶어하지 않았다. 당시에는 유기 화합물 합성에 사용할 수 있는 기술이 제한적이었다. 그런데 1951년에 스탠리 밀러라는 조급하고 야심 찬 미국 대학원 학생이 시카고 대학교에 도착했다.

시카고 대학교에는 원자폭탄을 연구하러 왔다가 눌러앉은 많은 저명한 과학자들로 구성된 과학 분야의 실세 집단이 있었다. 운 좋게도 밀러는 첫 학기에 유명한 화학자 해럴드 유리의 강연을 들었다. 유리는 (수소폭탄의 연료용으로 생산되었고, 훗날 데이비드 주윗과 그의 동료들이 혜성에서 검출했던 것과 똑같은 수소의 동위원소인) 중수소를 발견한 공로로 노벨상을 받았다. 유리는 맨해튼 프로젝트를 위해서 우라늄 동위원소를 분리하는 프로그램을 운영했지만, 원자폭탄의 공포에 사로잡힌 그는 더 이상의 핵무기 사용을 적극적으로 반대했다. 그는 「콜리어스 *Collier's*」라는 잡지에 "내가 알고 있는 모든 과학자는 자신의 목숨과 당신의 목숨 때문에 겁에 질려 있다"고 썼다.[17] 자신의 "좌익" 견해에 대한 방대한 FBI 파일을 본 그는 연구 분야를 평화주의자에게 더 적절한 행성, 달, 지구의 화학으로 바꿔버렸다.

공교롭게도 초기 지구의 대기 조성에 대한 유리의 견해는 오파린의 주장과 상당히 비슷했다. 밀러가 들은 강연에서 유리는 무심코 언젠가 누군가가 오파린의 이론을 시험해보아야 한다고 말했다.[18] 밀러는 그 말을 적어두기는 했지만, 신경을 쓰지는 못했다. 박사 학위 과정의 신입생인 그는 논문에 필요한 주제를 찾고 있었다. 그는 학부 연구의 경험 때문에 어떤 대가를 치르더라도 실험은 피해야 한다는 사실을 확실하게 알고 있었다. 그는 실험이 지저분하고, 많은 시간이 걸리고, 이론 연구보다 덜 중요하다고 생각했다. 그 대신 그는 "수소폭탄의 아버지"로 알려져 있던 논란의 물리학자 에드워드 텔러의 지도를 받으며 별에서 원소가 어떻게 만들어지는지를 연구할 수 있는 절호의 기회를 적극적으로 받아들였다. 그러나 고작 6개월 후에 텔러는 혼란스러워진 밀러를 남겨두고 새로운 핵무기 개발을 위해서 캘리포니아 주의 로런스 리버무어 연구소로 떠나버렸다. 돌이켜보면 그것은 밀러에게 행운이었다. 밀러보다 유리한 입장에서 출발했던 물리학자 프레드 호일과 그의 동료들이 몇 년 후에 별에서 어떻게 원소가 만들어지는지에 대한 자세한 사실을 훌륭하게 밝혀내서 밀러보다 앞서서 대서특필을 하게 되었으니 말이다.

텔러가 떠나자 밀러는 원점으로 돌아갔다. 새로운 연구 주제를 찾던 중에 유리의 강연을 떠올린 그는 유리에게 오파린의 이론을 함께 연구할 수 있는지를 물었다. 밀러는 지구의 초기 대기를 시뮬레이션해서 오파린이 주장했듯이 실제로 유기 분자를 만들 수 있는지를 실험해볼 것을 제안했다.

유리는 그런 실험이 성공할지 자신이 없었다. 밀러는 "그가 처음 시도한 것은 나에게 그 주제를 포기하라고 설득하는 것이었다"고 기억했다.[19] 그런 시도는 너무 위험해 보였다. 연구를 시작한 지 1년을 넘긴 밀러는 가능한 한 빨리 박사 학위를 마쳐야 했지만, 골치 아프고 결론도 분명하지 않은 실험은 몇 년이 걸릴 수도 있었다. 많은 사람들이 수십억 년이 걸렸던 것으로 추정하는 일의 비밀을 어떻게 단 12개월 만에 밝혀낼 수 있겠는가? 그러나 밀러는 고집을 부렸다. 포기하기에는 보상이 너무 좋아 보였다. 그는 안전하지만 더 지루한 주제에는 관심이 없었다. 마침내 유리는 한 가지 조건을 걸고 연구에 동의했다. 그는 밀러에게 오직 6개월에서 1년의 시한을 주었다. 그후에는 새로운 주제를 찾아서 모든 것을 다시 시작해야 한다는 것이 유리의 조건이었다.

밀러는 지하실에 자리한 "감옥" 같은 실험실에서 지구의 초기 대기를 재현하는 일부터 시작했다.[20] 사람들이 무모하다고 생각하는 실험을 시도하는 과학자들이 그때나 지금이나 흔히 그렇듯이, 유리도 다른 프로젝트의 연구비에서 소액을 전용했다. 유리와 오파린은, 초기의 지구에는 광활한 바다 위로 화산 폭발로부터 연료를 공급받고, 강한 번개가 번쩍이는 거대한 먹구름이 몰려다녔을 것으로 상상했다. 밀러는 정신 나간 과학자의 실험실에서나 볼 수 있을 법한 뒤엉킨 유리관으로 그런 상황을 시뮬레이션했다. 그는 물이 부분적으로 채워진 둥근 플라스크로 만든 자신의 "바다"를 수소, 메테인, 암모니아(H_2, CH_4, NH_3)가 채워진 또 하나의 플라스크로 탄생시킨 자신의 "대기"와 연결했다. 바다 밑의 작은 불꽃이 만들어낸 수증기(H_2O)가 대기 중으로 올라갔다. 그리고 대기에 설치해놓은 응축기가 수증기를 유리관을 통해서 다시 바다로 돌아가는 "비"로 바꿔주었다. 유리와 함께 밀러의 실험실을 둘러본 칼 세이건이라는 젊은 대학생은 깊은 인상을 받고 흥분했다.[21] 복잡한 유기 분자가 단순히 스스로 조립된다는 생각은 불가능해 보였지만, 밀러는 어쨌든 시도를 해보려고 했다.

1952년 가을의 어느 날 늦은 저녁에 밀러는 모든 실험 준비를 마쳤다. 그는 실험실의 동료에게 경고했고, 그들은 현명하게도 즉시 자리를 피해주었다. 그는 자신의 바다 밑에 불꽃을 피워서 수증기를 피워올리기 시작했다. 그리고 안전이 최우선 과제가 아니었던 그는 말 그대로 유리관이 얼굴 앞에서 폭발하지는 않기를 바라면서 최후의 일격을 가했다. 그는 대기 중에서 번쩍이는 번개를 시뮬레이션하기 위해서 두 전극 사이에 6만 볼트의 전류를 흘려서 프랑켄슈타인 박사도 익숙하게 느낄 수 있을 물결 모양의 스파크를 일으켰다. 그가 유리관 속의 폭발성 산소를 완전히 제거했다면, 그리고 누출이 없다면 모든 것이 잘 작동할 것이었다. 산소가 남아 있거나 누출이 있다면, 휘발성 기체 혼합물은 폭탄처럼 폭발할 것이다.

밀러는 전극을 켰다. 폭발은 일어나지 않았다. 안심한 그는 몇 시간 동안 플라스크를 지켜보다가 한밤에 자리를 떠났다.

신이 그에게 미소를 지었다. 그의 "바다"에 있던 물은 이틀 만에 노랗게 변했고, 전극 옆의 플라스크 벽에는 검은 찌꺼기가 생겼다. 더 이상 실험을 계속하기 어려울 정도로 흥분한 그는 실험을 중단하고 고여 있던 물을 분석했다. 놀랍게도 그 안에는 우리 몸에서 가장 간단한 아미노산인 글리신(NH_2–CH_2–COOH)이 들어 있었다. 밀러는 황홀경에 빠졌다. 그의 고대 대기에서 우리 단백질의 구성 요소이고, 뇌에서 신경전달물질의 역할을 하며, 우리의 뼈, 피부, 근육, 조직을 함께 묶어주는 콜라겐 섬유의 3분의 1을 구성하는 분자가 저절로 만들어진 것이었다.

흥분한 그는 실험을 반복했다. 이번에는 화산에서 더 많은 수증기가 배출된 대기를 시뮬레이션하기 위해서 "바다" 밑의 열을 더 강하게 만들었다. 그리고 그는 일주일 동안 실험을 계속하기로 결심했다.

긴장한 밀러는 하루하루 자신의 바다에서 검은색의 끈적끈적한 물질이 전극에 달라붙으면서 물이 분홍색, 진한 붉은색, 그리고 황갈색으로 바뀌는 모습을 지켜보았다. 동료 대학원생인 (앞에서 소개했듯이 훗날 달 암석의 연대를 측정한) 제럴드 와서버그는 대단한 일이라고 생각하지 않았다. 그는 "그것이 파리 배설물처럼 보인다"고 말했다.[22] 밀러가 플라스크를 제대로 닦지 않았을 것이라는 말을 가볍게 표현한 것이었다. 그러나 파리는 그의 실험과 아무 상관이 없었다.

프로젝트를 시작하고 고작 3개월 반 만에 밀러는 분석을 끝냈다. 그의 동생은 "그가 바닥에서 1미터나 뛰어올랐다"고 기억했다.[23] 마치 목재와 못을 넣어둔 차고의 문을 닫았다가 돌아왔더니 그 안에 새로운 테이블과 의자가 만들어져 있는 것과 같은 일이었다. 우리 세포에서 단백질을 만드는 데에 사용하는 20종의 아미노산 중에서 2종과 몇 가지 다른 것을 포함한 여러 유기 분자들이 만들어져 있었다. 몇 년 후 그는 더 민감한 장비를 이용해서 적어도 8종의 아미노산을 더 발견했다.[24] 유기 화합물이 전기 스파크의 에너지를 이용해서 저절로 만들어진 것이었다. 그리고 그 아미노산은 오파린이 지구에서 가장 먼저 등장했다고 예측했던 바로 그 분자였다.[25]

유리는 깜짝 놀랐다. 그는 밀러에게 결과를 서둘러 발표하도록 재촉했고, 이 이야기를 전하는 거의 모든 회고록에 소개되었듯이 밀러가 논문을 단독으로 발표하도록 허가해주었다. 그런 고상한 제안은 유리의 너그러운 성품과 더불어 그가 관대하고 여유로운 인물이었음을 보여준다. 그는 이미 스웨덴의 상을 받은 상태였다.

노벨상 수상자인 유리는 자연스럽게 「사이언스*Science*」의 편집자에게 전화를 걸어서 밀러의 논문을 서둘러 발표해달라고 부탁했다. 그러나 논문의 처리 과정은 여전히 느렸다. 논문 심사를 요청받은 한 과학자는 밀러의 결과가 너무 터무니없다고 생각해서 평가의견조차 보내지 않았다. 출판이 늦어지자 밀러는 점점 더 초조해졌다. 출판이 거절될 것을 우려한 그는 논문을 「사이언스」에서 철회해서 덜 유명한 학술지에 보냈다. 그는 「사이언스」의 편집자로부터 논문을 곧 출판할 것이라는 편지를 받은 후에야 다시 제출하기로 했다. 밀러는 훗날 "내가 혼자서 직접 「사이언스」에 제출했더라면 여전히 서류 더미의 가장 밑에 있었을 것"이라고 할 정도로 예상치 못했던 결과였다.[26]

그해 봄 청중이 가득 찬 대형 강의실에서 스물세 살의 청년이 몇 명의 노벨상 수상자를 포함한 시카고 대학교의 가장 저명한 과학자들에게 자신의 결과를 발표했다. 청중석에 있었던 학부생 칼 세이건은 그들의 첫 반응에 충격을 받았다. 훗날 그는 "그들은 그의 결과를 심각하게 여기지 않았다"고 썼다.[27] "그들은 계속 그가 너무 엉성해서 실험실 곳곳에 아미노산을 흘렸을 것이라고 지적했다." 심지어 한 동료가 급히게 달려와서 전해준 소식을 들은 오파린마저도 그것을 믿지 않았다.[28] 밀러의 결과는 도저히 믿을 수가 없는 것이었다.

다른 사람들도 인정했듯이 1953년은 생물학에서 기적의 해였다. 조너스 소크는 소아마비 백신을 개발했다고 밝혔고, 어느 신경외과 의사는 해마가 뇌에서 기억 형성을 담당하는 부위라는 사실을 확인했으며, 정자를 냉동시켰다가 되살리는 일에도 성공했다. 왓슨과 크릭이 DNA의 구조를 발표하고 몇 주일 후에는 「가능성이 있는 원시 지구 조건에서 아미노산의 생성」이라는 밀러의 논문이 발표되었다.

밀러의 논문이 대중의 상상력에 불을 붙였다. 그의 실험은 생물학 전체에서 가장 유명해졌다. 밀러가 고등학교 학생도 할 수 있는 것이라고 겸손하게 설명했던 실험은 지구에서 최초로 만들어진 우리의 분자 조상에 해당하는 유기 화합물이 생물 발생 이전의 수프에서 저절로 만들어졌을 것이라는 사실을 알려주었다.[29] 유리는 대학 동료에게 "신이 이렇게 하지 않았더라면 좋은 기회를 놓쳤을 것"이라고 했다.[30] 그 일은 그런 정도로 쉬워 보였다.

불과 4년 후에 오파린은 밀러를 모스크바로 초청해서 제1회 생명의 기원 국제 학술대회에서 강연하도록 해주었다. 언젠가 오파린은 "앞으로의 길은 힘들고 멀겠지만, 의심할 여지 없이 생명의 본성에 대한 궁극적인 지식에 이르게 될 것이다. 그 과정에서 살아 있는 생명체를 인공적으로 만들거나 합성하는 일은 멀기는 하겠지만 달성할 수 없는 목표는 아니다"라고 했다.[31] 1936년에는 그것이 희망 사항처럼 보였다. 이제는 더 이상 그렇게 보이지 않는다. 생명이 어떻게 시작되었는지에 대한 비밀을 파헤칠 수 있을 것이라는 기대감에 부풀어서 실험대 위에 유리관과 플라스크를 조립한 과학자들이 많았다. 그중에는 젊은 칼 세이건도 있었다. 그는 이제 과학이 단순히 지구에서 어떻게 생명이 출현했는지가 아니라 우주 전체에서 어떻게 시작되었는지를 밝혀낼 수 있게 될 것이라고 확신했다.

안타깝게도 밀러의 획기적인 발견 이후 10년이 지나면서 하늘을 찌를 것 같았던 과학자들의 기대는 다시 땅으로 떨어지기 시작했다. 실망스럽게도 생명의 물질을 만드는 일은 기대했던 것보다 훨씬 더 어려운 일임이 밝혀졌다. 그들은 살아 있는 모든 생명체의 단백질을 만드는 20종의 아미노산 중에서 고작 절반을 만들어낼 수 있었다. 그뿐만 아니라 DNA

와 RNA의 기본 단위인 뉴클레오타이드nucleotide라고 부르는 분자로 조직하고 연결하는 일은 훨씬 더 어려웠다. 아무도 초기 지구에 존재하던 재료만으로 뉴클레오타이드를 만드는 방법을 알아낼 수 없었다.

밀러는 대기 중의 기체로부터 유기 분자를 합성하기 위한 노력을 계속했지만, 1960년대에 들어서서 느닷없이 뒤통수를 얻어맞았다. 밀러, 유리, 오파린의 예상과 달리, 지구의 초기 대기가 수소, 메테인, 암모니아로 가득 채워져 있지 않았다는 새로운 증거가 나온 것이었다.[32] 그들은 우주에서 가장 흔한 원소인 수소가 엄청나게 많았기 때문에 그런 기체가 조성되었다고 추론했다. 그런데 훗날의 연구자들은 가벼운 수소는 우주로 빠져나갔고, 다른 기체들은 충돌하는 소행성과 자외선에 의해서 파괴되었다는 사실을 깨달았다. 따라서 지구의 초기 대기는 주로 화산에서 뿜어져 나온 질소, 이산화탄소, 수증기로 이루어져 있었던 것으로 밝혀졌다.[33] 밀러에게는 안타깝게도 그런 기체에 약간의 열이 더해지면 생명의 구성 요소가 아니라 오염 물질인 스모그가 만들어진다. 이로 인해서 밀러의 실험은 흥미로운 것이기는 했지만, 생명의 실제 기원에 대해서는 아무것도 밝히지 못했다고 주장하는 사람들이 등장했다.

"생명 발생 이전 화학의 아버지"로 알려졌던 밀러는 자신의 이론을 고집하고 싶었다. 그러나 그는 다른 사람들이 자신의 이론을 포기하는 것을 씁쓸하게 지켜보았다. 새로운 분야에 빠져들었던 사람들이 이제는 길을 잃은 것처럼 느끼고 있었다. 그들에게는 생명의 구성 요소가 지구에 어떻게 등장했는지를 이해하기 위한 새로운 길이 필요했다. 자신들의 탐구에 활력을 불어넣을 새로운 아이디어와 새로운 희망이 필요했다.

예상하지 못했던 외부인이 그런 기회를 제공했다.

유기 분자가 대기 중에서 생성되지 않았다면, 도대체 어디에서 만들어졌을까? 1960년대 중반까지 과학자들이 살펴볼 수 있는 마지막 장소로 꼽은 곳은 광활한 우주 공간이었다. 단순히 우주 공간이 매우 가혹하다는 이유 때문이었다. 우주는 태양과 별에서 방출되는 강력한 자외선, X선, 감마선과 여러 가지 유해 입자들이 깨지기 쉬운 유기 분자들을 순식간에 파괴할 수 있는 곳이었다.

우리가 지구에서 생존할 수 있는 이유는 두 겹의 거대한 보호막이 우리를 보호해주기 때문이다. 첫 번째 보호막은 지구의 철심에서 생성되는 거대한 자기장에 의한 자기권magnetosphere이다. 지구를 둘러싸고 있는 자기권이 우주선이라는 위험한 아원자 입자를 막아준다. 두 번째 보호막은 대기의 높은 곳에서 생물에 해로운 자외선을 흡수해주는 (O_3라는 산소 분자로 만들어진) 오존층이다. 우리의 세포도 역시 자외선에 의한 최악의 손상을 차단해주는 영리한 메커니즘을 진화시켜왔다. 우리의 피부 세포에는 수십만 종의 효소가 일개미처럼 염색체 주위를 몰려다니면서 DNA 사슬이 끊어질 때마다 곧바로 복구한다.[34] 피부에서 발생하는 DNA 손상은 화학적 메시지를 유발해서 자외선을 안전하게 흡수할 수 있는 멜라닌이라는 화학물질을 만들어야 한다는 신호를 보낸다. 여름에 피부가 그을리는 것은 DNA가 손상을 입었고, 몸이 더 이상의 손상을 방지하기 위해서 노력하고 있다는 증거이다(의사와 부모가 자주 자외선 차단제의 필요성을 강조하는 이유이다).

우주의 혹독한 환경은 잘 알려져 있었다. 그러나 1950년대에는 과학자들이 우주에서 몇 가지 간단한 분자를 찾아냈다. (오르트 구름으로 명성을 얻은) 얀 오르트와 그의 동료인 헨드릭 판 더 휠스트라는 두 사람의 네덜란드 천체물리학자가 놀라운 사실을 알아낸 덕분이었다. 짐작하지 못할 수도 있겠지만 모든 종류의 분자는 고유한 파장의 전자기파를 방출한다. 분자가 충돌하면 원자들이 진동하고 회전하게 되기 때문이다. 그리고 원자는 매우 작고, 원자를 결합해주는 힘은 매우 탄력적이기 때문에 스테로이드 분자를 따라 내려가는 슬링키(스프링으로 만든 장난감/역주)처럼 1초에 수십억 번씩 앞뒤로 흔들리면서 미세한 전자기파를 만들어낸다(그것은 놀라운 수준의 탄성이다. 10억은 대단히 큰 수이다. 100만 초는 11일에 해당하지만, 10억 초는 32년이다). 많은 분자가 모여 있는 클러스터cluster가 전파 망원경으로 검출할 정도의 강한 신호를 방출할 수 있다는 것은 당연한 일이었다. 사실 1967년에는 심우주에서 고작 2개의 원자로 만들어진 몇 종류의 간단한 분자가 들어 있는 구름이 확인되기도 했다. 그러나 과학자들은 더 큰 분자는 그런 가혹한 조건에서 절대 살아남지 못한다는 사실을 알고 있었다.

물리학자 찰스 타운스는 자신이 무엇을 알고 있는지 확신하지 못했다. 타운스는 열아홉 살에 대학을 졸업하고, 물리학으로 박사 학위를 받고, 벨연구소에서 일하다가 컬럼비아 대학교의 교수가 되었다. 그런 그가 서른다섯 살에 어느 맑은 봄날의 공원 벤치에서 훗날 종교적 경험에 비유했던 "계시"를 받았다. 그는 기체 분자가 방출하는 희미한 파동을 증폭시키는 장치를 만들 수 있다는 사실을 깨달았다. 그 덕분에 그는 노벨상을 안겨준 레이저를 발명하게 되었고, 부수적으로 우주 공간의 기체 분자에서 방출되는 신호를 감지하는 방법에 대해서 생각할 수 있게 되었다.

타운스는 1957년부터 어떤 알 수 없는 이유로 우주에 존재하게 된 복잡한 분자를 어떻게 전파 망원경으로 감지할 수 있는지를 설명하는 논문을 발표했다.[35] 심지어 그는 정확한 진동수까지 예측했다. 시간이 지나면서 그는 아무도 그런 분자를 찾으려고 하지 않는다는 사실을 알게 되었다.

그는 젊은 연구자들이 그런 연구를 포기하도록 설득당했다는 사실을 알지 못했다. 예를 들면, 하버드의 어느 대학원 학생은 노벨상 수상자로부터 큰 분자가 우주 공간에서 살아남았다고 하더라도 그 수가 너무 적어서 감지할 수 없을 것이라는 이야기를 들었다.[36]

타운스는 쉰 살이던 1965년에 자신의 연구 분야를 바꾸기로 결심했다. 그는 지적으로 깨어 있기 위해서 천체물리학 분야의 논문을 읽기 시작했고, 하버드에서 (칼 세이건의 강의를 포함해서) 몇 개의 강의를 수강했다. 그리고 그는 최고 수준의 망원경이 있고, 날씨가 맑은 버클리로 이사를 했다. 그곳에서 연구비가 넉넉하고, 새로운 프로젝트를 찾고 있던 노벨상 수상자는 잭 웰치라는 젊은 전기공학 엔지니어를 만났다.

나는 평생을 버클리에서 살았던 웰치에게 두 사람이 어떻게 만나게 되었는지를 물었다. "버클리에 도착한 그는 주변 사람들에게 '전파 천문학에서 진행되고 있는 흥미로운 일이 있나요?'라고 물었습니다. 누군가가 '글쎄요, 잭 웰치는 분자를 찾을 수 있다고 생각하지만, 나는 미친 짓이라고 생각합니다'라고 그에게 말해주었죠. 어쨌든 그는 나를 만나러 찾아왔습니다."[37]

웰치는 대학에서 북동쪽으로 대략 480킬로미터 떨어져 있는 해트크리크 천문대에 20피트 크기의 전파 망원경을 설치하고 있었다. 그는 망원경을 지구의 대기 연구에 사용할 계획이었지만 다른 희망도 있었다. 몇 년 전에 그는 우연히 타운스의 논문을 읽었다. 영감을 얻은 웰치는 전파 망원경으로 별 사이를 떠다니는 큰 분자를 검출하는 방법을 설명하는 소규모 강연을 했다. 웰치에 따르면, "내 강연을 들었던 천문학자 중한 명이 훗날 나에게 '글쎄. 당신의 강연은 당혹스러웠다. 우주에서 2개 이상의 원자로 만들어진 분자를 발견할 방법은 없다'고 말했다."[38] 웰치는 웃으면서 말했다. "그 사람은 정말 똑똑한 친구였지만, 때로는 너무 똑똑해서 문제가 되기도 했다."

웰치는 타운스에게 자신의 강연에 대한 사람들의 반응을 말해주었다. 타운스는 빙그레 웃었다. 그리고 그는 웰치에게, 자신이 컬럼비아의 젊은 교수였을 때 학과의 거물급 인사들이 그를 찾아와서 그가 시간과 대학의 연구비를 낭비하고 있다는 경고를 해준 적이 있었다고 말해주었다. 그들은 그에게 "그 일은 성공할 수 없는 것이다. 우리는 모두 그렇게 생각하고 있다. 당신이 연구비를 낭비하는 것이다. 당장 멈춰라!"라고 했다. 타운스는 고집을 꺾지 않았다. 그는 "그들은 화가 나서 나가버렸다. 그들도 나를 막지 못했다"고 했다. 그러나 그는 그 연구 덕분에 노벨상을 받았다. 그는 웰치에게 "자신들이 모든 것을 알고 있다고 생각하는 사람들의 말을 들을 필요가 없다"고 말했다. 타운스의 남다른 철학은 최고 수준의 물리학자와 엔지니어들과 함께 수행한 연구의 경험에서 얻은 것이었다. 그는 전문가가 어떻게 자신의 지식 때문에 눈이 멀 수 있는지를 직접 보았다. 그들은 양자물리학이나 증폭기의 작동 원리처럼 자신들이 알고 있는 것은 잘 알지만, 때로는 자신들이 얼마나 모르고 있는지는 간과하기도 했다.

버클리에서 타운스는 즉시 웰치에게 "분자를 찾는 일에 관심이 있나요?"라고 물었고, 웰치의 망원경에 장착할 분광기 제작 비용을 지원하겠다고 제안했다. 타운스는 절제된 어조로 "나는 버클리의 천문학자들 대다수가 내 아이디어가 조금 엉뚱하다고 생각한다는 느낌을 받았다"고 기억했다.[39]

그는 자신들의 추론적인 프로젝트를 위해서 박사 과정 학생 한 명과 박사후 연구원 한 명을 확보했고, 유기 분자의 전구체前驅體로, 4개의 원자로 이루어진 분자인 암모니아(NH_3)를 찾아보기로 했다. 그들은 암모니아가 수천 광년光年 떨어진 우주 공간에서 자신의 존재를 알리기 위해서 발신할 것이라고 타운스가 계산한 무선 주파수를 증폭하는 장치를 제작하기 시작했다.

그들은 1968년 어느 가을 밤에 해트크리크에서 마침내 망원경으로 하늘을 관측할 준비를 마쳤다. 웰치는 "어디를 바라볼지가 문제였다. 아무도 몰랐다"라고 했다. 그들은 망원경으로 우리 은하수의 중심을 찾아보기로 했다.

신호가 잡히지 않았다. 그러나 그들은 관측을 계속했다. 며칠 후에 그들은 망원경을 조금 더 멀리 떨어진 먼지구름인 궁수자리 B2로 돌렸고, 그곳에서 수소와 질소의 구름이 충돌하면서 만들어졌을 것으로 보이는 거대한 암모니아 구름이 우주에 떠 있다는 사실을 발견했다.

어떻게 그렇게 쉽게 발견할 수 있었을까? 그리고 그렇게 많은 저명한 과학자들이 그렇게 엄청난 오류를 저질렀던 이유는 무엇일까? 그것은 단순히 분자 구름이 내부에 있는 분자들을 파괴적인 자외선으로부터 보호해줄 정도로 거대하다고 생각했던 전문가가 없었기 때문이다. 떠돌아다니는 몇 개의 분자는 우주에서 살아남기 어려웠겠지만, 지름이 수백만 킬로미터에 이를 정도로 거대한 구름 속에 있는 먼지 입자에 붙어 있는 엄청난 수의 분자는 그렇지 않았다. 과학자들은 우리가 얼마나 모르고 있었는지를 인식하지 못했다. 그들은 "전문가들이 아직도 얼마나 많은 것을 알아내지 못했는지를 알지 못한다"는 편견에 희생되고 말았다.

다음 해에 타운스의 연구팀은 다시 자신들의 증폭기를 사용해서 물을 찾아보았다. 이번에는 해트크리크까지 갈 필요도 없었다. 단지 망원경 운영자에게 물을 찾는 방법을 전화로 알려주었을 뿐이다. "쾅. 그곳에 있었다"고 웰치는 기억했다. 운영자는 수색을 시작하자마자 물의 존재를 찾아냈다.

전 세계의 천문학자들이 망원경으로 달려갔다. 웰치는 "그 무렵에는 전파 천문학계 전체에 불이 붙었다"고 말했다. 그들은 200종 이상의 유기 분자를 찾아냈다.

놀랍게도 그중 상당수는 익숙한 것이었다. 상위에 속하는 아세톤(C_3H_6O)은 지방이 분해되면서 생성되는 것으로 매니큐어 제거제로도 쓰인다. 메테인(CH_4)은 조리용이나 난방용 가스로 쓴다. 아세트산($C_2H_4O_2$)은 식초의 주성분이고, 폼산(CH_2O_2)은 쐐기풀을 만지거나 검은 목수 개미에게 쏘이면 피부의 통증 수용체를 자극하는 물질이다. 우주에서 검출된 염화수소(HCl)가 물과 섞이면 위에서 음식물 소화에 사용되는 염산이 만들어진다. 폼알데하이드(CH_2O)도 우주를 떠다녔다. 폼알데하이드는 사체 보존에도 사용하지만, 우리 몸에서도 매일 42그램이 생산된다는 사실은 잘 알려져 있지 않다. 폼알데하이드가 분해되어 만들어지는 폼산염은 DNA와 일부 아미노산의 합성에 사용되기도 한다. 특히 임산부는 DNA의 구성 요소인 엽산(비타민 B9의 일종)을 만들기 위해서 폼알데하이드가 필요하다(그러나 폼알데하이드는 DNA의 구조를 훼손할 수 있어서 양날의 검과 같다[세린(serine)과 같은 아미노산 등의 대사 과정에서 폼알데하이드가 만들어지기도 한다/역주]).

우주에 존재하는 유기 분자 중에서 가장 악명이 높은 것은 사이안화수소(HCN)이다. 체리나 복숭아와 같은 과일은 씨방에서 자연적으로 사이안화수소를 만든다(복숭아 10개 정도의 씨방에 들어 있는 양이면 사람을 죽일 수도 있다). 노란 점박이 노래기는 포식자가 자신을 잡아먹지 못하도록 HCN을 분비한다. 농부들은 1880년대부터 HCN을 살충제로 사용하기 시작했다. 사이안화수소를 흡입하면 산소를 운반하는 효소의 기능이 떨어져서 적혈구가 보라색으로 변하고, 결국 산소 결핍으로 사망하게 된다. 나치는 제2차 세계대전 당시 지클론 B라는 독가스에 들어 있는 사이안화수소를 가스실에서 사용하여 100만 명이 넘는 사람을 살해했다. 그렇지만 HCN은 친親생명적 원소인 수소, 탄소, 질소로 만들어진다. 그리고 사이안화수소가 (역시 우주에서 발견되는) 황화수소와 결합하면 일부 아미노산, 지방 전구물질, RNA의 구성 요소가 생성되기도 한다.[40] 조건이 맞으면 사이안화수소는 DNA의 구성 요소인 아데닌도 만들어낸다.

생명의 기원을 설명하려고 애쓰다가 깊은 수렁에 깊이 빠져버렸던 과학자들에게 우주가 다양한 유기 분자의 저장고일 수 있다는 가능성은 새로운 희망을 불러일으키는 계기가 되었다. 스탠리 밀러가 증명하고 싶어했던 것처럼 최초의 생명 분자가 대기나 바다에서 만들어지지 않았다면, 외계에서 찾아온 것일 수도 있을까?

마치 그런 의문에 답을 하듯이, 타운스의 연구진이 우주에서 암모니아를 발견하고 고작 몇 달이 지난 1969년 9월 28일 아침 10시 45분에 타오르는 주황색 불덩어리가 오스트레일리아의 머치슨 마을 상공을 가로질러 떨어졌다. 한 여성은 "쿵쿵, 쿵쿵, 쿵쿵 소리가 들렸다"고 했다.[41] "젖은 포장도로를 지나가는 트럭의 타이어"에서 나는 것과 비슷한 소리를 들었다고 기억하는 사람도 있었다.

110킬로그램이 넘는 우주 암석이 머리 위에서 폭발하면서 13제곱킬로미터 지역에 운석 조각이 흩어졌다. 주먹 크기의 조각이 헛간의 금속 지붕을 뚫고 건초 더미에 떨어지기도 했다.[42] 청소용 용제로도 사용하는 변성 알코올(강한 인체 독성을 가진 메탄올을 넣어서 마실 수 없도록 만든 에탄올 수용액/역주) 냄새가 났다.[43] 마을 사람들이 목초지와 들판으로 뛰어다니면서 수백 개의 파편을 주워서 암석 상점에 금 가격의 3분의 1에 해당하는 온스당 10달러에 팔았다. 일부는 박물관과 대학으로 보내기도 했다. 그리고 몇 개는 캘리포니아에 있는 NASA 에임스 연구센터의 지구화학자 키스 크벤볼덴의 손에 들어갔다.

"운석을 가지게 되어 정말 기뻤다"라고 크벤볼덴이 나에게 말했다. 한 세기가 넘도록 운석에서 유기 분자를 발견했다고 주장하는 과학자가 많았다. 그러나 회의론도 만만치 않았다. 오염 가능성을 배제하는 일이 매우 어려운 것으로 알려졌다. 크벤볼덴의 기억에 따르면, "어느 연구자가 일부 시료에서 발견한 아미노산의 분포가 지문을 빼닮은 경우도 있었다. 결론은 우리가 외계 생명에서 왔다고 생각한 것이 사실은 사람 손가락의 미세한 무늬였던 것이다." 1960년대 초에 과학자들은 운석에 생명 자체가 들어 있다는 증거에 대해서 논쟁을 벌였다. 실제로 우주 암석에서 채취한 살아 있는 생명체를, 외계 생명체라고 믿고 배양한 미생물학자도 있었다. 그러나 그는 오염의 가능성을 배제할 수 없다는 사실을 인정했다.[44] 운석에서 작은 "미세화석"을 발견했다고 주장한 과학자도 있었지만 그중 일부는 뉴욕 시 돼지풀로 밝혀졌다.[45]

머치슨 운석의 조각이 NASA의 에임스 연구소에 도착한 1969년에 크벤볼덴은 얼마 전에 달에서 가져온 첫 암석에서 유기 화합물을 찾고 있었다. 결과는 실망스러웠다. 달 암석에는 미량의 메테인 가스 이외에는 유기물의 흔적이 없었다. 그러나 그들의 새 실험실은 달 시료의 오염을 막기 위해서 세심하게 설계된 것이었다. 크벤볼덴과 동료들은 의심할 여지가 없는 최첨단 운석 분석 시설을 가지게 되었다. 이제 그들은 박물관 진열대에서 몇 년 동안 곰팡내를 풍기고 있던 암석이 아니라 깨끗한 조각을 손에 쥐게 되었다. 그들은 새로운 무엇인가를 발견할지도 모른다는 기대에 부풀어 있었다.

흰 클린룸 복장을 갖춘 그들은 균열이 가장 적고, 가장 큰 덩어리를 선택했다. 암석은 매끄러웠고, 폭발의 열기에 의해서 밤처럼 검게 변해 있었다. 그 내부도 역시 검은색이라는 사실이 고무적이었다. 탄소의 흔적이 분명했기 때문이다.

연구진의 화학 분석에서는 운석의 약 2.5퍼센트가 유기물로 밝혀졌다. 운석에 살아 있는 유기체가 들어 있다거나 분자가 생명에 의해서 만들어졌다는 증거는 없었다. 그러나 놀랍게도 다양한 종류의 분자 중에는 아미노산이 포함되어 있었다. 대부분은 지구에서 발견된 아미노산이 아니었다. 이는 실험 과정에서 시료가 오염되지 않았다는 확실한 증거였다. 크벤볼덴은 "과학자로서 언제나 꿈 꾸던 일이었다. 내 인생에서 가장 흥분되는 순간이었다. 중요한 발견을 하고 나면, 당신과 당신의 연구진만 그런 결과를 알고 있다는 사실을 깨닫게 된다. 어떤 것과도 비교할 수 없는 놀라운 경험이다"라고 했다. 놀랍게도 연구진은 우리 몸에서 단백질과 효소를 만들 때 사용하는 20종의 아미노산 중에서 7종을 발견했고, 나중에 2종을 더 찾아냈다.[46]

우리 몸과 운석이 그렇게 공통점이 많다는 사실을 누가 알고 있었겠는가? 저 멀리 심우주를 날아다니는 암석에 우리의 생존에 꼭 필요한 많은 분자들이 들어 있었다. 그런 분자들 중에는 뇌의 세로토닌 수치를 조절하고, 근육에 포도당을 공급하는 데에 도움이 되는 발린valine, 남성 호르몬(테스토스테론)과 다른 호르몬 생성에 역할을 하는 흥분성 신경전달물질인 아스파트산aspatic acid, 시냅스synaps의 80퍼센트 이상에서 발견되는 뇌에서 가장 흔한 흥분성 신경전달물질인 글루탐산glutamic acid도 있었다. 글루탐산은 학습과 기억에 도움이 되기도 한다. 짠맛, 단맛, 신맛, 쓴맛에 이어 5번째 맛으로 알려진 감칠맛도 글루탐산 덕분에 느껴진다. 글루탐산은 논란이 있기는 하지만 맛있는 식품첨가물인 모노소듐글루탐산MSG뿐 아니라 간장이나 치즈에도 들어 있다. 그렇다고 누가 아침 토스트에 약간의 운석을 넣겠는가?

놀랍게도 크벤볼덴이 검출한 여러 가지 아미노산은 스탠리 밀러가 자신의 실험실에서 얻은 아미노산과 완전히 똑같았다.[47] 그래서 밀러, 유리, 오파린이 초기 지구에서 일어났을 것이라고 믿었던 반응은 우주에서 얼음이 들어 있는 암석이 충돌이나 방사성 붕괴로 가열되는 경우에도 일어날 수 있음이 분명해졌다. 그 이후에 머치슨 운석의 조각을 연구하던 다른 연구자들이 밀러를 비롯한 다른 사람들이 실험대에서 만들지 못했던 DNA의 구성 요소인 2종의 뉴클레오타이드도 발견했다. 더 민감한 기기를 이용해서 여러 종류의 유기 분자 수만 종도 검출했다. 과학자들은 운석에 희미한 흔적이 남아 있는 화합물이 수백만 종에 이를 것으로 추정한다. 주로 암석이나 금속으로 이루어진 다양한 운석에는 유기물이 들어 있지 않지만, 머치슨 운석은 유기물이 풍부한 탄소질 콘드라이트 (chondrite, 지구에 떨어지는 운석의 85퍼센트를 차지하는 흔한 형태로 태양계 형성 과정에서 유기물의 합성 등에 대한 정보를 얻을 수 있다/역주)라는 특별한 유형에 속한다.

우주 암석에 유기 화합물이 들어 있다는 사실을 확인한 연구자들은 얼음 혜성에서도 유기물을 찾기 시작했다. 혜성 관측을 위해서 발사한 인공위성을 통해서 혜성에는 질량의 최대 20퍼센트에 달하는 고농도의 유기물이 존재한다는 사실이 밝혀졌다.

그것은 대단한 소식이었다. 켈빈, 헬름홀츠, 호일의 이론이 틀렸다는 증거였기 때문이다. 연구자들은 생명 자체가 우주에서 유입되지는 않았더라도 물과 마찬가지로 최초의 유기 분자가 먼 곳에서 왔을 수도 있다고 생각하게 되었다.

그런 일이 가능하다고 생각하는 사람이 많아졌다. 그러나 성가신 문제를 해결해야만 했다. 천문학자들이 별 사이를 떠다닌다는 사실을 알아내고 흥분했던 유기 분자의 구름은 지구까지 이동하기에는 너무 먼 수조 킬로미터나 떨어져 있었다. 적은 양의 유기물은 머치슨 운석과 같은 작은 암석의 여기저기에 남아 있을 수는 있다. 그러나 그렇게 흩어진 유기물이 생명을 탄생시킬 수는 없었을 것이다. 그리고 시속 6만1,000킬로미터로 움직이는 거대한 혜성이나 소행성이 갑자기 끼익하고 멈출 때, 순간적으로 나타나는 뜨겁게 녹은 마그마나 과열된 기체 속에서는 그런 유기물이 파괴될 수밖에 없었을 것이다. 그래서 골치 아픈 문제가 남게 된다. 우주에서 만들어진 충분한 양의 유기 분자가 지구까지의 긴 여정을 어떻게 견뎌낼 수 있었을까?

1992년 천체물리학자 크리스토퍼 치바와 칼 세이건은 마술사가 모자에서 토끼를 꺼내듯이 놀라운 답을 내놓았다. 운석과 혜성이 지구 대기 중에 우리가 볼 수 없을 정도로 작은 먼지 입자를 비처럼 끊임없이 흩뿌린다는 것이다. 과학자들은 퇴역한 U-2 정찰기의 날개 밑에 특수하게 설계한 상자를 장착해서 고도 6만5,000피트에서 떨어지는 우주 먼지를 수집했다. 행성 간 먼지 입자interplanetary dust particle라고 부르는 먼지는 눈에 보이지 않을 정도로 작아서 지구 대기 중에서 빠르게 떨어지지는 못한다. 빠르게 떨어지면서 뜨겁게 타버리는 대신에 낙하산에 매달린 것처럼 부드럽게 떨어진다. 그런 입자에는 적은 양의 유기물이 들어 있다. 실제로 지구에는 매년 4만 톤 정도의 그런 우주 먼지가 떨어진다.[48] 수억 년의 기간에 떨어진 먼지의 양은 엄청나게 많았을 것이다. 치바와 세이건의 추정에 따르면, 젊은 지구에 떨어진 행성 간 먼지의 양이 오늘날 생명체에 들어 있는 유기물의 총량보다 10배에서 1,000배나 많았다.[49]

유기물이 우주에서 지구로 들어오는 다른 경로를 제시한 과학자도 있다. "절반은 비어 있고, 절반은 채워져 있는 유리잔"과 같다는 식의 이론이었다. 큰 소행성이나 혜성에 들어 있던 유기물은 격렬한 충돌로 인한 엄청난 열에 의해서 파괴되지만, 그 분자 파편들이 재결합하여 새로운 유기물이 만들어질 수도 있다는 것이다.[50] 우주의 천체가 유기 분자를 만들기도 하고, 유기 분자를 부서뜨리기도 한다. 유기물의 주고받기 이론을 뒷받침하는 것처럼 보이는 실험도 있었다. 행성 간 먼지가 아니더라도 큰 충격으로 지구에 생명의 분자의 씨앗이 심어졌을 수도 있다.

문제가 해결된 것일까? 생명이 하늘에서 떨어진 유기 분자로부터 처음 만들어졌을 가능성이나 심지어 확률을 들먹이는 과학자들의 이야기에 상당한 흥분을 느낄 수도 있다. 그렇다면 다른 행성도 역시 유기물 씨앗이 뿌려졌을 것이고, 다른 행성에도 생명이 존재할 가능성이 높아진다. 그렇지만 그들의 열정은 오히려 까다로운 문제의 본질을 흐렸다. 생명의 잠재적인 구성 요소가 온전하게 여기까지 도달했다고 하더라도 그것이 실제로 생명을 탄생시킨 것과 똑같다는 사실은 증명되지 않았다. 우리의 화학적 유기물 조상이 불시착해서 생명을 부화시켰다는 주장은 여전히 흥미롭지만 입증되지 않은 가설일 뿐이다.

그렇다면 우리는 어디까지 왔을까? 우리가 확실하게 말할 수 있는 것은 유기 분자가 어디에나 있다는 것이다. 우주 전체에 유기물이 흩어져 있다. 일부 연구자들에게 물어보면, 생명의 첫 구성 요소인 우리의 먼 유기물 조상은 여러 곳에서 왔을 수 있다는 대답을 듣게 된다. 우주에서 날아온 소행성, 혜성, 우주 먼지에 묻어서 도달하는 것도 가능하다. 앞으로 살펴보겠지만, 바로 이곳 지구에서 만들어진 것도 있다. 사실 화산 분출물이나 뜨거운 간헐천, 심해 열수구, 바다 밑의 새로운 바닥이 생성되는 대륙 지각판 사이의 균열, 또는 소행성의 충돌구가 수천 년간 따뜻한 인큐베이터 역할을 했을 것이라고 주장하는 연구자도 있다. 우리 몸에 있는 유기 분자 중에는 쉽게 만들 수 있는 것도 많다.

연구자들이 동의하는 사실이 있다. 일단 물속에 적절한 종류의 유기 분자가 풍부하게 들어 있는 상태에서 새로운 유형의 분자들이 서로 만나면 원자를 끌어당기는 인력 때문에 새로운 배열이 이루면서 새로운 화합물이 빠르게 만들어진다는 것이다. 그런 후에 생명을 닮은 구조가 등장하기 시작했다.

이런 기적 같은 일이 어떻게 일어났는지가 우주에서 가장 심오한 신비 중의 하나이다. 그렇게 혼란스러운 의문은 모든 과학 분야에서 격렬한 논란뿐만 아니라 신경을 곤두세우는 치열한 경쟁을 불러일으켰다.

7

위대한 신비

첫 세포의 수수께끼 같은 기원

생명은 우주적 명제이다.
_ 크리스티앙 드 뒤브[1]

가족 상봉을 위해서 아주 먼 친척까지 모두 초대하면서 종種을 근거로 차별하지 않으려면……아마도 손님용으로 100경 석의 자리를 마련해야 할 것이고, 그중 대부분은 박테리아가 차지하게 될 것이다. 모든 생명이 하나의 거대한 생명의 나무로 연결되어 있다는 사실을 깨닫게 된 것은 다윈의 통찰력 덕분이다. 지구상에 존재했던 유기체는 모두 다른 유기체의 후손이었다. 오늘날 우리는 가느다란 DNA의 사슬을 통해서 먼 옛날의 혈통까지 이어진 연속성을 추적할 수 있게 되었다. 분자가 우리 몸에 들어오기까지의 경로는 선구자들에 의해서 밝혀졌다. 그런데 우리 모두의 가장 오래된 할머니이고, 생명의 놀라운 복잡성을 낳은 최초의 세포는 어떻게 등장했을까? 스스로 지속하고, 복제할 수 있는 세포인 생명의 가장 기본적인 단위를 만들기 위해서 지구상의 분자들은 어떤 일을 했을까? 과학적 탐구가 이렇게 다양하고, 논쟁이 지속되는 경우는 드물었다.

이미 살펴보았듯이, 생명의 기원에 대한 탐구는 스탠리 밀러가 단단하게 결합된 기체와 전기 방전으로 일부 아미노산을 쉽게 만들 수 있다는 사실을 발견한 1953년부터 탄력을 받기 시작했다. 아쉽게도 그의 단순한 성공은 오해의 소지가 있었던 것으로 밝혀졌다. 밀러의 기술로는 생명에서 찾을 수 있는 모든 아미노산을 만들 수 없었다. 밀러의 제조법에 필요한 모든 성분이 초기 지구의 대기에 들어 있었던 것도 아니었다. 그리고 DNA의 기본 단위이지만 끊어지기 쉬운 뉴클레오타이드를 만드는 일은 밀러의 실험보다 훨씬 더 어려웠다.

사실 제임스 왓슨과 프랜시스 크릭이 DNA의 구조를 밝혀내고 10년이 지난 후에는 생명의 기원을 설명하기 위한 화학의 복잡성에 절망한 일부 연구자들이 손을 놓아버리기도 했다. 어떤 분자부터 시작할지, 그런 분자들이 어떻게 조립되었는지가 도무지 분명하지 않았다. 범죄가 발생하고 수천 년이 지난 수사 현장처럼 거의 모든 증거가 깨끗하게 지워져 있었다. 문제 해결은 도무지 불가능해 보였다.

그런 절망적인 시기에 영국의 연구자 알렉 뱅엄이 수수께끼의 작은 조각을 발견했다. 건장한 체격에 넓적한 얼굴의 뱅엄은 전염성이 있는 과학적 열정의 소유자였다. 그의 초등학교 성적은 좋지 않았다. 그의 부모는 "더 잘할 수 있을 것"이라고 적힌 성적표를 받았다. 그는 자격시험에 두 번이나 떨어진 후에야 의과대학에 입학할 수 있었다.[2] 그러나 호기심이 넘쳐났던 그는 몇 년 후 병리학자의 의무를 "포기하고" 싶어졌다.[3] 대신 케임브리지 근처에 있는 동물생리 연구소에서 연구를 시작했다. 그곳에서 혈액 전문가로 훈련받은 뱅엄은 적혈구가 다른 세포처럼 서로 달라붙지 않는 이유와 같은 수수께끼를 연구하기 시작했다. 적혈구는 어떻게 서로 흩어져 있을까? 그런 의문 때문에 그는 세포막의 성질을 연구하기 시작했다.

연구소는 1961년 (당시 널리 보급되기 시작한) 전자현미경을 마련했고, 뱅엄이 시험 운전을 담당했다. 사무실에서 시험 대상을 찾던 그는 세포막을 구성하는 지방인 레시틴lecithin이라는 지질lipid을 살펴보기로 했다. 레시틴은 물에 넣으면 라바 램프(투명한 액체 속에 화려한 색깔의 왁스 덩어리가 떠다니도록 만든 장식용 램프/역주)의 묘한 왁스 덩어리와 같은 소구체globule를 만드는 매력적인 성질이 있다. 뱅엄은 그런 소구체를 새로 마련한 강력한 전자현미경으로 살펴보기 시작했다. 어두운 실험실에서 녹색으로 빛나는 화면을 바라보던 그는, 소구체가 얇은 벽을 가진 미세구微細球로 구성되어 있다는 놀라운 사실을 발견했다. 그것은 마치 세포막처럼 보였다.

뱅엄은 전율했다. 세포막이 어떻게 진화했는지는 아무도 알지 못했다. 최초의 세포가 어떻게 주위에 헐렁한 구체球體를 만드는 방법을 알아냈을까? 이제 그 답이 분명해졌다. 세포막은 스스로 만들어진다는 것이다. 지질의 한쪽 끝은 물을 끌어당기고, 다른 쪽은 물을 밀어내는 것이 핵심이다. 그래서 물속에 지질을 넣으면, 물을 밀어내는 끝은 곧바로 막대자석처럼 회전해서 방어 자세를 취하고, 물을 끌이당기는 끝은 바깥을 향하게 된다. 물을 밀어내는 말단은 다른 지질의 옆자리에 줄을 지어 배열해서 자신을 지켜낸다. 지질 분자의 인력과 반발력이 순식간에 물을 밀어내는 말단이 속으로 감춰지는 두 개의 지질 분자 두께로 조밀한 공 모양의 구체를 만든다. 뱅엄은 우리의 세포를 둘러싸고 있는 세포막도 그렇게 만들어진다는 사실을 알아냈다. 세포막은 물을 싫어하는 말단과 물을 좋아하는 말단이 서로 등을 대고 늘어서서 모두가 만족할 수 있도록 해주는 분자 2개 두께의 막이 연속적으로 배열되어서 만들어지는 지질 덩어리라는 뜻이다.

뱅엄은 "세포막이 먼저 등장했다"고 즐겨 말했다.[4] 세포막은 만들기가 너무 쉬워서 세포에서 가장 먼저 진화했을 것이 틀림이 없었다. 그는 생명의 기원을 상상하는 일을 단순화시켰다. 적절한 재료만 있으면 곧바로 세포막의 구조가 스스로 만들어질 수 있다.

첫 세포의 세포막을 만드는 일은 매우 쉬워 보였다. 그러나 세포의 내부에 있는 모든 것은 그렇지 않았다. 세포의 내부에는 유기 분자가 있고, 그런 분자들이 세포가 에너지를 생성하고, 구조를 만들고, 번식을 하는 데에 사용하는 새로운 물질을 받아들이는 역할을 한다. 그런 모든 일에 필요한 지침을 담고 있는 분자가 바로 DNA이다(제임스 왓슨, 프랜시스 크릭, 로절린드 프랭클린이 그 구조를 어떻게 발견했는지는 다음 장에서 살펴볼 것이다). DNA가 세포에게 어떤 단백질을 만들어야 하는지를 알려주고, 그렇게 만들어진 단백질이 세포에서 일어나는 나머지 일을 모두 담당한다.

이제 골치 아픈 닭과 달걀의 문제가 과학자들의 발목을 잡았다. DNA와 단백질 중 어느 것이 먼저였을까? 문제는 다음과 같았다. 생명에게 필수적인 것이 분명한 복제의 지침이 들어 있는 DNA가 다른 어떤 것보다 먼저 진화했다고 생각할 수 있다. 그러나 DNA는 단백질로 이루어진다는 사실이 골치 아픈 문제가 되었다. DNA는 단백질을 만드는 지침을 가지고 있고, 단백질이 DNA를 만든다. 둘 중 어느 하나가 없으면, 나머지 하나도 만들어질 수 없다. 둘 중 하나가 어떻게 등장했을까? 생명이 도대체 가능하기나 한 것인지가 의심스러울 정도이다.

1960년대 중반에 세 사람의 생물학계 거장이 구원의 손길을 내밀었다. 칼 우즈, 레슬리 오겔, 프랜시스 크릭은 각각 똑같은 답을 찾아냈다. 그들은 최초의 세포가 DNA가 아니라 역시 복제를 할 수 있다는 점에서 어린 동생이라고 할 수 있는 RNA를 중심으로 만들어졌다고 제안했다.

그때까지는 RNA는 훨씬 길고, 훨씬 더 많은 정보를 가지고 있는 DNA보다 덜 중요한 역할을 하는 보조 바이올린처럼 보였다. RNA는 단순한 중개자에 지나지 않았다. DNA는 놀라울 정도로 긴 30억 개의 뉴클레오타이드 서열에 유전 정보를 가지고 있기 때문이다. RNA 분자는 DNA에서 고작 1,000개 정도의 길이를 가진 뉴클레오타이드에 해당하는 하나의 유전자 부분을 복사한 것이다. 세포의 핵에서 만들어진 RNA 분자는, 유전 암호를 단백질의 아미노산 서열로 번역해주는 화학 공장으로 옮겨진다. 세포는 무디지만 충실한 RNA를 오래 보관하지는 않는다. 단백질이 더 이상 필요 없어지면 RNA를 파괴한다. 어느 과학자가 말했듯이 탄생의 순간부터 죽음이 예정되어 있는 RNA의 일생은 "그리스 비극"과 같은 것이다.[5]

이제 우즈, 오겔, 크릭은 RNA를 새로운 시각에서 보기 시작했다. DNA는 중간이 서로 맞물린 2개의 나선으로 이루어진 긴 이중나선이지만, RNA는 그저 한 가닥의 나선이다. 그래서 RNA는 조립하기가 훨씬 쉬웠을 것이다. 그리고 그들은 분자를 결합하고 화학반응을 크게 가속하는 효소라는 중요한 단백질처럼 RNA도 종이접기와 같은 엉뚱한 모양으로 변형될 수 있다는 새로운 발견에 흥미를 느꼈다. 효소는 우리 세포에서 반응을 100만 년에서 10억 년마다 1번이 아니라 1초에 100번 수준의 엄청나게 빠른 속도로 일어나게 해준다.[6] 우리는 효소가 없으면 존재할 수가 없다. 그래서 고르디우스의 매듭을 풀고 싶었던 세 사람은, 최초의 세포가 탄생한 과거에는 우리의 작은 RNA 조수가 이중의 역할을 수행하는 슈퍼 영웅이었다고 추정했다. 당시의 RNA는 오늘날 DNA가 담당하는 복제의 지침을 전달하는 일뿐만 아니라 오늘날의 효소처럼 반응을 가속하는 역할도 했다는 것이다. RNA는 만능 재주꾼이었다.

생명의 기원을 궁금해하던 사람들이 이제 안도의 한숨을 쉬게 되었다. 그런 깨달음 덕분에 생명이 어떻게 진화했는지에 대한 모든 시나리오를 단순화할 수 있게 되었고, 닭과 달걀의 논란도 정리할 수 있게 되었다. 최초의 세포에게는 DNA도 필요하지 않았고, 단백질도 필요하지 않았다. 최초의 세포는 RNA를 중심으로 만들어졌다. 거의 100만 배나 더 안정적인 이중나선의 DNA와 훨씬 더 효율적인 효소는 나중에 등장했다. 생명의 초기에는 RNA가 일회용 조수가 아니었다. RNA는 생명을 탄생시킨 우리 모두의 증조할머니였다.

그러나 흥분은 다시 한번 가라앉았다. RNA가 화학반응을 부채질해서 가속하는 효소와 같은 역할을 한다는 사실을 아무도 확인하지 못했기 때문이다. 아마도 단백질로 이루어진 훨씬 더 효율적인 효소가 등장하면서 RNA가 그런 역할을 잃었을 수도 있다. 결국 한때 RNA가 가지고 있던 강력한 기능에 대한 추측은 단순히 추측으로만 남게 되었다.

10여 년이 지난 1970년대 말에 서른한 살의 콜로라도 대학교 조교수 토머스 체크는 생명의 기원에 대해서는 신경을 쓰지 않고 있었다. 당시에는 흥미로운 생명공학의 시대가 시작되고 있었기 때문이다. 과학자들은 유전공학을 이용해서 유전 암호를 번역하는 정교한 메커니즘을 빠르게 밝혀내고 있었다. 처음으로 대학에 임용된 체크는 로키 산맥의 반짝이는 설원에서 스키를 탈 수 없을 때는 RNA 분자가 DNA 가닥을 어떻게 복사하는지를 자세히 이해하려고 노력했다. 편의상 그는 연못에 사는 원생동물인 (7가지 성性과 사람에 버금가는 정도의 유전자를 가진 이상한 벌레인) 테트라하이메나 테르모필리아*Tetrahymena thermophila*(민물에서 섬모를 이용해서 자유생활을 하는 운동성 단세포 원생동물/역주)의 유전자를 연구하고 있었다. 편리하게도 이 단세포 생물은 번식 속도가 매우 빨랐기 때문에 그 생물이 잘 만드는 특별한 형태의 RNA를 쉽게 얻을 수 있었다.[7]

체크는 테트라하이메나가 특정한 RNA 가닥을 만들기 위해서는 먼저 세포가 RNA 분자의 중간에 있는 불필요한 짧은 뉴클레오타이드들을 잘라내야 한다는 사실을 발견했다. 세포가 어떻게 그런 일을 하는지를 밝히고 싶었던 그는 서열을 잘라내는 추가적인 효소를 찾기 시작했다. 그는 그런 시도가 생명의 기원을 찾는 돌파구가 될 것이라는 사실은 전혀 몰랐다. 그러나 안타깝게도 온전한 RNA 가닥을 분리하려고 할 때마다 중간의 추가적 부분은 이미 사라진 상태였다. 체크는 불필요한 부분을 제거하는 효소가 RNA에 단단하게 결합되어 있을 것이라고 짐작하고 동료와 함께 반복했던 실험의 결과는 언제나 똑같았다. 그들은 그런 효소를 찾아낼 수 없었다. 그들의 실수 때문이었을 수도 있었다.

1년 후에도 그는 마치 목숨이 걸린 일인 것처럼 그 문제에 더욱 적극적으로 매달렸다. 숨겨진 효소가 작용하기 전에 그 기능을 무력화시키는 새로운 전략을 시도했다. 연구진은 RNA를 끓인 후에 세제를 넣어보기도 했고, 다른 효소를 파괴하는 효소를 넣어보기도 했다. 그런데도 중간 부분이 남아 있는 RNA 분자를 분리할 수 없었다. "우리는 점점 더 절망하게 되었다."[8] 마침내 체크는 여러 방법을 궁리하던 자신들이 "절망한 나머지 거의 정반대의 가설을 시험해보기로 했다"고 회고했다.[9] 그들은 RNA 분자가 모든 일을 스스로 해내는 것인지를 검토하기 시작했다. 추가적인 중간 부분을 잘라내기 위해서 곡예를 하듯이 모양을 변형시킨 후에 다시 붙이는 것일까? 그들은 자신들의 이상한 이론을 시험해보기 위해서 효소에 노출된 적이 없는 인공적인 RNA를 만들었다. 체크는 "그런 RNA에서도 즉시 효과가 나타났다. 그 경우에도 테트라하이메나에서는 RNA와 똑같은 반응이 일어났다. 대안이 없었던 우리에게는 '천만다행의 순간'이었다. 그것이 우리의 유일한 설명이었다"고 말했다. RNA가 화학반응을 시작하고, 가속하는 역할을 하는 효소와 똑같은 작용을 하고 있었다.

결과를 발표한 직후 그는 UCLA의 생명 기원 클럽으로부터 강연 요청을 받았다. 그는 "당시에 나는 생명의 기원 연구가 도대체 무엇인지도 몰랐다"고 기억했다.[10] 그는 나에게 "나는 그 문제에 대해서 한 번도 생각해본 적이 없었다"고 말했다. "나는 생명 기원 연구자들과 완전히 단절되어 있었기 때문에 그 문제를 이해하지 못했다. 나는 강연 내내 반응의 화학적 메커니즘에 관해서 이야기했지만, 그들은 38억 년이나 39억 년 전에 일어났던 일에만 관심이 있었다."[11] 그는 원로 생물학자인 우즈, 크릭, 오겔이 오래 전에 발견하게 될 것이라고 믿었던 문제를 자신이 해결했다는 사실에 놀라움을 금치 못했다. 체크는 "우리는 모르고 있었지만, 그 결과를 기다리고 있던 사람들이 아주 많았다. 어떤 의미에서 그들은 자신들이 충분히 오래 살아 있기만 하면 언젠가는 그런 날이 올 것이라고 믿고 있었다"는 사실을 알게 되었다.[12] 1년 후에 예일의 생화학자 시드니 올트먼이 다른 RNA 분자도 역시 효소처럼 작용한다는 사실을 발표했다. 그와 체크는 노벨상을 공동으로 수상했다.

그후로 연구자들은 세포에서 효소와 같은 작용을 하는 10여 종의 RNA 분자를 발견했다. 그런 RNA 분자는 우리 조상이 단백질을 활용하기 이전에 세포의 생명을 유지했던 RNA의 역할을 알려주는 흔적일 수 있다. 우리 몸에 있는 비타민 B1과 리보플래빈에도 RNA의 짧은 단위가 남아 있다. 더욱이 과학자들은 단백질을 만드는 세포 공장인 리보솜ribosome의 중심에 긴 RNA 조각이 들어 있다는 뜻밖의 사실도 발견했다. 그런 사실이 모두 이제는 사라진 분자 조상의 존재에 대한 증거일 수 있다. 이는 우리가 분자생물학자 월터 길버트가 말한 것으로 유명한 "RNA 세상RNA world"에서 왔다는 뜻이다. RNA 세상은 최초의 세포가 RNA에 의해서 작동했던 지나간 세계를 말한다.

이쯤 되면 아마도 구름이 걷히고, 갑자기 찬란한 햇빛이 등장해야만 할 것 같았다. 마침내 과학자들이 생명의 기원을 설명하는 작업에 착수할 수 있게 된 것이다. 이제 단순히 원시 RNAproto-RNA라고 부르는 최초의 RNA가 어떻게 진화했고, 그것이 어떻게 세포막 속에 갇히게 되어 최초의 세포가 만들어졌는지를 설명하기만 하면 되었다. 그리고 RNA가 복제되는 과정에서 발생한 작은 복사 오류가 어떻게 궁극적으로 단백질, DNA, 우리의 세포 기계를 포함한 새로운 종류의 분자를 차례로 만들었는지도 밝혀내야 했다.

그러나 화학의 신은 과학자들을 그렇게 쉽게 놓아주지 않았다. 최초의 RNA 분자가 어떻게 만들어졌는지는 물론이고, 세포가 RNA를 중심으로 어떻게 진화했는지는 여전히 놀라울 정도로 어려운 문제로 남아 있다. 스탠리 밀러가 최초의 획기적인 실험을 하고 25년이 지난 후에도, 많은 생명 기원 연구자들은 자신들이 여전히 제자리걸음을 반복하고 있는 것처럼 느꼈다.

그러다가 꿈과 같은 낯선 세상과 모든 종류의 가능성을 발견하기 시작했다.

1977년 2월에 어느 과학 탐사대가 파나마 운하를 통과해서 갈라파고스 제도에서 북동쪽으로 400킬로미터 떨어진 대서양의 한 목적지로 향하고 있었다. 목표 지점에 도달한 수석 과학자 잭 콜리스가 볼 수 있는 것은 하늘과 반짝이는 바다뿐이었다. 오리건 주립대학교의 지구화학자인 건장한 체구의 콜리스는 세 척의 연구선을 지휘하고 있었다. 첫째인 85미터 길이의 대형 R/V 크노르 호는 여러 과학 실험실, 주방, 식당, 도서관, 공작실을 갖추고 있었다. 둘째인 룰루 호는 대형 쌍동선雙胴船으로 셋째 선박인 유명한 앨빈 호를 진수하는 플랫폼이었다. 길이가 7미터인 앨빈 호는 심해저의 높은 압력을 견뎌낼 수 있도록 만든 우즈홀 해양연구소의 잠수정이었다. 지질 탐사대는 훗날 타이타닉 호를 발견한 해저 탐험가 로버트 밸러드를 비롯해서 지질학자와 지구물리학자 20여 명으로 구성되어 있었다. 그들 중 누구도 자신들이 최신 생물학에서 가장 획기적인 돌파구를 발견하게 되리라고는 예상하지 못했다.

국립과학재단NSF은 당시 논란이 되고 있던 대륙 이동설을 뒷받침하기 위한 해저 탐사에 막대한 예산을 지원했다. 만약 대륙 이동설이 옳은 것으로 밝혀지면, 바다 밑에서 거대한 지각판이 갈라지면서 새로 생긴 균열에 물이 스며들 것이라고 예상할 수 있었다. 지질학자는 해저 바닥 밑에 있는 뜨거운 마그마까지 내려가서 과열된 물이 다시 해저로 분출된다고 추정했다. 바다 밑에서 발견되는 온천이 판구조론을 뒷받침해줄 것이고, 지구가 식으면서 열을 배출하는 과정을 설명하는 데에도 도움이 될 것이었다.[13] 그런데 해저를 탐사한 어느 누구도 그런 가상의 온천을 확인하지 못했다. 과연 그런 온천이 실제로 존재할까?

콜리스가 그 해역으로 향한 것은 1년 전 지질학자들이 해저 탐사 장비를 끌고 다니는 스크립스 해양연구소의 선박을 이용해서 따뜻한 물이 있는 곳을 발견했기 때문이다. 그들의 카메라에 포착된 풍경은 황량했지만, 신비스럽게도 빈 조개껍데기가 잔뜩 쌓여 있는 곳이 있었다. 그곳이

온수 배출구였을까? 바다 밑에서 맥주 캔이 발견되었다는 사실은 조개 껍데기도 배에서 버린 쓰레기일 수 있다는 뜻이기도 했다.[14] 연구팀은 그곳을 클램베이크Clambake라고 부르기로 하고, 위성중계기transponder로 위치를 표시해두었다.

1년 후에 콜리스의 연구진은 탐사를 준비했다. 2월 17일 새벽 콜리스는 지질학자 테이르트 판 안델, 조종사 잭 도널리와 함께 화장실을 다녀온 후 좁은 전망탑을 통해서 앨빈 호로 내려갔다. 그들은, 제곱인치당 4,000킬로그램의 압력을 견디도록 제작된 타이타늄 잠수정의 작고 둥근 창 앞에 웅크리고 앉아서 2.7킬로미터를 내려갈 준비를 마쳤다. 그들은 두꺼운 창문을 통해서 파도가 일렁이던 바다가 갑자기 잔잔해지는 모습을 바라보고 있었다. 주위가 점점 더 어두워지면서 바닷물의 색이 청록색에서 짙은 청색으로 바뀌고, 더 짙은 청색에서 칠흑처럼 검게 변했다. 그들은 한 시간 반 동안 가끔 나타나는 유령 같은 생체 발광 생물의 섬광 이외에는 아무것도 볼 수 없었다.

마침내 그들은 바닥에 닿았다.

처음에 탐조등 불빛이 보여준 것은 녹은 암석이 차가운 바닷물을 만나서 만들어진 검은 용암 기둥이 늘어선 모습뿐이었다. 그런데 클램베이크에 도착한 그들은 그때까지 아무도 본 적이 없는 것을 보았다. 주위의 물은 섭씨 2도로 거의 얼어붙을 정도로 차가왔지만, 해저에서는 미네랄이 반짝이는 흐린 푸른색의 물이 솟아오르고 있었다. 어떤 곳의 수온은 따뜻한 17도까지 올라갔다. 엄청난 수압만 아니라면 잠수복을 입지 않고도 수영을 즐길 수 있을 정도의 편안한 온도였다. 그들은 처음으로 열수공熱水空, hydrothermal vent을 발견한 것이었다.

둥근 창을 내다보고 있던 콜리스는 자신의 기억에 영원히 각인될 장면을 보았다. 그는 음성 전화기를 사용해서 해상의 룰루 호에 남아 있던 대학원생 데브라 스테이크스와 통화를 했다.

"데브라, 심해는 사막과 비슷하다고 하지 않았나?"[15]

스테이크스는 잠시 동료 지질학자와 이야기를 나눈 후에 "그렇습니다"라고 대답했다.

"그런데 이곳에는 수많은 동물이 있어요"라고 그가 말했다.

그는 저녁 식탁의 접시만큼 큰 조개, 거대한 홍합, 탈색된 랍스터, 주황색과 흰색의 게를 바라보고 있었다.[16]

말도 안 되는 일이었다. 그는 햇빛은 물론이고 바다 표면으로부터의 먹이가 모두 차단된 해저 2,400미터가 넘는 곳에 있었다. 콜리스와 판 안덴은 정신없이 자료를 수집하고, 앨빈 호의 로봇 팔을 이용해서 몇 가지 표본을 채집했다.

다음 잠수에서는 더 많은 열수공과 함께, 스파게티 모양의 벌레, 대형 분홍색 물고기, 꽃처럼 힘없이 흔들리는 붉은 깃털을 가진 2미터 길이의 관충tubeworm 등 더욱 기이한 생물이 확인되었다. R/V 크노르 호로 돌아온 과학자들은 경이로운 심정으로 자신들이 발견한 것을 살펴보았다. 탐사대의 항해사인 캐시 크레인은 무전으로 우즈홀의 생물학자에게 이상한 생물의 정체를 파악하는 일을 도와달라고 요청했다. 물론 그것은 불가능한 일이었다.

대학원 학생들이 가져온 작은 병에 들어 있는 폼알데하이드와 자신들이 파나마에서 구한 러시아 보드카 몇 병을 제외하면, 놀란 지질학자들이 생물을 보존할 방법은 없었다.[17] 그들은 해저에서 채집한 생물을 플라스틱 그릇에 넣고 랩으로 싸두어야 했다. 얼마 후에 탐사대는 우즈홀로부터 "즉시 항구로 돌아오라.……생물학자들이 오고 있다"는 메시지를 받았다.[18] 말할 필요도 없이 콜리스는 그 메시지를 따르지 않았다. 그는 특종을 놓치고 싶지 않았다.

탐사대원들이 미지의 생명체가 사는 오아시스를 발견했다는 사실을 깨닫기 시작하면서 선상의 분위기는 들뜨기 시작했다. 지구 표면의 동물이나 식물과 달리 그들이 발견한 생물은 햇빛이나 광합성에 의존하지 않았다. 대신에 그 생물은 지구 깊은 곳에서 나오는 미네랄과 열에 의존했다. R/V 크노르 호의 실험실에서 보존병을 열어본 연구자들은 말 그대로 그것이 어떻게 작동하는지를 알아내기 위해서 냄새를 맡았다. 그러나 연구자들은 썩은 달걀 냄새 때문에 창가로 달려가야 했고, 다른 승무원들도 에어컨 바람 때문에 퍼지는 악취에 피할 수 없었다. 그들은 곧바로 자신들이 화성의 생명만큼이나 낯선 독특한 생태계를 발견했다는 사실을 깨달았다. 에드먼드는 "우리는 모두 펄쩍펄쩍 뛰기 시작했다"고 기억했다.[19] "우리는 미친 듯이 춤을 추었다. 대혼란이었다. 너무나 새롭고 예상하지 못한 일이었기 때문에 서로 잠수하겠다고 난리였다."

몇 년이 지나고 하버드의 미생물학과 대학원생이던 콜린 캐버너는 스미스소니언의 벌레 큐레이터인 메러디스 존스와 우즈홀의 미생물학자 홀거 야나슈와 함께 해저의 박테리아가 광합성과 비슷한 과정을 통해서 에너지와 당糖을 생산한다는 사실을 밝혀냈다. 그들은 태양으로부터 에너지를 얻는 대신 황화수소의 화학결합을 끊어서 에너지를 확보했다. 그리고 그 에너지를 이용해서 광합성에서처럼 이산화탄소와 물을 결합해서 당을 만들었다. 간단히 말해서 박테리아는 암석에 들어 있는 황화수소를 먹어서 에너지를 만들었다. 저 아래 깊은 곳의 섬뜩한 먹이 사슬에 있는 다른 생물체는 모두 암석을 먹고 사는 하찮은 생물에 의존해서 생활했다.

이 잊을 수 없는 광경이 콜리스에게 엄청난 영향을 주었다. 그는 지구화학에서 생물학으로 전공을 바꾸고 대학원생 수전 호프먼, 미생물학자 존 배로스와 함께 우리의 가장 오래된 조상인 최초의 생물이 열수공에서 진화했다는 놀라운 새로운 이론을 발전시켰다.

그런 이론은 생명의 기원에 대한 우리의 생각을 완전히 바꿔놓기에 충분했다. 그때까지는 생명이 지구 표면에서 생겨났다는 것이 일반적인 인식이었다. 스탠리 밀러의 시나리오에서는 번개와 자외선이 대기 중의 유기 분자의 생성을 촉발했다. 그런 유기물이 바다나 연못에 떨어져서 생명이 등장한 생명 이전의 수프가 만들어졌다. 그러나 콜리스와 그의 동료들은 생명이 지구의 표면이 아니라 지구에서 가장 어둡고 엄청난 압력이 작용하는 해저에서 진화했다고 주장했다.

그들의 새로운 이론에는 분명한 장점이 있었다. 우선 지구가 탄생하고 몇억 년이 지난 후기 대폭격 시기에 거대한 소행성과 혜성이 지구 표면을 완전히 파괴했다는 사실이다. 아마도 깊은 바다 밑이 위로부터의 파괴적인 충격을 막아주는 안전한 방공호가 되었을 것이다. 그들의 이론을 극적으로 뒷받침해주는 발견도 있었다. 10여 년 전에 생물학자들은 섭씨 70도가 넘는 옐로스톤 온천처럼 말도 안 될 정도의 높은 온도에서 번성하는 미생물을 발견하고 깜짝 놀랐었다. 역시 흥미롭게도 연구자들이 시간을 거슬러 올라가서 추적한 가장 오래된 유전자가 깊은 해저 분출구의 높은 온도에서 사는 LUCA(마지막 보편공통 조상Last Universal Common Ancestor)에 속한다는 사실을 밝히기도 했다.[20]

그렇지만 콜리스와 그의 동료들이 제출한 논문은 「네이처*Nature*」와 「사이언스」와 같은 유명한 학술지에서 단번에 거절당했다. 그들의 논문은 1년 후에 잘 알려지지 않은 「해양학 공보*Oceanologica Acta*」에 실렸다.[21] 그런데도 논문은 불을 당기는 역할을 했다. 생명이 열수공에서 시작되었다는 주장은 단순히 연기가 피어오르는 정도가 아니라 과학계 전체에 불을 지피고, 활활 타오르도록 했다. 발전이 정체되어 있던 생명의 기원에 대한 신나는 새로운 방식이 등장한 것이었다.

1979년 "블랙 스모커black smoker"(심해저의 지각에서 분출되는 뜨거운 액체가 바닷물과 반응해서 검은 연기처럼 솟아오르는 거대한 굴뚝 모양의 열수공/역주)라는 새로운 종류의 심해 분출구가 발견되면서 흥분의 불길은 더욱 거세졌다. 새로운 열수공은 훨씬 뜨거운 350도나 되었고 거대했다. 고질라라고 부르는 열수공의 꼭대기는 지름이 12미터였고, 바닥으로부터 높이가 15층에 이르렀다. 뜨거운 물, 미네랄, 용존기체가 뿜어져 나오는 이 굴뚝같은 거대한 탑이 유기 분자를 쏟아내는 생물 반응기라고 상상하는 것은 어렵지 않았다. 그 주변에서 확인된 생명의 다양성은 놀라웠다. 개체 밀도는 산호초의 다양성에 버금갈 정도였다.

그러나 이 분야의 창시자인 스탠리 밀러에게 생명이 심해 분출구의 극한 온도에서 진화할 수 있다는 생각은 터무니없어 보였다. 그는 반대자를 "제압하기" 위해서 노력했다.[22] 그는 만약 분출구에서 부서지기 쉬운 유기 분자가 만들어진다고 해도, 그곳의 강한 열이 그런 분자를 깨뜨릴 것이 분명하다고 지적했다. RNA, 아미노산, 당과 같은 분자들은 고온에서 분해된다. 밀러와 그의 동료인 제프리 바다는, "분출구가 원시 바다에서 유기 화합물의 합성보다는 파괴에 더 중요한 역할을 했을 것"이라고 주장했다.[23] "밀러파"와 "분출구파ventist" 사이의 싸움은 그렇게 시작되었다.

물론 밀러의 이론에도 치명적인 오류의 가능성이 있었던 것은 사실이다. 밀러는 최초의 아미노산을 만드는 데에 필요했던 수소, 암모니아, 메테인이 존재했을 것이라고 고집했지만, 과학자들은 지구의 초기 대기에는 그런 성분이 없었다는 사실을 발견했다. 다른 과학자들이 행성 간 먼지나 혜성, 그리고 운석의 충격 때문에 유기 분자가 지구에 처음 등장하게 되었다고 생각하기 시작한 것도 그런 이유 때문이었다.

이제 일부 과학자들에게는 심해 분출구가 생명의 탄생지였을 가능성이 더 높아 보였다. 지구의 열에 의해서 미네랄과 기체가 풍부한 과열된 물이 해저에서 거품을 일으키며 솟아올랐다. 그리고 분출구 주위의 광범위한 온도에서 다양한 화합물들이 서로 뒤섞이면서 유기 화합물이 진화하는 풍요로운 환경이 조성되었다. 그러나 과학자들은 여전히 유기 화합물과 생명이 어떻게 등장하게 되었는지에 대해서 구체적으로 설명하는 일에는 어려움을 겪고 있었다.

특허 변호사이면서 취미로 생명의 기원에 관심을 가졌던 귄터 베흐터쇼이저는 1980년대 후반에 생명이 바다 밑에서 출현했다는 흥미로운 제안을 더 이상 무시하기 어려운 이론으로 만들었다. 베흐터쇼이저는 뮌헨의 법률 사무소에서 일하고 있었다. 그런 그가 재미 삼아서 과학철학과 진화론을 공부하게 되었다. 그는 "사람들에게 아이디어가 떠오르면, 가장 바쁜 사람이 흥미를 가지게 된다"고 주장했다.[24] 특허 변호사가 논리적이라고 하는 것은 군주를 제왕답다고 하는 것과 같았다. 그것은 당연한 일이었다. 동료들은 베흐터쇼이저를 논쟁을 좋아하고, 전투적이라고 말했다. 모든 변호사에게 어울리는 특성이었다. 그는 특허 신청서에서 문제를 찾아내는 일을 좋아했다. 유기화학 박사 학위도 가지고 있었던 그가 변호사로 일하기 시작한 것은 20여 년 전부터였다. 그는 생명의 기원에 대한 당시의 이론에 전혀 동의할 수 없었다.

베흐터쇼이저는 오스트리아에서 열린 과학 여름학교에서 만났던 어느 친구의 견해에 큰 영향을 받았다. 그는 유명한 과학철학자 칼 포퍼였다. 포퍼는 제대로 된 과학 이론은 반증 가능해야 한다는 주장으로 유명했다. 즉 과학 이론은 적어도 원칙적으로 증거에 의해서 반증할 수 있는 예측이 가능해야 한다는 것이다. 베흐터쇼이저는 생명의 기원에 대한 기존의 이론은 그런 기준을 충족시키지 못한다고 생각했다. 그는 여러 가지 화학물질을 섞은 후에 에너지를 더해주면서 무엇이 만들어지는지를 보는 실험에는 동의할 수 없었다. 과학자들이 실험에서 어떤 분자를 만들었느냐에 따라서 "생명 이전 수프"에서 예상되는 필수 성분이 계속 바뀌는 듯했기 때문이다.[25]

신중한 변호사는 집과 뮌헨의 중세 성문으로 이어지는 도로인 탈Tal에 있는 법률 사무소에서 생명이 어떻게 등장했는지에 대해서 반증 가능한 이론을 세우기 위한 연구를 시작했다. 항생제 특허나 다른 분쟁에 대한 송사를 진행하는 동안에도 그는 생명의 분자를 만들어낼 가능성이 가장 큰 반응을 찾아내려고 노력했다. 그는 해저 바로 밑에서 어떤 화합물을 사용할 수 있는지를 매우 자세하게 살펴보기로 했다.

베흐터쇼이저는 모든 조건을 갖춘 그곳이 생명의 완벽한 요람이었을 것이라는 결론을 내렸다. 우선 지구의 깊은 곳으로부터 흘러나오는 뜨거운 물에는 유기 분자의 전구체가 될 수 있는 황화수소, 암모니아, 이산화탄소, 사이안화수소 등의 기체가 들어 있었다. 그런 물질이 압력을 받고 있다는 사실도 반응에 도움이 되었을 것이다. 그리고 박테리아와 우리 자신의 몸속에서 반응을 가속하는 효소를 살펴본 그는 다른 사실도 발견했다. 반응의 중심부에 철, 니켈, 아연, 몰리브데넘과 같은 금속이 있다는 것이었다. 해저에는 황화철(FeS)을 비롯한 모든 것이 풍부하게 있었을 것이다. 흥미롭게도 우리에게 가장 중요한 효소는 물론이고 우리 몸에서 에너지를 생산하는 발전소인 미토콘드리아의 중심에도 철과 황 원자의 뭉치가 있었다. 사실 황화철 뭉치를 만드는 능력을 방해하는 유전적 결함은 심장 질환과 근력 저하증의 원인이 된다. 베흐터쇼이저는 해저 바로 밑에서 발견되는 미네랄이 우리 자신과 모든 생명체에게 꼭 필요해진 것 역시 단순히 요행인지 알고 싶었다.

해저에서 만들어지는 황철광fool's gold이라고 알려진 황화철 광석의 표면이 양전하를 가진다는 사실도 중요했다. 그 덕분에 광석의 표면이 화학적으로 끈적끈적했고, 그곳에서 만들어진 유기 분자가 그 표면에 잘 달라붙었을 것이다. 그런 분자는 물속에 떠다니는 대신에 표면에 붙어서 다른 분자들과 어울리게 되었을 것이다.

베흐터쇼이저에게 해저는 생명의 탄생지처럼 보였다. 적절한 조건에서는 그곳에서 등장한 점점 더 복잡한 분자들이 생명 유지에 필요한 에너지를 생산하고, 화합물을 처리하는 기본적인 대사 과정을 고안했을 것이다. 그는 심지어 아미노산, 단백질, RNA가 어떻게 만들어졌는지도 추정했다. 마침내 그는 바다 밑에 있던 우리의 분자 조상이 더욱 발전하면서 세포막에 갇히게 되었다고 주장했다. 결국 깊은 바다 밑에서 진화한 용감한 세포가 집을 떠났다. 그는 아주 간결하게 말해서 우리는 해저 아래쪽에 있던 황철광과 같은 광물의 표면에서 진화했다고 제안했다.

그러나 베흐터쇼이저는 논문 발표를 망설였다. 그는 아마추어인 자신이 조롱을 당할 것을 두려워했다. 그는 "나는 아주 긍정적인 직업이라고 하기도 어려운 변호사로 알려진 한 외부인이었다"고 씁쓸하게 말했다. 그러나 포퍼를 비롯한 사람들의 격려로 용기를 얻은 그는 논문을 쓰기로 했다. 그는 자신이 다른 사람들의 이론에서 발견한 오류를 지적하는 일도 주저하지 않았다. 사실 그는 처음 생각했던 것보다 더 강력한 주장을 내놓았다. 그는 서두에 "생명 이전 수프 이론은 논리적으로 역설적이고, 열역학과 양립할 수 없으며, 화학적 및 지구화학적으로 비현실적이고, 생물학이나 화학과 연결되지 않고, 실험적으로 확인되지 않았다는 혹독한 비판을 받았다"라고 썼다.[26]

스탠리 밀러와 제프리 바다가 그런 공격을 반가워하지도 않고, 승복하지도 않았던 것은 놀라운 일이 아니었다. 바다는「사이언스」에 "뜨거운 분자를 좋아할 수도 있지만, 최초의 생명 분자는 그렇지 않았다"는 제목의 반박 논문을 발표했다. 그들은 애초에 누군가 그런 이론을 생각했던 이유가 무엇이었는지에 대해서 의문을 제기했다. 밀러는 어느 기자에게 "분출구 가설은 진정한 패배자이다. 나는 우리가 그런 이론을 두고 논의해야 하는 이유조차 이해하지 못하겠다"라고 말했다.[27] 바다에 따르면, 베흐터쇼이저의 모형은 "우리가 알고 있는 생명의 기원에 대한 질문과 아무 관련이 없는 것이다."[28] 그것은 가상적인 화학반응을 적어놓고, 그런 반응이 최초의 생명과 어떤 관련이 있다고 주장하는 일부 연구자들의 경향을 보여주는 이름뿐인 "유령 화학paper chemistry"에 지나지 않았다.[29]

그러나 증인의 속마음을 파헤치는 변호사의 신중한 평정심을 가지고 있던 베흐터쇼이저는 자신의 입장을 지키는 방법을 알고 있었다. 그는 어느 기자에게 "내가 아는 한 수프 이론은, 아무것도 설명해주지 않기 때문에 이론이라기보다는 미신에 더 가깝다"라고 했다.[30] 몇 년 후에 나와 대화를 나누던 그는 놀라울 정도로 편안하게 당시의 논쟁을 회고했다. 그는 "나는 사실 반격하는 사람이었다"고 말했다. "과학은 논쟁적인 분야이다. 만약 과학적 주제에서 논쟁이 없다면, 과학이 없는 것이다. 그래서 나는 내가 푸대접을 받았다고 말하고 싶지 않다. 사람들이 나를 공격했지만 내가 그들에게 무엇을 해주었는지 생각해보자." 그는 기분 좋게

목소리를 높여서 말했다.

밀러나 바다의 노력에도 불구하고, 그들은 "분출구 가설에 대한 폭발하는 열기"를 막아낼 수 없었다.[31] 베흐터쇼이저의 이론은 우리 자신의 분자 조성에 대한 탐구에 새로운 생명을 불어넣었다. 그리고 그의 이론이 생명의 기원에 대한 핵심 열쇠를 밝혀낼 것으로 보이는 또다른 이론에 불을 붙였다.

베흐터쇼이저의 이론에 감동한 지질학자 마이크 러셀은 자신이 그를 도울 수 있다고 생각했다. 2018년 나와 화상 통화를 할 때 그는 외계 생명을 탐색하기 위한 NASA의 제트추진 연구소 사무실에 있었다.[32] 그는 이야기하면서 가끔 셰익스피어의 극을 연기하는 배우를 연상시키는 자세를 취했다. 그런 자세는 자신의 이야기를 듣고 있는 청중(나)을 위해서가 아니라 자기 생각의 강렬함을 온전하게 느끼기 위해서인 듯했다. 아이디어와 열정이 쏟아져 나왔다. 그는 생명의 신비를 밝혀낸 사람으로서 열정적으로 이야기했다.

러셀은 몇 년 동안 광석을 조사하고 탐사하는 현장 지질학자로 활동했다. 그런 후 1980년대에는 다시 학계로 돌아와서 우리가 채굴하는 구리와 우라늄에서부터 금에 이르는 금속이 대부분 심해 분출구와 온천 근처에서 발견된다는 당시에는 논란이 많았지만 흥미로운 아이디어를 연구했다.

당시 글래스고 대학교에 재직 중이던 러셀은 자신이 고대 온천에서 만들어졌다고 생각한 납 광산의 흥미로운 지층을 연구하고 있었다. 신기하게도 그는 암석에 작은 구멍이 많다는 사실을 발견했다. 어느 날 저녁 집에서 화학 키트를 가지고 놀고 있던 아들 앤디가 물통 속의 용액에서 광물이 침전되는 과정에서 구멍이 만들어진다는 사실을 발견하고 흥분했다. 그 모습을 살펴본 러셀은 그 구멍이 납 광산에 있는 암석의 구멍을 닮았다는 사실에 깜짝 놀랐고, 고대의 암석에 남아 있는 구조가 어떻게 만들어졌는지를 곧바로 깨달았다.

다음 날 러셀과 어느 동료가 그의 실험실에서 그 구조가 성장하는 과정을 재현했다. 그들은 일부 심해 분출공에서는 블랙 스모커에서와는 다른 구조가 만들어질 것이라고 추정했다. 그들이 "알칼리 분출공alkaline vent"이라고 불렀던 이 새로운 분출공의 암석에는 속이 빈 작은 방들이 가득할 것이었다. 10년도 되지 않아서 실제로 알칼리 분출공이 발견되었다. 러셀은, 특히 그것이 생명의 기원을 훨씬 더 쉽게 상상할 수 있도록 해줄 것으로 보인다는 사실 때문에 더욱 흥분했다.[33]

우선 그 분출공은 블랙 스모커보다 온도가 훨씬 낮았다. 타는 듯한 150도 이상이 아니라 대략 15도 정도인 그곳에서 부서지기 쉬운 유기 분자가 만들어지는 장면은 상상하기 더 쉬웠다. 새로운 분출공은 또 하나의 성가신 문제인 골치 아픈 농도 문제도 해결해주는 듯했다. 그것은 생명 기원 연구자 모두가 직면하는 어려운 문제였다. 물이 많은 곳이나 연못에서 처음 만들어진 생명의 분자가 흩어져버리면 어떤 생명도 탄생하지 못하게 된다. 실제로 그렇게 되지 않은 이유가 무엇일까? 베흐터쇼이저는 전하를 가진 광물 표면 근처에서 만들어진 분자는 그 표면에 달라붙기 때문에 단순히 떠다니면서 흩어지는 대신 상호작용을 하게 된다고 주장했다. 러셀은 자신의 알칼리 분출공이 유기 분자를 훨씬 더 쉽게 붙잡아둘 수 있을 것이라는 사실을 알아냈다. 분출공은 많은 구멍을 가진 얇은 벽으로 분리된 방으로 만들어졌다. 그런 작은 방은 세포와 마찬가지로 분자를 농축하는 데에 적절했다.

러셀은 자신의 분출공에 또다른 장점이 있다는 사실을 알아냈다. 그곳에는 베흐터쇼이저가 촉매 역할을 했다고 믿었던 것과 같은 금속이 있었을 뿐만 아니라 많은 양의 수소 기체도 있었다. 러셀과 생화학자 윌리엄 마틴은 그런 풍요로움이 생명의 기원에 핵심적인 열쇠가 되었을 것이라고 주장했다.

그들은 전하를 가진 수소 이온인 양성자와 세포막처럼 얇은 방의 반대쪽 사이의 작은 차이가—유기 화합물을 형성하도록 가둬줄 수 있는 에너지인—전기 전위를 만들어냈다고 주장했다. 놀랍게도 그것은 우리의 세포가 에너지를 만들어내는 방법과 상당히 비슷하게 보였다. 우리 세포는 ATPadenosine triphosphate라는 작은 순환 전원 장치에 의존한다. 평균적으로 세포는 매초 1,000만에서 1억 개의 ATP를 소비한다.[34] 과학자들은 또한 분출공의 얇은 벽에 있는 구멍을 통과하는 전하를 가진 수소 이온의 흐름에서 우리 세포가 ATP를 생산할 때 사용하는 것과 비슷한 전류가 흐른다는 사실을 알아냈다. 러셀과 마틴은 분출공이 그런 전류로 화학 순환 구조에 필요한 에너지를 공급했을 것이라는 결론을 얻었다.[35] 그런 화학 순환 구조가 이산화탄소와 수소를 유기 분자로 전환해주었다. 그 과정에서의 부산물과 우연한 조합이 새로운 순환 구조를 만들어냈고, 그런 순환 구조가 점점 더 정교해지면서 아미노산, RNA, 그리고 생명의 전체 기계 장치와 동일한 모든 구성 요소가 탄생했다. 러셀과 마틴이 보기에는 생명의 유령 같은 최초의 흔적은 오늘날 우리에게 동력을 제공하는 것과 같은 전류에 의해서 시작되었다.

이런 종류의 분출공에서 정말 최초의 세포가 부화할 수 있었을까? 지질학자들은 바다 밑에서 형성된 알칼리 분출공이 고작 10만 년 정도 유지되었을 것이라고 믿는다. 러셀의 입장에서는 쉬운 문제였다. 그의 설명에 따르면 우리의 세포에서는 매초 100만 개에서 10억 개의 전자가 움직인다. 전자의 수준에서 살펴보면, 전자는 시간을 연, 일, 분, 초로 측정하지 않는다. 전자는 100만 분의 1초에 해당하는 마이크로초나 1조 분의 1초에 해당하는 피코초로 움직인다. 그런 시간 척도에서 적절한 성분이 존재하기만 한다면, 화학 체계가 생명으로 탄생하기에는 100년도 엄청나게 긴 시간이 된다.

많은 사람들이 러셀과 마틴의 이론이 설득력이 있다고 생각한다. 여전히 모든 생명체의 활동을 주도하고 있는 전류에 의해서 생명이 등장했다고 생각하는 것은 분명 시적詩的인 발상이다. 그들은 지구의 깊은 곳에서 올라온 광물, 가스, 물의 상호작용에서 무생물적인 분자가 어떻게 에너지를 만들고, 일련의 분자적 발명을 촉발했는지에 대한 최초의 흔적을 찾아냈다. 수없이 많은 세대를 통해서 봉송된 올림픽 성화와 마찬가지로 생명을 움직이도록 만들어준 에너지원은 우리 몸속에서 여전히 작동하고 있다. 간단히 말해서 러셀과 그의 동료들은 우리가 마침내 생명의 비밀을 설명했다고 믿고 있다.

그러나 이미 주목했겠지만, 생명의 기원에 관해서는 언제나 다른 견해가 있기 마련이다. 1990년대부터 이론의 수가 폭발적으로 늘어났고, 생명이 깊은 심해가 아니라 지구의 표면에서 발생했다는 이론도 있었다. 「뉴 사이언티스트*New Scientist*」에서 생명이 기원을 검색해보면 다음과 같은 내용이 나온다. “바다가 아니라 연못이 생명의 요람”, “러시아의 온천이 생명은 암석에서 시작되었음을 알려주고 있다”, “화산에 의한 번개가 지구상의 생명을 촉발하다”, “최초의 생명은 얼어붙은 지구의 얼음 바다에서 만들어졌을 것”, “점토의 중매 역할로 생명이 탄생했을 것” 등이 있다.

10명의 생물학자와 이야기해보면, 11가지 서로 다른 의견을 듣게 될 수도 있다. 열수공, 해안 웅덩이, 연못, 화산 석호潟湖, 방사능에 오염된 해변, 남극의 호수 등을 지목하는 생물학자들이 있다. 점토의 결정형 패턴이 유기화합물을 농축해서 더 긴 사슬로 연결했을 것이라는 이유로 물웅덩이 대신에 점토 덩어리를 생명의 탄생지라고 생각하는 사람도 있다. 지구 깊은 곳에서 올라오는 뜨거운 물이 심해 분출공에서와 비슷한 광물을 가지고 있다는 이유로 옐로스톤과 같은 온천이나 간헐천을 지지하는 사람도 있다. 온천이 어쩌다가 말라버리면, 그곳에서 만들어진 분자가 농축되어 연못의 가장자리에서 서로 섞이게 된다.

RNA가 어떻게 생명을 촉발했을지에 주목하는 연구자도 있다. RNA의 형성은 언제나 수수께끼였다. 그러나 영국의 화학자 존 서덜랜드는 (혜성에 풍부한) 사이안화수소와 (지구에 흔한) 황화수소를 뉴클레오타이드, RNA, 그리고 심지어 아미노산과 지질의 전구체로까지 전환해주는 다단계 경로를 발견했다.[36] 그는 물속에서 만나서 생명체가 만들어지는 이질적인 환경에서 다양한 분자가 생성되는 모습을 상상했다.

여러 시나리오를 결합해야 한다고 생각하는 사람도 있다. 혜성이 유기 전구체를 지구에 가져왔고, 지구의 분화구가 따뜻한 양육 환경을 제공했으며, 균열 틈새에서 솟아나는 뜨거운 간헐천이 다른 분자를 공급했다고 제안하는 사람도 있다. 지구화학자 조지 코디는 "우리는 모든 가능성을 고려해야 한다"고 말했다.[37] "이 분야에는 다양한 가설만큼이나 다양한 사람들이 있다. 겸손해야 한다. 열린 마음을 유지해야 한다."

그리고 생명은 지구에서 발생한 것이 절대 아니라고 주장하는 소수 의견도 있다. 나는 저명한 지구물리학자인 제이 멜로시에게 그런 이론에 대한 이야기를 처음 들었다. 그는 나에게 "어떤 곳을 지목해야 한다면, 나는 생명의 기원에 가장 잘 맞는 곳이 아마도 화성일 것이라고 생각한다"는 놀라운 말을 해주었다.[38] 나는 이 이론이 주변적인 것이라고 생각했지만, 여전히 살아남아서 심지어 주류로 알려지기도 했다. 그 이론은 남극대륙에서 설상차를 타고 운석을 채집하던 과학자들이 1.8킬로그램의 암석을 발견하면서 주목받기 시작했다. 그들은 암석이 발견된 앨런 언덕의 이름을 따서 그 암석에 ALH 84001이라는 이름을 붙였다. 1996년에 NASA의 과학자들은 운석이 화성에서 왔을 뿐 아니라 화석화된 박테리아의 흔적과 박테리아가 만드는 것을 닮은 자기화된 광물 입자도 들어 있다는 사실을 확인했다. 빌 클린턴 대통령은 백악관 기자회견에서 이 소식을 대대적으로 소개하기도 했다. 화성 생명의 증거에 대한 논란은 지금도 계속되고 있고, 많은 과학자들은 회의적이다. 그러나 멜로시는 그런 우주 비행이 가능한지를 탐구하는 일에 열을 올리고 있다.

분화구 형성에 대한 전문가인 멜로시는 이미 화성에서의 대형 충격이 근처에 있는 암석을 기화시키거나 녹일 수 없다는 사실을 계산을 통해서 확인했다. 그 대신 고기 완자가 떨어지면 파스타 소스가 공중으로 튀는 것처럼 암석 덩어리가 우주로 튀어올라서 지구를 향해 날아갔을 수도 있을 것이다. 그런 암석의 틈새에 숨어 있던 생명이 살아남을 가능성이 있을까? 어쩌면 가능할 수도 있다. 그러나 지질학자 벤 와이스와 조 커슈빙크는 화성 운석의 자기적 성질을 분석하여 그 암석이 40도가 넘는 온도에 노출된 적이 없다는 사실을 밝혀냈다.[39] 이는 애리조나 주 휘닉스의 더운 날보다 낮은 온도였고, 생명을 죽일 정도는 아니었다. 그리고 진공 상태의 우주 비행이 문제가 되지도 않았다.[40] 암석 속의 박테리아는 국제우주정거장의 외부에 도달하는 553일의 우주 비행에서도 살아남았다.[41]

놀라울 정도로 대중적인 믿음에 대한 가장 강력한 증거는 지구가 형성된 직후에 생명이 지구에 등장했다는 사실이다. 지구는 45억 년 전에 태어났다. 3억 년이 지난 후부터 생명이 번성했다고 믿는 사람도 있다. 생명이 38억 년 전에 등장했다고 믿는 사람도 있지만, 35억 년 전에는 생명이 존재했던 것이 확실하다는 주장이 일반적이다.[42] 특히 지구 표면이 거대한 소행성의 폭격(후기 대폭격)에 시달리고 있었다는 사실을 고려하면 이는 놀라울 정도로 이른 시기이다. 멜로시는 "우리는 생명이 지구에 존재하기 시작한 시점을 놀라울 정도로 이른 시기까지 밀어올려왔다"고 말했다. "모든 복잡성을 갖춘 생명이 그렇게 짧은 시간에 어떻게 시작될 수 있었을까 하는 것이 수수께끼이다."

멜로시는 생명이 화성에서는 더 오랜 시간 진화했을 것이라고 믿는다. 달을 탄생시킨 대타격Big Whack을 겪지 않았던 화성의 표면은 더 오랫동안 평온했다. 멜로시는 "당시에는 표면에 물이 많았고, 더 따뜻했다"고 말했다. "수열水熱 체계가 있었고, 지구에 물이 넘치고 쾌적한 환경이 조성되기 훨씬 전에도 안정된 환경을 갖추고 있었다." 화성에서는 오늘날 지구에 존재하는 화산 늪에서부터 심해 분출공에 이르는 모든 환경에서 생명이 진화할 수 있었을 것이다. 커슈빙크가 초기의 화성에는 생명 진화에 훨씬 더 유리한 화학이 있었을 것이라고 주장하는 데에는 여러 가지 복잡한 이유가 있다.[43]

멜로시는 화성의 암석에 있는 틈새나 구멍에 숨어 있던 우리의 박테리아 조상이 이곳까지의 위험한 여행에서 살아남았을 것임을 확인해주는 더 많은 근거가 있다고 지적했다. 연구자들은 박테리아의 포자가 치명적인 자외선 복사와 물이 없는 우주의 진공 상태를 견뎌낼 수 있도록 해주는 여러 유전자를 발견했다. 멜로시는 "혹독한 조건을 만났을 때 그런 유전자가 하는 일은 DNA를 단백질로 둘러싸서 안정화하는 것이다"라고 했다. 그런 후에 그들은 휴지기에 들어간다. 그것이 그들의 생존 방법이다. 멜로시와 커슈빙크의 주장이 옳다면, 우리는 모두 화성인인 셈이다.

대체로 증거가 너무 적어서 우리의 가장 오랜 세포 조상이 정확하게 어디에서 어떻게 등장했는지에 대한 의문은 여전히 해결되지 않은 채로 남아 있다. 지구의 생명이 화성에서 온 것인지, 아니면 우리 행성에서 왔는지, 특별한 행운이었는지, 생명이 우주 전체에 흔하게 존재할 정도로 그런 과정이 필연적인지에 대해서 확실하게 말할 수 있는 사람은 아무도 없다. 생명의 진화가 빨랐을까, 아니면 느렸을까? 우리는 생명 2.0일까? 초기 생명체 또는 생명 형태 중 하나(또는 여럿)가 우리의 조상이 지구를 식민지화하기 수백만 년 전의 무시무시한 충돌로 전멸했을까? 우리는 그 답을 알지 못한다. 그러나 지금까지 지구의 구석구석에서 발견되는 모든 생명이 하나의 혈통에서 비롯되었다는 사실은 확신할 수 있다. 우리는 모두 똑같이 독특한 기본 생화학을 공유하고 있다. 우리는 우리 DNA와 RNA에 똑같은 뉴클레오타이드와 우리 단백질에 똑같은 20종의 아미노산, 에너지를 생성하기 위해서 ATP를 사용하는 똑같은 방법을 가지고 있다.

경쟁하는 모든 이론과 잦은 논쟁 때문에 과학이 지금까지 얼마나 많은 성과를 이룩했는지를 놓치기 쉽다. 사실 타임머신이 발명되지 않는 한 과연 우리가 지구에서 어떻게 생명이 출현했는지를 명백하게 알 수 있을지는 아무도 알 수 없다. 그런데도 우리가 가장 가능성이 높은 시나리오에 가까워지고 있다고 확신하는 연구자들이 많다. 이제 우리는 (완전하지 않다는 사실은 인정하지만) 세포막, 아미노산, RNA, DNA가 어떻게 만들어졌고, 처음에 대사代謝와 복제가 어떻게 시작되었는지에 대한 자세한 이론을 가지게 되었다. 생명의 화학적 기원은 더 이상 가능성이 희박하거나 완전히 이해할 수 없는 것이 아니라고 생각하게 되었다.

일단 지구의 어느 곳이나 어쩌면 화성에서 유기적 복잡성이 진화하기 시작하면, 세포막이 적은 수의 분자를 포획한다는 것이 많은 사람들이 믿는 가장 가능성이 높은 시나리오이다. 그런 세포막은 복제와 연료로 사용하는 원료의 역할을 할 수 있는 다른 분자가 들어갈 수 있을 정도의 투과성을 가지고 있었을 것이다. 그런 원시 세포가 너무 커져서 세포막이 감당할 수 없게 되면, 세포는 두 개의 작은 세포로 분할되어 성장하고 증식했다. 그런 원시적인 생명의 거품 중에서 우연히 발생한 RNA(또는 원시 RNA)의 복사 오류를 통해서 더 효율적인 구조와 궁극적으로 단백질, DNA, 그리고 성능이 점점 더 정교하게 개선된 세포의 기계 장치가 만들어졌다.

점진적으로 지구의 표면은 생명으로 가득 채워졌다. 그리고 대부분은 전혀 낯설지 않은 것이었다. 최초의 생명체가 무엇이었든지 상관없이 과학자들은 그것이 두 종류의 단세포 유기체인 박테리아와 고세균archea이라고 부르는 비슷하게 생긴 생물체로 진화했을 것이라고 믿는다. 박테리아는 당연히 익숙하지만, 고세균은 잘 모를 수도 있다. 고세균은 온천, 산성酸性 호수, 우리의 내부 기관과 같은 극한의 장소에서 살았다. 기관에서는 소화에 관여하기도 하고, 속이 부글거리게 만들기도 했다. 우리는 그런 미생물의 후손이다. 그런 미생물이 수십억 년에 걸쳐서 확산되면서 지구 표면의 거의 모든 것을 재구성했다.

제3부

햇빛에서 저녁 식탁까지

우리가 어떻게 광합성의 마술을 발견했는지 그리고 우주 에너지의 변환이 우리의 행성을 어떻게 지구화했는지를 이해하고, 지적인 식물이 대륙을 어떻게 식민지화해서 우리의 구성 요소를 만들기 시작했는지를 만나보자.

8

꼭 필요한 빛 조립 장치

광합성의 발견

음식은 단순히 냉장고에 넣어놓은 햇빛이다.
_ 존 하비 켈로그[1]

1779년 여름, 잘 차려입은 마흔아홉 살의 네덜란드 의사이자 자연철학자인 얀 잉엔하우스는 런던에서 마차를 타고 자신이 빌려둔 영국 시골의 저택으로 가고 있었다. 원래 그는 여름 "별장"에서 자신의 전공인 천연두 예방을 위해서 종두법種痘法에 관한 책을 집필할 계획이었다. 그런데 어느 순간부터 훨씬 더 흥미로운 계획이 떠올랐다. 종복인 도미니크와 함께 런던을 출발한 그들의 마차에는 4개의 테이블, 5–6개의 포크와 나이프, 식탁보와 안락의자 쿠션, 그리고 공기의 양을 측정하는 유리 기구를 포함한 실험 장비가 실려 있었다. 잉엔하우스는 자신이 무엇인가를 알아냈다고 의심하고 있었다. 그러나 과학자들이 상상조차 하지 못했던 보이지 않는 과정을 발견하게 되리라는 사실은 짐작조차 하지 못했다. 지구상에서 가장 중요한 생화학적 과정인 광합성photosynthesis을 아무도 생각조차 하지 못했다는 사실을 조금 놀라운 일이었다.

생명은 세포가 태양의 에너지를 이용할 수 있도록 해주는 광합성이라는 단 한 번의 발전으로 지구 표면에 가장 엄청난 변화를 일으켰다. 우리는 지구 표면에서 물을 마시고, 소금을 먹지만, 우리 몸 안의 거의 모든 분자는 광합성을 하는 식물(또는 그런 식물을 먹는 동물) 덕분에 만들어지거나 수집된 것이다. 광합성은 생각보다 훨씬 더 큰 힘을 발휘하는 놀라운 화학반응이다. 앞으로 살펴보겠지만, 광합성은 우리 행성에 막대한 변화를 일으켰다. 그중에서도 특히 식물은 광합성의 주요 산물인 당을 우리 주변의 녹색 나뭇잎을 이루는 다양한 물질로 전환하고, 우리와 같은 육상 동물을 존재하도록 해준다. 목재, 고무, 석탄, 천연가스, 석유도 광합성의 산물이다. 광합성은 우리의 분자가 우리에게 오기까지 필요했던 중요한 길을 닦았다. 그러나 우리의 행성을 근본적으로 바꿔놓은 이 엄청난 과정은 단순히 세상을 둘러보는 것만으로는 알아낼 수가 없었다. 사실 광합성에 대해서는 어떤 것도 분명하지 않았다. 과학자들은 광합성의 존재와 놀라운 작동방식을 어떻게 알아내게 되었을까?

만약 훌륭한 의사인 잉엔하우스가 숲에 들어간 이유가 식물이 대기를 변화시키는 신비한 작용의 증거를 찾기 위함이었다면, 그가 얻을 수 있는 성과는 몇 가지 사소한 단서가 전부였을 것이다. 식물은 무수히 많은 색조의 생생한 녹색을 보여주었을 것이다. 그때가 가을이었다면, 잎이 땅에 떨어지는 모습이 나무가 눈에 보이지 않는 활동을 중단하고, 겨울 동안 동면하겠다는 신호였을 것이다. 그의 주위에 있는 어떤 것도 자연의 가장 놀라운 비법이 조용히 세상을 변화시키고 있다는 사실을 드러내지 않았을 것이다.

예의 바르고, 학식이 풍부하고, 때로는 거만했던 잉엔하우스는 익살꾼이라기에는 너무 신중했지만 매우 똑똑했다. 열여섯 살에 네덜란드의 대학에 입학한 그는 선생님들이 놀랄 정도로 그리스어와 라틴어에 능통했다. 브레다라는 작은 도시에서 성공적으로 병원을 운영하던 그는 아마도 약제상인 아버지가 쌓아놓은 재산을 지킬 수 있었을 것이다.[2] 아버지가 사망한 직후인 1764년에 잉엔하우스는 당시 가장 숙련된 의사로부터 수련을 받기 위해서 런던으로 갔다. 그는 천연두를 퇴치하기 위한 노력에 참여했다. 당시 천연두는 100명 중 20–30명의 목숨을 비참하게 앗아가는 주요 사망 원인이자 재앙이었다. 잉엔하우스는 논란이 많았던 새로운 치료법인 종두법의 개발을 돕고 있었다. 종두법에는 환자의 상처에서 긁어낸 살아 있는 미생물을 건강한 사람에게 주사해줄 용기 있는 의사가 필요했다(죽거나 약해진 미생물을 이용하는 현대적 종두법은 아직 개발되지 않았다). 종두를 접종한 사람 중 약 1퍼센트는 사망했지만, 그마저도 20–30퍼센트보다는 훨씬 나은 결과였다. 기술력을 인정받은 잉엔하우스는 왕실 주치의의 우려에도 불구하고 오스트리아 제국의 황후 마리아 테레지아로부터 합스부르크 왕실 가족에게 접종을 해달라는 요청을 받았다. 황후는 천연두를 이겨냈지만, 몇몇 자녀와 며느리는 살아남지 못했다. 그녀는 나머지 자녀를 구하겠다고 결심했다.[3] 잉엔하우스는 종신 왕실 주치의에 임명되었고, 넉넉한 수입이 생겼다. 그 덕분에 그는 여유를 즐기면서 과학 연구에 전념할 수 있었다.

잉엔하우스는 계몽주의 과학자의 전형적인 표본이었다. 벤저민 프랭클린으로부터 영감을 받은 그는 전기에 관한 실험을 했다. 프랭클린이 살던 런던으로 향한 그는 평생 프랭클린과 우정을 나누는 사이가 되었다. 잉엔하우스는 프랭클린의 피뢰침을 지지했다. 당시에는 악인에 대한 신의 형벌을 인간이 감히 간섭해서는 안 된다는 이유로 피뢰침을 반대하는 성직자가 있었다.[4] 잉엔하우스와 프랭클린이 편지로 주고받았던 여러 이야기들 중에는 연구 과정에서 겪은 심각한 감전 사고에 대한 내용도 있었다.

잉엔하우스는 감전의 충격으로 기절했다. 그것이 전기충격 요법의 기원이 될 수도 있었다. 그는 프랭클린에게 "내가 영원히 바보가 되어버릴까 봐 두려웠다"고 썼다.[5] 그러나 다음 날 아침에 깨어난 그는 어느 때보다 더 기운이 넘쳤고, 생각도 예리해졌다. 그는 몇몇 "미친 의사들"에게 전기충격으로 환자의 정신력을 되살려보라고 추천했을 정도였다. 얼마 지나지 않아서 런던의 일부 의사들이 실제로 그런 시도를 했다.[6]

잉엔하우스는 권총의 폭약을 수소 가스와 공기의 혼합물로 대체하는 시도를 포함한 다양한 연구를 수행했다. 1779년에는 전혀 다른 차원의 돌파구를 찾겠다는 기대에 들떠서 여름 내내 휴직을 했다.

그는 런던에서 마차로 2시간 거리에 있는 한적한 시골 저택을 빌렸다. 평소 끊임없이 찾아오던 방문객의 방해에서 벗어난 그는 조지프 프리스틀리의 놀라운 발견을 더욱 발전시키려고 노력했다. 프리스틀리는 소다수라는 훌륭한 발명으로 영원히 기억되고 있는 영국의 유명한 자연철학자이자 화학자였다. 정치적, 종교적 급진주의자였던 그는 영국 유니테리언 교파의 창시자이자, 기체에 관한 과학 연구에서는 발명의 천재였다. 그는 촛불을 유리그릇으로 덮으면 마치 공기 중의 무엇이 동이 나버린 것처럼 불이 꺼진다는 이상한 사실을 발견했다. 더욱 놀라운 사실은 만약 그릇에 "민트 가지"를 넣으면, "나쁜 공기bad air"가 되살아나서 촛불이 다시 타오른다는 것이었다. 뚜껑을 덮은 그릇에서는 불꽃과 마찬가지로 쥐도 오래 살아남지 못했다. 그러나 민트 가지(또는 온전한 식물)를 넣어주면 쥐는 계속 움직인다. 프리스틀리는 식물이 대기 중의 "나쁜 공기"를 "좋은 공기good air"로 바꿔서 우리가 숨 쉴 수 있는 보이지 않는 공기를 만든다는 사실을 발견한 것처럼 보였다.

그러나 프리스틀리는 당황했다. 식물이 그릇 속의 공기를 되살려줄 때도 있었지만, 그렇지 않은 때도 있었다. 그는 이유를 알 수 없었고, 그의 실험을 재현해보겠다는 스웨덴의 화학자 카를 셸레의 시도도 완전히 실패했다.[7] 싹이 트고 있는 완두콩의 뿌리를 물병에 넣고, 유리로 만든 종 모양의 병으로 덮었지만 공기가 더 좋아지지는 않았다. 셸레는 프리스틀리의 주장이 전혀 근거가 없다고 공개적으로 밝혔다.

잉엔하우스는 흥미를 느꼈다. 식물이 정말 "공기를 깨끗하게 해줄까?" 넓은 정원을 완벽하게 갖춘 편안한 시골 저택에서 그는 자신만의 연구를 시작했다. 시간이 모자랄 것을 걱정한 그는 미친 듯이 일했다. 처음에는 정원에서 자라는 식물의 잎을 유리병에 넣어두고, 측기관 eudiometer이라는 기기를 이용해서 유리병 속에 남아 있는 "좋은 공기"의 양이 변하는지를 관찰했다. 얼마 후에 그는 식물의 잎이 들어 있는 유리병을 물에 넣어두면 공기를 분석하기가 더 쉬워진다는 사실을 발견했다. 그는 사과나무, 라임 나무, 배나무, 뽕나무, 버드나무, 느릅나무 등의 다양한 식물을 활용할 수 있었다. 프랑스 콩, 아티초크, 감자, 버드나무 세이지, 벨라돈나도 있었다. 잉엔하우스는 아침, 점심, 저녁마다 그 모든 식물의 잎, 뿌리, 싹을 세심하게 관찰했다.

관찰을 시작하고 얼마 지나지 않아서 그는 "나는 가장 중요한 장면이 내 눈 앞에 펼쳐지는 것을 보았다"고 썼다. 마치 납을 금으로 바꾸는 방법을 알아낸 것만큼 짜릿한 자연의 비밀을 밝혀냈다.[8] 그는 잎이 몇 시간 만에 "오염된 공기"를 "좋은 공기"로 바꿀 수 있다는 사실을 발견했다. 그러나 잎을 햇빛에 노출했을 때에만 그런 일이 일어났다. 나뭇잎이 들어 있는 유리병을 햇빛이 드는 곳의 물속에 넣어두면 실제로 잎에서 기포가 연속적으로 솟아오르는 것을 볼 수 있었다. 그러나 유리병에 담긴 잎을 불로 가열하면 같은 효과가 나타나지 않았다. 그런 과정에는 반드시 햇빛이 필요했다.

잉엔하우스는 자신이 확인한 "유익한" 공기가 다른 곳에서 온 것이 아니라는 사실을 확인하기 위해서 일주일 내내 새벽부터 저녁까지 철저한 실험을 계속했다. 그는 3개월도 되지 않는 기간에 500번이 넘는 실험을 반복하고 난 후에야 자신의 결과에 만족했다. 가을에 시골 저택을 떠나기 전에 그는『채소에 대한 실험*Experiments upon Vegetables*』이라는 방대한 제목의 책을 완성했다. "햇빛 아래에서 일반 공기를 정화하고, 그늘과 밤에는 해를 끼치는 채소의 위대한 힘을 발견하고, 대기의 정화 정도를 정확하게 조사하는 새로운 방법을 추가하다"가 책의 부제였다.

잉엔하우스는 "식물의 비밀스러운 작용"을 발견한 사실에 감격했다. 그는 식물이 소리 없이 숨을 쉰다는 사실을 발견했다. 즉, 식물은 (우리가 이산화탄소라고 부르는) "나쁜 공기"라는 기체를 흡입하고, (그의 친구인 화학자 앙투안 라부아지에가 곧 산소라고 이름 붙인) "좋은 공기"를 내뿜는다.

공정하게 말하자면, 그런 현상을 처음 발견한 사람은 프리스틀리였다. 그러나 그는 식물의 녹색 부분만이 공기를 "정화할" 수 있고, 그런 과정이 햇빛에 의존한다는 사실을 알아내지 못했다.

그러나 잉엔하우스는 기대했던 명성을 얻지는 못했다. 그는 서둘러서 자신의 책을 영어, 프랑스어, 네덜란드어, 독일어로 발간했다. 안타깝게도 그것만으로는 자신의 오랜 친구인 프리스틀리 목사와 네덜란드의 약사 빌럼 판 바르네벌트, 스위스의 식물학자 장 세네비에가 각각 자신이 광합성을 처음 발견했다는 주장을 막아낼 수 없었다. 화가 난 잉엔하우스는 자신의 네덜란드어 번역가에게 "두 마리의 개가 뼈 한 조각을 두고 싸움을 벌이면, 주위에 있던 세 번째 개가 그 뼈를 차지하게 된다"고 말했다.[9] 그는 잘 알려지지 않았던 판 바르네벨트와 세네비에에게는 굳이 공개적으로 반론을 제기하지도 않았다. 그러나 잉엔하우스 자신이 "발명의 천재"라고 칭찬했던 유명한 프리스틀리의 주장은 많은 사람들의 관심을 끌었기 때문에 훨씬 심각한 골칫거리였다.

잉엔하우스의 고민을 전해들은 프리스틀리는 자신도 햇빛의 역할을 발견했고, 그 사실을 잉엔하우스와 같은 시기에 다른 사람들에게 알렸다는 편지를 보냈다. 그렇지만 프리스틀리는 자신의 책인 『다양한 종류의 공기에 대한 실험과 관찰*Experiments and Observations on Different Kinds of Air*』의 재판을 발간할 때 잉엔하우스의 업적을 인정하겠다고 약속했다.[10] 그러나 2년 후에 재판을 확인해본 잉엔하우스는 자신의 실험을 인정하는 부분을 찾을 수 없었다.[11] 격분한 잉엔하우스는 어느 친구에게, 프리스틀리가 부끄러움과 시기심 때문에 "자신의 왕좌에 경쟁자를 용납하지 않는 술탄"이 되었다고 불평을 쏟아냈다.[12] 그후에도 프리스틀리가 잉엔하우스의 업적에 대한 언급이 없이 자신의 영향력 있는 책을 계속 발간하자, 잉엔하우스의 불만은 더욱 끓어올랐다. 결국 잉엔하우스는 프리스틀리에게 그가 자신의 발견을 어느 학술지에 처음 출판했는지를 밝히라고 강하게 항의했다. "만약 당신이 정말 이 이론을 나보다 먼저 출판했다면, 나는 당당하게 그 사실을 공개적으로 인정하겠습니다.……그리고 나는 당신이 이 이론을 분명하고 확실하게 찾을 수 있는지를 나에게 알려준다면, 당신의 업적과 페이지를 기꺼이 인용할 것입니다."[13] 그런데도 프리스틀리는 그에게 증거를 보내주지 않았고, 그의 성과를 공개적으로 인정하지도 않았다.

그런 누락 덕분에 프리스틀리가 승리하고 말았다. 그는 단순히 자신의 실험으로 유명했던 것이 아니었나. 그는 대중으로부터 인정받기 위해서 기꺼이 많은 글을 쓰는 저술가이기도 했다. 수줍음이 많았던 잉엔하우스는 세간의 이목을 좋아하지 않았고, 그런 불같은 성격의 사람과의 불화를 경계했을 것이다. 그는 자신의 프랑스어 재판과 그가 실험을 하고 17년 후에 공개된 영어로 쓴 정부 보고서의 부록에서 프리스틀리의 주장을 반박했다.[14] 대부분의 기록에서 프리스틀리를 광합성의 발견자로 칭송하는 것은 놀라운 일이 아니다. 최근까지도 잉엔하우스는 여러분이 들어본 적이 없는 가장 중요한 과학자들 중 한 사람으로, 거의 잊힌 인물로 남아 있다.

그러나 잉엔하우스가 광합성의 존재를 발견한 이후에도 광합성의 본질은 여전히 밝혀지지 않고 있었다. 식물이 어떻게 "나쁜 공기"(이산화탄소)를 "좋은 공기"(산소)로 바꿔놓을까?

그 답의 일부는 오랫동안 과학자들을 오도했던 믿기 어려울 정도로 간단한 질문에서 찾을 수 있었다. 식물은 무엇을 먹을까? 식물이 우리와 같은 식사를 하지 않는다는 사실은 누구에게나 명백했다. (파리지옥을 비롯한 몇 가지 다른 종을 제외하면) 식물은 다른 생물을 집아먹지 않는다. 그렇다면 무게가 수천 킬로그램이나 되는 우뚝 솟은 나무의 질량은 어디에서 오는 것일까? 다시 말해서 나무는 무엇으로 만들어진 것일까?

150년 전 스페인 종교재판소에서 이단으로 몰려 가택연금형을 선고받았던 플랑드르의 연금술사 얀 밥티스타 판 헬몬트라는 또다른 얀이 그런 신비를 처음 연구한 사람이었다. 귀족의 아들인 판 헬몬트는 어떤 기준으로 보더라도 남다르게 진리와 계몽을 열정적으로 추구하던 인물이었다. 1590년대에 그는 루뱅의 가톨릭 대학에서 논리학, 천문학, 자연철학을 공부했지만, 자연 세계에 대한 스승의 설명은 거부했다. 갈릴레오와 마찬가지로 그도 아리스토텔레스를 비롯한 과거의 사람들이 자연 세계를 세밀하게 관찰하는 대신 순수한 이성만으로 정립한 이론은 쓸모가 없다고 생각했다. 그는 자신이 배운 것은 쓸모가 없는 것이고, 자신은 여전히 아무것도 모른다고 확신했다. 자신이 "진리와 지식을 추구하지만, 그 겉모습에는 관심이 없었다"고 회고했다.[15] 대학이 주는 학위를 거부한 그는 예수회 대학에 입학해서 연금술과 마술을 공부했다.[16] 그의 교수는 악마의 마술demonic magic이 있을 뿐이지, "선의의 마술white magic"은 없다고 가르쳐주었다. 판 헬몬트에게는 가장 현명한 가르침이었다.

안타깝게도 그의 첫 논문인 「상처의 자기磁氣 치유에 대하여」가 종교재판소의 관심을 끌었다. 초기 과학자가 "자기 효과"라고 부른 자연적인 원인에서 성유물聖遺物의 치유력을 찾을 수 있을 것이라는 그의 주장을 교회가 달가워하지 않았다. 그렇다고 그가 자신을 돋보이게 하려고 예수회 신학자가 자연과학을 공부하는 것이 적절한가에 대한 의문을 제기했던 것도 아니었다.[17] (판 헬몬트 자신의 과학이 언제나 모범적이었던 것은 아니었다. 예를 들면 쥐의 자연 발생설에 대해서 "병 속에 땀에 젖은 속옷 한 벌과 밀을 넣어두고 기다리면 발효 기간이 지난 후에 성체 쥐가 기어나올 것이다"라는 그의 주장은 미심쩍었다.[18]) 1623년에는 루뱅의 의대 교수들이 그의 논문을 "괴물 같은 책"이라고 비난했다.[19] 그는 종교재판소에 의해서 체포되었다. 그는 회개했지만, 갈릴레오가 자택에 수감된 바로 그해에 그도 가택연금을 선고받았다. 400년이 지난 후에도 교과서에 그의 이름이 남도록 해준 나무를 이용한 실험도 아마 그 시기에 했을 것이다.

판 헬몬트는 나무의 질량이 어디에서 오는지를 알고 싶었다. 과학에 관심이 있는 사람에게 그 답은 너무나도 명백했다. 식물은 흙을 먹는다.

그래서 나무의 질량은 대부분 흙에서 온다. 그는 그 이론을 시험해보기에 적절한 때가 되었다고 생각했다(아마도 한 세기 반 전에 비슷한 실험을 수행한 독일의 학자 쿠사의 니콜라스에게 영감을 받았을 수도 있었다). 판 헬몬트는 큰 통에 들어 있는 마른 흙의 무게를 주의를 기울여 측정했다. 그런 후에 그 흙에 2.3킬로그램의 버드나무 한 그루를 심고, 정성껏 물을 주었다. 5년 후에 그는 나무를 들어내서 다시 무게를 쟀다. 당시 나무의 무게는 76.7킬로그램이었지만, 흙의 무게 손실은 고작 57그램뿐이었다.[20] 판 헬몬트에게 결론은 명백했다. 나무의 무게는 대부분 나무에 준 물 덕분이었음이 확실했다. 식물이 대체로 흙이 아니라 물로 만들어졌다는 뜻이다.

그로부터 150여 년이 지난 후에는 화학이 더 발전된 과학이 되었다. 광합성이 발견되고 17년이 지난 1796년에 잉엔하우스는 식물이 흡수하는 "나쁜 공기"가 탄소와 산소로 이루어져 있다는 사실을 알고 있었다(우리는 그것을 이산화탄소라고 부른다). 그리고 그는 식물에는 상당한 양의 탄소가 들어 있다는 사실도 알고 있었다. 그래서 그에게는 식물의 주요 영양분은 물이 아니라 공기에서 온다는 사실이 분명했다.[21] 얼마 후에 니콜라스 드 소쉬르는 물이 식물의 질량에 실질적으로 기여하는 유일한 다른 물질이라는 사실을 밝혀냈다. 그리고 장 세네비에는 식물이 내뿜는 "좋은 공기"가 산소라는 사실을 밝혀냈다. 그래서 1800년대 중반에 분자식을 배우기 시작한 과학자들은 광합성의 정체를 이해하고 있었다. 식물은 정말이지 적은 양으로 살아간다는 것이 분명했다. 식물은 이산화탄소(CO_2), 물(H_2O), 햇빛으로부터 식량으로 사용되는 포도당($C_6H_{12}O_6$)을 만들고, 그것을 다시 아미노산이나 지방, 그리고 우리가 좋아하는 수크로스蔗糖, sucrose 또는 식용 설탕으로 알려진 이당류二糖類 분자로 전환한다. 그리고 식물은 우리가 숨 쉬는 산소를 폐기물로 버린다. 그것은 거의 기적과도 같은 자연의 인상적인 비법이다.

그런 일이 어떻게 진행되는지는 아직 완전히 밝혀지지 않았다.

우리 몸에 있는 분자가 더 압도적인 역할을 하도록 해주는 이 과정에 대한 당시의 지식이 다시 80여 년 동안 대체로 그 수준에 머물러 있었던 것은 노력이 부족해서가 아니라 단순히 연구자들을 보조할 도구가 부족했기 때문이다.

어느 정도의 진전은 있었다. 식물이 광합성으로 만든 당을 이용해서 에너지를 생산하거나 저장하고, 지방과 단백질을 만들기도 한다는 사실을 발견했다. 광합성이 어디에서 일어나는지도 알아냈다. 광합성은 주로 잎에 있는 엽록체chloroplast라는 작은 녹색 구조의 내부에서 일어난다. 그 속에는 2개의 뚜렷하게 구별되는 반응 중심이 있고, 그곳에서 엽록소chlorophyll라는 색소가 햇빛으로부터 에너지를 흡수하면서 전체 과정이 시작된다.

우리 먹이사슬의 전부가 광합성에 달려 있는데도 과학자들은 부모가 어떻게 생계를 유지하는지를 모르는 아이들과 같았다. 과학자들은 우리에게 에너지를 제공하고, 우리 몸을 만드는 당을 생산하는 화학반응에 대해서 거의 아무것도 말해줄 수 없었다. 그들은 식물이 공기 중의 탄소와 물의 수소를 이용한다는 것은 알았지만, 당에 들어 있는 산소는 어디에서 오는 것일까? 이산화탄소(CO_2)에서 오는 것일까, 아니면 물(H_2O)에서 오는 것일까? 화학반응은 현미경으로 살펴볼 수도 없으므로 광합성은 블랙박스와 같았다. 과학자들이 무엇이 들어가고, 무엇이 나오는지는 감지할 수 있었다. 그러나 그 내부의 작동은 장막에 가려져 있었다.

연구자들은 원자의 내부를 들여다보지 못해서 절망한 물리학자들을 구원해준 입자물리학이 생물학자들도 구원해줄 것이라고는 상상도 하지 못했다. 돌파구는 두 팀의 과학자들에 의해서 열렸다. 첫 번째 팀은 예외적으로 강력한 새 도구를 개발하려고 애를 썼지만, 그 도구를 사용해볼 기회를 빼앗겼다. 결국 도구를 사용해서 광합성이 어떻게 우리 존재의 기초를 놓는지, 그 수수께끼를 푸는 일은 후대에게 남겨졌다.

초기의 위대한 발전은 야심이 넘치고 자신의 이름을 남기기를 바란 마음이 잘 맞는 두 과학자, 마틴 케이멘과 샘 루빈에 의해 시작되었다. 검은 머리에 키가 작은 화학자 케이멘은 1920년대에 시카고에서 자랐고, 쉴 새 없이 말을 했다. 음악 신동으로 바이올린과 첼로에 능했던 그는 언제나 훌륭한 연주자였고, 평생토록 아이작 스턴과 예후디 메뉴힌과 우정을 나누었다. 그러나 시카고 대학교 신입생 시절에 그는 대공황으로 가족이 재산을 빼앗기는 모습을 목격했다. 음악 분야의 직업이나 영어 학위로는 가난에서 벗어나기 어려울 것이라는 사실을 깨닫기 시작했다. 그 사이에 그의 아버지는 「포퓰러 메커닉스*Popular Mechanics*」와 같은 잡지의 광고에서 단번에 돈을 버는 방법을 찾고 있었다. 어느 날 그는 케이멘에게 "화학자가 되어 백만장자가 되어라"라는 광고를 보여주었다.[22] 6년 후인 1936년에 케이멘은 방사화학 분야의 박사 학위를 받았지만, 앞으로 무엇을 해야 할지는 알지 못했다.

그는 시카고 사우스 사이드에서의 재즈 공연으로 번 수백 달러 대부분을 샌프란스코행 기차표를 구하는 데에 쓰기로 했다. 자원봉사로 버클리의 방사선 연구소에 발을 들여놓겠다는 것이 그의 계획이었다. 제2차 세계대전 몇 년 전에는 그 연구소가 세상에서 가장 크고, 가장 고약한 과학 프로젝트를 수행하고 있었다. 그것이 인간 게놈 프로젝트나 허블 우주 망원경과 같은 오늘날의 거대과학 프로젝트의 전신이었다. 그는 적시에 적절한 장소에 도착했다.

그 프로젝트는 10년 전에 사이클로트론을 발명한 물리학자 어니스트 로런스의 아이디어로 시작되었다. 사이클로트론은 아원자 입자를 전례 없는 속도와 에너지로 가속할 수 있도록 해주는 독창적인 기계였다. 로런스는 네 번째 버전을 개발 중이었다.[23] 새로운 버전은 언제나 이전 버전보다 더 컸다. 그의 원형 입자 가속기는 오늘날 현존하는 가장 큰 가속기인 스위스 유럽 입자물리 연구소(CERN)에 있는 가속기(대형 강입자 충돌기[Large Hadron Collider]. 1994년에 가동을 시작한 세계 최대의 입자 가속기. 2012년 힉스 보손을 발견하는 성과를 거두었다/역주)의 증조부였다. 그러나 지름이 경이로운 2킬로미터에 달하는 CERN의 가속기와는 달리 로런스의 가속기는 지름이 5인치(12.7센티미터)에서 37인치(94센티미터)로 커졌을 뿐이다. 그것은 방사선 연구소로 개명한 오래된 2층 목조 구조의 과거 공학 건물에 쉽게 들어갈 수 있을 정도로 작았다. 케이멘이 도착했을 당시, 로런스는 사이클로트론으로 입자물리학 분야의 연구를 수행하겠다는 대학원 학생을 중심으로 팀을 꾸리고 있었다. 그러나 그는 새로운 의료용 도구로 사용할 수 있는 새로운 방사성 동위원소도 만들고 싶었다. 예를 들면, 그는 방사성 인(P)을 이용해서 암세포를 파괴하는 연구를 시도해보고자 했다.

어느 비 내리는 어두운 날에 방사선 연구소로 걸어들어온 케이멘은 연구에 참여해서 고출력 사이클로트론을 관리하는 일을 하겠다고 자원했고, 지저분한 일과 끊임없이 씨름해야 했다. 6개월 후에 케이멘은 의기양양했다. 그의 박사학위가 방사화학과 물리학이라는 사실을 알게 된 로런스는 그에게 방사성 동위원소의 생산을 감독하는 유급직을 제안했다. 케이멘은 첨단 연구에서 중요한 역할을 맡게 되었다.

그는 도착하고 얼마 지나지 않아서 만난 샘 루빈이라는 활기찬 젊은 화학자와 동료가 되었다. 뾰족한 눈썹에 무한한 호기심을 가진 루빈은 모자 제작자에서 목수로 변신한 폴란드 이민자의 아들이었다. 버클리에서 성장한 루빈은 청소년 권투 클럽에서 잭 뎀시의 지도를 받았고, 고등학교에서는 농구 스타였다.[24] 케이멘의 회고에 따르면, 그는 총명했고, 지적으로 자신감이 넘쳤으며, 심지어 "솔직하고, 거침이 없고, 대결을 두려워하지 않았다."[25] 박사 과정 중이던 루빈에게 버클리의 치열하고 경쟁적인 화학과에서 살아남기 위해서는 그런 용기가 필요했다. 당시 루빈의 동료들은 대부분 생물학을 2류 인재들이나 공부하는 2류 분야라고 얕잡아보았다. 루빈은 케이멘에게 방사성 동위원소를 이용해서 생물학적 과정을 연구하는 팀을 꾸리자고 제안했다. 그들은 방사선 연구소에서 새로 만든 동위원소인 탄소-11이라는 도구로 생화학을 연구하는 최초의 연구자가 되었다. 케이멘이 사이클로트론에서 탄소-11을 만들고, 루빈이 그것을 이용하여 생물학 연구를 수행했다.

탄소-11은 우리 몸에 있는 6개의 양성자와 6개의 중성자로 구성된 원자핵을 가진 보통의 탄소-12가 아니다. 방사선 연구소에서 일하던 로런스의 연구진은 (주기율표에서 탄소 바로 밑에 있는 원소인) 붕소를 향해 아원자 입자를 발사해서 붕소의 원자핵에 양성자 하나를 더 집어넣은 탄소-11을 만들었다. 붕소는 5개의 양성자와 5개의 중성자를 가지고 있는데, 여기에 양성자 1개를 추가하여 붕소를 6개의 양성자와 5개의 중성자를 가진 탄소-11이라는 탄소의 새로운 동위원소로 변환시킬 수 있었다. 그러나 그런 양성자와 중성자의 조합은 불안정했다. 탄소-11은 시간이 지나면 양성자를 잃어버리고 다시 붕소로 붕괴하면서 방사선을 방출한다. 케이멘과 루빈은 그런 현상에 희망을 걸 수 있다는 사실을 깨달았다. 처음에는 탄소-11을 이용해서 광합성과는 무관한 문제를 해결하겠다는 계획을 세웠다. 실험용 쥐의 당 대사 과정을 밝혀내는 문제였다. 구상은 단순했다. 쥐에게 방사성 탄소로 만든 당을 먹인 후에 탄소가 다른 화합물로 이동하는 경로를 추적하겠다는 것이었다.

실제로 그들은 먼저 실험에 필요한 방사성 당을 만들기 위해서 식물에 방사성 탄소-11을 주입해야 했다. 그런 후에 탄소-11이 들어 있는 "뜨거운" 설탕을 동물에게 먹이고, 방사성 탄소가 붕괴하기 전에 만들어지는 새로운 화합물을 찾아야 했다. 그러나 그들은 곧바로 자신들의 계획이 지나치게 야심 찬 것이었음을 깨달았다. 몇 주일 만에 낙심한 루빈이 케이멘에게 실험이 너무 어렵다고 실토했다.

어려움을 설명하는 과정에서 케이멘은 "샘이 갑자기 말을 멈추고, 눈을 크게 뜨더니 '도대체 우리가 왜 쥐 때문에 걱정하는 것일까? 맙소사, 우리 두 사람이 함께 노력하면 곧바로 광합성을 해결할 수 있는데'라고 중얼거렸다"고 기억했다.[26]

갑자기 그들은 생물학의 가장 큰 신비인 식물이 우리의 생존이 걸린 는 당을 어떻게 만드는지를 밝힐 방법을 찾았다는 사실을 깨달았다. 잉엔하우스가 광합성을 발견하고 한 세기 반이 지난 후에도 과학자들은 여전히 광합성의 화학적 경로가 실제로 어떻게 작동하는지를 전혀 알아내지 못했다. 이제 케이멘과 루빈은 마침내 자신들이 그런 과정을 밝혀낼 수 있는 수단을 가지고 있다는 사실을 깨달았다. 그들은 방사성 이산화탄소를 만들어 식물에 주입한 다음에 서로 다른 시간에 반응을 멈추고 방사성 탄소가 들어간 새로운 화합물이 만들어졌는지를 살펴보기만 하면 되었다. 그들은 흥분했다. 사실상 탄소-11에 대해서 독점권을 가지고 있었기 때문에 조금만 서두른다면 경쟁을 걱정해야 할 이유도 없었다. 그리고 작업이 매우 단순하고, 간단해서 자신들이 몇 개월 안에 문제를 해결할 수 있을 것으로 예상했다.[27] 그들은 앞으로 닥쳐올 고통과 아픔은 조금도 걱정하지 않고, 곧바로 작업에 돌입했다.

케이멘은 연구소에서 더 중요하게 여기는 연구를 하는 물리학자가 퇴근한 후에야 필요한 방사성 탄소를 만들 수 있었다. 케이멘은 오후 9시가 지난 후에야 80톤짜리 자석으로 둘러싸인 사이클로트론에 붕소를 넣었다. 그는 제어판 앞에 앉아서 몇 시간 동안 양성자-중성자 쌍을 붕소에 충돌시켰다.[28] 탄소-11을 손에 넣은 그는 수백 미터의 어두운 미로와 계단을 지나 쥐의 집이라고 부르던 허름한 건물에 있는 루빈의 연구실로 달려갔다. 실제로도 그는 탄소-11의 반감기가 고작 20분 남짓이었기 때문에 뛰어가야만 했다. 20분 후에는 방사능이 절반으로 줄어들고, 1시간 후에는 약 10퍼센트만 남게 된다는 뜻이다. 이른 아침에 케이멘이 오면, 식물에 탄소-11을 주입하기 위해서 필요한 화학물질, 피펫, 흡수지, 뜨거운 물이 담긴 비커 등을 준비해놓고 초조하게 기다리던 루빈이 진행 과정을 추적했다. 케이멘은 만약 누군가가 정신없이 실험하는 자신들을 지켜보았다면, 그는 "세 명의 미친 사람이 정신병원에서 뛰어다니고 있다는 인상"을 받았을 것이라고 기억했다.[29] 루빈의 입장에서는 하루에 18시간을 일하지 않는 사람은 게으름뱅이였다. 잠이 아니라 흥분이 그들의 노력에 불을 붙여주었다.

그들은 새로운 생화학 기술의 개발에 성공했고, 몇 가지 소소한 발견도 했다. 그러나 3년 동안 잠도 자지 못하고 새벽에 수백 번의 실험을 하고 나서 쥐의 집에 모여 그동안의 성과를 검토한 그들은 광합성의 첫 화학적 단계를 확인하는 일에는 거의 아무런 진전도 이루지 못했다는 우울한 사실에 동의했다. 그들이 수명이 짧은 반딧불이를 쫓고 있었다는 것이 문제였다. 실제로 탄소-11은 화학반응을 추적하는 용도로 쓰기에는 수명이 너무 짧았다.

케이멘은 탄소의 또다른 동위원소인 탄소-14도 존재할 것이고, 탄소-14는 반감기가 더 길 것이라고 짐작했다. 이론물리학자 로버트 오펜하이머는 그에게 그런 탄소가 만들어질 가능성은 거의 없다고 말해주었다.[30] 그런데도 케이멘은 그것을 만들어보고 싶었다. 특히 로런스는 지름이 60인치(152센티미터)인 훨씬 더 강력한 사이클로트론 제작을 완료한 상태였다. 그러나 케이멘은 물에 빠진 사람이 자신의 옆으로 구조선이 그냥 지나가는 모습을 지켜보는 심정이었다. 그는 사이클로트론 중 하나를 장기간 독점해야 했지만, 그들의 프로젝트는 그럴 만큼 중요하다는 인정을 받지 못했다. 다시 한번 두 사람은 막다른 골목에 도달한 셈이었다.

우울한 기분으로 회의를 마치고 나온 케이멘은 로런스로부터 연락을 받았다. 물리학 건물의 넓은 계단으로 세 층을 뛰어 올라간 그는 자신의 사무실에서 흥분한 상태로 앉아 있는 위대한 인물을 발견했다. 로런스는 그에게 (자연적으로 만들어진 중수소를 발견했고, 훗날 스탠리 밀러에게 생명의 기원을 연구하도록 해준) 해럴드 유리가 의학 연구에 유용하게 활용될 수 있는 탄소, 산소, 질소, 수소의 자연에 존재하는 안정적인 동위원소 수집에 상당한 진전을 이루었다는 소식을 전해주었다. 그때까지 유용하게 활용할 수 있는 그런 원소들의 새로운 동위원소를 만들려는 방사선 연구소의 시도는 계속 실패했는데, 이제 유리가 로런스의 사이클로트론이 절대로 성공할 수 없을 것이라고 떠들썩하게 밝힌 것이다. 그는 그런 원소들의 동위원소 중에서 수명이 긴 새로운 동위원소는 아마도 물리적으로 존재할 수 없을 것이라고 주장했다. 로런스는 케이멘에게, 만약 유리가 옳다면 재앙이 될 것이라고 말했다. 그는 훨씬 더 강력한 사이클로트론 제작을 위한 기금을 모으고 싶었지만, 1930년대는 국립과학재단이나 원자력위원회도 없었고, 물리학자들에게 거액의 연구비를 제공하는 연방 기관도 없었다(맨해튼 프로젝트를 통해서 물리학이 특히 전쟁에 실용적인 혜택을 가져다줄 수 있다는 사실이 확인되면서 이런 사정이 달라졌다). 로런스에게 연구비를 지원받을 수 있는 유일한 실질적인 대안은 생의학 연구에 관심을 가진 재단뿐이었다. 그때까지는 그런 재단들이 그에게 연구비를 제공했는데 이제 유리가 돌아다니면서 사이클로트론으로는 생물학적으로 중요한 동위원소를 만들 수 없다고 주장했다. 로런스는 절박한 심정이었다. 그는 케이멘에게, 그런 동위원소를 만드는 방법을 찾아내지 못한다면 더 큰 사이클로트론을 제작하겠다는 그의 계획은 그저 계획으로만 남게 될 것이라고 말했다. 로런스는 케이멘에게 사이클로트론을 무제한 사용할 수 있도록 해주고, 필요한 모든 자원도 지원해주겠다고 약속했다. 수명이 긴 탄소, 질소, 산소의 방사성 동위원소를 가능하면 빨리 만들어야 한다는 것이었다.

자신의 행운이 믿기지 않았던 케이멘은 멍한 표정으로 사무실을 떠났다. 로런스라는 이름의 요정이 방금 그의 가장 큰 소원을 들어준 셈이었다. 그는 즉시 새로운 동위원소를 만들기 위해서 시도할 수 있는 가능한 방법의 목록을 작성하기 시작했다. 그의 목록에서 첫 번째 동위원소가 바로 탄소-14였다. 1939년 9월 말에 그는 평상시와 같이 기름때가 잔뜩 묻은 실험복을 입고, 바지 지퍼와 주머니 속의 동전에 붙어 있는 방사선을 의식하지 못한 상태로 실험을 시작했다.

아마 연금술사인 얀 밥티스타 판 헬몬트도 분명 높이 평가했을 일이었다. 케이멘은 한 원소를 다른 원소로 변환시키고 싶었다. 로런스를 만나고 며칠 만에 그는 37인치 사이클로트론의 제어판에 앉아서 붕소에 (2개의 양성자와 2개의 중성자를 가지고 있는) 알파 입자를 발사했다.[31] 그는 10개의 양성자와 중성자를 가진 붕소에 1개의 양성자와 3개의 중성자를 더해서 탄소-14로 변환시키고 싶었다. 그러나 이틀 동안 시도한 후에 이온 체임버라는 장치에 시료를 넣어서 시험해보았지만 중요한 결과는 아무것도 확인할 수 없었다. 그는 더 강력한 60인치 사이클로트론에서 중양자deuteron(중성자와 양성자의 쌍/역주)로 다시 시도했다. 그러나 이번에도 성과가 없었다.

이제 그는 다른 방법을 시도했다. 더 가벼운 원소에 아원자 입자를 더하는 대신, 주기율표에서 한 계단 위에 있는 질소에서 양성자와 중성자를 떼어내는 방법으로 탄소-14를 만드는 일에 도전했다.

이번 시도도 역시 실패였다.

그리고 더 큰 60인치 사이클로트론이 수리를 위해 가동을 중단했다. 실험이 시작되고 몇 개월이 지났다. 케이멘은 절망감을 느끼기 시작했다. 그는 그들의 모든 노력이 물거품이 될 수도 있다는 절망적인 현실을 마주하게 되었다.

최후의 노력으로 그는 더 작은 37인치 사이클로트론으로 되돌아가서 탄소 자체를 시험해보기로 했다. 그는 원자핵에 2개의 중성자를 더 붙이기 위해서 중성자를 발사하려고 계획했던 탐침에 부드러운 탄소 고체인 흑연을 발랐다. 그는 강도를 극대화하기 위해서 흑연을 직접 사이클로트론의 단자에 집어넣고, 출력을 최대한 끌어올려서 흑연에 발사하는 일을 한 달 동안 매일 저녁 반복했다. 그리고 마지막 시도로 그는 3일 밤을 연속으로 작업했다. 72시간 동안 깨어 있던 2월 15일 이른 아침에 그는 흐릿한 눈으로 검게 탄 흑연을 긁어서 병에 넣고, 쥐의 집으로 걸어가서 시료를 루빈의 책상 위에 두었다.

버클리의 거리에 비가 내리던 그날 새벽 무렵에 동네를 순찰하던 경찰이 비틀거리며 걸어가던 케이멘을 발견했다. 경찰은 바로 몇 시간 전에 대량 살인을 저지른 용의자를 체포하지 못하고 있었다. 눈은 충혈되고, 면도도 하지 않고, 옷도 단정하지 않은 케이멘이 범인처럼 보였다. 화학자라고 신분을 밝힌 그는 자신이 "사이클로트론"이라고 부르는 무엇에서 오랜 시간 일했다고 주장했다. 경찰은 그를 연행했다. 그는 끔찍한 범죄에서 살아남은 히스테리 상태에 있던 생존자와 대질했다. 그러나 그녀가 그를 알아보지 못한 덕분에 석방될 수 있었다. 다시 집으로 돌아온 케이멘은 곧바로 깊은 잠에 빠졌다.

12시간이 지나서 잠에서 깬 그는 실험실에 있던 루빈에게 전화했다. 마침내 고무적인 소식이 있는 것처럼 보였다. 루빈은 자신이 희미한 방사성 신호를 감지했다고 생각했지만, 확신할 수는 없었다. 기쁨에 들뜬 케이멘은 실험실로 달려갔다. 그는 잠에서 완전히 깨기는 했지만, 너무 오랜 시간 일해서 방사선에 지나치게 노출되었다는 이유로 루빈은 그가 자신에게 접근하거나 도와주는 것을 거부했다. 며칠 후에 루빈과 케이멘은, 로버트 오펜하이머가 존재할 수 없을 것이라고 말한 동위원소인 수명이 더 긴 방사성 탄소-14 원자를 만들었다는 사실을 확인했다.

로런스는 감기에 걸려 침대에 누워 있다가 그 소식을 들었다. 그는 벌떡 일어나 춤을 추며 기뻐했다. 그들은 유리가 틀렸음을 증명했다. 그들은 생물학적 연구에 유용한 동위원소를 만들 수 있다는 사실을 입증했다. 일주일 후에 그는 사이클로트론을 발명하고, 인공 방사성 동위원소를 만든 공로로 노벨상을 받게 되었다. 이제 그는 더욱 강력한 사이클로트론을 만들 더 강력한 명분을 가지게 되었다. 수상식에서 물리학과의 학과장은 단상에서 내려와 팔을 들어올리고 케이멘과 루빈이 탄소-14라는 새로운 동위원소를 발견했다고 극적으로 발표했다. 그리고 그것의 반감기는 탄소-11처럼 분 단위가 아니라 수천 년이었다(현재 우리가 알고 있는 반감기는 5,730년이다).*

탄소-14는 광합성에서 일어나는 놀라운 연쇄 화학반응을 완전히 밝히는 데에 핵심적인 역할을 했다. 그러나 그 전에 이미 케이멘과 루빈은 2명의 동료와 함께 수수께끼의 사소하지만, 핵심적인 문제를 해결했다. 그들은 산소-18이라는 동위원소를 이용하여 마침내 광합성이 당($C_6H_{12}O_6$)을 만드는 데 사용하는 산소의 출처를 밝혀냈다. 그들은 산소의 출처가 많은 사람이 예상한 물이 아니라 이산화탄소라는 사실을 발견했다. 그런 일이 어떻게 일어나는지는 여전히 신비로 남아 있었다. 그러나 식물은 수소가 필요할 때만 물을 분해한다는 사실이 확인되었다. 우리가 호흡하는 산소는 어떨까? 식물은 그런 산소를 폐기물로 버린다.

케이멘과 루빈은 산소 분자가 우리에게 도달하는 일부 경로를 발견했다. 그리고 그 과정에서 그들은 판 헬몬트가 완전히 틀렸다는 사실도 알아냈다. 식물의 건조 질량은 대부분 물이나 흙이 아니라 공기에서 얻은 것이었다. 나무를 건조하면 그 질량이 50퍼센트는 탄소이고, 44퍼센트는 산소이다.[32] 나무 질량의 대부분인 94퍼센트가 대기 중의 이산화탄소에서 온다는 뜻이다. 우리도 크게 다르지 않다. 우리 몸의 질량 중 약 83

* 몇 년 후 과학자들은 우주선이 대기 중의 원소에 충돌할 때 희귀하게 자연적으로 만들어지는 탄소-14를 발견했다. 대기 중의 탄소-14는 유기물질의 연대측정에 혁명을 일으켰고, 고고학자, 인류학자, 지질학자를 비롯한 많은 사람에게 놀라울 정도로 강력한 새로운 도구가 되었다.

퍼센트는 한때 공기 중을 떠돌다가 식물에 흡수되어 훗날 우리가 먹는 유기물에 들어간 이산화탄소에서 나온 것이다.[33] 한편 우리가 호흡으로 흡입하는 산소 분자는 모두 식물이 대기 중으로 배출하기 전에는 물 분자에 붙어 있던 것이다.

스물여섯 살의 케이멘과 루빈의 주가는 한창 올라가고 있었다. 그들이 광합성의 핵심적인 신비를 밝혀냈다. 세상에서 유일하게 공급되는 탄소-14를 손에 넣은 그들이 이제 “큰 문제”의 나머지 부분도 해결할 수 있게 된 것이었다. 마침내 그들은 물과 희박한 공기로 당을 만드는, 오랫동안 숨겨져 있던 화학반응을 밝혀낼 수 있었다.

그들은 그렇게 될 것이라고 기대했다. 그러나 1941년 12월 7일, 자신들의 발견에 대한 보상을 받으려던 순간에 세상이 무너졌다. 일본이 진주만을 공격했다. 곧바로 방사선 연구소의 비군사적 업무는 중단되고 말았다. 로런스는 최초의 원자폭탄에 사용할 우라늄-235의 생산 계획을 세우고, 동위원소의 생산 과정을 감독했다. 케이멘도 일을 도왔고, 루빈은 화학전 연구에 배정되었다. 그에게는 치명적인 일이었다.

전쟁 동안 화학무기가 연합군의 생명을 구해줄 것인지에 대한 치열한 논쟁이 벌어졌다. 지휘관들은 연합군을 투입하기 전에 해변의 적군을 죽이기 위해 독가스를 사용할지를 고민하고 있었다. 가장 좋은 후보는 제1차 세계대전에서 독가스 사망자의 80퍼센트가 넘는 7만5,000명을 죽인 포스젠이었다. 포스젠을 실제 해안 상륙작전에 사용할지를 판단하기 위해서는 포스젠이 분산되는 데에 걸리는 시간을 알아야만 했다. 루빈은 사실 확인을 위한 모의실험을 감독하라는 요청을 받았다.

루빈은 그런 일을 가능하면 빨리 마치고 광합성 연구로 되돌아가고 싶었다. 1943년 10월 며칠 동안 밤낮없이 일하느라 피곤했던 그는 멀리 있는 집으로 돌아가던 중에 졸음운전으로 사고를 내고 말았다.[34] 운 좋게도 손만 부러지는 경상을 입었다. 다음 날 아침 그는 오른팔에 부목을 댄 상태로 실험실에 출근해서 포스젠 가스가 들어 있는 유리병을 집어 들었다. 갑자기 유리병이 깨졌다. 어쩌면 결함이 있었을 수도 있고, 너무 조급했던 그가 유리병을 식히려고 얼음물이나 액체 질소를 사용했을 수도 있었다.[35] 이유가 무엇이었든 짙은 포스젠 구름이 빠져나왔다. 루빈과 2명의 조교는 밖으로 뛰어나가 잔디밭에 누웠다. 그들에게는 그것이 피어오르는 독가스에 대한 유일한 대책이었다. 조교는 살아남았으나 루빈에게는 너무 늦은 일이었다. 그는 이틀 후에 사망했다. 당시 그의 나이는 스물아홉이었다.

상심한 케이멘도 곧 더 많은 문제에 직면하게 되었다. 결혼 생활이 파탄난 그는 새로운 친구들과 더 많은 시간을 보냈다. 그들 중에는 좌파도 많았다. 맨해튼 프로젝트의 과학 책임자이면서 러시아의 동조자라고 의심받고 있던 로버트 오펜하이머와도 친했다. 그래서 케이멘은 FBI와 육군 방첩대의 감시를 받기도 했다. 그들은 오펜하이머나 그의 지인들이 원자폭탄에 대한 비밀을 누설할 수 있다고 걱정했다.[36] 1944년 바이올린 연주자 아이작 스턴이 케이멘에게 샌프란시스코 주재 러시아 부영사를 소개해주었고, 그는 케이멘에게 백혈병 치료에 대한 자문을 해줄 수 있는 로런스의 형을 소개해달라고 부탁했다. 감사의 뜻으로 그는 케이멘을 저녁 식사에 초대했다. 그를 감시하고 있던 육군 방첩대와 FBI에게 그것은 불에 기름을 붓는 일이었다.[37] 당시 방사선 연구소는 맨해튼 프로젝트의 일급비밀 기관으로 검문소에 경비병이 근무했고, 스파이와 비밀 누설에 대해 지속적인 경고를 받고 있었다. 당국에서는 사교적인 케이멘이 좌파 친구들에게 비밀 정보를 누설할 수도 있다고 우려했다. 로런스는 레슬리 그로브스 장군의 명령에 따라서 곧바로 케이멘을 군 관련 업무와 방사선 연구소에서 퇴출했다.

케이멘은 제정신이 아니었다. 그의 명성은 바닥에 떨어졌고, 과학계에서 매장되었다. 그는 어렵게 오클랜드 조선소의 검사관으로 취업할 수 있었다. 시간이 지난 후에 버클리의 다른 학과의 연구원으로 복귀했고, 다른 대학에서 방사성 동위원소 분야의 명성을 쌓았지만, 광합성 연구를 계속하고, 그와 루빈이 오래도록 기대했던 돌파구를 찾아낼 기회는 잃고 말았다.*

버클리의 방사선 연구소에서는 멜빈 캘빈과 앤드루 벤슨이라는 두 화학자가 갑자기 광합성 연구 프로젝트를 물려받았다. 서른넷의 활기찬 캘빈은 화학과의 떠오르는 별이었다. 케이멘과 마찬가지로 캘빈도 디트로이트의 자동차 정비공인 아버지가 생계를 위해 애쓰는 모습을 보면서 성장했다. 더욱 안정적인 직업을 찾던 캘빈에게는 화학이 적절한 것처럼 보였다. 예리하고 톡톡 튀는 재능으로 유명했던 캘빈은 교수회관의 점심 식사 시간에 화학자 대신 물리학자의 테이블에 앉기를 좋아한 덕분에 로런스와도 친분을 쌓게 되었다.[38]

일본 천황이 항복을 선언하고 며칠 후였던 1945년 8월 중순에 로런스는 과학자들이 전쟁에서 해야 할 일을 충분히 수행했다고 판단했다. 그는 교수회관 밖에서 캘빈을 만났다. 로런스는 그에게 "이제 그만둘 시간입니다. 유용한 일을 해야 합니다. 방사성 탄소로 연구를 해보세요"라고 말했다.[39]

캘빈은 곧바로 자신이 두 팀의 연구진을 꾸릴 수 있는 충분한 연구비

---

* 훗날 케이멘은 하원의 반미(反美) 활동위원회에 소환되었고, 자신이 간첩이었다는 FBI의 혐의를 벗고 명예를 회복하기까지 몇 년이 더 걸렸다.

를 확보했다는 사실을 깨달았다. 하나는 방사성 원소를 의학 연구에 어떻게 활용할 수 있을지를 연구하는 것이었다. 다른 하나는 케이멘과 루빈이 개척한 광합성 연구 기술을 활용하는 시도였다. 도움을 받기 위해서 캘빈은 젊은 유기화학자 앤드루 벤슨을 영입했다. 유능한 실험 과학자이자, 전쟁 전에 루빈과 케이멘의 조수였던 벤슨은 이미 그들의 기술을 잘 알고 있었다. 로런스는 캘빈에게 더 이상 사용하지 않는 37인치 사이클로트론이 있던 오래된 건물에서 연구하도록 제안했다. 캘빈은 벤슨에게 그곳에 새 실험실을 설계해서 마련하도록 부탁했다. 캘빈이 선장이 되고, 벤슨이 일등 항해사가 된 것이었다.

캘빈은 광합성의 신비를 해결할 수 있는 사람이 노벨상을 받게 될 가능성이 높다고 생각했다. 그러나 그에게는 더 큰 목표가 있었다. 그는 우리가 식물이 식량을 만드는 방법을 발견한다면, 인공 식량을 무한정 생산해서 전 세계의 기아 문제를 해결할 수 있을 것이라고 생각했다.[40] 더욱이 광합성에서 에너지가 어떻게 이용되는지를 알아낸다면, 우리가 그런 과정을 모방해서 세계의 에너지 문제도 해결하게 될 것이었다.[41] 캘빈은 광합성의 메커니즘을 밝혀내기만 하면 그런 발전은 시간 문제일 뿐이라고 믿었다.

벤슨은 새 실험실에서 제임스 바샴과 캘빈의 다른 젊은 연구원들과 함께 식물 대신 조류藻類를 이용하면 연구가 훨씬 단순해진다는 사실을 깨달았다. 벤슨은 그들이 롤리팝이라고 불렀던 독창적인 원형의 납작한 유리 용기를 설계해서 조류를 쉽게 키우고, 처리할 수 있었다. 벤슨이 종이 크로마토그래피chromatography라는 새로 발명된 도구를 개선하는 방법을 찾아낼 수 있었다는 것이 더 중요했다. 케이멘과 루빈에게는 불가능했던 일이었다. 그런 도구 덕분에 연구가 놀라울 정도로 빨리 진행되었다. 그들은 일단 조류에 방사성 탄소-14를 주입한 후에 죽은 조류를 분쇄해서 만든 슬러리slurry 한 방울을 종이 위에 떨어뜨렸다. 용매를 넣어주면 슬러리에 들어 있는 화합물이 종이의 여러 곳으로 이동해서 서로 분리된다. 벤슨은 종이를 사진 필름에 노출하면 방사성 탄소가 들어 있는 화합물은 검은 점으로 나타나서, 추가 확인이 더 쉬워지고, 작업이 더 편리해진다는 사실을 깨달았다.[42]

이제 형사들은 유력한 용의자를 파악했지만, 화학적 신분증을 확보하지는 못했다. 용의자들의 신원을 파악하는 일은 쉽지 않았다. 화학물질을 분리해서 식별하는 과정에서 기술상의 어려움을 극복해야만 했다. 매일 아침 8시 정각에 정장 차림으로 출근하는 캘빈은 언제나 실험실을 돌아다니면서 "새로운 소식이 있나요?"라고 물어보고, 아이디어를 나눴다.[43] 안타깝게도 오랫동안 이산화탄소를 당으로 변환시키는 역할을 하는 탄소가 포함된 분자의 목록이 계속 바뀌었다. 기술을 개선하는 과정에서 목록에서 사라진 분자도 있었다. 그런 후에 그들은 근처에 있는 사이클로트론에서 나온 방사선이 거의 1년 동안이나 자신들의 측정을 망치고 있었다는 사실을 발견했다. 그늘이 심출한 분자의 긴 목록을 합리화하는 일은 놀라울 정도로 어려웠다. $C_3H_6O_4$, $C_3H_8O_{10}P_2$, $C_5H_{12}O_{11}P_2$과 같은 분자의 식별만으로는 그것을 만들어낸 화학반응이나 그런 분자가 만들어지는 순서에 대해서는 아무것도 알아낼 수 없었다. 그런데도 실험실은 흥분으로 들썩였다. 캘빈은 감독의 역할은 물론이고 통찰도 제공했다. 그는 대중의 인물이었고, 아이디어 제공자였으며, 결정권자였다. 그는 연구비와 더 많은 연구 인력과 공동 연구자를 데려왔다. 벤슨은 실험실에서 사용할 기술을 개발하고, 여러 가지 중요한 발견을 했다.

그렇지만 마찰도 있었다. 어느 동료는 캘빈이 자신이 혁명적이라고 확신하는 아이디어를 끊임없이 실험실로 가져왔다고 회고했다. "그가 새로운 아이디어를 가지고 실험실로 맹렬하게 뛰어 들어오면, 사람들은 하던 일을 멈추고 그의 이야기를 들어야만 했고, 그는 손가락 관절을 잡아당겼다.……그런 후에 그가 갑자기 떠나면, 그 이야기를 모두 들어야만 했던 앤디[벤슨]는 '아. 그것이 최신 이론이로군, 그렇지? 글쎄, 그것은 말도 안 되는 것이고, 이러저러한 이유로 안 될 거야'라고 말했다. 앤디는 그것이 맞지 않는 이유를 알아낼 수 있었고, 이틀 후에는 다른 아이디어가 쏟아질 것이라는 사실도 잘 알고 있었다."[44]

그런 긴장은 더욱 고조되었다.

연구진은 1954년에 획기적인 논문을 발표했다. 이산화탄소를 당으로 변환시켜서 우리의 몸을 만들고, 연료를 공급하는 완벽하지만, 우스꽝스러울 정도로 복잡한 대관람차와 같은 반응을 밝혀낸 것이다. 그들의 역작은 캘빈 회로Calvin cycle라고 불렸고, 오늘날에는 흔히 캘빈–벤슨 회로Calvin–Benson cycle라고 알려져 있다. 그들이 연구를 시작한 10여 년 전까지만 해도 우리 몸의 모든 탄소 원자가 공기 중에서 광합성으로 끌려들어오면서 견뎌내야 하는 복잡한 과정을 우리가 알아내게 되리라고는 상상도 하지 못했다. 어제나 수백 년 전에 정원에서 일어났을 수 있는 그런 과정의 첫 단계에서는 이산화탄소(CO_2) 분자가 5개의 탄소로 구성된 분자에 더해져서 탄소 6개로 이루어진 불안정한 분자가 만들어지고, 그것이 곧바로 3개의 탄소를 가진 두 종류의 분자로 갈라지게 된다. 그것은 시작일 뿐이다. 대관람차가 회전을 계속하면, 그런 분자들이 곧바로 4, 5, 6, 7개의 탄소를 가진 중간 사슬로 변환된다. 순환 과정이 몇 바퀴 돌고 나면 마침내 포도당($C_6H_{12}O_6$)이 등장한다.

같은 해에 결국 캘빈과 벤슨 사이의 긴장이 폭발했다. 처음에는 캘빈이 벤슨의 연구에 완전히 빠져 있었지만, 캘빈-벤슨 회로의 자세한 내용이 밝혀지기 시작하면서 캘빈은 다른 문제의 해결에 몰두하기 시작했다. 그는 빛이 광합성을 가능하게 하는 화학반응을 찾아내고 싶었다. 캘빈은 충분한 데이터를 확보하기도 전에 떠오르는 창의적인 이론을 합리적으로 추론할 수 있는 능력을 자랑하고 싶었다. 한 동료는 "그는 다른 사람은 생각조차 하지 못할 해석을 할 수 있었다"고 회고했다.[45] 그는 언젠가는 다른 돌파구를 찾을 수 있을 것이라는 생각 때문에 자신의 오류를 부끄러워하지도 않았다. 이제 그는 우아한 화학 모형을 제안했다. 캘빈의 설명을 들은 어느 유명한 생화학자는 눈물을 흘리면서 자리에서 벌떡 일어날 정도로 정확해 보이는 모형이었다.[46] 캘빈의 적극적인 추측이 좋은 결과로 이어진 경우도 많았지만, 이번에는 사정이 달랐다. 오히려 그는 자신의 추측 때문에 2년 동안 헛수고를 해야만 했다.

자신의 이론에 매달린 탓에 그는 벤슨의 연구에 대한 흥미도 잃어버렸다. 벤슨도 자신이 다른 동료들과 함께 또다른 핵심 문제를 연구하고 있다는 사실을 애써 그에게 알리지 않았다.[47] 몇 개월 후에 그들은 광합성에서 핵심적인 역할을 하는 큰 효소를 발견하고 감격했다. 다행히도 리불로스-1,5-비스포스페이트 카복실레이스 산화효소ribulose-1,5-bisphosphate carboxylase oxygenase라는 우아하지 않은 이름은 훗날 루비스코Rubisco로 줄여서 부르게 되었다. 그것은 많은 식물과 조류가 포도당을 만드는 일을 시작하면서 이산화탄소를 붙잡는 역할을 하는 첫 분자였다. 벤슨은 루비스코가 우리가 샐러드로 먹는 채소와 같은 식물의 잎에 가장 흔하게 들어 있는 단백질이기도 하다는 사실에 놀랐다. 루비스코는 지구상에 있는 모든 식물에 들어 있는 모든 엽록체의 중심에 자리하고 있다. 우리 몸의 모든 탄소 원자는, 이산화탄소가 당으로 변환되는 과정을 시작하도록 해주는 바로 이 큰 효소에 붙잡힌 것이다.

아마도 벤슨이 그런 연구에 대해서 자신에게 알리지 않았다는 사실에 위협과 불안감을 느끼고, 화가 났던 것이 분명한 캘빈은 더 이상 벤슨과 연구를 계속할 수 없다고 생각했다. 그는 단순히 "이제 떠날 시간이다 Time to go"라고 말했다.[48] 벤슨은 그 세 마디 말로 해고되었다. 8년 후에 캘빈은 당연히 노벨상을 받았지만, 그의 동료들은 대부분 벤슨도 시상대에 그와 나란히 서 있어야 한다고 생각했다. 벤슨은 생화학 분야에서 성공적인 경력을 쌓았지만, 과학자가 받을 수 있는 최고의 명예를 놓친 것에 대한 아쉬움을 떨쳐버리지는 못했다. 캘빈은 수상 연설에서 벤슨을 언급조차 하지 않았다. 캘빈이 30년이 훌쩍 넘은 후에 발간한 자서전에도 벤슨의 이름은 단 한 번도 등장하지 않았다.

그후로 연구자들은 광합성의 여러 가지 다른 부분도 밝혀냈다.[49] 광합성은 캘빈이나 벤슨이 상상했던 것보다 훨씬 더 복잡했다. 광합성이 단순해야 할 이유가 있었을까? 결국 광합성은 향기가 없는 공기와 물을 에너지 저장과 생명의 구성에 활용되는 달콤한 분자로 바꿔놓는다. 캘빈-벤슨 회로는 그런 과정의 한 부분일 뿐이다. 생화학자들은 이 놀라운 행위가 두 단계로 진행되는 루브 골드버그(1948년 퓰리처 상을 받은 미국의 풍자 만화가/역주)의 응급 처방이라는 사실도 알아냈다. 광합성의 첫 단계에서는 빛이 특수 막 속에 들어 있는 엽록소의 전자를 들뜨게 만든다. 들뜬 전자는 줄을 서서 양동이를 전해주는 역할을 하는 분자들을 지나면서 점진적으로 에너지를 소비하여 물을 분해하고, 수소와 여분의 산소를 배출한다. 그런 후에 다른 빛으로부터 받은 에너지를 이용해서 ATP와 NADPH(광합성에서 수소를 제공하는 역할을 하는 니코틴아마이드 아데닌 다이뉴클레오타이드 인산[NADP]의 환원형/역주)라는 분자를 만든다. 그런 분자는 세포막을 빠져 나와서 광합성의 두 번째 단계에 해당하는 대관람차 반응에 에너지를 공급한다. 이산화탄소와 수소를 당으로 변환시키는 캘빈-벤슨 회로에서 그런 반응은 루비스코에 의해서 시작된다.

광합성 과정은 기술적으로 말해서 "에너지적으로 어렵고", 화학적으로도 정말 정말 어려운 반응이기 때문에 광합성에는 지나칠 정도로 많은 반응이 필요하다. 물 분자에서는 산소와 수소의 결합이 매우 강하기 때문에 물을 분해하는 첫 부분부터 만만치 않다. 물을 1,600도로 가열하더라도 극히 일부의 결합이 끊어질 뿐이다. 광합성을 위해서는 물에서 수소를 떼어내기 위한 복잡한 화학반응이 필요하다. 이산화탄소를 다른 분자와 결합하도록 해주는 광합성의 두 번째 부분도 결코 쉬운 일이 아니다.

광합성은 그런 일을 해내는 전략을 찾아낸 결과이다. 그러나 식물과학자 스티븐 롱에 따르면, 광합성을 컴퓨터로 시뮬레이션하는 데는 수를 세는 방법에 따라서 160개가 넘는 단계가 필요하다.[50]

광합성의 전체 과정은 볼품이 없을 뿐만 아니라 비효율적이다. 이산화탄소를 처음 포획하는 효소인 루비스코는 대략 30퍼센트 정도가 모양이 비슷한 산소 분자를 잘못 붙잡는 오류를 일으킨다. 그리고 루비스코는 매우 게을러서 다른 효소보다 100배 이상 느리게 작동한다.[51] 생화학자 고빈지는 "루비스코는 어리석고 고약한 효소이다. 자연이 그런 효소를 개발한 이유를 알 수 없다. 신이 엉뚱한 생각을 했던 것이 분명하다"고 했다.[52] 그는 이어서 루비스코의 성능이 그렇게 저조한 이유는 대기 중에 산소는 없고, 이산화탄소만 잔뜩 있었던 때에 진화했기 때문이라고 설명했다. 그런 환경에서는 루비스코가 훌륭하게 작동했다. 대기에 산소가 가득하고, 이산화탄소의 양이 줄어든 현재의 환경에서는 루비스코가 삐걱거릴 뿐이다. 그러나 루비스코는 여전히 지구상에서 가장 흔한 단백질일 정도로 잘 작동한다. 지구상에 있는 루비스코를 모두 합치면 그 무게가 7억 톤에 이른다.[53] 1억2,000만 마리의 아프리카 코끼리의 체중과 맞먹는 무게이고, 지구 전체를 둘러싸기에도 충분한 양이다.

그런데 광합성을 흉내 내서 지구상의 굶주림과 세계 에너지 위기를 해결하겠다는 캘빈의 꿈은 여전히 유효하다. 식물과학자들은 광합성을 재현하려고 노력하는 대신에 광합성을 미세 조정해서 더 많은 식량을 생산하려고 한다. 그들은 유전자를 조작해서 식물이 더 많은 빛을 흡수하도록 해고, 루비스코가 더 안정적으로 작동하도록 만들고 싶어한다. 캘빈도 말년에 햇빛으로 물을 분해해서 무한히 많은 양의 수소 연료를 생산하는 인공 광합성 장치를 만들 수 있을 것으로 기대했다.[54] 연구자들도 여전히 그런 아이디어를 포기하지 않고 있다.[55] 다만 캘빈의 꿈은 예상보다 훨씬 더 오랜 시간이 걸리고 있을 뿐이다.

광합성이 등장하면서 지구상의 생명은 더 이상 지구 표면에서 얻을 수 있는 화학 에너지에만 의존하지 않게 되었다. 생명은 1억5,000만 킬로미터나 떨어진 태양이 수소를 헬륨으로 융합하는 과정으로부터 훨씬 더 많은 에너지를 끌어올 수 있게 되었다. 우리가 존재하는 동안 소비하는 모든 에너지는 태양이 빛의 형태로 방출해서 식물이 우리가 소비하는 음식의 화학결합으로 저장해둔 것이다. 광합성이 없다면 우리의 대륙은 화성처럼 바위와 먼지로 덮여 있을 것이다. 그런데 우리의 지구는 초록색이다. 그런 현실이 얼마나 신비로운 것인지를 이해하고자 반드시 뉴에이지적 해석을 끌어올 필요는 없다. 그러나 원한다면, 광합성을 "우주적 에너지의 변환 영역region of transformation of cosmic energy"이라고 했던 러시아의 지구화학자 블라디미르 베르나츠키의 선지자적인 말을 음미해볼 수는 있을 것이다.[56]

앞에서 살펴보았듯이, 식물 건조 질량의 약 90퍼센트와 동물 건조 질량의 약 70퍼센트가 이산화탄소에서 비롯된 것이다. 결국 우리가 먹는 음식, 입는 옷, 오르는 나무, 포옹하는 친구가 모두 공기에서 끌어온 것이고, 태양의 에너지로 가득 채워져 있다는 뜻이다. 광합성은 우리가 이야기하거나, 올라가거나, 사랑하거나, 먹는 모든 생명체를 만들어낸다.

광합성은 에너지의 원천이기도 하다. 광합성은 태양의 에너지를 이용해서 이산화탄소와 물로부터 (산소를 배출하면서) 당을 만든다. 우리는 그런 광합성을 거꾸로 뒤집어 당과 산소를 연소시켜서 (이산화탄소와 물을 배출하면서) 에너지를 얻는다. 우리는 광합성이 분자에 저장한 에너지를 이용해서 생각하고, 투바를 연주하고, 춤을 춘다. 광합성은 우리가 숨을 쉬고, 걸음을 내딛는 데에 필요한 동력을 제공한다.

우주적 에너지를 생명으로 변환시키는 이런 과정이 지구상에 언제 처음 등장했을까? 광합성이 식물에서 처음 진화했다고 생각할 수도 있겠지만, 그렇지 않다. 광합성은 박테리아와 미생물이 지구상의 유일한 거주자였던 수십억 년 전에 등장했다. 이렇게 정신없는 화학반응이 촉발되었다면 모든 것이 달라졌을 것이다. 지구에서 지금까지 경험했던 것들 중에서 가장 큰 충격이 발생했을 수도 있다. 식물과 우리가 등장하기도 전에 모든 생명이 멸종되었을 수도 있다.

9

행운

바다 쓰레기에서 녹색 식물까지

오늘날에는 광합성이 지구를 움직인다.
_ 스텝코 골루빅[1]

40억 년 전에는 지구 대륙이 놀라울 정도로 따분해 보였다. 황량한 검은색, 갈색, 회색의 암석 이외에는 아무것도 없었다. 화산은 산소가 없는 대기 중으로 유독 가스를 뿜어냈다. 타임머신을 타고 그때로 돌아간다면 우리는 즉시 질식할 것이다. 지구상에 살아 있는 유일한 생명은 이 문장 끝에 있는 마침표보다 훨씬 작은 박테리아를 비롯한 단세포 생물뿐이었다. 그러나 수십억 년을 빠르게 이동해서 3억5,000만 년 전으로 가면 산소 농도가 현재의 우리에게 익숙한 21퍼센트에 가까웠다. 바다에서는 이리저리 돌아다니는 큰 생물이 눈에 띄었다. 그리고 식물이 육지로 진출해서 우리 몸에 있는 분자가 우리에게 도달할 수 있는 길을 닦고 있었다. 도대체 무엇이 아무것도 살 수 없는 척박한 황무지였던 지구를 갑자기 청록색의 오아시스로 만들었을까?

그런 변환에 작용했던 모든 힘 중에서 가장 큰 공로를 인정받아야 할 것이 있다. 1960년대 초가 되어서야 우리는 강력한 지질학적 힘과 마찬가지로 광합성이 여러 가지 기이하고 놀라운 방식으로 우리의 행성을 재구성했다는 사실을 이해하게 되었다. 그리고 그 방식은 이상했다. 그런 변환의 과정에서 광합성이 대량 멸종을 일으켰을 수도 있다. 그 규모가 워낙 방대해서 한때는 핵 대학살만큼이나 극단적이었다고 생각할 정도였다.[2] 대량 멸종 때문에 우리의 행성은 괴물 같은 눈덩이로 바뀌었다. 그리고 그것이 생명의 다양성을 단계적으로 증가시키는 "불가능한" 진화적 지름길을 내고 다듬었고, 결국에는 식물과 우리 자신의 출현이 가능하게 했다. 도대체 과학자들은 그렇게 오래 전에 일어난 거대한 대격변에 대해서 어떻게 알아냈을까? 그리고 광합성이 어떻게 그런 대량 파괴를 일으켰을까?

그런 과거에 대한 힌트는 19세기 말에 처음 등장했다. 당시에는 오늘날 대략 5억5,000만 년 전에 시작된 것으로 알려진 캄브리아기 이전의 생명에 대해서는 아무도 증거를 찾아내지 못했다.[3] 그런 상황은 1882년 겨울 그랜드 캐니언의 바닥에서 찰스 월컷이라는 암석 애호가에 의해서 달라졌다.

훗날 스미스소니언 박물관의 관장이 된 월컷은 화석의 천국에서 성장했다. 뉴욕 주 유티카에 자란 키가 크고 호리호리한 소년은 부모의 농장과 미래의 장인이 소유한 인근 채석장에서 화석을 수집했다. 열여덟 살에 학교를 그만둔 그는 철물점의 점원으로 일하면서도 교과서를 읽고, 화석에 대한 과학 논문을 쓰고, 유명한 지질학자들과 연락하면서 열정을 키웠다. 그는 또한 삼엽충trilobite이라는 고대의 바다 생물에 대한 세계 최고의 화석 컬렉션을 하버드에 팔기도 했다.

탐사 능력을 인정받은 월컷은 결국 새로 설립된 미국 지질조사국에 일자리를 얻게 되었다. 1882년 11월, 지질조사국의 국장인 탐험가 존 웨슬리 파월이 월컷에게 그때까지 아무도 접근하지 못했던 그랜드 캐니언의 바닥을 조사하는 업무를 맡겼다. 과거 파월은 작은 목선을 타고 지나가면서 가장 아래쪽에 있는 바위를 흘낏 살펴보기만 했었다. 파월은 가끔 "얼음처럼 차가운 안개와 휘날리는 눈" 속에서 야영을 하면서 계곡의 가장자리로부터 915미터 아래에 있는 따뜻한 곳까지 말을 타고 내려갈 수 있는 가파른 길을 내는 작업을 감독하기도 했다.[4] 그가 서른세 살의 월컷을 3명의 작업자와 석 달치의 식량과 안장을 얹은 9마리의 노새와 함께 임시 길을 따라 내려보냈다.[5]

파월이 그에게 말했다. "고원에 눈이 너무 많이 내려서 봄이 오기 전까지는 계곡 밖으로 나오지 못할 걸세. 그 사이에 퇴적층에 대한 층서層序 조사를 마치고, 가능하면 많은 화석을 수집해주게. 행운을 비네!"[6]

월컷은 그것이 절호의 기회라고 생각했다. 그는 이미 그때까지 알려진 가장 오래된 화석인 이상한 갑각류를 닮은 삼엽충 화석을 발견한 경험이 있었다. 그리고 그는, 불과 40년 전에 『종의 기원』을 발간한 다윈이 매우 원시적인 동물, 식물, 또는 박테리아의 화석을 찾지 못해서 몹시 당혹스러워했다는 사실을 알고 있었다. 다윈을 비판했던 사람들은 그런 사실을 신이 모든 생물종을 창조했다는 근거라고 보았다. 그에게 과거에 존재했던 훨씬 더 단순했던 생물의 증거를 보여달라고 요구하는 회의론자들에게 다윈은 생물이 매우 작았으며, 화석이 매우 드물게 만들어졌고, 언젠가 그런 화석이 발견될 것이라고 웅얼거릴 수밖에 없었다.

다윈의 딜레마에 대해서 잘 알고 있었던 월컷은 생명의 흔적을 거의 찾아볼 수 없는 그랜드 캐니언의 원시적인 비탈길을 내려가는 동안 줄곧 눈을 크게 뜨고 있었다. 월컷은 계곡, 절벽, 그리고 "바위–바위–바위" 이외에는 아무것도 없는 삭막한 붉은 세상을 좋아했다.[7] 그의 동반자였던 화석 사냥꾼, 조리사, 노새 관리자가 모두 그의 흥분에 공감한 것은 아니었다. 그들은 245미터 높이의 절벽을 느리게 걸어 내려갔다. 오늘날 그들이 걸었던 길의 일부인 난코왑 트레일은 그랜드 캐니언에서 가장 위험한 길로 알려져 있다. 물이 거세게 흐르는 강의 둑도 역시 걷기에는 너무 가팔라서 가장 아래쪽에 있는 바위까지 내려가기 위해서 직접 길을 내기도 했다. 노새 한 마리는 죽었고, 두 마리는 심하게 다쳤다. 심지어 월컷이 쓰던 펜이 얼기도 했고, 노새에게 줄 물을 마련하기 위해서 불 주위에 얼음을 쌓아두기도 했다.[8] 무엇보다도 그곳은 조용하고 적막했다. 3주일 후에는 화석을 채집하던 월컷의 동료가 우울증에 걸려서 떠나야 했다. 그러나 월컷은 그곳을 좋아했다. 그는 그곳에서 72일을 지냈다.

어느 날, 이곳저곳을 등반하던 그는 바위에 층을 이루고 있는 줄무늬에 흥미를 느꼈다. 마치 양배추를 절반으로 잘라놓은 것처럼 보였다. 그런 패턴은 매우 특이했다. 그는 그런 패턴이 어떤 종류의 생명체에 의해서만 만들어진 것이라고 확신했다. 훗날 그는 그 생명체가 (당시에는 조류藻類라고 알려져 있던) 남세균藍細菌, cyanobacteria이라고 주장했다.[9] 그것은 그가 뉴욕 주에서 본 비슷한 화석을 떠올리게 했다. "감춰진 생명체hidden life"라는 뜻으로 크립토존Cryptozoön(4억8,500만 년 전까지의 캄브리아기에 번성했던 스트로마톨라이트와 각질해면류가 고리 모양의 무늬를 이루는 화석/역주)이라고 부르게 된 그것은 캄브리아기의 생물이었다. 그러나 그랜드 캐니언에서 발견된 화석은 훨씬 더 오래된 암석에 들어 있었기 때문에 그때까지 발견된 다른 화석보다 훨씬 더 오래된 것이었다.

월컷은 훗날 몬태나와 다른 곳에서도 비슷하게 오래된 크립토존을 발견했다. 다른 고생물학자도 역시 선캄브리아기의 암석에서 화석으로 보이는 특이한 패턴을 발견했다.[10] 그것은 캄브리아기보다 더 오래된 암석에서 발견되는 가장 원시적인 생명의 증거처럼 보였다. 그렇지만 회의론자도 많았다. 특히 오랫동안 논란이 되었던 어느 화석이 사실은 압력과 열에 의해서 만들어진 화산 석회암의 독특한 광물 퇴적물에 지나지 않은 것으로 밝혀졌기 때문에 회의론에 더욱 무게가 실렸다.[11]

1930년대 월컷이 사망하고 4년이 지났을 때, 케임브리지 대학교에서 가장 영향력 있는 고생물학자였던 앨버트 찰스 수워드가 등장했다. 고생물학자 윌리엄 쇼프의 표현에 따르면, 수워드는 승리의 문턱에서 갑자기 패배하고 말았다.[12] "크립토존 논란"으로 알려진 이 사건에서, 선캄브리아기 화석에 대한 근거를 면밀하게 검토한 그는 그동안의 모든 기대가 헛된 것이었다고 주장했다. 그는 화석이라고 알려졌던 것이 사실은 생물과 아무 관계가 없고, 더 작은 세포로 이루어진 더 큰 구조에 대한 증거도 없다고 지적했다. 그는 월컷의 크립토존에 나타난 고리 모양의 패턴은 단순히 해저에서 칼슘이 풍부한 진흙이 퇴적되어 만들어진 것이라고 주장했다.[13] 더욱이 그는 박테리아처럼 작은 생물이 화석으로 보존되었을 것이라고는 기대할 수 없다고 주장했다.[14] 수워드는 과학자들에게 그렇게 오래된 화석을 발견했다고 주장하는 지나치게 열성적인 탐사자를 경계해야 한다고 엄중하게 경고했다.

그렇게 저명한 인물의 경고 탓에 지질학자들은 대략 5억 년 이상 된 암석에서는 화석을 찾으려는 시도조차 할 수 없었다. 그런 화석을 찾는 일은 불가능해 보였다. 그래서 많은 사람들이 지구에서는 생명이 뒤늦게 출현했다고 믿게 되었다. 지구가 존재한 기간의 처음 90퍼센트에 해당하는 40억 년 동안에는 지구에 어떤 생명도 존재하지 않았다는 것이다. 미생물학자 스텝코 골루빅은 많은 과학자들이 선캄브리아기를 생명 이전의 시기로 여겼다고 기억했다.[15] 그들은 "현재의 도구로 검출하지 못하는 것은 존재하지 않는다"는 편견에 빠진 셈이었다. 발견하지 못했다는 사실이 작은 박테리아는 절대 존재하지 않았다는 확신이 되고 말았다.

그리고 20여 년이 지난 1950년대 중반에 브라이언 로건이라는 젊은 오스트레일리아의 대학원 학생과 그의 지질학 교수 필립 플레이퍼드가 오스트레일리아 북서쪽 해안의 외딴 소금호수인 샤크 만灣을 탐사했다. 썰물이 밀려갈 때 해변에 서 있으면, 얕은 청록색 바닷물 속에서 꿈에서나 볼 법한 기이한 모습이 드러난다. 높이가 거의 1미터나 되는 원통 모양의 돌탑 수백 개가 흩어져 있어서 마치 돌처럼 단단한, 거칠고 거대한 버섯 군락처럼 보였다. 톨킨의 소설에 등장하는 구조물처럼 생긴 층을 조사하던 그들은 자신들이 월컷의 크립토존을 이해할 수 있는 열쇠를 발견했다는 사실을 깨닫기 시작했다. 그들은 '죽었으면서 동시에 살아 있는 것은 무엇일까?'라는 수수께끼의 답이 될 수 있는 살아 있는 화석을 보고 있었다. 살아 있는 것은 바로 구조물의 꼭대기에 붙어 있는 광합성을 하는 남세균 깔개였다. 그 깔개가 밀물과 썰물이 드나들 때마다 퇴적물을 붙잡아준다.[16] 남세균이 죽으면 여전히 그곳에 갇혀 있던 퇴적물이 스펀지와 같은 질감의 탑을 만들고, 그 위에 새로운 남세균 깔개가 자라게 된다. 원시 바다에서도 그런 박테리아가 똑같은 방법으로 월컷의 크립토존을 만들었다. 이제 우리는 그것을 그리스어의 스트로마(stroma, 층)와 리토스(lithos, 바위)를 합친 스트로마톨라이트stromatolite라고 부른다. 오늘날 스트로마톨라이트는 다른 유기체가 생존하기에는 염도가 너무 높은 샤크 만과 같은 일부 지역에만 존재한다. 그러나 고대 스트로마톨라이트의 화석은 전 세계 곳곳에서 발견되었다.

오스트레일리아의 지질학자들이 우연히 살아 있는 스트로마톨라이트를 발견했을 때, 미국의 지질학자 스탠리 타일러와 엘소 바군은 수워드가 절대 존재할 수 없다고 주장했던 다른 화석을 발견했다고 발표했다. 그들이 발견한 것은 거의 20억 년 전에 살았던 머리카락 모양의 남세균을 비롯한 단세포와 다세포 미생물이었다. 골루빅은 "많은 사람들에게 충격을 준 발견이었다"라고 말했다. "생명은 캄브리아기에 폭발적으로 증가했고, 그 이전에는 아무것도 없었다는 것이 당시의 가정이었다. 캄브리아기가 시작이라고 생각했다." 그러나 오늘날 일반적으로 가장 오래된 것으로 인정되는 화석은 지구 자체가 탄생하고 고작 10억 년 후인 35억 년 전에 살았던 스트로마톨라이트와 미생물의 화석이다. 다윈과 월컷은 놀라움을 금치 못했을 것이다.

가장 오래된 스트로마톨라이트는 어떤 박테리아가 만들었을까? 그것이 광합성을 하는 남세균인지, 아니면 그들의 조상이었는지는 아무도 알 수 없다. 그러나 남세균은 적어도 24억 년 전의 바다에 존재했다.

남세균은 아마도 누구나 익숙하게 알고 있을 것이다. 남세균은 연못을 짙은 녹색으로 만드는 성가신 생물이다. 그러나 남세균은 단순히 성가신 존재가 아니라 지구 역사상 가장 체제전복적인 유기체이다. 지질학자 조 커슈빙크는 언젠가 기존의 생태계를 완전히 전복시켰다는 이유로 남세균을 미생물 볼셰비키라고 불렀다.[17] 박테리아의 조상은 미네랄을 먹을 수 있는 곳에서만 살았지만, 광합성을 하는 남세균은 물, 공기, 햇빛만 있으면 어디에서나 살 수 있었다. 멀고 넓은 지역으로 자유롭게 퍼져나갈 수 있었던 남세균은 그 이전의 다른 유기체와 달리 지구를 식민지화할 수 있었다. 이 순진한 혁명가는 일단 퍼지기 시작하자, 식물과 인간의 출현을 가능하게 해준 수많은 변화를 일으키기 시작했다.

광합성이 지구에 미친 엄청난 영향을 처음 인식한 사람은 강단 있고, 투지가 넘쳤지만 작은 키 때문에 나폴레옹 콤플렉스가 있었던 지질학자 프레스턴 클라우드였다. 고생물학자 윌리엄 쇼프는 "그는 거침이 없었다"고 했다. 그를 "작은 장군"이라고 부르는 사람도 있었다. 미국 지질조사국의 한 부서에서 책임자로 일했던 그는 직원들을 내려다보기 위해서 자신의 책상과 의자를 10센티미터 높이의 받침대에 올려놓기도 했다.[18] 클라우드는 대공황 기간에 조지워싱턴 대학교의 야간 수업을 수강하는 학비를 마련하기 위해서 낮에는 전업으로 일했고, 제2차 세계대전 동안에는 태평양 함대의 플라이급 권투 챔피언이기도 했다.[19] 하버드와 미국 지질조사국 등에서 일한 그는 미네소타 대학교 지질학과의 학과장이 되었다. 50대에는 사람들이 거의 생각하지 않았던 생명과 지구가 어떻게 상호작용하고, 서로에게 영향을 미쳤는지에 대한 단서를 찾는 일에 관심을 가지게 되었다. 지구생물학자 앤디 놀은 나에게 "그는 생명과 환경을 동시에 고려하려는 경쟁에서 한발 앞서 나가고 있었다. 그는 사물을 통합된 패키지로 이해하려고 노력했다"라고 말했다.

클라우드는 타일러와 바군이 고세균을 발견한 곳을 찾으러 캐나다의 온타리오로 떠났다(그곳에서 더 많은 것을 발견하고 싶었던 그들은 위치를 공개하지 않았다).[20] 암석층을 돌아다니던 클라우드는 주위의 암석이 이상하게 보이는 이유가 궁금해졌다. 거대한 층상 케이크처럼 검은 암석 띠와 철이 가득한 붉은 암석층이 서로 섞여 있었다. 그는 고대에는 해저였던 곳에 철이 풍부한 퇴적물이 띠 모양으로 쌓인다는 사실을 알고 있었다. 비슷한 지층은 잘 알려져 있었다. 미네소타의 "철 광맥"에는 적철광이 풍부해서 제2차 세계대전까지만 해도 미국 철 생산량의 25퍼센트를 이 지역의 광산 한 곳에서 생산했을 정도였다. 그는 남아프리카, 오스트레일리아, 그린란드 등 전 세계에도 철이 많이 포함된 지층이 있다는 사실을 알고 있었다. 심지어 그는 광맥의 연대가 18억 년에서 23억 년에 이를 수도 있다고 추정했다. 그러나 그를 당황하게 만든 문제가 있었다. 이 방대한 철 퇴적물이 전 세계의 해저에서 갑자기 나타났다가, 갑자기 사라진 이유는 무엇이었을까?

클라우드가 붉은 띠가 녹rust이라는 사실을 알아내면서 마침내 문제가 해결되었다. 그리고 무엇이 철을 부식시켰을까? 바로 산소였다.

이는 이상한 일이었다. 지질학자들은 초기 지구의 대기에는 산소가 없었다고 생각했다. 그런데 클라우드가 보기에 이 붉은 암석은 23억 년 전에 지구가 갑작스러운 변화를 겪었다는 사실을 알려주고 있었다. 바다에 있는 대부분의 철 입자를 부식시킬 정도로 산소가 많아졌다. 그런 후에 녹슨 철이 바다 밑으로 가라앉았고, 시간이 지나면서 압력에 의해서 퇴적암으로 변했다는 것이다.

그는 그렇게 많은 양의 산소가 극적으로 등장한 유일한 이유는 산소를 생산하는 미생물이 처음으로 출현했기 때문이라고 생각했다. 클라우드의 지인으로, 지구에서 가장 오래된 화석을 발견한 쇼프는 "다른 이유가 있었을까?"라고 했다. 그런 광맥이 형성되려면 엄청나게 많은 양의 산소가 필요했을 것이다. 쇼프는 "맙소사 저 붉은 암석층은 정말 두껍다. 그리고 우리가 아는 강력한 산소 공급원은 유기체뿐이다"라고 말했다. 클라우드는 놀랍게도 바다에서 남세균이라고 알려진 이 작은 광합성 물질로 만들어진 거대한 녹색 깔개가 지구 표면을 부식시킬 정도로 엄청난 양의 산소를 대기 중으로 쏟아냈다고 제안했다. 처음에는 산소가 대륙에 노출되어 있던 암석의 철도 부식시켰고, 그렇게 만들어진 녹이 풍화작용, 비, 강물에 의해서 바다로 쓸려 들어갔다. 그런 후에 남세균이 계속 증식하면서 배출된 산소가 (바다 밑의 화산과 분출공에서 흘러나와서) 바닷물에 녹아 있던 철도 녹슬게 했다.* 마침내 지구에서 노출된 철이 모두 녹으로 바뀐 후에는 대기 중의 산소 농도가 높아지기 시작했다.

일부 지질학자는 이런 증가를 대산소 발생 사건Great Oxygenation Event이라고 부른다. 우리는 산소가 생명을 살아 있게 해준다고 생각하지만, 산소가 독성인 것도 사실이기 때문에 그것을 산소 재앙Oxygen Catastrophe 또는 심지어 산소 대학살Oxygen Holocaust이라고 더 악의적으로 부르는 지질학자도 있다. 다른 원자로부터 절박할 정도로 전자를 빼앗고 싶어하는 산소는 반응성이 매우 크고, 치명적으로 독성이 강할 수도 있다. 부채질로 불꽃에 산소를 공급하면 어떤 일이 벌어지는지 보라. 산소가 관리자 몰래 세포에 들어가면 DNA나 효소 또는 다른 무엇에 달라붙어서 일을 방해한다.

산소가 해를 끼치기 전에 올가미를 씌우는 일이 고작인 항산화제 antioxidant라는 분자가 진화하게 된 것도 그런 이유 때문이다(구리, 아연, 셀레늄과 같은 몇몇 미네랄이 항산화제의 역할을 하기도 하지만, 비타민 C처럼 대부분의 항산화제는 유기체가 만들어낸다). 남세균도 역시 진화를 통해서 산소에 대한 방어력을 키웠나. 그러나 바다는 이미 수많은 다른 미생물로 채워져 있었고, 그들에게 산소는 독이었다.

남세균의 거대한 군체가 산소의 농도를 끌어올리면서 지구 최초의 대량 멸종이 시작되었다. 지구 역사에서 가장 중요한 사건 중 하나가 바로 남세균이 다른 생물(이 시기에는 모두가 여전히 단세포 유기체였다)을 독살한 것이다. "여러 종류의 미생물이 즉시 전멸했다"고 했던 미생물

---

* 더 이른 시기의 철광상(鐵鑛床)도 있다. 그런 광상은 광합성을 통해서 산소를 생산하지 않는 박테리아에 의해서 만들어졌을 것이다. 바다에 녹아 있는 철을 먹고 살았던 박테리아가 철을 다른 형태로 바꿔서 바다 밑에 가라앉게 했다.

학자 린 마굴리스는 그것을 "지구적 규모의 재앙"이나 "산소 대학살"이라고 불렀다.[21] 그러나 이제는 그 충격이 그렇게 갑작스럽게 진행된 일이었다고 생각하는 전문가는 거의 없다(그래서 그들은 **대학살**이라는 용어 사용도 꺼린다). 새로운 서식 환경에 적응할 시간적 여유가 있었던 생물종도 많았을 것이다. 그러나 쇼프는 "물러나거나 죽는 것이 규칙이었을 것"이라고 설명했다. 많은 수의 박테리아가 죽거나, 바다 밑의 열수공으로 피신했거나, 산소가 치명적인 수준에 도달하지 못한 진흙 속과 같은 곳에서 피신처를 찾았을 것이고, 그들의 후손은 지금까지도 그런 곳에서 살고 있다.

남세균은 그런 과정을 통해서 지구의 표면을 지배하게 되었다. 남세균은 바다에 떠다니거나, 얕은 바다에서 녹색 박테리아 깔개로 번성하거나, 거대한 스트로마톨라이트 도시를 세웠다. 지구는 인간이나 식물의 세상이 아니었고, 심지어 어류의 세상도 아니었다. 지구는 남세균의 세상이었다.

녹색 행성으로 가는 다음 단계는 지질학자들이 다른 대안을 상상하기 어려울 정도로 기이한 또다른 재앙이었다. 많은 사람들이 모든 것이 얼음 속에 묻혀서 지구의 표면 전체가 질식했다고 믿는 몇 킬로미터 두께의 빙하의 등장을 초래한 것도 역시 남세균이었다.

고대 자기장이 남긴 놀라운 증거가 아니었다면 과학자들은 지금도 지구 역사의 이 부분에 대해서 완전히 무지한 상태였을 것이다. 놀라운 이 사건에 대한 최초의 실마리는 칼텍의 지질학자 조 커슈빙크가 고대 오스트레일리아의 암석에 대한 논문을 평가해달라는 요청을 받은 1986년에 등장했다. 풍자적인 논평을 좋아하던 저명한 지질학자인 커슈빙크는 상상력이 풍부하고 대담한 이론을 정립하는 재능이 있었다. 그의 이론은 대부분 그가 열정적으로 좋아하던 자기력과 관련된 것이었다. 패서디나에 있는 그의 "자기실험실maglab"에 있던 주문 제작한 장비를 이용하면 소형 자석으로 측정할 수 있는 것보다 10억 배나 더 약한 자기장도 측정할 수 있었다. 커슈빙크는 새의 뇌에서 먼 거리를 날아갈 수 있도록 해주는 자성을 가진 철 결정, 박테리아가 방향을 찾을 수 있도록 도와주는 비슷한 입자, 암석의 철 입자 등을 연구해왔다. 그러나 희미한 자기 신호가 고대 지구의 생명에 대해서 얼마나 많은 것을 우리에게 알려줄까? 놀랍게도 그 답은 대단히 많다는 것이었다.

커슈빙크가 평가 중이던 논문의 저자들은 자신들이 오스트레일리아의 암석에서 감지한 자기장에 대한 자료를 근거로, 그 암석이 적도에서 형성되었다는 놀라운 주장을 했다. 그들의 이론은 타당한 것이었다. 암석이 형성되는 과정에서 그 속에 들어 있던 작은 철 결정이 곧 고정될 나침반 바늘처럼 지구의 국지적 자기장의 방향으로 향하게 된다. 지구의 극지방에서는 결정이 지구의 내부를 향하고, 적도 지방에서는 수평 방향을 향한다. 오스트레일리아 암석에서 결정의 방향은 수평이었지만, 그것은 사하라에서 이글루를 발견하는 것만큼 가능성이 낮은 일이었다. 독특한 형태의 암석은 빙하에 의해서 퇴적된 것이 확실했다. 그러나 지질학자들은 당시 열대 지방의 기후가 언제나 수영이 가능할 정도로 온화하고 아늑했다고 확신했다.

커슈빙크는 몇 가지 반대 의견들을 알고 있었다. 몇몇 지질학자들은 빙하에 의해서 운반되었다는 증거라고 할 수 있는 (제 자리를 벗어난 바위나 뒤섞인 암석 파편과 같은) 독특한 암석을 발견했다고 보고했다. 그러나 그들의 주장은 오랫동안 무시되었다. 1960년대에 새로운 판구조론이 열대 지방에 어떻게 빙하석glacial rock이 나타나게 되었는지에 대한 간단한 설명을 제공했다. 암석은 추운 위도에서 형성된 후에 대륙 이동을 통해서 적도 지방으로 운반되었다는 것이다.

커슈빙크가 저자의 주장에 회의적인 데는 또다른 이유가 있었다. 그는 암석이 형성된 후에 땅속 깊은 곳에 묻혀서 다시 가열되면 암석에 들어 있는 작은 철 결정의 배향背向이 바뀔 수 있다는 사실을 알고 있었다. 자신이 더 확실한 실험을 할 수 있다는 사실을 깨달은 커슈빙크는 과연 적도에 빙하가 있었는지에 대한 의문을 떨쳐버릴 수 없었다. 그는 오스트레일리아의 같은 곳에서 가져온 다른 암석을 분석해보기로 했다. 압력에 의해 암석층이 접히고 뜨거워졌다면, 다시 자기화된 작은 결정들이 모두 똑같은 방향을 향할 것이었다. 그러나 암석이 재가열되지 않았다면, 결정은 서로 다른 방향을 향할 것이었다.

커슈빙크는 암석이 재자기화되었다는 사실을 발견했다고 확신했다.

그러나 아니었다. 자기 신호는 암석층의 접힌 방향에 따라 달라졌다. 아마도 그에게 그런 사실은 암석이 적도에서 형성되었다는 증거였을 것이다. 적도에도 한때 빙하가 있었을 수도 있다는 뜻이었다.

그런 결론은 도발적이기는 하지만 결정적인 증거라고는 할 수 없었다. 그런데 커슈빙크는 흥미로운 연관성을 발견하고 깜짝 놀랐다. 그는 캐나다에서 같은 연대인 7억 년 정도 된 빙하석을 본 적이 있었고, 오스트레일리아의 암석과 마찬가지로 그곳의 붉은 바위도 산소가 바다의 철을 부식시킨 24억 년에서 18억 년 전에 형성된 것이었다.

이 붉은 띠가 갑자기 다시 나타난 이유가 무엇일까? 그제야 커슈빙크는 지구 전체가 얼음으로 뒤덮여 있었던 것이 분명하다는 사실을 깨달았다. 그는 "그것은 지구 전체를 얼어붙게 만들고, 바다를 질식시켜야 한다는 뜻이었다"고 말했다. 광합성이 거의 멈췄다고 하더라도, 해저 깊은 곳의 배출공은 계속 바다로 철을 뿜어냈을 것이다. 그리고 광합성이 다시 시작되면서 폭발적으로 증가한 산소가 그 철을 부식시켜서 붉은 암석층이 생겼을 것이다.

커슈빙크는 여전히 만족하지 못할 이유가 있었다. 우연하게도 대기권에서의 원자폭탄 실험이 전성기였던 1960년대 초에 과학자들은 핵무기가 지구 전체의 기후를 불안정하게 만들 수도 있다고 걱정했다. 러시아의 지구과학자 마하일 부디코는 모형을 제시하기도 했다.[22] 놀랍게도 그의 모형은 지구 전체가 얼음으로 덮이는 시나리오가 실제로 가능하다는 사실을 보여주었다. 지구가 지나치게 냉각되어 빙하가 적도 가까운 곳에까지 퍼지면, 지구는 폭주하는 냉각 사이클에 갇힌다. 하얀 얼음이 태양열을 너무 많이 반사해서 냉각이 더욱 급속해질 것이다. 그러면 되먹임 고리에서 더 많은 열을 반사하기 때문에 알아차리기도 전에 지구 전체가 얼어붙을 것이다. 모든 것이 얼어붙는다. 대륙만이 아니라 바다도. 그의 계산에 따르면, 그런 일은 일어나기만 하면 빠져나갈 길이 없어서 지구가 영원히 얼음에 덮이기 때문에 부디코는 그것을 "얼음 재앙ice-catastrophe"이라고 했다.

물론 커슈빙크도 빙하기가 영원하지는 않았다는 사실을 알고 있었다. 그럼에도 의혹을 떨쳐버릴 수 없었다. 그는 우리가 암석을 있는 그대로 받아들여도 되는지를 확신할 수 없었다. 한때 적도까지 얼음으로 덮여 있었다면, 지구가 치명적인 추위에서 어떻게 벗어날 수 있었을까? 어느 날 밤에 그는 자신이 얼음으로 덮인 세상 밑에 있는 바다에 갇혀 있는 꿈을 꾸었다. 그는 "내가 물 밑에서 '맙소사 여기서 어떻게 빠져나가지?'를 걱정하고 있었다"고 말했다.

아침에 눈을 뜬 그에게 답이 떠올랐다. 그는 지구 전체를 둘러싼 빙하 마저도 뜨거운 마그마로부터 연료를 공급받는 화산의 폭발을 막을 수는 없었으리라는 사실을 깨달았다. "화산은 얼음에 전혀 신경 쓰지 않는다. 화산은 그곳에서 그저 분출할 뿐이고, 그린란드나 아이슬란드 주변의 얼음에도 상관하지 않는다." 화산에서 분출된 온실가스인 이산화탄소가 대기 중에 축적될 것이다. 결국 지구 온난화의 극단적인 사례로 대기가 충분히 뜨거워지면서 적도 지역의 빙하는 더 높은 위도로 빠르게 물러나게 되었을 것이다. 그래서 커슈빙크는 지구가 깊은 동결凍結의 상황에서 빠져나왔을 것임을 깨달았다.

그러나 처음에 지구를 얼리기 시작한 것은 도대체 무엇이었을까? 놀랍게도 커슈빙크는 세계적인 동결이 한 번이 아니라 적어도 세 번에 걸쳐서 일어났다는 증거를 찾아냈다. 마지막 두 번은 대략 7억 년 전과 6억 4,000만 년 전이었다. 그러나 첫 번째 동결은 훨씬 더 오래된 24억 년 전이었고, 그가 생각할 수 있는 원인은 하나뿐이었다. 미국의 지질학자 프레스턴 클라우드가 발견했듯이, 남세균이 대기 중으로 산소를 쏟아낸 직후에 그런 일이 일어났을 것이다. 광합성이 지구 전체를 깊은 동결 상태로 만들 수 있었을까?

곰곰이 생각한 커슈빙크는 지구의 초기 대기에는 이산화탄소보다 더 강한 온실가스인 메테인이 훨씬 더 많았다는 사실을 깨달았다. 남세균이 폭주하면서 쏟아져 나온 산소는 지구를 부식시켰을 뿐만 아니라, 메테인을 이산화탄소와 물로 변환시켜서 지구의 단열 담요를 제거했다. 산소는 지구의 기후를 빠르게 얼어붙게 만들 수 있었다.

엉뚱하게 보일 수도 있는 자신의 이론이 역사적 사실에 부합한다는 것에 만족한 커슈빙크는 눈덩이 지구Snowball Earth라는 재미있는 이름을 사용했다. 그는 광합성이 지구 역사에서 가장 극단적인 사건을 일으켰다는 주장을 입증한 것처럼 보였다. 그러나 불행하게도 이 문제에 대한 그의 첫 논문은 퇴적암 지층처럼 묻혀버렸다. 그는 자신의 논문을 초기 지구에 대한 논문을 모은 논문집에 제출했고, 1,400페이지 분량의 논문집은 4년 후에야 출판되었다.

1989년 워싱턴 DC에서 개최된 국제 지질학 학술대회의 만찬에서 그는 우연히 하버드의 지질학자 폴 호프먼에게 자신의 이론을 설명했다. 몇 년이 지나고 나미비아에서 현장 연구를 수행하던 호프먼이 그의 이야기를 진지하게 연구하기 시작했다. 호프먼의 이야기 덕분에 그는 한때 적도 부근에 있었던 지역에서 낙석과 암석 파편 무더기와 같은 빙하 퇴적물의 특징을 가진 암석에 주목하고 있었다.[23] 그리고 그는 그 위에 있던 다른 암석, 즉 하얀 탄산칼슘의 두꺼운 층에 충격을 받았다. 하버드로 돌아온 호프먼과 그의 동료 대니얼 슈라그는 탄산칼슘 암석이 도대체 어떻게 만들어질 수 있었는지를 알아내기 위해서 머리를 긁적이고, 프레첼 비스킷처럼 몸을 뒤틀면서 늦은 밤까지 토론을 계속했다.[24] 마침내 그들은 자신들의 기발한 아이디어가 실세로 커슈빙크의 이론과 일치한다는 결론을 얻었다.

그들은 눈덩이 지구가 끝날 무렵에 얼음이 사라지면서 지구가 한 번도 경험해본 적이 없는 가장 사나운 기후가 시작되었다는 사실을 깨달았다. 단열 효과를 가진 이산화탄소가 풍부한 매우 뜨거운 대기로 인해서 높이 솟은 빙하가 빠르게 녹았고, 그런 충돌 때문에 맹렬한 초강력 허리케인이 발생했을 것이다. 바다는 광란의 도가니에 빠졌다. 90미터 높이의 파도가 엄청난 양의 이산화탄소와 수분을 공기 중으로 끌어들여서 산성비가 내렸다. 그로 인해서 암석이 빠르게 풍화되면서 바다에 두꺼운 탄산칼슘층이 쌓이게 되었다.

충분한 증거를 확보했다고 확신한 호프먼은 동료들을 설득하기 위한 대학 순회강연에 나섰다. 그는 눈덩이 지구 시기에 적도 지역에서 살았던 사람들은 노출된 피부가 얼어버릴 정도인 영하 45도의 기온을 경험했을 것이고, 단단한 암석을 만지려면 1.6킬로미터 두께의 얼음을 파헤쳐야만 했을 것이라고 주장했다. 짐작했듯이 동료들의 반응은 몹시 회의적이었다. 범상한 주장에는 범상한 증거가 필요했다. 당시의 동료들은 그가 제시하는 증거를 믿을 수 없어했다. 그러나 (아인슈타인이 우주가 팽창하고 있을 수도 있다는 가능성을 거부했을 때와 마찬가지로) 그들도 역시 "진실이라고 하기에는 너무 이상하다"라는 편견과 싸워야만 했다. 완전히 얼음으로 덮여 있던 지구는 상상하기가 너무 어려웠다. 그러나 오늘날에는 눈덩이 지구가 대체로 인정되고 있다. 다만 얼어붙은 눈덩이에서 지구의 모든 곳이 빙하로 덮여 있었는지, 아니면 적도 부근에는 여전히 얼지 않은 지역이 남아 있는 진창이 된 눈덩이였는지가 문제이다. 어쨌든 현재 살아 있는 생명체에 있는 분자의 대부분은 한때 차가운 얼음으로 뒤덮여서 질식할 정도였던 바닷속에 갇혀 있었다.

사실 커슈빙크는 남세균이 우리를 거의 영원히 얼려버릴 뻔했다고 믿었다. 그는 "지구가 태양으로부터 조금 더 먼 곳에 있지 않았던 것이 우리에게는 정말 큰 행운이었다. 만약 우리가 화성에 조금만 더 가까웠더라면, 우리는 결코 눈 덩어리에서 빠져나올 수 없었을 것이다"라고 했다.[25] 그런데 수천만 년 동안에 화산에서 분출된 이산화탄소가 행성을 다시 따뜻하게 데워주고, 얼음의 마법을 풀어주었다.

그런 재앙이 진화에 어떤 영향을 미쳤을까? 그것은 말하기 어렵다. 눈덩이 지구가 단순히 진화의 속도를 늦췄을까? 아니면 진화에 박차를 가했을까? 두 가지 주장이 모두 제기되었다. 지구가 얼어붙어 있는 동안에 대부분의 박테리아와 다른 미생물이 사라진 것은 사실이다. 그러나 일부는 화산 온천이나 심해 분출공과 같은 외딴곳에서 살아남았다. 그리고 그들이 고립되어 적응해야 했던 가혹한 환경이 유전적 혁신을 촉진했을 가능성은 있다. 그러나 아무도 분명하게 말할 수는 없다.……아직은 그렇다.

우리는 눈덩이 지구 시대가 끝났을 때, 남세균이 다시 멀리 떨어진 곳까지 자유롭게 번성했다는 사실을 알고 있다. 그리고 그로부터 오래지 않은 적어도 대략 21억 년 전의 화석 기록에 갑자기 놀라울 정도로 새로운 유형의 세포가 등장해서 세상을 다시 한번 바꿔놓았다.

새로 출현한 진핵세포eukaryotic cell라고 부르는 세포의 등장은 복잡성 면에서 세발자전거에서 우주왕복선으로의 도약보다 훨씬 비약적이다. 포환나무(대포알을 닮은 딱딱한 껍질을 가진 크고 둥근 과실로 유명한 남아메리카 원산의 바링토니아과의 나무/역주)에서부터 가시가 많은 드래곤 도마뱀에 이르는 모든 다세포 생물이 진핵세포로 구성되어 있다. 진핵세포는 대부분 부피가 박테리아보다 1만5,000배나 더 크다. 거의 모든 진핵세포는 박테리아보다 훨씬 더 많은 유전자를 가지고 있다. 그리고 세포질 속에서 다른 모든 것과 부딪치며 떠돌아다니는 하나의 고리에 유전자를 배열하는 박테리아와 달리 진핵세포는 유전자를 보호하기 위해서 핵을 벽으로 둘러싼다(진핵세포의 이름은 그리스어로 견과류를 뜻하는 카리온karyon에서 유래했다). 그러나 진핵세포에는 다른 혁신적인 특징들도 많다. 당糖과 산소를 연소시켜서 에너지를 생산하고, 폐기물을 처리하고, 조류藻類와 식물에서 광합성을 하는 등의 일을 박테리아보다 훨씬 더 대규모로, 훨씬 더 효율적으로 수행하는 특화된 공장인 세포 소기관organelle도 그중의 하나이다. 진핵세포는 고속도로를 질주하는 트럭처럼 분자들을 이리저리 운반하는 정교한 화물 운송체계도 갖추고 있다. 이 세포들이 어떻게 이런 엄청난 도약을 이룰 수 있었을까?

혁명가의 역할을 즐기던 자유분방한 미생물학자 린 마굴리스는 기묘한 답을 내놓았다. 그녀는 오래 전부터 조롱을 당했고, 괴짜로 알려져 있었다. 그러나 한때 조롱받던 예언자답게 그녀는 훗날 남세균과 그들이 방출하는 산소가 우리와 같은 인간이나 식물의 조상을 존재하도록 해준 놀라운 방법을 발견한 공로를 인정받게 되었다.

마굴리스는 열정적이고, 거침이 없고, 시대를 앞서가는 인물이었다. 그녀는 생물학의 가장 뛰어난 인재들을 토론에서 물리칠 수 있는 능력이 있었다. 그녀를 오만하고, 성격이 급하다고 생각하는 (주로 남성) 동료도 있었다.[26] 미생물학자 프레드 스피걸은 나에게 "린은 바느질을 잘했다"고 말했다.[27] "그녀는 언제나 틀에서 벗어나서 생각했다. 그녀는 언제나 밀어붙이고, 밀어붙이고, 또 밀어붙였다. 그녀는 사람들의 화를 돋우기도 했다. 그들은 그녀가 틀렸다는 사실을 증명하겠다고 나서기도 했지만, 대부분 실패하고 말았다." 그녀는 '모두 같은 생각을 한다는 것은 누군가가 생각하지 않고 있다는 것IF EVERYONE IS THIKING ALIKE, THEN SOMEBODY ISN'T THINKING'이라는 조지 패튼 장군의 명언을 냉장고에 붙여 놓았다. 저술가인 아들 도리언 세이건은 "어머니는 말썽을 일으키는 일을 좋아했다"고 했다.[28] "그러나 목적 없는 말썽은 아니었다."

어쩌면 마굴리스를 곤경에 빠뜨린 것은 그녀의 조숙함precociousness이었을 것이다. 그녀의 어머니는 시카고에서 여행사를 운영했고, 아버지는 변호사이자 사업가였다. 그녀의 부모는 술을 많이 마셨고, 툭하면 서로 다퉜다. 그녀는 책과 자연에 대한 공부에 빠져들었고, 신예 지식인으로 피어났다.

열네 살이던 1952년에 그녀는 부모에게 알리지도 않고 시카고 대학교의 입학시험을 치르고 합격했다.[29] 2년 후에는 수학과 건물의 계단에서 칼 세이건이라는 캠퍼스의 "거물big shot"과 말 그대로 우연히 만났다.[30] 그는 물리학을 공부하던 똑똑한 스물한 살의 대학원생이었고, 그의 과학에 대한 거부할 수 없는 열정이 그녀를 더욱 단단하게 만들었다. 그녀는 졸업 일주일 후에 그와 결혼했다.

그녀는 위스콘신 대학교 유전학 석사 과정 중에 이후 평생을 매달릴 아이디어를 처음으로 접했다. 그녀는 광합성이 일어나는 엽록체와 식물과 동물의 세포에서 당을 연소시켜서 에너지를 생성하는 미토콘드리아mitochondria라는 두 가지 세포 소기관에 매료되었다. 그녀를 사로잡은 것은, 그런 세포 기관이 자유롭게 사는 박테리아를 너무 많이 닮았고, 한때는 그 자체가 박테리아였을 수도 있다고 생각한다는 어느 교수의 발언이었다.[31] 그는 그들도 고유한 DNA를 가지고 있을 수도 있고, 만약 그렇다면, 그것이 그들의 조상이 한때 독립적으로 살았다는 증거일 것이라고 생각했다.

1960년에 마굴리스와 세이건은 위스콘신에서 그녀가 박사 과정에 등록한 캘리포니아 대학교 버클리로 이사했다. 그녀는 지도교수의 회의적인 입장에도 불구하고 단세포 광합성 미생물인 연두벌레Euglena(동물처럼 먹이를 잡아먹지만, 광합성을 하는 엽록체를 가진 단세포 생물/역주)의 엽록체가 자체적으로 DNA를 가지고 있다는 증거를 찾고 싶어했다.[32] 유전학자는 대부분 그런 사실에 관심을 가질 이유가 없다고 생각했다. 어느 교수는 그녀에게 그런 일이 산타클로스를 찾는 것과 같다고 말했다.[33] 세포가 핵을 가지고 있다면 유전자가 모두 그 속에 격리되어 있을 것이고, 그것만으로 유기체의 유전이 결정된다는 것이 유전학의 오랜 핵심 교리였다. 만약 요행으로 엽록체가 DNA를 가지고 있다면, 그 유전자는 핵에서 빠져나가 더 이상 의미가 없을 것이 분명했다.

그러나 마굴리스는 미토콘드리아나 엽록체가 박테리아에서 유래되었다고 주장하는 1880년대부터 1920년대까지의 초기 과학자들의 논문을 읽었다. 독일의 안드레아스 쉼퍼, 프랑스의 폴 포티에, 러시아의 콘스탄틴 메레슈콥스키, 미국의 이반 월린이 그런 사람들이었다. 심지어 월린은 세포에서 미토콘드리아를 분리해서 자유 생명체로 배양할 수 있다고 주장하기도 했다(실제로 성공하지는 못했다).

대부분의 과학자들은 미토콘드리아와 엽록체가 한때 독립적인 박테리아였다는 추측을 인정하지 않았다. 그런 주장은 가능성이 전혀 없는 것처럼 보였다. 다른 구조와 마찬가지로 그들도 세포의 내부에서 진화했음이 분명했다. 연구자들이 회의적이었던 다른 이유도 있었다. 1960년대까지만 해도 박테리아는 탄저병, 흑사병, 결핵, 매독과 같은 고약한 질병을 퍼트리는 것으로 잘 알려져 있었다. 우리 세포 속에 있는 미토콘드리아가 그런 세균에서 유래했다고 우리가 믿어야 할 이유가 있을까? 그런 주장은 분명하게 불쾌한 것이었다. 다시 한번 "진실이라고 하기에는 너무 이상하다"는 편향이 과학자들의 마음을 흔들고 말았다.

어느 날 도서관에서 책을 읽고 있던 마굴리스가 갑자기 깨달음을 얻었다.[34] 월린이 1922년에 쓴 『공생주의와 종의 기원*Symbionticism and the Origin of Species*』이라는 책의 제목이 모든 것을 말해주지 않을까? 유기체 사이의 상호 유익한 협동을 뜻하는 공생symbiosis이 진화에서 가장 큰 도약의 원인이 아니었을까? 어쩌면 공생이 미토콘드리아나 엽록체를 비롯한 다른 거대한 진화적 도약의 기원을 설명해줄 것이었다. 그녀는 그 아이디어가 자신에게 번개처럼 번쩍였다고 회상했다.[35] 그러나 증거를 찾을 수 있었을까?

안타깝게도 이번에는 마굴리스의 다른 열정 중 하나가 시들해지고 있었다. 그녀와 칼 세이건은 모두 과학자로 활동하고 있었고, 그는 자신의 활동을 방해하지 않는 한 그녀의 일을 적극적으로 지지했다. 그러나 1950년대 대부분의 남편이 그랬듯이 "평생 기저귀를 갈아본 적이 없는" 세이건도 그녀가 요리하고, 청소하고, 두 아이를 돌보고, 살림을 챙겨주기를 바랐다.[36] 엎친 데 덮친다고, 세이건만큼이나 똑똑하고 카리스마 넘치던 마굴리스는 그의 끊임없는 요구에 압도당하는 것처럼 느꼈다(훗날 그녀는 자신의 결혼 생활이 "고문실"이었다고 썼다[37]). 그를 떠난 그녀는 그가 하버드로 옮긴 1963년에 재결합했다가, 1년도 되지 않아 다시 그를 떠났다. 그녀는 곧 보스턴에서 활동하던 어느 결정학자와 결혼했고, 남편의 성인 마굴리스로 개명했다.

여전히 박사학위를 받지 못한 마굴리스는 미토콘드리아와 엽록체, 그리고 세포를 정자처럼 움직이도록 해주는 작은 머리카락 모양의 섬모纖毛, celia가 과거에는 독립적이던 박테리아에서 진화한 것이라는 아이디어를 옹호하고 싶었다. 그리고 그즈음에는 위스콘신에서 그녀의 지도교수였던 한스 리스와 월터 플라우트가 그런 주장을 더욱 발전시켰다. 그들은 염색체 속에 들어 있는 DNA 가닥을 전자현미경으로 관찰했고, 그 가닥이 박테리아의 DNA를 닮았다는 사실을 확인했다. 더욱이 스웨덴의 두 과학자도 역시 미토콘드리아에서 DNA를 찾아냈다.[38] 그러나 어느 연구진도 그런 세포 기관들이 한때는 독립 생활을 했다는 사실을 동료들에게 적극적으로 알리려고 노력하지 않았다. 마굴리스는 그런 노력을 하고 싶었다.

그녀는 브랜다이스 대학교에서 가르치고, 다른 일을 하고, 아이들을 돌보면서도 시간을 내서 그녀의 주제에 대한 다양한 분야의 증거들을 종합해서 완벽한 논문을 작성할 수 있었다. 그 자체만으로도 이례적인 일이었다. 그녀는 버클리에서 자신이 "학문적 인종차별academic apartheid"이라고 부르는 것에 충격을 받았다. 그녀는 과학자들이 좁은 길에서 벗어나는 경우를 거의 보지 못했다. 세포생물학자는 유전학자와 대화를 나누지 않았고, 지질학자나 고생물학자와는 더욱 단절되었다.

마굴리스는 모두와 대화했다. 그녀는 미생물학, 생화학, 지질학, 고생물학의 증거를 바탕으로 고대 진화에 대한 서사를 만들었다.

1960년대 중반에 프레스턴 클라우드가 광합성 박테리아 덕분에 대략 23억 년 전에 대기 중의 산소가 갑자기 늘어나기 시작했다는 주장을 내놓았다. 마굴리스는 그로부터 얼마 후에 한 종류의 고대 박테리아가 산소를 이용해서 에너지를 만드는 일에 놀라울 정도로 효율적으로 변했다고 주장했다. 운명적으로 다른 세포가 그중 한 마리를 잡아먹었다. 이상하게도 포획된 세포는 쫓겨나거나 소화되지 않았다. 그 대신 그 박테리아는 살아남아서 세포와 그 포로 모두가 놀라울 정도로 행복한 삶을 살게 되었다. 포획한 세포는 유능한 새 세포 동료에게 먹을 것을 제공했고, 세포 동료는 당을 산소로 연소시켜서 두 세포 모두에게 필요한 에너지를 더 효율적으로 생산해주었다. 그것은 서로에게 윈윈이었다. 마굴리스는 포획된 세포가 에너지를 생산하는 공장인 미토콘드리아로 진화했다고 주장했다. 그리고 그런 결합의 후손이 우리를 포함한 모든 식물과 동물의 조상인 최초의 진핵세포가 되었다. 미생물학자 존 아치볼드는 "근본적으로 그녀는 심지어 개별적인 인간 세포도 그런 합병체라고 주장했다"

고 말했다.*

나아가 마굴리스는 어느 정도의 시간이 흐른 후에 광합성에 특별히 유능한 한 종류의 남세균이 같은 방법으로 진핵세포에 들어가게 되었다고 주장했다. 그런 남세균의 후손이 엽록체가 되었고, 그런 연합으로 만들어진 진핵세포가 바로 모든 식물의 조상이었다.

몇 년 동안 그녀는 49쪽 분량의 논문을 학술지에 투고했지만 성공하지는 못했다. 그녀의 연구비 지원 요청도 성과를 거두지 못했다. "당신의 연구는 쓰레기이다. 다시는 지원 요청을 하지 말아달라"고 쓴 평가자도 있었다.[39] 그녀는 고집스럽게 포기하지 않았다. 1967년 15번이나 거절을 당한 "세포 분열의 기원에 대하여*On the Origin of Mitosing Cells*"라는 그녀의 논문이 마침내 발표되었다.

마굴리스의 논문은 많은 관심을 끌었지만, 동료들은 대부분 그녀의 주장을 평가절하하거나 조롱했고, 비주류 과학fringe science으로 치부했다. 자신만만하고, 맹렬하고, 열정적이었던 마굴리스를 성격이 불같은 거친 여성이라고 무시하는 동료도 있었다. 그러나 진화가 그런 지름길로 진행될 것이라는 발상을 수용할 수 없었던 많은 과학자들이 그 주장을 거의 속임수로 여겼다는 것이 갈등의 핵심이었다. 생물학자들은 오래 전부터 유전자의 점진적인 돌연변이가 진화의 유일한 동인動因이라고 생각했다. 한 비평가는 마굴리스의 이론이 "미토콘드리아와 엽록체가 작은 진화의 단계를 통해서 어떻게 진화했는지를 이해하는 데 필요한 어려운 생각을 회피했기" 때문에 "퇴행적"이라고 평가했다.[40] 진화에서 가장 중

* 오늘날 대부분의 과학자들은 그런 합병이 두 집단의 미생물 사이에서 일어났다고 믿는다. 고세균(archeon)이라고 알려진 단세포 유기체가 고대 박테리아를 삼켰고, 각자가 자신들이 만든 새로운 세포에 서로 다른 특성을 가지도록 해주었다.

요한 도약 중 일부가 한 종류의 단세포 생물이 다른 생물에게 먹히거나 노예가 되었기 때문에 일어났다고 주장하는 것은 꼴사나운 일이었다.

마굴리스는 공격을 슬쩍 피했다. 미토콘드리아와 엽록체가 자신만의 DNA를 가지고 있는 이유를 어떻게 설명하겠는가? 그리고 생물학자들이 오래 전부터 알고 있었듯이 이 두 세포 기관이 세포와 독립적으로 복제되는 이유는 무엇인가? 그녀는 진화는 피가 튈 정도의 치열한 경쟁이 아니라 협력을 통해서 촉진될 수도 있다고 주장했다. 그녀가 획기적인 논문을 쓰는 동안 도움을 받았던 고생물학자 윌리엄 쇼프는 나에게 "솔직하게 말해서 그것은 진화가 작동하는 방식이 아니어서 엉뚱해 보였다. 그녀는 용감했다. 반대하는 사람도 많았다"고 했다.

문제가 영원히 미궁에 빠질 것처럼 보였던 1975년에 유전자 염기 서열 분석이라는 새로운 도구가 등장했다. 연구자들이 실제로 엽록체와 남세균의 RNA를 비교할 수 있게 되면서, 그들이 놀라울 정도로 유사하다는 사실이 밝혀졌다. 1977년에는 미토콘드리아와 박테리아의 RNA 비교에서 서로 관계가 있다는 사실도 밝혀졌다. 마굴리스는 기뻤다. 승리의 순간이었다. 그러나 그녀는 한 가지 중요한 사실을 놓쳤다. 공생의 더 많은 예를 기대했던 그녀는 일부 진핵세포의 움직이는 부속물인 섬모가 헤엄칠 수 있는 박테리아와의 결합으로 만들어졌다고 주장했다. 그런 이론은 증명되지 않았지만, 그녀가 엽록체와 미토콘드리아의 기원에 대해서는 놀라울 정도로 옳았다는 사실이 확인되었다. 공생이 모든 진화에서 가장 중요한 두 가지 도약을 설명해줄 것이라는 그녀의 아이디어가 오랜 세월의 시련을 견뎌냈다.*

* 오늘날 우리는 미토콘드리아 DNA가 어머니의 난자로부터 온다는 사실을 알고 있다. 그런 사실이 모계(母系)의 조상을 추적하는 일에 특히 유용하다.

그 의미는 심오했다. 마굴리스에 따르면, 박테리아는 "지구의 역사에서 가장 위대한 화학적 발명가"였다.[41] 박테리아가 식물을 가능하게 해준 엽록체를 만들었다. 박테리아와 그들의 친척인 고세균이 우리 세포의 핵심적인 화학 과정을 발명했다. 그들은 당, 핵산, 아미노산, 단백질, 지방, 막膜을 만드는 방법을 알아냈다. 미토콘드리아로 알려진 과거 박테리아의 거대한 군집이 우리의 에너지를 생산했다. 마굴리스는 "그것이 우리의 집단적 자존심에 충격적인 일이 될 수도 있겠지만, 우리는 진화 사다리의 맨 꼭대기에 앉아 있는 생명의 주인이 아니다"라고 썼다. 오히려 "우리의 표면적인 차이에도 불구하고 우리는 모두 걸어 다니는 박테리아의 공동체이다."[42] 우리 자신과 미생물의 관계를 "세균이 곧 우리이다"라고 요약하는 사람도 있다.

아인슈타인이나 천체물리학자 프레드 호일과 마찬가지로, 치열한 회의론에 맞서 위대한 돌파구를 찾아낸 마굴리스도 말년에는 자신의 직관에 더 많이 의존하게 되었다. 미생물학자 존 아치볼드는 "연륜이 쌓이면서 그녀는 최전선의 연구자들이 생산하는 데이터와 점점 더 멀어지게 되었다. 그녀는 제1원리에서부터 연구해서 자신만의 아이디어를 내는 일을 원했다"라고 했다.[43] 그런 성향과 두려움을 모르는 그녀의 성격 덕분에 그녀는 지구가 스스로 조절하는 유기체라는 가이아Gaia와 같은 의심스러운 과학 이론을 옹호하기도 했다. 마굴리스는 또한 매독 바이러스가 AIDS를 일으킨다는 주장처럼 훨씬 더 모호한 아이디어에 앞장서기도 했다. 그러나 그녀가 엄청나게 많은 유익한 연구에 도움을 주었고, 복잡한 세포의 진화가 어떻게 갑자기 비약적으로 일어났는지에 대해서 눈을 뜨게 해주었다는 사실을 부인할 수는 없다.

오스트레일리아와 중국 등지에서 발굴된 화석이 그녀의 주장을 뒷받침했다. 대기에 산소가 있고, 지구가 더 이상 얼음으로 덮여 있지 않았던 적어도 17억 년 전부터 화석 기록에 진핵세포가 처음 등장했다는 사실이 밝혀졌다.[44]

누구나 동의하지는 않았지만, 생화학자 닉 레인과 미생물학자 윌리엄 마틴은 하나의 세포가 다른 세포를 집어삼키지 않았더라면 진핵세포의 복잡한 특성은 진화를 통해서는 등장할 수 없었을 것이라고 주장했다. 그것은 모든 진화에서 가장 중요한 단계의 하나였고, 그들은 그런 일이 오직 한 번만 일어났다고 생각한다. 잡아먹힌 박테리아는 숙주보다 훨씬 더 많은 에너지를 생산한다. 레인과 마틴이 보기에 박테리아의 후손인 미토콘드리아는 유지비가 많이 들지 않았다. 사람의 미토콘드리아 하나는 대략 38개의 유전자가 있지만, 과거의 조상은 유전자가 3만 개였을 것이다.[45] 이제 미토콘드리아에게 필요한 다른 유전자는 모두 세포핵에 들어 있다. 그래서 세포가 더 많은 에너지가 필요할 때 새로운 미토콘드리아를 만드는 일도 어렵지 않게 되었다. 그래서 세포는 추가 비용을 많이 들이지 않고도 거대한 미토콘드리아 군집을 유지할 수 있게 되었다.[46] 레인과 마틴은 일단 미토콘드리아가 세포에 충분한 에너지를 공급하면, 세포는 더 많은 유전자를 만들어서 정교한 새 구조와 과정을 개발할 수 있게 된다고 주장한다.

우리는 과거의 박테리아가 당을 연소시켜서 우리를 살아 움직이도록 해주는 에너지를 생산하는 데 필요한 산소를 공급하기 위해서 하루에 2만 번 정도 숨을 쉰다. 세포의 발전소 전부를 옆으로 늘어놓으면 2개의 농구장을 덮을 수 있다. 모두 합쳐서 대략 1,000조 개의 미토콘드리아가 우리를 살아 움직이도록 해준다.[47]

미토콘드리아의 조상인, 독립 생활을 하는 박테리아가 다른 세포의 내부에 정착하지 못했다면 진화가 중단되었을까? 우리 모두가 여전히 단세포 유기체로 남게 되었을까? 레인과 마틴은 그랬을 것이라고 생각한다. 박테리아와 박테리아의 단세포 친척인 고세균은 지난 30억 년 동안 대체로 변하지 않은 채로 남아 있는 듯 보이기 때문이다. 레인과 마틴, 그리고 행성과학자 데이비드 캐틀링은 우리가 만약 우주의 다른 곳에서 생명을 발견하게 된다면, 그런 생명체는 별로 흥미롭지 않을 것이라고 주장한다. 다른 곳에서 진행된 진화가 마찬가지로 과격한 공생 도약을 통해서 세포의 복잡성을 획득하지 못했다면, 그런 생명체는 미생물처럼 보일 것이기 때문이다.[48]

1990년 캐나다 북극 지역에 있는 서머싯 섬에서 발견된 것과 같은 고대 조류藻類의 화석으로, 다음 단계의 위대한 도약에 대한 마굴리스의 예측이 옳았다는 사실이 확인되었다. 그 화석의 연대인 대략 12억5,000만 년 또는 그 이전에 진핵세포가 광합성에 능숙한 남세균을 삼켰음이 밝혀졌다.[49] 닉 레인이 희귀하고 "상당히 괴이하다"고 했던 그 사건은 대단한 것이었다. 남세균은 엽록체로 진화했고, 그런 합병의 후손은 식물의 조상인 조류로 진화했다. 그런 공생적 합병이 없었다면, 식물(과 인간)은 지구상에 존재할 수 없었을 것이다.

우리 세포의 조상이 언제 나타났는지에 대한 새로운 이해 때문에 과학자들은 이제 당혹스러운 새로운 질문에 머리를 긁적이게 되었다. 적어도 17억5,000만 년 전에는 식물, 동물, 인간의 조상인 진핵세포가 바다를 떠다니면서 행복하게 살고 있었다. 대략 12억5,000만 년 전에는 식물의 더 가까운 조상인 조류도 등장했다. 더욱이 우리는 진화가 매우 빠르게 진행될 수 있다는 사실도 알게 되었다. 공룡의 발밑에서 두려움에 떨면서 기어다니던 작은 포유류 조상과 우리 사이에는 고작 7,000만 년의 간격이 있을 뿐이었다. 그러나 바다에서 빠르게 움직이는 대형 동물은 대략 5억4,000만 년 전까지도 등장하지 않았다.[50] 그리고 육지에 서식하는 식물은 대략 5억 년 전까지도 나타나지 않았다. 그들이 등장하기까지 그렇게 오랜 시간이 걸린 이유는 무엇이었을까? 아무 일도 일어나지 않았던 기간이 지루한 10억 년Boring Billion이라고 부를 정도로 길었던 이유는 무엇이었을까?

진화가 게을러 보였던 한 가지 이유가 1990년대에 분명하게 밝혀졌다. 진화는 산소가 없으면 빠르게 진행될 수 없다는 것이다. 고대 암석으로부터 산소의 농도를 알아낼 새로운 기술을 찾고 있던 지질학자들이 놀라운 사실을 발견했다. 대략 7억 년 전까지는 대기에 들어 있던 산소의 농도가 오늘날 우리가 사치스럽게 누리고 있는 21퍼센트가 아니라 1퍼센트보다 훨씬 낮았다는 것이다.[51] 약 5억4,000만 년 전에는 대기 중 산소의 농도가 5퍼센트에서 10퍼센트에 도달했고, 마침내 바다의 산소 농도도 활동성이 큰 대형 동물이 살 수 있는 수준으로 올라갔다. 그전까지는 그런 동물은 말 그대로 숨을 쉴 수 없었다.

지구의 산소 농도가 그렇게 오랫동안 그렇게 낮았던 이유는 무엇이었을까? 연구자들은 여전히 수많은 경쟁 이론을 놓고 저울질하고 있다. 현재 가장 유력한 이론 중 하나를 이해하려면 연못과 호수를 뒤덮는 성가신 녹색 쓰레기를 배출하는 조류와 남세균을 살펴보기만 하면 된다. 녹조는 인燐과 질소가 풍부한 비료가 물로 흘러 들어가면 빠르게 번식한다. 모든 유기체는 DNA, 단백질, 막을 만들기 위해서 이 두 가지 원소가 필요하다. 인은 세포의 활동에 에너지를 공급하는 작은 분자 동력장치를 만드는 일에도 중요한 역할을 한다. 인과 질소가 없으면 아무것도 자랄 수 없다.

10억 년 전의 바다에서 질소를 발견하는 일은 그리 어렵지 않았을 수도 있다. 남세균은 오래 전부터 대기 중의 질소를 끌어들이는 방법을 알고 있었다.

그러나 연구자들은 인을 찾기가 훨씬 더 어려웠을 것이라는 사실을 깨달았다. 수십억 년 전에 녹아 있던 지구가 식으면서 인이 위로 올라가서 대륙에서만 발견되는 아주 가벼운 암석 조각으로 굳어졌기 때문이다. 생명이 처음 진화하기 시작한 바다로 인이 흘러 들어간 것은 그런 희귀한 암석의 풍화작용이 남긴 잔해 덕분이었다. 2016년에 조지아 공과대학, 예일, 캘리포니아 리버사이드 대학교의 연구진이 고대의 인 농도를 연구하기 시작했다. 전 세계의 고대 해양 암석 시료 1만5,000점 이상을 어렵게 분석한 그들은 8억 년 전까지만 해도 바다의 인 농도가 매우 낮은 수준으로 유지되었다는 사실을 발견했다.[52] 인이 더 많아지지 않으면, 광합성을 하는 유기체가 늘어날 수 없었으며, 대기와 바다에 산소의 농도도 더 올라갈 수 없었고, 몸집과 활동성이 더 큰 동물의 진화도 불가능했다. 한 가지 핵심적인 성분의 부족이 빠르세 움직이는 대형 동물의 등장을 수억 년간 지연시켰을 수도 있다. 그들은 지각에 갇혀 있던 인의 등장을 인내심을 가지고 기다려야만 했다.*

그렇다면 이 중요한 광물을 땅으로부터 자유롭게 풀어준 것은 무엇이었을까? 아마도 대륙의 사포질 때문이었을 가능성이 가장 높다. 흘러

---

* 과학자들은 우리도 언젠가, 아마 수백 년 후에는 인의 고갈에 직면하게 될 수도 있다고 경고한다. 비료에 들어 있는 인은 대부분 빠르게 고갈되고 있는 퇴적물에서 얻은 것이다. 미래의 어느 날엔가 우리는 빠르게 늘어나는 세계 인구를 먹여살릴 만큼의 인을 찾으러 다녀야 할 수도 있다.

내리는 용암도 인을 표면으로 이동시켜서 풍화작용이 일어나는 지표면으로 이동시켰을 것이다. 7억7,000만 년 전에 다시 시작된 눈덩이 지구와 6억3,500만 년 전의 마지막 빙하기도 도움이 되었을 것이다. 몇 킬로미터 높이의 빙하가 적도를 향해서 흘러갔다가 물러나면서 그 바닥에 있던 암석의 잔해가 아래에 있던 빈약한 산山을 사포처럼 갈아서 많은 양의 인과 다른 광물을 부숴서 바다로 흘려 보냈을 것이다. 그런 잔해가 풍부한 비료가 되어 바다 표면에서 엄청난 양의 녹조와 남세균을 번성시켰고, 그 덕분에 마침내 산소를 들이마시는 활동성이 큰 대형 동물의 진화가 가능할 정도로 대기 중의 산소 농도가 증가하게 되었다.*

그런데 행성 과학자 데이비드 캐틀링은 우주 어딘가에 지적 존재가 존재한다면 그들도 역시 산소를 호흡할 것이라고 주장했다. 그만큼의 에너지를 낼 수 있는 다른 원소는 유기물의 폭발을 야기하는 플루오린과 유기물을 파괴하는 염소뿐이기 때문이다. 따라서 그는 우주의 다른 곳에 있는 생명체도 광합성에 의해서 물이 생성될 때 나오는 산소로 연료를 공급받아야 한다고 생각했다. 오래된 공상과학 영화가 옳았을 수 있다는 뜻이다. 우주선에서 내린 외계인은 마치 집에 온 것처럼 편안하

---

* 지질학자들은 산소의 증가가 단순히 더 많은 광합성에 의해서만 일어난 것은 아니라는 사실을 알고 있다. 전 지구적으로 광합성과 호흡과 부패가 정확하게 균형을 이루고 있었기 때문이다. 광합성에서는 공기 중에서 흡수한 이산화탄소 분자와 정확하게 같은 양의 산소를 방출한다. 호흡과 부패에서는 산소가 소비되고 이산화탄소가 배출되는 정반대의 일이 일어난다. 그래서 남세균처럼 이산화탄소로 만들어진 생물의 부패가 불가능해져서 산소가 대기 중으로 돌아가지 못해야만 대기 중의 산소 농도가 올라가게 된다. 우리에게는 다행스럽게도 실제로 그런 일이 일어났다. 엄청난 양의 유기물이 바다 밑으로 가라앉아서 묻혔다. 그중 일부는 석유와 천연가스 퇴적물이 되었다. 불행하게도 우리가 화석 연료를 연소시키면 이산화탄소가 다시 대기 중으로 돌아가고, 우리가 오늘날 직면하고 있는 지구 온난화라는 불편한 진실이 등장하게 된다.

게 느끼리라는 뜻이다.

지구에서 갑자기 상대적으로 아무 일도 일어나지 않았던 지루한 10억 년이 막을 내렸다. 대륙에서 식물이 진화하기 수억 년 전에 산소가 풍부한 바다에서 최초의 동물이 등장했다. 동물의 등장이 이들과 직접적으로 관련이 있는지는 여전히 뜨거운 논쟁의 대상이 되겠지만, 동물은 눈덩이 지구의 시기이자, 인과 산소가 더 풍부해지기 시작한 7억 년에서 8억 년 전에 등장했다.

최초의 동물 조상은 누구였을까? 그런 흥미로운 의문에 대해서도 의견이 분분하다. 우리는 그들이 (공기, 물, 햇빛을 이용해서 광합성을 하는 식물과 달리) 스스로 양분을 만들지는 못했지만, 먹을 수 있는 다른 생물을 기꺼이 잡아먹었다는 사실을 알고 있다. 우리가 해파리와 같은 생물인 유즐동물comb jelly의 후손이라고 믿는 과학자도 많다. 그러나 나는 최초의 동물 조상이 해면海綿, sponge류였다는 더 일반적으로 인정되는 이론을 좋아한다. 나는 목욕을 할 때마다 잠시 멈춰서 우리가 얼마나 멀리 왔는지를 생각해본다.

먹이를 쫓아다닐 이유가 없는 해면류에게는 많은 양의 산소가 필요하지 않다. 그러나 떠돌이 동물에게는 산소가 많이 필요했다. 그래서 눈덩이 지구의 마지막 빙하기가 끝나고 바다에 산소가 더 많아진 것은 진화적으로 볼 때 가속 페달을 밟은 것과 같은 일이었다. 대략 5억7,500만 전 전 즈음에 더 큰 동물이 등장했다. 지질학자 팀 라이언스는 "그때가 바로 최초의 본격적인 동물이 등장한 때"라고 말했다. "큰 몸집과 운동성은 높은 산소 농도가 제공한 사치품이었다." 그들은 산소 덕분에 조직, 골격, 껍질을 서로 연결해줄 강하고 유연한 단백질인 콜라겐collagen도 만들 수 있게 되었다. 그런 혁신은 우리에게 많은 도움이 되었다. 단백질의 약 30퍼센트가 콜라겐(접착제라는 의미의 그리스어에서 유래된 단어)이다.[53] 콜라겐은 대부분 연골, 힘줄, 뼈, 피부, 근육에 있다. 산소는 동물에게 에너지를 주입하고, 스스로 유지할 수 있도록 해주었다. 마침내 5억1,000만 년 전에 고대의 물고기가 지느러미를 움직여서 다른 물고기를 쫓아다녔다. 육식성 어류는 광합성을 하는 조류나 남세균을 먹고 사는 더 작은 생물을 잡아먹었다. 우리에게 많은 식량을 제공하는 해양 먹이사슬이 마침내 자리를 잡았다.

그러나 광합성은 아직 완성된 것이 아니었다. 다음에는 식물이 등장했다. 광합성이 이미 지구를 심오한 방식으로 변화시켰다는 사실 때문에 식물의 등장은 어렵지 않았다. 20억 년 전 광합성으로 대기 중에 산소가 유입되었을 때, 대기의 높은 곳에서 자외선이 산소(O_2)를 분해하기 시작하여 얇은 오존(O_3) 층을 만들었다.* 운 좋게도 바로 그 오존이 지구에 햇빛 가리개를 씌워서 유기 분자를 잘게 쪼개버리는 자외선의 98퍼센트를 차단해주었다. 그 덕분에 도전적인 생물이 안전하게 바다를 떠날 수 있게 되었다. 대략 5억 년에서 7억 년 전의 어느 때에 조류가 그런 일에 도전해서 암석이 많은 대륙을 침범하기 시작했다. 결국 그들은 이끼와 우산이끼와 같은 원시 식물로, 그후에는 육상 식물로 진화했다.

일단 식물이 대륙에 퍼지자 산소 농도는 급격하게 치솟기 시작했다. 대략 3억 년에서 4억 년 전 대기에 마지막으로 산소가 대량으로 유입된 덕분에 물고기가 바다 바깥에서도 꿈틀거릴 수 있게 되었고, 우리처럼

* 19세기에 태양으로부터 빛의 연속 스펙트럼을 분석하던 과학자들이 오존층의 존재를 추정했다. 햇빛의 스펙트럼에서 오존이 흡수하는 좁은 대역의 파장이 빠져 있다는 사실로부터 그들은 지구가 치명적인 자외선을 흡수하는 오존층에 둘러싸여 있어야 한다는 사실을 깨달았다.

빠르게 움직이고, 산소에 굶주린 후손이 육지에서 살 수 있게 되었다. 산소 농도는 대략 10퍼센트 정도에서 무려 30-35퍼센트까지 치솟았다가 오늘날 우리가 적응하고 있는 21퍼센트 수준으로 떨어졌다.[54] 매년 광합성에 의해서 수억 톤의 산소가 대기 중으로 유입되고, 우리가 그중 3만 6,000갤런을 소비한다.[55] 우리가 호흡하는 산소 중 거의 절반은 다양한 조류와 남세균, 나머지 절반은 육상 식물의 덕분이다.

광합성은 20억 년이 넘는 시간 동안 지구를 오로지 단세포 유기체만 서식하는 대륙과 바다를 가진 세계에서 온갖 종류의 활기찬 생명체로 가득한 녹색의 행성으로 변환시켰다. 광합성이 가져다준 변화의 규모에 감동하지 않을 수 없다. 남세균이 배출하는 독성 산소가 지구를 녹슬게 하고, 남세균의 경쟁자를 죽이거나 쫓아냈다. 남세균은 널리 퍼졌고, 엄청난 양의 로켓 연료인 산소를 대기 중에 배출했다. 갑자기 미토콘드리아로 가득 채워진 새로운 고성능의 세포가 등장했다. 그런 세포는 더 많은 에너지를 생산할 수 있었고, 더 많은 유전자와 단백질을 만들 수 있었고, 그 덕분에 생명은 폭발적으로 복잡해졌다. 그런 세포 중 일부는 광합성 공장인 엽록체의 도움으로 산소의 농도를 더욱 높은 수준으로 끌어올렸다. 이후에는 바다에서 사나운 포식자와 눈부신 생태계가 등장했고, 광합성 식물이 대륙을 녹색으로 바꿔놓기 시작했다.

한편 대기에 산소가 공급되면서 생물의 주요 원자들이 거대한 믹스마스터(여러 가지 재료들을 섞어주는 만능 조리 기구/역주)에 유입되었다. 대기와 물을 통해서 운반된 탄소, 질소, 인, 황, 산소가 유기체에 통합되었고, 바다 밑에 가라앉았고, 판 구조에 의해서 지구 깊숙이 들어갔다가, 화산 폭발과 판이 밀려 다니면서 다시 배출되어 식물과 다른 생명체에서 재회하게 된다.*

물론 대륙을 휩쓸었던 고대 녹색 식물이 궁극적으로 어떤 의미에서는 인류의 존재를 가능하게 해준 것은 사실이다. 인류는 단백질의 대략 15퍼센트 정도를 어류에서 얻지만, 우리는 대부분 육상 식물에서 유래한 음식을 소비한다. 육상 식물이 우리 몸의 구성 요소를 만든다. 식물이 생산하는 영양소가 없다면 우리는 지구상에 존재할 수 없을 것이다.

그러나 식물은 그런 영양소를 만들기 전에 대륙의 단단한 암석을 정복하는 힘겨운 임무를 수행해야 했을 것이다. 콘크리트로 빵을 만드는 것만큼이나 어려워 보이는 그런 과제를 어떻게 해결할 수 있었을까? 그런 수수께끼를 해결하고 싶어했던 과학자들은 식물이 생각보다 훨씬 더 지능적일 수 있다는 사실이 그 답의 일부임을 알아냈다.

---

* 생명체와 지구 표면의 화학 및 지질학 사이의 놀라운 균형에 대한 인식은 영국의 과학자 제임스 러브록과 린 마굴리스가 논란이 되고 있는 가이아 가설을 주장하도록 영감을 주었다. 지구 자체가 살아 있는 유기체라는 러브록의 주장을 인정하는 과학자는 거의 없다. 그러나 거의 모든 과학자는 자기-수정 되먹임 고리를 통해서 광합성, 호흡, 광물 순환과 판 구조론이 지구에 생명이 거주할 수 있는 독특한 조건을 조성했다는 지적에 동의한다.

10

씨앗 뿌리기

녹색 식물과 그 친구들이 우리를 만들었다

나도 지구와 같은 지능을 가지고 있지 않을까?
나는 부분적으로 나뭇잎과 채소로 만들어지지 않았을까?
_ 헨리 데이비드 소로, 『월든』[1]

1867년 9월 10일, 소금 목욕탕과 아름다운 탑이 있는 조용한 도시인 스위스 라인펠덴에서 개최된 스위스 자연사학회의 연례 학술회의에서 시몬 슈벤데너라는 온화한 성격의 식물학자가 폭탄선언을 했다. 서른여덟 살의 슈벤데너는 다성다감했고, 수염을 기른 미혼의 시인이었으며, 섬세한 사람이었다. 그러나 그는 자신이 믿는 아이디어를 치열하게 옹호하는 일을 망설이지 않았다.[2] 카를 마르크스가 『자본론*Das Kapital*』을 발간한 바로 그해에 슈벤데너가 지의류地衣類 학자에게는 마찬가지로 혁명적으로 보이는 이론을 제안했다. 그의 이론은 분개와 분노의 충격파를 일으켰다. 그러나 오늘날 우리가 알고 있듯이, 이끼류가 겉으로 보이는 것과 다르다는 그의 급진적인 아이디어는 식물이 어떻게 놀라운 성과를 이룩할 수 있었는지를 설명하는 데에 도움이 된다.

식물이 세상을 지배한다고 말할 수도 있다. 보통 우리는 식물에 크게 신경을 쓰지 않지만, 식물은 지구 생물량biomass의 대략 80퍼센트를 차지하고, 육상 동물은 1퍼센트의 10분의 1도 되지 않는다(단세포 유기체와 곰팡이가 나머지 대부분을 차지한다).[3] 식물은 얼거나 너무 건조하지 않은 지구 표면을 모두 덮고 있다. 그렇지만 5억 년 전까지는 식물이 전혀 없었다. 정말 그랬다. 광활한 대륙의 산, 계곡, 평야는 차갑고 단단한 암석으로 덮여 있어서 삭막하고, 바람에 휩쓸리고, 칙칙했다. 그런 돌, 공기, 물에서 식물은 어떻게든 생동감 넘치는 생명의 조각보를 만들었다. 식물이 어떻게 대륙을 완전히 변화시키는 엄청난 일을 해냈을까?

다행히 이 질문에 대한 답을 찾는 데에 도움을 준 시몬 슈벤데너는 처음에 생계를 위해 식물을 재배하려고 했다. 슈벤데너의 아버지는 그에게 공무원으로 편안한 삶을 살 것을 권했지만 그는 과학에 흥미를 느꼈다. 그러나 자신의 열정을 따랐던 그는 연구원의 낮은 봉급 때문에 결혼을 포기할 수밖에 없었다고 훗날 동료에게 털어놓았다.[4] 박사학위를 받은 슈벤데너는 스위스 최고의 현미경 전문가와 함께 일하기 시작했다. 당시에는 현미경이 미지의 세계를 열어주고 있었다. 슈벤데너는 현미경을 이용해서 생물학의 더 심오한 신비를 파헤치고 싶어했고, 그가 이끼lichen로 알려진 하찮은 생명체를 연구하기 시작한 것도 그때부터였다.

이끼는 고통스러울 정도로 느리게 자라고 작은 마른 해초 잎처럼 생긴 생물이다. 이끼는 바위나 비석을 비롯해 놀라울 정도로 척박한 곳에서도 행복하게 살아간다. 식물학자들은 이끼를 고대의 식물, 즉 "원시식물Primordial vegetation"로 간주했다. 그러나 현미경으로 이끼를 살펴보던 슈벤데너에게는 모든 것이 혼란스러웠다.

호기심이 많았던 그의 눈에 이끼는 전혀 다른 것으로 보였다. 그들은 서로 다른 두 종류의 생물이 기묘하게 포옹하고 있는 듯했다. 그는 얇고

흰 곰팡이 균사가 불룩한 녹조 군락을 둘러싸고 있는 것을 보았고, 녹조는 거미의 먹이처럼 포획된 듯 보였다. "주인은……다른 생물이 잡아놓은 먹이에 의존해서 사는 일에 익숙해진 기생충인 곰팡이이다. 녹조류는 그 주위에 모여들어서, 어떤 식으로든지 붙어 있으면서 강제로 봉사한다"는 것이 그의 결론이었다.[5]

슈벤데너의 주장은 열정적인 지의류 학자들에게 논란을 일으켰다. 잘 정립된 린네의 분류체계에 따르면 생물종은 두 개가 아니라 오직 하나의 종에만 속할 수 있다. 게다가 곰팡이와 녹조류는 잘 어울릴 것 같지 않아 보였다. 『서부 콘웰의 곰팡이류*Fungi of West Cornwall*』의 저자는 "파괴성은 곰팡이의 특징이다"라고 반발했다.[6] "곰팡이는 무엇을 먹고사는지에 상관없이 질병을 일으키거나 파괴한다.……그러나 모든 경험과 달리, '이끼를 만드는 곰팡이'를 먹고사는 녹조류는 번성하고 성장하는 것으로 생각된다." 『파리 주변의 이끼*The Lichens of the Environs of Paris*』의 저자에게 슈벤데너의 제안은 "순수한 환상이나 비방에 지나지 않았다."[7] 『영국에서 발견된 지의류에 관한 논문*A Monograph of Lichens Found in Britain*』의 저자는 슈벤데너의 선정적인 "지의류학의 로맨스"를 "포로로 잡힌 녹조 아가씨와 폭군 곰팡이 주인 사이의 부자연스러운 결합"에 대한 이야기라고 조롱했다.[8] 자연 작가 에드워드 스텝은 슈벤데너의 이론은 "마땅한 조롱을 받았다"라고 썼다.[9]

다시 한번 "진실이라고 하기에는 너무 이상하다"는 편견이 강력한 영향력을 발휘했다. 80년 이상 지난 1950년대에도 적어도 한 사람의 저명한 지의류 학자는 여전히 슈벤데너의 주장을 거부했다.[10] 그러나 슈벤데너는 어쩌면 한 가지 사실을 제외하면 모든 면에서 옳았던 것으로 밝혀졌다. 이끼를 구성하는 곰팡이와 조류가 착취적인 주종관계인지, 아니면 서로에게 유익한 파트너십을 누리고 있는지는 여전히 논쟁의 여지가 남아 있다. 조류는 광합성으로 만든 달콤한 당분을 포기하고, 그 대신 곰팡이는 암석에서 채취한 미네랄을 공유한다.

곰팡이fungi가 그런 일을 할 수 있는 것은 바위를 먹는 믿기 어려운 재능 덕분이다. 대략 10억 년 정도 존재해왔던 독특한 형태의 생명체인 곰팡이는 박테리아, 식물, 동물과는 분명하게 구별된다. 그들에게는 두 가지 강력한 도구가 있다. 곰팡이는 암석을 녹이는 산酸을 분비한다. 그리고 아주 가느다란 실을 좁은 틈새에 밀어넣어 단단하게 결합시킨 후에 암석을 부서뜨릴 정도로 높은 압력을 가한다. 곰팡이는 이런 방법으로 미네랄을 얻는다. 나머지 영양분은 곰팡이가 찾아낸 죽은 유기물이나 살아 있는 유기물에서 얻는다. 영양분을 서로 교환하는 곰팡이와 조류 사이의 오랜 동맹은 이끼를 엄청나게 풍성한 유기체로 만들어주었다. 그들은 광합성을 하고, 산을 분비하고, 초강력 접착력을 발휘하고, 가압 지렛대 역할을 비롯한 모든 일을 할 수 있는 생명체이다.

약 5억 년 전에 단세포 조류로부터 잎이 없는 이끼나 우산이끼와 같은 원시 식물이 진화했다. 이 원시 식물은 엄청난 도전에 직면했다. 조류의 조상은 해류가 필수 미네랄을 공급해줄 때까지 기다리면서 물속에서 뒹굴 수 있었다. 그러나 육지에서의 생활은 그렇게 수월하지 않았다. 얕은 원시 토양을 조성해준 박테리아, 조류, 곰팡이가 이곳저곳에 흩어져 있었다. 그들은 점진적으로 유기물과 미네랄로 구성된 얇은 두께의 흙을 쌓아올렸다. 그러나 슈벤데너의 혁명적인 발견은 식물이 대륙을 침범하고 싶어하는 진짜 이유 중 하나를 설명했다. 이끼는 광합성도 할 수 있고, 미네랄도 찾을 수 있었기 때문에 더 넓게 이동할 수 있었다. 이끼는 암석을 토양으로 만드는 일을 도와서 식물이 등장할 수 있는 길을 열어주었다.*

그런데도 가장 초기의 식물은 역경에 직면했다. 토양이 존재하기는 했지만 충분하지 않았다. 특히 식물이 DNA, RNA, 단백질을 만들기 위해서는 지속적인 미네랄 공급이 필요했다. 엽록체에는 마그네슘과 망가니즈가 필요했고, 세포벽을 강화하는 데는 칼슘이, 효소를 만들기 위해서는 포타슘, 철, 황이 필요했다. 그러나 최초의 식물은 뿌리가 없었다. 그들이 곡괭이를 쓸 수 있는 것도 아니었다. 그렇다면 앞으로 개척자가 될 식물은 암석으로부터 필요한 상당한 양의 미네랄을 어떻게 확보할 수 있었을까?

1880년에 나무 밑의 토양에 대해서 파헤치기 시작한 베를린의 저명한 식물 병리학자인 알베르트 프랑크는 그런 의문에는 관심이 없었다. 사실 그는 고대 식물을 연구하지 않았다. 그는 송로버섯truffle이라는 사랑받는 버섯을 연구하고 있었다. 프로이센의 농업-영토-산림부 장관은 그에게 농부가 송로 버섯을 재배할 수 있는지를 확인하는 책임을 맡겼다. 비옥한 숲의 토양을 파헤치던 프랑크는 송로버섯에서 뻗어나온 가느다란 균사菌絲가 옆에 있는 나무뿌리의 끝에까지 닿아 있는 것을 발견하고 깜짝 놀랐다. 뿌리 근처를 덮고 있는 균사가 뿌리 끝을 섬세한 장갑처럼 촘촘하게 덮어서 뿌리의 끝이 흙에 닿지 않도록 막고 있었다.[11]

버섯은 무엇을 하고 있었을까? 과거에 버섯을 본 사람들은 그것이 단순한 기생충이라고 생각했지만, 프랑크는 더 자세히 살펴보았다. 그는

---

* 최근의 유전학 연구에 따르면, 현대의 이끼는 식물이 등장한 후에 진화했다. 그러나 고식물학자 폴 켄릭은 더 오래 전에 등장해서 지금은 멸종한 지의류가 등장하면서 최초의 얕은 토양층 형성에 도움을 주었을 가능성이 높다고 설명했다. 그런 고대 지의류 중에는 조류와 곰팡이의 파트너도 있었을 것이고, 남세균과 곰팡이가 동맹을 맺기도 했을 것이다.

죽은 나무가 아니라 살아 있는 나무에서만 버섯의 균사를 볼 수 있었다. 그리고 그는 어린 나무와 오래된 나무 모두에서 균사를 발견했다. 만약 버섯이 기생충이라면 오래된 나무에는 피해가 발생했어야 하지만, 실제로는 어떠한 피해도 찾아볼 수 없었다.[12] 그 대신 그는 친숙한 느낌이 드는 놀라울 정도로 다른 종류의 관계를 관찰하고 있다는 결론을 얻었다. 일반 식물학자였던 프랑크는 많은 지의류학자와 달리 지의류를 식물계에서 강등시킨 슈벤데너를 싫어하지 않았다. 사실 프랑크는 그들 사이의 관계를 설명하는 "함께 살기"라는 뜻의 심비오티무스symbiotismus라는 용어를 만들었다.[13] 이제 프랑크는 자신이 버섯과 나무 사이의 놀라운 동맹 관계를 발견했다고 생각했다. 그는 버섯이 나무에 미네랄과 물을 공급하는 대가로 당분을 보상받는 "유모wet nurse"라고 주장했다.[14]

프랑크를 비판한 많은 사람들 중에는 그의 이론이 "자신들의 인내와 신뢰성을 시험하기 위해 계산된 것"이라고 주장하는 사람도 있었다.[15] 그러나 슈벤데너와 마찬가지로 프랑크도 옳았던 것으로 밝혀졌다. 그는 버섯 균사를 균류fungus, mykes와 근류roots, rhiza를 뜻하는 그리스어를 따와서 균근류菌根類, mycorrhizae라고 불렀다. 하나하나의 가닥은 실보다 30배나 더 가늘지만, 그물망은 강력한 힘을 발휘했다. 균사가 나무의 미네랄 흡수 능력을 획기적으로 증가시켰다. 오늘날 1세제곱피트의 토양에는 수백 킬로미터의 균근류 곰팡이가 들어 있다. 식물 종의 약 90퍼센트는 균근류와의 관계를 이어오고 있다.

1912년에 스코틀랜드 리니에에서는 원시적인 뿌리 없는 식물과 그 아래쪽으로 뻗어나가 균근류 곰팡이를 닮은 구조가 선명하게 남아 있는 4억700만 년 된 화석이 발견되었다.[16] 최초의 식물이 대륙을 식민지화할 수 있었던 것은 이끼류의 도움 이외에도 미네랄을 채취하는 곰팡이의 망을 통해서 서로를 협력하는 사회를 만들었기 때문이다. 단단한 암석에서 우리 몸에 들어 있는 많은 미네랄을 채취한 것이 바로 가느다란 곰팡이 균사인 균근류였다.

그러나 육지를 차지하려던 원시 식물은 여전히 망설였을 것이다. 화학의 기이한 특성 때문에 어떤 곰팡이도 찾아줄 수 없는 핵심적인 미네랄이 있었고, 그 미네랄이 없으면 식물은 아무 데도 갈 수 없었다. 식물은 DNA, RNA, 단백질을 만들기 위해 질소가 필요했지만, 암석에서는 질소를 찾을 수 없었다.

설상가상으로 질소는 주변 공기에 가득 들어 있었다. 우리 대기의 78퍼센트가 질소이다. 5억 년 전에도 많은 양의 질소가 떠다니고 있었던 것이 확실하다. 그러나 질소 기체인 N_2에서 원자 사이의 삼중 결합은 너무 단단했고, 질소 원자는 포옹하고 있는 연인들처럼 서로에게만 눈을 맞추고 있었다. 질소 원자는 다른 원자와 결합하는 일에는 아무 관심이 없다. 질소 기체는 화학적으로 거의 비활성inert이다. 우리가 숨을 쉴 때마다 흡입하는 엄청난 양의 질소를 다시 뱉어내는 것도 그런 이유 때문이다. 그리고 그것은 좋은 일이다. 질소 원자 사이의 결합을 끊으면 많은 양의 에너지가 방출된다. 나이트로글리세린이나 TNT를 생각해보면 이해할 수 있는 일이다. 그러나 과학자에게는 이것이 엄청난 수수께끼였다. 도대체 식물은 어떻게 필요한 질소를 얻을 수 있었을까? 학술지 「네이처」가 "혁명적인 발표"라고 밝혔던 놀라운 해답이 밝혀지기까지는 40년 간격으로 발표된 두 가지 발견과 치밀한 조사가 필요했다.[17]

이것은 단순히 학술적인 것에 그치지 않는 당대의 가장 시급한 과학적 질문이었다. 19세기 초 유럽은 식량을 자급할 수 없었기 때문에 농사를 망치면 급증하는 인구가 극심한 굶주림에 시달렸다. 프랑스의 화학자 장-바티스트 부생고에게도 친숙한 문제였다. 상점 주인의 아들인 부생고는 파리의 어둡고 비참할 정도로 가난한 구역에서 성장했다. 그의 이웃들은 대부분 옷도 제대로 입지 못했고, 넝마주이 이외에는 일자리도 없었다. 그는 "아이들은 굶주림과 감기에 시달렸다. 그들이 빵이나 부엌에서 남은 음식을 구걸하러 오기도 했지만, 우리 집에는 그마저도 거의 없었다. 아버지나 어머니가 병에 걸렸는데도 구걸하러 왔다"고 회고했다.[18] 아이들은 흔히 고아가 되었다.

몇 년 후에 페루의 해안 평야를 방문한 그는 특별한 광경에 깊은 인상을 받았다. 농부들이 새와 박쥐의 배설물로 알려진 구아노guano라는 성분을 뿌려서 모래가 많은 토양을 비옥한 밭으로 바꿔놓고 있었다.

부생고는 흥미를 느꼈다. 그는 구아노에 질소가 풍부한 암모니아가 많이 들어 있다는 사실을 알고 있었다. 이제 그는 의문을 가지기 시작했다. 불에 산소가 필요한 것만큼 식물에도 질소가 필수적일까?

부생고의 특기는 평생 훈련받은 적이 한번도 없는 일을 하는 것이었다. 그의 삶은 처음부터 희망적이지 않았다. 그의 기억에 따르면, 초등학교에서 "우리는 압연기의 철봉처럼 이 교실에서 저 교실로 옮겨 다녔다."[19] 교사들은 그를 바보로 취급했다. 그는 거의 아무것도 이해하지 못했다. 절망한 그는 열 살에 학교를 자퇴하고 유명한 화학 교수의 실험실을 청소하는 친구를 돕는 일자리를 찾았지만, 어린 나이 때문에 해고되고 말았다. 다행히 그가 제빵사나 약사가 되었으면 좋겠다는 희망을 포기한 그의 부모가 그에게 하고 싶은 일을 할 수 있도록 해주었다. 그는 주로 어머니가 사다준 4권짜리 화학 교과서를 비롯한 과학책을 읽었다. 열네 살부터 그는 학생들이 가득 찬 강의실에서 서서라도 강의를 듣고 싫어하는 일반인에게 청강을 허용하는 대학의 과학 강의에 참석하기 시작했다.

부생고는 열여섯 살에 광산학교에 입학했다. 2년 동안 지질학과 화학을 비롯한 관련 과목을 공부한 그는 잠시 알자스의 광산에서 일하기도 했다. 그후에는 페루의 광산학교에서 학생을 가르치는 특이한 일자리를 제안받았다. 그에게는 최고의 경험이었다. 유명한 자연학자 알렉산더 폰 훔볼트 남작은 그에게 자신의 발자취를 따라서 그런 기회를 적극적인 탐험과 연구에 활용하도록 조언했다. 폰 훔볼트의 격려에 힘입은 부생고는 라틴 아메리카를 열심히 여행했고, 정규 교육을 거의 받지 못했는데도 대륙의 지질학, 지리학, 기상학, 그리고 원주민의 관습에 대한 수많은 편지와 과학 논문을 썼다. 10년 후에 다시 프랑스로 돌아온 그는 알자스의 부유한 농장주의 딸과 결혼하여 넓은 영지를 관리하게 되었다.

그는 다시 전혀 경험이 없는 새로운 일을 시작하게 되었다. 그는 농화학자로 변신했고, 장인의 농장을 최초의 농업 연구 기지로 만들었다.

부생고는 페루에서 흥미를 느꼈던 구아노에 대한 의문을 자신의 야외 실험실에서 해결하고 싶었다. 질소가 식물 성장에 필수적일까? 그렇다면, 식물은 어떤 숨겨진 과정을 통해서 질소를 확보할까? 그는 그 답을 알아내기 위한 정교한 실험을 시작했다. 그는 농장의 작은 실험실에서 퇴비나 짚과 같은 여러 비료의 질소 함량을 측정했다. 그는 가장 좋은 비료가 질소 함량도 가장 높다는 사실을 밝혀냈다. 부생고와 다른 사람의 연구를 통해서 그런 사실이 널리 인정되면서 농부들은 자신들이 가장 값싸게 구할 수 있는 질소 공급원을 찾을 수 있게 되었다. 그들은 남아메리카로부터 엄청나게 많은 양의 구아노를 수입하기 시작했고, 수익성이 높은 구아노 붐이 일었다.

1836년에 부생고는 관련된 다른 문제를 연구하기 시작했다. 기존의 방식에 의존해서 곡물만 재배하는 농부들의 토양은 결국 지력地力이 약해지지만, 곡물과 함께 완두콩이나 토끼풀 또는 다른 콩과 식물을 번갈아 재배하던 농부의 토양은 생산성을 유지하는 이유가 무엇일까? 부생고는 5년에 걸친 대규모의 실험을 통해서 비료에 포함된 질소의 양을 정확하게 추적하면서 작물을 번갈아 재배했다. 어느 인상적인 실험에서 수확한 사탕무, 밀, 토끼풀, 귀리에는 고갈된 토양에 뿌린 것보다 47킬로그램이나 더 많은 질소가 들어 있었다.[20] 이런 결과는 놀라운 것이었다. 더욱이 그는 그 이유에 대한 실마리까지 찾아냈다. 그는 재배한 밀짚에 들어 있는 질소의 양이 씨앗에 있는 질소보다 더 많지 않다는 사실을 발견했다. 그러나 콩과 식물인 토끼풀에는 놀랍게도 질소 함량이 3분의 1이나 더 많았다.[21] 마치 콩과 식물이 멋대로 허공에서 질소를 뽑아내는 것처럼 보였다. 그러나 질소가 어디에서 오는지는 당혹스러운 수수께끼로 남아 있었다.

수십 년이 지난 1880년대에 농화학자 헤르만 헬리겔과 헤르만 빌파르트라는 인내심 많은 두 명의 헤르만이 그런 신비에 다시 관심을 가졌다. 그들은 토양에 식물의 질소 흡수를 도와주는 무엇이 있는지를 알아내고 싶었다.[22] 재정이 넉넉했던 프로이센의 농업연구소에서 그들은 질소가 부족한 모래밭에 두 그룹의 완두콩을 심기로 했다. 한쪽의 토양은 증기로 멸균 처리를 했다는 점을 빼면 두 그룹은 완벽하게 똑같았다.

그들은 멸균하지 않은 토양에 심은 완두콩은 잘 자라고, 뿌리에 혹이 있다는 사실을 발견했다. 다른 사람들이 그랬듯이 그들도 뿌리의 혹이 질소를 저장한다고 생각했다. 그러나 어떤 이유에서인지 멸균한 토양에 심은 완두콩은 병이 들었다.

그들은 당황했다. 어떤 비밀 성분이 멸균하지 않은 토양을 훨씬 더 생산적으로 만들었을까? 그들은 지푸라기라도 잡는 심정으로 멸균하지 않은 토양에 물을 섞어서 걸쭉하게 만들었다. 그런 후에 완두콩 씨앗을 심은 멸균 토양에 한 숟가락 정도의 혼합물을 넣어주었다.

그들의 예상과 달리 이제 완두콩은 잘 자랐다. 그리고 연구자들은, 여러 사람이 콩과 식물의 뿌리에서 보았던 혹이 박테리아라는 유익한 손님으로 가득 채워져 있다는 사실도 발견했다.

뜻밖에도 헬리겔과 빌파르트는 우연히 또 하나의 공생 현상을 발견한 것이었다. 식물은 대기에서 거의 비활성인 질소를 끌어올 수는 없지만, 암모니아에 들어 있는 질소는 활용할 수 있다. 박테리아가 질소 기체에서 암모니아를 만드는 방법을 알고 있는 유일한 생명체라는 사실이 밝혀졌다. 그래서 박테리아는 자신들의 콩과 식물 숙주에게 암모니아를 제공하는 대가로, 공기로부터 질소를 끌어오는 에너지 소모적인 작업에 필요한 당을 공급받는다.*

1886년 헬리겔은 베를린에서 개최된 학술회의에서 자신들의 결과를 발표했다. "브라보!"라는 외침이 방 안을 가득 채웠다.[23] 갑자기 헬리겔과 빌파르트가 농업계의 인기 스타가 되었다. 마침내 토끼풀, 완두콩, 콩처럼 고도로 유용한 콩과 식물이 농작물의 수확량을 증가시키는 이유가 밝혀졌고, 그런 지식이 모든 농부에게 도움이 되었다.[24] 직후에 과학자들은 자유롭게 사는 남세균도 역시 토양의 질소를 증가시킨다는 사실을 발견했다. 농작물은 궁극적으로 박테리아로부터 얻는 질소 없이는 존재

---

* 이제 우리는 콩과 식물의 뿌리가 땅속에서 일어나는 변환을 시작한다는 사실을 알고 있다. 식물이 근처에 있는 박테리아를 유인하는 화학물질을 방출하고, 박테리아는 다시 뿌리로 들어갈 수 있도록 해달라는 화학 신호를 보낸다.

할 수 없다.

박테리아가 담당하는 이 과정은 사실 단순히 생명에게 필수적일 뿐만 아니라 지극히 어려운 것이다. 1908년에 독일의 화학자 프리츠 하버는 암모니아 비료 생산 공정을 개발 중이었다(훗날 최초의 화학무기 개발을 지휘한 바로 그 하버이다). 남아메리카의 구아노 붐이 시작되고 수십 년이 지나면서 구아노가 거의 고갈되었다. 비료를 생산하는 기술을 알아내지 못하면 유럽이 대량 기아의 유령을 맞이하게 된다는 것이 과학자들의 경고였다. 하버는 질소를 안정적으로 확보하지 못하면, 독일이 다음 전쟁에서의 승리에 필요한 폭약을 충분히 보유하지 못하게 된다는 군 장군들의 경고에도 귀를 기울였다. 그는 촉매 역할을 하는 금속이 들어 있는 탱크 속에 질소와 수소 가스를 혼합했다. 그러나 그는 섭씨 430도와 250기압의 지옥 같은 온도와 압력이 갖춰지지 않으면 질소 원자들이 떨어지지 않는다는 사실을 알아냈다. 1918년 하버는 레이더, 개인용 컴퓨터, 식빵을 모두 합친 것보다 훨씬 더 중요한 공정을 개발한 공로로 노벨상을 받았다. 우리 몸에 있는 질소 중 상당량은 공기에서 추출해서 뜨거운 고압의 탱크 속에서 암모니아로 전환된 것일 가능성이 높다. 오늘날 공장에서 생산한 비료로 재배한 곡물이 수십억 명의 인류에게 식량으로 공급되고 있다. 합성 암모니아가 없었다면 이 지구상의 인구는 거의 절반으로 줄었을 것이고, 우리는 세상에 존재할 수도 없었을 것이다.[25]

우리 몸에는 대략 1.8킬로그램 정도의 질소가 있고, 그중 상당량은 DNA와 단백질에 들어 있다. 일부는 공장에서 질소 가스로부터 추출한 것이다. 헬리겔과 빌파르트가 알아냈듯이, 나머지는 박테리아가 공기 중에서 추출한 것이다.

수억 년 전에 이끼나 우산이끼와 같은 땅에 붙어서 사는 작은 원시 식물이 진화하면서 대륙으로 퍼져나갈 수 있었던 것은 사냥개를 길들이던 고대 부족처럼 동맹 관계의 박테리아가 있었기 때문이다. 박테리아와 곰팡이는 긴밀한 동반자였다. 그들이 힘을 합쳐서 바위와 공기로부터 우리 몸에 있는 원자를 해방시켰다.

적어도 이론적으로는 영양분을 찾을 수 있는 수단을 가진 식물은 대륙을 점령할 수 있게 된다. 그러나 식물이 더 크고 똑바로 자랄 수 있어야만 가능하다. 그렇다면 절뚝거리면서 땅을 기어다니는 이끼가 어떻게 그럴 수 있었을까? 여러 가지 기발한 발명이 필요했다.

그중에서도 식물은 똑바로 일어서기 위한 등뼈 역할을 하는 줄기를 개발해야 했다. 그러려면 더 강한 건축 재료가 필요했다. 다행히 그들의 조류藻類 조상은 셀룰로스라는 섬유로 세포벽을 강화했던 경험이 있었다. 무게로 따지면 셀룰로스 가닥이 철보다 몇 배나 더 강력했다. 나무는 40-50퍼센트가 지구상에서 가장 풍부한 유기 화합물인 셀룰로스이다. 그러나 셀룰로스는 물에 젖으면 약해진다는 단점이 있다. 그래서 식물은 리그닌lignin이라는 물질을 방수防水와 세포벽에 셀룰로스를 붙이는 목적으로 사용했다. 리그닌은 지구에서 두 번째로 흔한 유기 분자이다.[26]

식물은 이런 환상적으로 강력한 건축 재료를 이용해서 줄기를 키워서 하늘로 올라가는 불가능한 일을 시작했다. 식물은 더 많은 에너지를 얻기 위해서 태양 빛을 포획하는 엽록체가 배열된 잎이라는 태양 전지판으로 물과 영양분을 긴 수관水管을 통해서 운반하기 시작했다.

그러나 식물은 무게 때문에 쓰러질 위험이 있어서 아주 높이 자랄 수는 없었다. 그리고 땅에서 높은 곳에 있는 잎을 키우려면 더 많은 물과 미네랄이 필요했다. 그래서 식물은 가장 놀라운 발명품인 뿌리를 개발했다. 뿌리의 가장 두꺼운 부분이 인상적으로 보일 수도 있겠지만, 그것은 대체로 도관導管, 송곳, 닻일 뿐이다. 가장 핵심적인 기능 대부분은 뿌리 끝 바로 위에서 수행된다. 그곳에 있는 실크처럼 얇은 두께의 작은 부속 기관이 영양분을 흡수한다. 바로 뿌리털root hair이다. 호밀 한 그루의 뿌리털이 140억 개나 된다는 추정도 있다.[27] 식물학자 사이먼 길로이는 "뿌리털이 영양분을 모두 빨아올린다. 그들은 채굴 기계이다"라고 했다.[28] 뿌리털은 물과 그 속에 녹아 있는 미네랄을 빨아들이는 것 이외에도 다른 속임수도 감춰두고 있다. 양성자 펌프라는 초소형 나노기계가 수소 이온을 흙으로 배출한다. 토양 입자가 그 수소에 달라붙으면, 결합이 느슨해진 다른 미네랄이 다른 펌프와 경로를 통해서 안쪽으로 빠르게 흡수된다. (참고로 우리는 땀과 소변으로 미네랄을 잃지만, 식물은 절대 미네랄을 배출하지 않는다. 식물학자 짐 모세스의 설명에 따르면, "식물은 토양에서 미네랄을 빨아들여서 가둬두도록 만들어져 있고, 그것이 우리가 미네랄을 얻는 방식이다. 우리는 직접 흙을 먹지는 않는다.")

끊임없이 미네랄과 물을 찾아야 하는 뿌리는 멀고 넓은 지역까지 모험을 떠나는 법도 배웠다. 뿌리가 얼마나 깊은 곳까지 파고 내려가는지를 처음 알아낸 사람은 여러 권의 책과 함께 "훌륭한 대초원 잔디"와 "대초원의 풀 인명록"과 같은 글을 남긴 획기적인 생태학자 존 위버였다. 1918년부터 4년 넘게 위버와 그의 든든한 지원군이었던 학생들은 삽, 얼음송곳, 이쑤시개를 이용해서 1,150종이 넘는 대초원 식물의 정교한 뿌리 구조를 밝혀냈다.[29] 그들이 발견한 가장 깊이 파고 들어간 식물은 자주개자리였고, 2층보다 더 깊은 9.5미터까지 파고 들어갔다.[30] 더 잘하는 식물도 있었다. 『기네스 세계 기록』에 등재된 남아프리카 무화과 나무는 땅속 120미터까지 파고 들어갔다.

수억 년 전에 줄기, 잎, 뿌리와 다른 뛰어난 혁신으로 무장한 식물이 대륙 전체로 퍼져 나가기 시작했다. 그 과정에서 식물은 돌멩이 수프(낯선 방문객이 마을 사람들에게 돌멩이 수프를 더 맛있게 만들 재료를 가져오도록 했다는 1947년 마샤 브라운의 동화/역주)를 만드는 것과 같은 놀라운 일을 수행했다. 식물이 잎을 둘러싸고 있는 공기 중에서 빨아들인 탄소와 산소, 뿌리를 이용해서 아래에 있는 땅으로부터 퍼낸 미네랄과 물을 이용해서 중간층에 해당하는 생명을 만들기 시작했다.

지금도 식물은 무시무시한 도전에 직면하고 있다. 실제로 가만히 생각해 보면, 식물이 도대체 어떻게 지금까지 살아남았는지 궁금할 수도 있다. 식물이 이 세상에서 살아남기 위해서는 스스로 일어서야만 했다. 식물은 단 한 곳에서 하루하루를 살아내야 한다. 마음을 바꿀 수도 없고, 도망을 갈 수도 없다. 식물은 끊임없이 변화하는 빛과 계절에 적응해야 한다. 바람, 비, 눈, 우박이 몰아치고, 물이 얼음으로 바뀌더라도 피난처로 피신할 수도 없다. 식물은 가뭄과 홍수도 견뎌내야 하고, 미네랄과 빛을 차지하려는 경쟁자도 물리쳐야 한다. 그리고 게걸스러운 생명체가 도착했다. 그러나 식물은 여전히 스파르타의 전사들처럼 자신이 차지한 땅에 뿌리를 내리고 있다. 식물은 교활한 방어 능력과 손이 닿는 범위에서 영양분을 끌어내는 놀라운 능력을 통해서 생존하고 있다. 다시 말해서 식물은 우리가 자라기 시작한 세계를 만들기 위해서 다른 어떤 것보다 성공에 꼭 필요한 특성을 갖춰야만 했다. 식물은 어떤 운명이 닥쳐오든 무모할 정도로 적응할 수 있어야 했다는 뜻이다.

식물은 먼저 생화학의 천재로 변신해서 그 방법을 배웠다. 동물과 달리 식물은 내부용으로 쓸모가 없는 수십만 종류의 복잡한 분자를 만든다. 식물은 그런 분자를 이용해서 경쟁자를 물리치고, 수분受粉 매개자를 유혹하고, 소통하고, 자신을 잡아먹으려는 생물을 위협한다. 식물은 생존을 위한 싸움에서 화학물질을 선택했다(화학물질은 동물을 중독시키는 데에 특히 유용하다). 아스피린의 친척인 (버드나무 껍질에 들어 있는) 살리신salicin, 항암제인 (주목의) 탁솔Taxol, 말라리아 치료제인 (안데스 신코나cinchona 나무의) 키니네quinine 등 수많은 의약품의 제조에 식물이 사용되는 것도 바로 그런 이유에서이다. 식물은 포식 곤충의 뇌를 교란하기 위해서 도파민dopamine, 아세틸코린acetylcholine, GABA, 그리고 세로토닌serotonin의 전구물질인 5-하이드록시트립토판5-hydroxytryptophan을 만든다. 그런 신경전달 물질은 우리 뇌에도 있다. 식물은 곤충을 비롯한 다른 동물을 퇴치하기 위해서 니코틴nicotine, 카페인caffeine, 몰핀morphine, 아편opium도 합성한다. 생화학자 앤서니 트레와바스는 수사학적으로 "식물이 코카인을 만드는 이유가 무엇일까?"라고 물었다.[31] "그런 잎을 씹는 것이 곤충에게 어떤 느낌일지 상상할 수 있을까? 물론 곤충은 대부분 그 잎을 씹고 싶어하지 않는다는 사실을 알게 될 것이다." 우리가 음식의 맛을 내기 위해서 사용하는 향신료는 어떨까? 식물이 그런 향신료를 만드는 이유도 동물과 미생물을 퇴치하는 데 유용하기 때문이다.

식물은 그렇게 많은 화합물을 만드는 방법을 어떻게 알아냈을까? 2000년대 초에 과학자들은 그 해답의 일부를 발견했다. 연구자들은 처음으로 유기체의 유전체genome를 분석해서 유전자의 서열을 밝혀내고, 그 수를 헤아리기 시작했다. 인간이 매우 정교하고, 지적이기 때문에 우리 유전자의 수가 적어도 10만 개는 된다는 것이 일반적인 예상이었다.[32] 과학자들은 우리의 유전자가 그보다 훨씬 더 적은 약 2만4,000개(최근의 집계는 훨씬 더 적다)라는 사실에 충격을 받았다. 20곳의 국제기관에서 유전학자들은 "단순한" 식물은 우리보다 유전자 수가 훨씬 더 적을 것이라고 예상했다. 그러나 그들이 분석한 최초의 식물인 쑥부쟁이라는 작고, 빨리 자라는 잡초는 유전체의 유전자가 2만5,498개이다. 은행나무는 4만 개, 골든 딜리셔스 사과는 우리의 2배가 넘는 5만7,000개이다.

과학자들은 우리가 많은 유전자를 공유하고 있다는 사실에도 놀랐다. 바나나도 우리 유전자의 약 3분의 1에 대응하는 유전자를 가진다.[33] 즉 유전자의 기능과 유전자에 암호화된 단백질이 비슷했다. 그것은 지구상의 생물이 모두 공통 조상이 있다는 사실을 강력하게 시사했다.

식물이 그렇게 훌륭한 화학적 혁신가로 변할 수 있었던 것은 번식의 오류에 의해서 염색체가 두 배로 늘어났기 때문이다. 드물게 살아남은 생존자에게는 여분의 유전자가 얼마나 풍부한지에 상관없이 그런 조건은 대부분 치명적이었다. 중복 유전자는 대부분 기능을 상실했지만, 식물의 후손이 그중 일부에 적응해서 새로운 용도를 찾아내기도 했다.

사실 식물이 여러 가지 정교한 적응을 통해서 진화했다는 점에서 매우 똑똑하다고 주장하는 연구자도 있었다. 그런 주장이 현대 생물학의 가장 열띤 논쟁을 불러일으켰다. 우리 몸의 모든 구성 요소를 만든 생명체인 식물이 큰 성공을 거둔 것은 실제로 식물이 지적이기 때문일까?

그런 제안은 그 계보가 놀라울 정도로 인상적이다. 찰스 다윈은 『식물 운동의 힘*The Power of Movement in Plants*』(1898)의 마지막 장에 이렇게 썼다. "어린 뿌리(묘목의 뿌리)는……인접 부위의 움직임을 결정하는 힘을 가지고 있어서 하등 동물의 뇌와 같은 기능을 한다고 해도 지나친 과장은 아니고……." 다윈 이후에도 지적으로 보이는 식물의 행동을 관찰했다는 과학자들이 있었다.

그런데 1970년대에 발간된 『식물의 사생활*The Secret Life of Plants*』 때문

에 식물 생리학은 유사類似 과학이라는 오명을 뒤집어쓰게 되었다. 식물에 거짓말 탐지기를 연결한 실험을 통해서 식물이 인간의 감정에 반응한다는 사실을 밝혀냈다고 주장하는 전직 CIA 수사관의 책이었다. 그의 실험은 재현할 수 없었고, 그 책은 저명한 생물학자들을 경악하게 만들었다. 결국 식물이 지능을 가졌을 수도 있다는 주장은 모두 초심리학超心理學에 지나지 않는 것으로 알려졌다.

그리고 1981년 라스베이거스에서 열린 미국 화학회의 학술대회에 참석한 잭 슐츠와 이언 볼드윈이라는 다트머스의 두 과학자가 놀라운 발표를 들었다. 데이비드 로즈와 고든 오리언스라는 동료가 발표한 논문에 따르면, 애벌레가 버드나무의 잎을 공격하면 이웃의 나무가 마치 경고를 받은 것처럼 해충을 퇴치하기 위한 독성 물질을 만들기 시작한다.

나무가 정말 서로 의사소통을 할 수 있을까? 로즈와 오리언스의 주장은 이단적이고, 일축하기 쉬운 것이었다. 그들은 야외에서 실험을 수행했기 때문에 다양한 가능성을 배제하기 어려웠다.

그러나 그들의 발표를 들은 슐츠와 볼드윈은 서로 바라본 후에 "사실 우리가 실제로 훨씬 더 통제된 방식으로 그 질문에 답할 수 있다"고 말했다고, 슐츠가 나에게 알려주었다.[34] 그들은 자신들이 실험실에서 다른 원인들을 배제하고 똑같은 실험을 할 수 있다는 사실을 깨달았다. 그들은 온실에서 아크릴 상자에 심어놓은 포플러와 단풍나무의 잎을 찢어서 애벌레의 공격을 흉내냈다. 그들은 상처를 입은 나무가 공기 중으로 (가죽이 썩는 것을 막아주는 타닌tannin과 같은) 화학물질을 내뿜었고, 공기 통을 통해서 연결된 근처의 다른 나무도 역시 포식자를 퇴치하기 위한 화학물질을 만들기 시작했다.

언론은 그들의 이야기를 좋아했다. 슐츠와 볼드윈은 「피플*People*」 지에 소개되었고, 「뉴욕 타임스」의 1면도 장식했다. 「보스턴 글로브*Boston Globe*」는 "상처를 입은 나무가 경보를 울린다"라는 기사로 열광했다.

그러나 동료 대부분은 그들의 주장을 인정하지 않았다. 그 기사를 처음 소개한 신문이 「내셔널 인콰이어*National Enquirer*」였던 것도 도움이 되지 않았다. "기사의 제목이 '과학자들이 나무가 서로 대화한다고 밝혔다'와 같은 것이었다." 슐츠가 유머와 회한이 섞인 목소리로 말했다. "몇 달 후에 그들은 '이 신문에서 처음 읽어보세요'라는 제목의 후속 기사를 실었다." 슐츠와 볼드윈의 동료들은 식물이 서로 소통한다는 암시조차도 반가워하지 않았다. 어느 식물학자는 "그런 이야기가 너무 우스꽝스러워 보였다"라고 했다.[35]

슐츠는 "나에게 적이 생겼다. 과학자들은 그런 아이디어를 싫어했다"고 회고했다. "우리를 맹렬하게 비난하는 몇 편의 논문이 발표되기는 했지만, 다행히 대부분 아주 유명한 학술지는 아니었다. 그즈음에 나는 밴쿠버에서 개최된 국제생태학 총회에서 논문을 발표했다. 실제로 청중석에서 누군가가 일어서서 '알다시피 그것은 절대 사실일 수가 없다. 식물은 그런 일을 할 수 없다'고 말했다. 과학계에서는 누군가가 그렇게 나서는 일은 매우 드물다. 1,000명이 넘는 청중이 있는 곳에서 누군가가 당신의 이야기가 엉터리라고 비난하는 일은 정말 드물고, 특히 젊은 과학자에게는 매우 두려운 일이다."

저명한 식물 생화학자 앤서니 트레와바스가 현대 생물학의 금기를 깨기로 한 것은 20여 년이 지난 후였다. 영국 최고의 과학 단체인 왕립학회의 회원인 트레와바스는 긴 얼굴에 회색빛 눈썹은 덥수룩했고 키가 컸다. 위풍당당한 그는 길고 세련된 영어문장을 구사했다. 2003년에 「식물 지능의 양상」이라는 제목의 긴 논문에서 그는 식물도 지능이 있다는 사실을 잘 설명했다. 그는 "가장 중요한 문제는 식물을 기본적으로 자동화 장치automaton라고 생각하는 식물학자들의 사고방식이다"라고 했다. 그는 그런 사고방식을 바꿔놓고 싶었다.

지능에 대한 트레와바스의 정의는 단순했다. 그는 어느 이메일에서 "유기체가 위협적이거나 경쟁이 치열한 환경에 처했을 때 생존 가능성을 높이기 위해 행동을 수정한다면, 그것이 바로 지능적 행동을 보여주는 것이다"라고 했다. 그는 "식물은 구조 변경을 통해서 특정 신호에 반응한다"고 설명했다. "그것이 자신들의 생존 확률을 높이는 방법이다. 식물이 어떻게 그렇게 할까? 식물은 무엇을 평가할까? 동물의 경우에 그것을 지능이라고 부른다면, 생물학적 측면에서 행동의 특성은 동일하기 때문에 식물에서도 그것을 지능이라고 불러야만 한다."

"당신의 논문에 대한 평가는 좋았나요?"라고 내가 물었다.

그는 "내 생각에는, 많은 사람들이 아마 내가 정신이 나갔다고 생각했을 것입니다"라고 대답했다.

트레와바스가 이단적인 학설을 내놓은 것은 처음이 아니었다. 그는 대학원을 다니던 1961년부터 식물 호르몬을 연구하기 시작했다. 몇 년 후에는 그런 호르몬이 동료들의 생각보다 훨씬 더 복잡한 방식으로 작동한다고 밝혀서 벌집을 들쑤셔놓았다. 언제나 폭넓은 분야의 과학 서적을 읽었던 그는 1972년에 읽은 이론생물학자 루드비히 폰 베르탈란피의 『일반 계통 이론*General Systems Theory*』이라는 책을 읽고 큰 영향을 받았다. 트레와바스는 개별적인 세포, 생태계, 심지어 식물에서도 발견되는 복잡계에서는 다층적 네트워크가 과학자들이 인식하고 있던 것보다 훨씬 더 정교한 방법으로 상호작용하면서 작동한다는 사실을 확신하게 되었다. 부분의 합으로 쉽게 이해할 수 없는 복잡한 결과와 창발적 특성이 발생한다는 것이다. 그러나 환원주의적 믿음에 집착하는 과학자는 대부분 식물의 단순한 구성 요소만 모두 확인하면 식물이 전체적으로 어떻게 작동하는지를 이해할 수 있다고 믿었다. 트레와바스는 그런 믿음이 국가의 정부 조직 구조를 연구하면 그 나라의 지도자가 다음 주에 일어날 사건에 어떻게 반응할지를 예측할 수 있게 된다고 기대하는 것이라고 생각했다.

그런 아이디어의 영향을 받은 트레와바스는 1991년 식물에 대한 인식을 더욱 극단적으로 바꿔놓은 실험을 했다. 에든버러 대학교 식물학과 건물에 있는 흐릿하게 불을 밝힌 작은 방에서 그와 박사후 연구원인 마크 나이트는 광도계luminometer 속에 식물 모종을 심었다. 전자레인지 크기의 광도계에는 매우 낮은 밝기의 빛을 감지할 수 있는 감지기가 들어 있었다. 트레와바스와 나이트는 동물의 몸에서 미네랄인 칼슘이 세포간 신호 전달과 신경 전달에 다양한 역할을 한다는 사실을 알고 있었다. 그들은 칼슘이 식물 세포 사이의 신호 전달에도 역할을 하는지를 알아내고 싶었다. 작은 세포에서 칼슘의 움직임을 실시간으로 추적하는 일은 불가능했다. 그러나 트레와바스는 독특한 방법으로 그런 문제를 해결할 수 있다는 사실을 깨달았다. 어느 동료가 그에게 칼슘 농도의 아주 작은 변화를 감지해서 실제로 빛을 내기 때문에 도난 경보기 단백질burglar-alarm protein이라는 별명이 붙은 특이한 단백질에 대해서 알려주었다. 트레와바스와 나이트는 그런 단백질을 만드는 유전자를 식물에 삽입해보기로 했다. 몇 년 동안 기술적인 문제를 해결하기 위해서 노력한 그들은 결국 형질 전환 식물transgenic plant을 만들 수 있었다. 그들은 그 식물을 광도계 속에 넣었다. 잎의 작은 부분을 건드리면 먼 곳에 있는 세포에서도 칼슘 신호가 발생할까? 그들은 작은 구멍으로 철사를 밀어넣어 잎을 조심스럽게 건드렸다.

식물이 빛을 냈다.

식물이 천천히 움직인다는 사실은 누구나 알고 있다. 식물은 보통 가만히 있으면서 별다른 움직임을 보이지 않는다. 일반적으로 식물을 자극하더라도 며칠 또는 몇 주일 동안 반응하는 모습을 볼 수 없다. 그래서 식물을 건드리자마자 불이 켜지는 모습은 트레와바스에게 놀라운 것이었다. 세포가 이웃에 있는 세포에 칼슘 신호를 보내는 데는 밀리초도 걸리지 않았다. 광도계의 그래프에 피크가 나타났고, 트레와바스에게 그것은 신경을 따라 전달되는 전기 전하의 급격한 변화를 나타내는 활동전위action potential처럼 보였다. 그리고 그 신호는 그저 몇 개의 세포가 아니라 모종 전체로 퍼져나갔다. 트레와바스는 "무슨 일이 일어나는지에 대한 인식이 완전히 달라졌다"고 말했다. "여기서 우리는 신경 세포 신호처럼 보이는 것을 보았지만, 그것은 신경 세포일 수 없었다. 이들은 식물이다."

몇 주일 만에 그들은 칼슘 신호가 매우 민감할 뿐만 아니라 접촉, 바람, 추위, 열, 여러 파장의 빛은 물론이고 심지어 침입하는 곰팡이까지 야생의 식물이 반응하는 거의 모든 것에 의해서 발생한다는 사실을 밝혀냈다. 트레와바스에게 그것은 식물이 환경에 대한 모든 정보를 끊임없이 점검해서 전파한다는 사실을 뜻했다. 그는 식물과 동물이 과학자들이 생각했던 것보다 훨씬 더 비슷할 수 있다고 생각했다. 그는 식물이 그런 정보를 어떻게 활용하고, 스스로의 행동을 어떻게 바꾸는지에 대해서 더 넓게 생각하기 시작했다. 터무니없이 들리기는 했지만 트레와바스는 주눅 들지 않았다. "나는 문제를 발견하면 해결책을 찾으려고 노력하는 사람이다."

식물학자들은 흔히 동물을 연구하는 동료들이 지나칠 정도로 많은 언론의 관심과 주목을 받고 있다고 불평한다. 식물은 도무지 존중받지 못하고 있다는 것이다. 긴장감, 괴롭히기, 사냥, 죽임에 매료된 우리는 하루에 2센티미터씩 자라는 일에는 관심이 없다. 식물의 맹목적성을 이야기하는 연구자들은 풍경 속의 식물을 간과하는 경향이 있다. 우리가 물고기라면, 식물은 물일 뿐이다. 다시 말해서 식물은 우리의 무대에서 눈에 띄지 않는 녹색 배경일 뿐이다.

트레와바스는 실험을 수행하던 와중에도 식물의 행동이 단순하다는 가설에 도전하는 다른 연구도 진행했다. 저속 촬영 카메라는 물론이고, 식물의 감각, 유전학, 호르몬, 신호 전달, 뿌리의 움직임 등을 통해서 그동안 인식하지 못하고 있던 정교함이 밝혀지고 있었다. 그런 모든 것이 호기심을 가지기 시작하던 트레와바스를 자극했다. 과연 식물은 우리가 인정했던 것보다 더 똑똑할까? 야생에서 식물이 생존 과정에서 엄청난 도전에 직면한다는 사실을 깨달은 그는 “식물도 동물과 거의 같은 세월 동안 존재해왔다”는 결론을 얻었다. “식물이 생존을 위해 훌륭하고 교활한 방법을 개발하지 못했을 이유가 전혀 없다.”

트레와바스는 2003년에 식물의 지능에 대한 장문의 도발적인 논문을 발표했다. 그의 논문이 물꼬를 텄다. 많은 화학자, 생물물리학자, 식물학자들이 비슷한 생각을 하고 있었다. 이제 그들은 자신들의 목소리를 내는 용기를 얻게 되었다. 피렌체 대학교의 스테파노 만쿠소와 본 대학교의 프란티셰크 발루슈카가 식물에 대한 그들의 새로운 비전을 논의하기 위해서 식물신경학회를 창립했다. 2005년 이탈리아의 피렌체에서 개최된 창립 총회에서 그들은 식물 간의 소통, 식물 정보 처리, 식물 감각, 기억에 대해서 논의했다. 만쿠소와 발루슈카도 식물 신경전달물질과 뉴런형 세포의 행동에 대해서 발표했다.

식물도 뉴런, 시냅스, 또는 동물의 신경계와 유사한 것을 가지고 있다는 제안에 대한 식물학계 전반의 반응은 격렬했다. 36명의 식물생물학자들이 통렬한 공동 반박문을 통해서 "식물과학 연구계가 장기적으로 '식물신경생물학'이라는 개념으로부터 어떤 과학적 혜택을 얻을 수 있겠는가? 식물신경생물학이 더 이상 피상적인 비유와 의심스러운 외삽外挿에 의존하지 않게 될 때까지 우리는 이런 주장에 신중해야 할 것이다"라고 했다.[36] 사실 2009년에 식물신경학회는 더 쉽게 인정받을 수 있는 식물 신호 및 행동 학회로 이름을 변경했다.

그러나 그런 시도는 일부 회원의 생각을 바꾸는 데는 거의 도움이 되지 않았다. 그들은 식물이 우리의 청각을 제외한 나머지 모두를 포함하여 15가지 이상의 감각 기능을 가지고 있을 뿐만 아니라 식물이 애벌레가 씹는 진동에도 반응하기 때문에 제한적인 의미에서 청각도 가진 셈이라고 지적했다.[37] 식물은 공기 중에 있는 화학물질의 냄새를 맡고, 땅속에 있는 화학물질의 맛도 느낀다. 식물은 적외선에 민감한 빛 수용체를 이용해서 근처에 있는 식물도 감지한다.[38] 식물은 환경에 대한 엄청난 양의 정보를 끊임없이 통합하고, 칼슘, 단백질, 호르몬을 이용해서 그에 대한 내부 신호를 보낸다. 트레와바스가 관찰했던 것과 같은 전기 활동의 신경형 스파이크와 같은 활동 전위를 보내는 세포도 있고, 그런 신호는 칼슘을 비롯한 화학물질에 의해서 전파된다. 그런 신호는 잎에서 살충제를 만들거나, 파리지옥의 덫을 닫으라는 지시를 하는 등의 기능을 하는 것으로 밝혀졌다. 기능이 알려지지 않은 신호도 있다. 식물은 여전히 잘 밝혀지지 않은 (느린 파동 전위slow wave potential[위장의 운동성을 조절해 주는 느리게 전파되는 파동/역주]라고 부르는) 다른 종류의 전기 신호도 내

보낸다.

식물학자들은 식물 행동에서 놀라운 유연성도 주목했다. 식물은 해충이나 미생물이 공격할 때마다 위협의 종류에 특화된 화학물질의 혼합물을 공기 중으로 방출한다(슐츠는 그런 경고 신호가 식물의 다른 부분을 위한 것일 가능성이 높다고 생각하지만, 도청하고 있던 이웃 식물도 그런 신호를 감지한다). 식물은 미래의 사건에 더 잘 대처하기 위해서 가뭄과 같은 해로운 사건을 "기억하기도" 한다. 그리고 식물은 환경에 맞도록 자신의 성장을 조절한다. 바람이 많이 부는 환경에서 자라는 식물은 키가 작고, 줄기가 굵고, 잎이 작아진다. 식물 유전학자 재닛 브람은 "바람도 없고, 온도도 혹독하지 않고, 기어 올라가는 동물도 없는 정말 쾌적하고 좋은 조건에서 키우던 식물을 바깥에 내놓으면 잘 자라지 않는다"고 했다.[39] "그들은 단순히 강해지기 위해서는 에너지를 쓰지 않는다." 정원사들이 온실에서 키운 모종을 튼튼하게 키우기 위해서 단계적으로 야외에 내놓고, 일본 농부들이 밭에서 밀과 보리의 싹을 밟아주는 것도 그런 이유 때문이다.

과학자들은 숲의 나무가 뿌리, 박테리아, 균근균菌根菌, mycorrhizal fungi으로 이루어진 광범위한 지하 네트워크인 우드와이드웹Wood Wide Web으로 연결되어 있다는 사실도 발견했다. 나무는 그런 웹을 이용해서 소통하고, 영양분을 공유한다. 너도밤나무 잎에서 만들어진 냥이 이웃에 있는 가문비나무의 높은 곳으로 올라가기도 한다.[40]

물론 식물은 사람처럼 중앙 집중식 뇌를 가지고 있지는 않다. 이는 식물의 입장에서는 영리한 전략이다. 우리는 머리나 팔다리를 잃으면 심각한 문제가 된다. 그러나 식물은 자신의 일부를 잃어도 새로운 것을 만들 수 있다. 식물은 "의사 결정"을 더 넓고 민주적으로 분산시키는 다른 종류의 지능을 가지고 있다. 예를 들면 식물은 정해진 성장의 청사진을 가지고 있지 않다. 그 대신 새로운 줄기, 가지, 잎을 위한 최적의 각도와 높이를 선택한다. 그런 중요한 결정은 형성층cambium이라고 부르는 싹의 내부층에서 이루어진다. 트레와바스는 식물의 형성층이 가지의 생산성을 지속적으로 관찰해서, 어느 가지에 성장 호르몬과 영양분을 공급해야 하고, 어느 가지를 제한하거나 심지어 잘라내야 하는지를 결정한다고 믿는다.[41] 전체적으로 그는 식물이 처리하는 내부 신호가 "뇌의 신호만큼 복잡할 수 있을 것"이라고 생각한다.

식물의 모든 부분 중에서 뿌리는 특별히 똑똑해 보인다. 뿌리에는 식물은 물론이고 우리에게도 필요한 미네랄을 찾아내는 탁월한 능력이 있다. 본 대학교의 발루슈카와 만쿠소는 이 주장을 가장 적극적으로 받아들였다. 그들은 근단根端 전이대root apex transition zone라고 부르는 뿌리의 끝부분이 지휘 본부나 뇌처럼 행동한다고 생각한다. 그들은 "식물은 마치 눈이 있는 것처럼 먹을 것을 찾아낸다"고 했던 19세기의 유명한 생화학자 유스투스 폰 리비히의 관찰을 자주 인용한다. 식물은 물과 미네랄을 찾아내는 과정에서 돌 주위를 쉽게 기어서 돌아간다. 물이 부족해지면 식물은 더 적극적으로 물을 찾아나선다. 식물은 인燐이나 질소 같은 영양분을 감지해서 부스러기 흔적을 추적하는 일에 놀라울 정도로 능숙하다. 영양분이 풍부한 곳을 찾아내면 "폭발적 성장explosive growth"으로 그곳을 향해 움직인다.[42] 그런 후에 잠시 멈췄다가 잔뿌리를 빽빽하게 키워서 그곳을 채굴한 후에 계속 움직인다. 식물은 고약할 수도 있다. 식물의 뿌리는 경쟁자의 씨앗이 발아하지 못하도록 화학물질을 방출하기도 한다.

뿌리와 싹은 양방향 직통전화를 통한 소통으로 물과 영양분의 상황에 대한 정보를 공유하고, 감각 정보에 반응하는 전략을 결정한다. 만쿠소와 발루슈카는 그런 소통에는 일종의 빠른 전기 신호 기술을 이용하고, 뿌리가 어떻게 성장할지를 결정할 때도 그런 기술을 활용한다는 도발적인 주장을 펼쳤다.

식물이 단순히 환경을 인식하고 "목적지향적purpose driven"일 뿐만 아니라 의식과 자아감自我感도 가지고 있다는 그들의 주장은 더욱 심각한 논란을 불러일으켰다.[43] 그들이 이제 세상에서 우리 자신의 위치를 재고해야 할 때라고 했던 것도 그런 이유 때문이었다. 그들은 "따라서 우리는 복잡한 감각 체계와 장기臟器를 가진 생명체는 모두 나름의 세계관을 '구성하고' 있고, 그들의 세계관은 인간 고유의 세계관과 전혀 달라서 더 좋거나 나쁘다고 할 수 없다는 사실을 인정해야 한다"고 썼다.[44]

트레와바스는 "15년 전만 해도 우리가 몰랐던 것이 너무 많았다. 언제나 나를 놀라게 한 사실은, 그렇게 많은 과학자들이 우리가 전혀 모르는 사실을 기반으로 형성된 태도를 가지고 있었다는 것이다. 그리고 우리는 우리가 모르는 것은 존재하지 않는다고 생각한다"고 지적했다. 그는 "전문가인 나도 지금까지 알아내지 못한 것이 많다는 사실을 잊는다"는 편견에 빠지지 않을 것이다. 그런데도 그는 식물의 의식consciousness에 대해서는 여전히 신중한 입장이다. "식물에게 아무것도 물어볼 수 없고, 답을 얻을 수도 없다. 식물이 어떻게 행동하는지를 살펴보고 추론할 수 있을 뿐이다. 식물도 의식을 가지고 있을 수 있다. 그렇다고 의식이 있다고 단언하는 것은 아니다. 그리고 우리가 알아낼 수 있는 것은 거기까지이다. 그러나 그것만으로도 우리의 이해에서 중요한 변화이다."

그럼에도 불구하고 연구자들은 대부분 식물이 지능은 제쳐두더라도 의식을 가질 수 있다는 주장에 대해서는 여전히 주저한다. 숄츠는 "뿌리의 복잡성과 역동성이 매우 인상적이어서 사람들은 식물에 우리와 같은 통합 시스템이 없을 것이라고는 상상하지 못한다. 그러나 뿌리가 하는 모든 일은 환경 신호에 대한 단순한 반응만을 근거로 설명할 수 있다"고 말했다. 그러나 다른 식물학자들과 마찬가지로 그는 여전히 식물이 환경에 매우 민감하고, 우리가 이제 막 이해하기 시작한 놀라운 방법으로 행동한다고 믿는다. 브람은 "식물이 어리석어서 그런 모든 복잡한 일을 해내지 못했다면, 우리도 그런 사실을 알아낼 수 있었을 것이다. 나는 식물 생물학자이지만, 식물은 끊임없이 나를 혼란스럽게 만든다"라고 나에게 말했다.

박테리아와 곰팡이 신도를 거느리고, 잎, 싹, 뿌리와 같은 눈부신 혁신과 놀라운 적응력을 갖춘 식물은 대륙을 지배하기 시작했다. 식물은 원자가 우리에게 도달하기 위해서 이동하는 마지막 얽힌 경로를 만들기 시작했다. 원시 어류가 바다를 헤엄치던 대략 5억 년 전에 식물은 대륙에서 지나치게 건조하거나, 염분이 너무 많거나, 얼음으로 덮이지 않은 거의 모든 지역을 정복하기 시작했다. 동물도 오래 뒤처지지는 않았다. 그때까지 바다에서는 해면동물처럼 처음 등장한 동물은 남세균과 같은 광합성 생물을 먹을 수 있었기 때문에 식량을 생산하려고 애를 쓸 이유가 없었다. 작은 동물은 큰 동물에게 맛있는 간식처럼 보이는 매력적인 먹잇감이 되었고, 큰 동물은 이빨이 있는 동물의 먹잇감이 되었다. 바다에 살던 광합성 생물은 자신도 모르는 사이에 동물의 생태계 전체를 떠받치고 있었다. 그런 이야기가 반복되었을 것이다. 훗날 대륙에 등장한 식물은 바다를 떠날 수 있었던 모든 동물에게 풍성한 먹이를 제공했다. 바다에서 올라온 동물 중 하나가 4개의 지느러미로 기어다니는 물고기였다.

공기 중의 산소를 흡수하는 폐를 진화시킨 그 후손이 양서류amphibians, 파충류reptiles, 조류birds, 포유류mammals와 우리 인간을 낳았다. 물고기가 바다에서 광합성 생물에 의존하는 것처럼 우리도 식물에 의존해서 살아간다.

곰팡이나 박테리아와 영원한 동반자로 살아가는 식물이 스스로 누울 수 있는 자리를 만들었다는 사실은 놀라운 것이다. 식물은 스스로 토양과 생태계를 비롯해서 더 넓은 영양분 공급원을 확보했다. 식물이 죽더라도 그 속에 들어 있는 원자는 죽지 않는다. 원자는 토양, 바다, 퇴적암, 대기와 다른 생물에 의해서 재활용된다. 따라서 우리의 영혼이 환생하는지는 모르겠지만, 우리 몸에 있는 원자는 크고 작은 여러 유기체에서 전생前生을 보냈던 것이 분명하다. 오른손 엄지손가락의 손톱에 들어 있는 질소는 언젠가 공기 중에 떠돌아 다니다가 토끼풀의 뿌리 속으로 끌려 들어갔고, 박테리아에 의해서 암모니아에 들어갔다가 나방이 먹은 잎에 들어 있는 단백질 합성에 사용되었고, 3주일 전에 샐러드로 먹은 버섯 옆에서 분해되었을 것이다.

사자와 같은 다른 상위 포식자들은 채소를 싫어하지만, 그들이 사냥하는 생물은 식물을 즐겨 먹는다. 그리고 그런 사실은, 식물이 궁극적으로 우리의 몸을 이루는 (물을 제외한) 거의 모든 구성 요소를 만들거나 수집한다는 뜻이다.

사실 우리가 광합성을 통해서 우리 스스로 식량을 만들지 않는 이유를 알고 싶다면, 큰 나무를 살펴보기만 하면 된다. 광합성을 하는 엽록체가 우리에게 필요한 모든 에너지를 생산한다면, 엽록체가 나무가 우거진 면적만큼이나 넓은 공간을 차지해야 할 것이다. 단순히 엽록체로 피부를 모두 채운다고 하더라도 뛰거나, 먹이를 쫓아다니거나, 사냥감을 잡는 것은 물론이고 단순히 걸어 다니기에 필요한 동력도 얻지 못할 것이다.[45] 식물이나 다른 동물을 먹으면 농축된 에너지를 쉽게 얻을 수 있다. 수렵과 채취를 하던 우리의 조상이 다음 끼니를 찾으러 수 킬로미터를 돌아다닐 수 있었던 것도 그 덕분이었다. 우리가 자유롭게 살고 있다고 느낄 수도 있겠지만, 식물에 의존하고 있다는 사실은 잊지 말아야 한다. 다시 말해서 만약 우리가 사라지더라도 식물은 잘 살 수 있을 것이다. 그러나 만약 식물이 사라진다면, 우리는 몇 주일이나 몇 달 이내에 지구에서 사라질 것이다.

빅뱅과 별에서 온 우리의 원자가 마침내 우리의 현관에 해당하는 입에 도달하게 되는 것은 식물을 통해서이다. 물과 일부 염鹽을 제외한 우리 몸속의 거의 모든 원자는 식물을 통해서 우리에게 도달한다. 그러나 그런 단순한 원자들이 우리 몸속에서 어떻게 재구성되어 생명을 만들까? 오랜 세월 동안 과학자들은 그런 사실에 대해서 아무것도 몰랐다.

제4부

원자에서 인간까지

우리가 생존을 위해서 무엇을 먹어야 하는지를 알아내고,
가장 저명한 전문가들의 가르침이 거부되고, 저녁 식탁의 음식으로
우리 자신을 이루는 세포의 여러 가지 놀라운 비밀 메커니즘을
알아낸 과정은 놀라움을 가득하다.

11

너무 적은 것으로 그렇게 많이

살기 위해 먹어야 하는 것

우리가 평생 먹은 모든 음식을 상상해보고, 우리는 그 음식 중 일부가
재배열되었을 뿐이라는 사실을 생각해보자.
_ 맥스 테그마크[1]

저녁 식탁을 떠오려보자. 그러나 피자, 치킨 마살라, 카술레, 만두와 같은 음식을 생각하지는 말자. 음식을 단순히 원자들이 모여서 만들어진 분자라고 생각하자. 이제 우리는 그 원자들이 어디에서 왔고, 어떻게 만들어져서 우리 식탁에 오르게 되었는지를 알고 있다. 하지만 일단 음식을 먹고 나면, 음식의 분자들이 어떻게 살아 있는 사람을 만들까? 분자들이 어떻게 모여서 우리 세포의 기본 청사진과 우리를 살아 움직이도록 해주는 놀라운 분자 기계를 만들까? 앞으로 설명하겠지만 과학자들이 이 수수께끼를 해결하기 위해서는 먼저 더 근본적인 의문에 대한 답을 찾아야 했다. 식물이 만들거나 수집해야 하고, 우리가 몸을 이루기 위해서 반드시 먹어야 하는 물질은 무엇일까? 과학자들이 그런 물질을 어떻게 찾아냈는지에 대한 이야기는 "불같고 충동적이었던" 유스투스 폰 리비히로부터 시작되었다.[2]

독일의 과학 혁명가였던 유스투스 폰 리비히가 과감하게 현장에 뛰어들 때까지는 우리의 세포나 몸이 어떻게 작동하는지와 우리가 무엇으로 구성되어 있는지에 대해서 화학자들은 거의 아무것도 말할 수 없었다. 19세기에는 그런 무지 때문에 수백만 명의 사람들이 영양실조로 고통을 받거나 목숨을 잃어야 했다. 초상화 속 리비히의 단호한 눈빛과 얼굴은 나폴레옹을 닮았다. 그는 프랑스 장군처럼 야심 차고, 총명했으며, 그 자신도 그런 사실을 알고 있었다. 그는 급진적인 주장을 제시하거나 경쟁자와 불쾌한 말싸움을 하는 일도 마다하지 않았다. 어느 추종자의 기억에 따르면, 리비히는 "망해버린 제국의 폐허 위에 새로운 왕국을 건설했다."[3]

1840년에 그는 당시의 과학자들이 이해할 수 없다고 확신하고 있던 문제에 자신의 뛰어난 지식과 지성을 활용할 때가 되었다고 판단했다. 그는 음식이 어떻게 우리 몸으로 재탄생하는지를 이해하고 싶었다. 당연히 우리 몸을 구성하는 분자의 정체를 알아내는 것이 그 첫 단계였다. 리비히의 시대에는 그런 질문이 실용적으로도 무척 중요한 의미가 있었다. 그는 우리가 살기 위해서 무엇을 먹어야 하는지를 묻고 있었다. 리비히는 넘치는 자신감으로 연구를 시작했지만, 엉터리 이론에서 얻은 영감이 위대한 발전으로 이어지는 경우는 거의 없었다.

화학에 대한 리비히의 관심은 다름슈타트에서 염료, 페인트, 광택제, 구두약을 판매하는 상인이었던 아버지의 작업장에서 시작되었다. 리비히는 그리스어와 라틴어 암기를 강요하는 학교를 싫어했다. 학교 친구들은 교감을 따라서 그를 바보라는 뜻으로 양 머리schafskopf라고 불렀다.[4] 교장은 그가 "교사에게는 역병이고, 부모에게는 슬픔"이라고 했다. 그는 열네 살에 학교를 중퇴했다. 그의 아버지는 그를 약사의 견습생으로 일하게 해주었다. 그러나 화학자가 되고 싶었던 리비히는 약사 견습생 생활을 그만두고, 화학책을 읽고, 작업장에서 실험을 했다. 2년 후 대학에 입학한 그는 곧바로 재능을 인정받았다. 1년 후에 그는 파리의 유명한 화학자 조제프 게이-뤼삭의 연구실에서 공부할 수 있는 장학금을 받았다. 리비히는 당시의 일을 즐겁게 기억했다. 특히 게이-뤼삭은 새로운 발견을 할 때마다 그에게 연구실에서 함께 춤을 추자고 고집했다.[5]

리비히는 스물한 살의 나이에 중세 도시인 기센에 있는 작은 대학의 교수로 임용되었다. 과학적으로 그곳은 "변두리"였다.[6] 그곳의 해부학 교수는 혈액의 순환을 믿지 않았다. 대학에는 건물이 하나뿐이었고, 다른 화학 강사는 식물원에 있는 작은 실험실을 그와 함께 쓰기를 거부했다. 대담하고 야심 찼던 리비히는 헤세-다름슈타트 공국을 설득해서 근처에 있는 버려진 군용 막사의 경비실을 실험실로 개조했다. 그는 그곳을 제약 화학자를 양성하는 학교로 만들 생각이었지만, 곧바로 더 큰 계획을 세웠다. 그는 독일에서 화학이 단순히 들러리에 지나지 않는 분야로 여겨진다는 사실을 경험했고, 그런 경험이 그를 분노하게 했다. 화학은 보통 약학이나 의학 교수가 가르쳤고, 그들은 화학이 "소다와 비누를 생산하거나 더 나은 철이나 강철을 만들 때 유용한 규칙"에 불과한 기술이라고 소개했다.[7] 리비히의 평가는 훨씬 더 고상했다. 그의 입장에서는 "모든 것이 화학Alles ist Chemie"이었다. 그는 자서전에서, 그에게는 광물, 채소, 동물이 모두 똑같은 화학 법칙으로 통합되고, 연결되어 있다는 "인식이 분명했다"고 썼다.[8] 따라서 원칙적으로 화학은 다른 과학보다 우위는 아니더라도 최소한 동등한 위상을 누려야만 한다고 믿었다.

이윽고 그는 자신의 초소를 당시 가장 발전된 실험실 중 하나인 경이로운 곳으로 탈바꿈시켰다. 그의 전설적인 실험실을 그린 삽화에는 실험 가운과 모자를 쓴 젊은이들이 넓은 창문과 현대식 가스등을 갖춘 잘 꾸며진 실험실에서 실험하고 있는 모습이 담겨 있다. 방문객들은 플라스크와 응축기를 비롯한 기구들이 닿기 쉬운 곳에 편리하게 놓여 있는 벽장에 감탄했다. 실험 후드의 유독 가스를 배출해주는 장치를 갖춘 중앙 용광로도 흔치 않은 장비였다.[9]

더 중요한 것은 그가 모든 대학을 근본적으로 바꿔놓은 영감을 가지고 있었다는 것이다. 그는 자신이 혼자 연구하기보다 학생들의 도움을 받으면 더 많은 성과를 거둘 수 있다는 사실을 깨달았다. 그래서 그는 학생들에게 도전적인 연구 과제를 주고, 자신은 단순히 감독하는 일만 했다. 오늘날 늦은 밤 실험실에서 커피를 마시는 대학원생이나 박사후 연구원이라면 누구나 인정할 수 있는 혁신이었다.

리비히는 조용한 기센에서 많은 성과를 얻었다. 그는 화학자가 유기 분자에 들어 있는 탄소의 함량을 과거보다 훨씬 더 정확하게 측정할 수 있도록 해주는 장비를 개발했다. 그가 개발한 장비를 이용하면 하루 종일 걸리는 귀찮고 까다로운 일을 한 시간 만에 끝낼 수 있었다. 그의 장비를 이용하는 화학자들은 이제 유기 분자의 조성을 확인하는 연구를 빠르게 발전시킬 수 있었다. 그는 (살아 있는 유기체의 화학인) 유기화학이라는 신생 분야의 발전에 크게 공헌했다. 그 결과 1839년부터 1850년까지 전 세계에서 700명이 넘는 학생들이 그의 실험실로 모여들었다. 훗날 유기화학 분야를 선도하는 인물이 된 학생도 많았다.

그는 유기화학 분야 최초의 전문 학술지를 창간해서 자신의 영향력을 키웠다. 그는 편집인의 영향력을 이용해서 자신의 의견에 동의하지 않는 사람들을 나무라고 모욕했다. 운 나쁘게 리비히의 표적이 되고 만 어느 화학자는 "격정적이었던 그는 자신의 의견에 단 한 마디라도 반대하는 모든 논문에 대해서 분노에 가득 찬 평가를 했다"고 한탄했다.[10] 리비히는 대개 동료의 이론에 대해서 "진정한 과학 연구의 원칙에 대한 완전한 무지의 소산"이라고 평가했다.[11] 더욱이 그는 그런 이론을 가리켜서 "그 자체에 새로운 오류의 씨앗이 담겨 있는 잘못된 의견이고, 그런 저주는 건강한 대기에 노출되면 죽고 마는 비참한 생명체를 세상에 태어나게 만든다"는 평가를 덧붙이기도 했다.

화학을 농업에 어떻게 활용할 수 있는지를 설명한 책을 발간하면서 리비히의 명성은 더욱 높아졌다. 그의 책은 대담한 상상력으로 찬사를 받았다. 유럽이 사람들을 먹여 살리기 위해서 분투하던 시기에 그는 장-바티스트 부생고와 같은 시대에 활동하던 경쟁자였다. 일부 핵심 미네랄이 부족해지면 식물의 성장이 제한될 수 있고, 농부는 비료를 뿌릴 때 그런 사실을 고려해야 한다는 리비히의 "최소 법칙law of the minimum"은 획기적인 발견이었다. 1840년대에 이르러 그는 당대 최고의 선구적인 화학자라는 명성을 얻었다.

그런데도 리비히는 여전히 만족하지 못했다. 유기화학의 여러 발전에도 불구하고 우리 자신의 화학에 대해서는 알려진 것이 거의 없었다. 의학은 2,000년 동안 그리스의 의사 갈레노스의 이론에 지배되고 있었다. 갈레노스는 혈액, 검은 담즙, 황색 담즙, 담phlegm이라는 4가지 핵심 유체로 구성되는 "체액humor"의 불균형 때문에 질병이 발생한다고 믿었다(체액의 균형을 회복하기 위한 사혈瀉血이 유행하고, 영국의 첫 의학 학술지 제호가 「랜싯*Lancet*」[사혈에 사용하던 양날의 끝이 뾰족한 의료용 칼/역주]이 된 것도 그런 이유 때문이다). 증기기관의 세기였던 리비히의 시대에는 신체를 역학적인 기계라는 새로운 방식으로 생각하는 생리학자도 등장하기 시작했다. 예를 들면 심장은 분명히 펌프였고, 비교적 최근까지 생리학자들은 위가 소화를 위해서 음식을 휘젓거나 짓이긴다고 믿었다. 그러나 여전히 땅속의 씨앗이나 자궁 속의 태아처럼 생명체에서 일어나는 기적적인 변화를 화학으로 설명할 수 있으리라는 생각은 상상조차 할 수 없는 것처럼 보였다. 단순하게 설명할 수 없는 다른 어떤 일이 진행되고 있다고 믿었다. 바위에서 그렇듯이 우리 몸속의 원자도 서로 결합해서 분자를 만들기는 하겠지만 닮은 점은 그 정도에서 끝난다고 생각했다. 위대한 화학자 옌스 베르셀리우스는 "생명체에서는 원소가 무생명체에서와는 전혀 다른 법칙을 따르는 것으로 보인다"고 했다.[12] 마찬가지로 의과대학의 교육과정에 화학을 편입하는 것을 줄기차게 반대했던 미국의 의사 찰스 콜드웰은 "화학과 생명력의 원리는 서로 다르다는 사실이 보편적으로 인정되고 있다"고 주장했다.[13] 생명의 신비는 쉽게 설명할 수 없는 "생명력vital force"의 존재에 의해서만 설명할 수 있는 듯했다.

리비히는 그런 주장을 믿지 않았다. 유기화학에 대한 독보적인 지식과 이제는 무한한 자신감으로 무장한 그는 우리가 먹는 화학물질이 우리 몸속에서 어떻게 이용되는지에 대한 당혹스러운 의문에 도전하기로 했다. 우리가 먹는 음식에 어떤 종류의 분자가 있을까? 그리고 그중 어느 것이 근육, 살, 에너지로 변환될까?

전도유망하던 그는 윌리엄 프라우트라는 런던의 의사가 수십 년 전에 수행했던 연구에서부터 시작했다. 리비히와 마찬가지로 프라우트도 화학이 우리 몸에 대해서 많은 것을 밝혀주리라고 믿었다. 그가 소변에서 질병을 진단할 수 있는 화학 신호를 찾으려고 했던 것도 그런 믿음 때문이었다. 연구에 대한 무한한 열정에 들떠 있던 그는 동물의 배설물에 관심을 보였고, 보아뱀을 비롯한 동물의 위 내용물은 물론이고 대변을 분석하는 일에 많은 시간을 보냈다.[14] 동물과 우리의 위에서 음식의 소화에 도움이 되는 염산이 만들어진다는 사실을 알아낸 것이 그에게는 위대한 돌파구였다(우리는 하루에 6티스푼의 염산을 만든다[15]). 또한 프라우트는 우리가 먹는 음식에 그가 "당질, 기름, 알부민"이라고 부른 세 가지 핵심 물질이 들어 있다고 처음 주장한 사람이다. 오늘날 우리는 이를 탄수화물, 지방, 단백질이라고 부른다. 프라우트는 그 증거로 모유母乳에도 세 가지 물질이 들어 있다는 사실을 확인했다. 또한 그런 물질이 우리에게 필요하지 않다면 신이 음식에 그런 세 가지 물질을 넣지 않았을 것이라고 확신했다.[16]

리비히도 우리가 먹는 음식이 탄수화물, 지방, 단백질로 구성되어 있다는 프라우트의 의견에 동의했다. 그것까지는 좋았다. 그런데 자신의 과거 성공에 들떠 있던 그는 신속하고 단호하게 흙탕물 속으로 뛰어들었다. 어느 동료가 이룩한 돌파구처럼 보이는 일이 그에게 깊은 인상을 남겼다. 불과 2년 전 유기물의 조성을 분석하는 일로 바빴던 네덜란드의 화학자 게르하르트 요한 물더는 식물과 우리의 혈액에서 발견된 단백질이 거의 똑같다는 사실을 밝혀냈다고 믿었다. 사실 그는 그런 알부민albumin이 들어 있는 물질을 그리스어로 "최초"를 뜻하는 프로토스protos를 흉내 내서 "protein(단백질)"이라고 명명했다.

리비히는 그런 명백한 돌파구로부터 놀라운 결론을 얻었다. 만약 이 단백질들이 모두 똑같고, 궁극적으로 우리가 식물성 음식만 섭취한다면, 우리는 모든 단백질을 식물에서 얻는 것이 분명하다는 것이었다. 그는 "채소가 유기체 안에서 모든 동물의 혈액을 생산한다"고 썼다.[17] 간단히 말해서 동물은 스스로 단백질을 만들지 않는다는 것이었다. 이는 당시에 알려진 모든 사실과 일치하기는 했지만, 열정에 사로잡혔던 그는 확인되지 않은 실험적 발견을 인정하는 오류를 저지르고 말았다. 이것이 그의 첫 실수였다.

리비히의 두 번째 도약은 훨씬 더 의심스러웠다. 탄수화물과 지방에는 오로지 탄소, 수소, 산소가 들어 있고, 단백질에는 질소와 황이 포함되어 있다는 사실을 알고 있었던 그는 야생동물의 성분을 분석했다. 그는 야생동물은 모두 군살이 없다는 사실을 관찰했고, 근육이나 장기에서는 탄수화물이나 지방을 발견하지 못했다.[18] 그는 야생동물과 우리의 몸이 온전하게 단백질로만 이루어져 있다는 결론을 얻었다. 우리가 먹은 물질 중에서 단백질만이 우리의 세포와 신체 조직을 구성하는 원료의 역할을 한다고 판단했다.

리비히는 자신의 주장을 뒷받침하는 다른 관찰 결과들도 알고 있었다. 우리의 소변에는 단백질과 마찬가지로 질소가 가득 들어 있는 요소 urea라는 분자가 많이 포함되어 있다. 그래서 리비히에게는 우리 근육이 일을 하면 일부 단백질이 부서지면서 에너지가 생성되고, 우리가 요소로 배출하는 질소가 그런 과정에서 나오는 것임이 분명해 보였다.

이 과정에서 지방과 탄수화물에는 조연의 역할이 남겨졌다. 그는 우리가 지방과 탄수화물을 소비하는 이유는 석탄처럼 연소시켜서 열을 공급하여 몸을 따뜻하게 하는 한 가지 이유뿐이라고 주장했다. 헨리 데이비드 소로는 『월든』에서 "리비히에 따르면, 사람의 몸은 난로이고, 음식은 폐에서의 내부 연소를 유지하도록 해주는 연료이다"라고 했다.[19]

1842년 『생리학과 병리학적 응용에서의 동물 화학 또는 유기화학 *Animal Chemistry or Organic Chemistry in Its Application to Physiology and Pathology*』이라는 책에서 리비히는 그런 획기적인 이론을 제시했다. 그는 우리에게 필요한 유일한 영양물질은 단백질, 탄수화물, 지방과 몇 가지 미네랄뿐이라고 밝혔다. 그는 그 모든 영양물질이 궁극적으로 식물에서 유래된다고 주장했다. 그중에서 단백질이 왕이다. 우리의 근육과 조직을 이루는 물질은 단백질뿐이다(근육을 튼튼하게 하기 위해서는 맥주를 마셔야 한다고 믿었던 당시의 바이에른 사람들은 몹시 실망했을 것이다[20]).

처음에는 리비히의 아이디어가 널리 받아들여졌다. 스코틀랜드의 어느 화학자는 책의 서문에서 자신이 "다른 사람들이 그렇게 오랫동안 쓸모없다고 여기던 사실로부터 그렇게 아름다운 구조를 세우는 심오한 능력에 최고의 감동을 느꼈다"라고 했다.[21] 영국의 어느 의사는 리비히와의 대화가 "나를 감동으로 가득 채워주었고, 그때까지 혼란스럽고 이해할 수 없었던 모든 것에 새로운 빛이 비친 것처럼 보였다"고 했다.[22] 그의 결론에 의문을 제기하는 사람들도 있기는 했지만, 많은 사람들이 "살아있는 과학 선구자"로 존경했던 그의 이론은 교과서적 지혜로 자리 잡게 되었다.[23] 다시 말해서 "세계 최고의 전문가는 반드시 옳다"는 편견에 영향을 받은 사람이 많았다.

이제 리비히는 화학의 과학을 더욱 발전시키기 위해서 자신의 지식을 영양학의 문제에 적용하기 시작했다. 그런 과정에서 그는 상당한 부자가 되었다. 그의 발명품 중 하나인 유아용 수용성 식품은 과학적으로 설계된 최초의 유아용 제품이었다. 그는 삶은 고기로 만든 쇠고기 부용bouillon 반죽도 개발해서 훗날 리비히의 육류추출물 회사를 통해서 옥소OXO라는 상품명으로 판매했다. 리비히는 부용이 신체에 자극을 준다고 주장했지만, 사실 영양가는 거의 없었다. 어쨌든 부용은 지금도 신뢰할 수 있는 조미료로 남아 있다.

리비히가 자신의 제품으로 부자가 되기 시작할 무렵에 그의 이론에 대한 강력한 비판이 쏟아지기 시작했다. 1866년 스위스의 과학자 아돌프 피크와 요하네스 비슬리체누스는 자신들이 리비히의 이론을 간단하게 시험해볼 수 있다고 생각하게 되었다.[24] 그들에게는 물리학 방정식을 가지고 상쾌한 등산만 하면 되는 일이었다. 어느 시원하고 안개가 낀 새벽 5시에 그들은 스위스의 산 정상을 향해 8시간의 산행을 떠났다. 그들은 전날부터 단백질 섭취를 중단했고, 등반하는 동안과 그후 6시간 동안의 소변을 모두 모았다.[25] 그리고 그들은 질소 함량을 분석했다. 그들은 그런 자료로부터 근육이 에너지를 생산하기 위해서 얼마나 많은 단백질을 소비했는지를 몇 가지 계산을 통해서 알아낼 수 있었다. 그들은 자신들의 체중과 올라갔던 산의 높이로부터 자신들이 얼마나 많은 일을 했는지를 쉽게 알아냈다. 과연 자신들의 몸에서 분해된 단백질에서 생성된 에너지가 등반에 필요한 에너지를 충분히 공급했을까?

절대 그렇지 않았다. 단백질에서 생성된 에너지의 양은 필요했던 양의 절반 정도에 지나지 않았다. 오히려 자신들이 에너지를 단백질의 분해가 아니라 탄수화물과 지방을 연소하는 다른 방법으로 생산해야 했다는 사실이 분명해졌다.

리비히의 제자 중 카를 폰 포이트와 막스 폰 페텐코퍼가 수행한 실험도 마찬가지로 불리하게 작용했다.[26] 그들은 한 사람이 며칠을 생활할 수 있을 정도의 크기로 "호흡실"이라는 밀폐된 방을 만들고, 그 안에 테이블, 침대, 의자를 갖춰놓았다. 다만 실험 대상자들을 그냥 편하게 지내도록 두지는 않았다. 그들은 9시간 동안 손으로 무거운 바퀴를 7,500번이나 돌리라고 요구했다. 그러는 동안 폰 포이트와 페텐코퍼는 리비히의 이론을 증명하기 위해서 실험 대상자의 몸으로 들어오고 나가는 모든 물질을 정확하게 추적했다. 그들은 실험 대상자들에게 단백질이 없는 식사를 제공했고, 소변과 대변에서 질소의 함량을 측정했다. 그동안 방에서 나오는 공기를 분석해서 실험 대상자가 얼마나 많은 이산화탄소를 내뿜었는지를 측정해서 그들이 연소시키는 탄수화물이나 지방의 양을 알아냈다. 그들의 결과는 실망스러웠다. 실험 대상자가 손으로 바퀴를 돌리더라도 질소 생산량은 일정하게 유지되었다. 그들은 리비히가 주장했듯이 에너지를 생산하기 위해서 단백질을 소비하지 않는 것처럼 보였다. 오히려 이산화탄소 배출량의 증가는 정반대로 그들이 탄수화물이나 지방을 연소시켜서 에너지를 생산한다는 사실을 알려주었다. 리비히는 상처를 입었다. 그와 학생들은 그의 이론을 구해내기 위해서 복잡한 논리를 세웠지만, 이미 재앙의 징조는 드러나고 있었다.[27] 리비히는 이미 엄청난 실수를 저질렀던 것이다.

그런데도 사람들은 그의 공로를 인정해야 했다. 그의 과감한 도전 덕분에 과학자들은 탐구를 생각조차 해보지 못한 문제에 대해서 고민하게 되었다. 처음으로 과학자들은 인간이 무엇으로 구성되어 있는지를 배우기 시작했다. 우리는 단순히 단백질 덩어리가 아니었다. 근육, 조직, 뼈를 포함한 모든 살아 있는 세포의 일부 구조는 탄수화물과 지방으로 이루어져 있다.

우리가 스스로 단백질을 만들 수 없다는 결론 역시 리비히의 실수였다. 단백질은 20종류의 (대략 20개의 원자로 구성된) 아미노산으로 만들어진 긴 끈이 접힌 것이다. 사실 우리가 먹는 단백질은 아미노산으로 분해된 후에 우리 몸속의 세포에서 다시 목걸이의 구슬을 꿰듯이 연결되어서 새로운 단백질이 된다.

리비히는 우리의 연료 공급원도 잘못 알고 있었다. 일반적으로 우리의 에너지는 탄수화물과 지방의 연소에서 나온다. 리비히가 추정했듯이, 굶주림처럼 어려운 상황에서는 우리도 근육에 들어 있는 일부 단백질을 소비한다. 그러나 우리 몸은 다른 선택지가 없는 경우에만 그런 최후의 수단을 이용한다.

그렇다고 리비히의 발상이 모두 사라졌다는 뜻은 아니다. 그중 하나는 여전히 남아서 활용되고 있다. 근육을 키우기 위해서 고단백 식사가 필요하다고 생각하는 사람은 리비히에게 감사해야 한다. 대중문화에서는 그런 생각이 절대 사라지지 않는다. 그러나 일단 충분한 양의 단백질을 축적했다면, 더 많은 단백질을 먹더라도 근육을 늘리는 데에는 도움이 되지 않는다. 단순히 지방이 더 많아질 뿐이다. 안타깝게도 더 많은 근육을 얻는 유일한 방법은 더 많은 에너지를 소비하는 것이다.

많은 실수에도 불구하고, 자신의 여러 혁신 덕분에 리비히는 여전히 높이 평가받고 있다. 우리의 몸을 만들기 위해서는 4종류의 분자가 필요하다는 그의 핵심 가르침 중 하나는 보편적으로 인정받고 있다.

리비히는 처음 세 가지에 해당하는 "식이 삼위일체dietectic trinity"를 식물이 생산한다고 정확하게 추론했다. 식물은 이산화탄소와 물을 당으로 전환한다. 그리고 그들이 당을 다시 세 가지 물질로 전환한다. 물을 제외하면 우리 체중의 약 90퍼센트는 (당의 사슬인) 탄수화물과 단백질 및 지방으로 되어 있다. 리비히는 우리 몸에 필요한 네 번째 요소인 소듐이나 포타슘과 같은 몇 가지 미네랄도 확인했다. 이 네 가지 종류의 분자들이 "모유의 가장 완벽한 대안"으로 알려졌던 리비히의 유아용 수용성 식품의 성분 목록에 대한 과학적 근거였다.[28] 안타깝게도 그의 목록의 완전성을 아무도 의심하지 않았다. 그의 제품만 먹고 자란 아이들이 건강하지 않았던 것도 그런 이유 때문이었다.[29] 우리 몸을 만들기 위해서는 한 종류의 분자가 더 필요한 것으로 밝혀졌다.

안타깝게도 이 마지막 종류에 속하는 물질의 결핍이 네 가지의 매우 끔찍한 질병의 원인이었다. 1500년에서 1800년 사이의 항해 시대에 괴혈병으로 사망한 선원이 전투에서 죽은 선원보다 훨씬 더 많은 200만 명에 달했다.[30] 아시아 전역에서는 각기병이라는 악성 질병 때문에 산발적으로 수백만 명이 마비되어 죽어갔다. 치매, 피부염, 설사, 사망 등의 증상으로 악명을 떨쳤던 펠라그라(pellagra, 니코틴산의 부족으로 발생하는 치명적인 질병/역주)는 유럽과 아메리카, 특히 미국 남부에서 베이컨, 옥수수빵, 당밀을 주로 먹는 사람들을 괴롭혔다. 구루병은 빈부를 가리지 않고 아이들의 뼈를 기형으로 만들었다. 과학자들이 그런 불가사의한 질병의 원인을 밝혀낼 때까지 수많은 희생자가 고통받은 후에 끔찍한 죽음을 맞이했다.

그러나 오래 전부터 몇 가지 단서가 눈에 띄었고, 그중에는 리비히가 태어나기 반세기 전에 알려졌던 특별히 중요한 단서도 있었다. 1747년 제임스 린드라는 서른한 살의 영국 해군 외과 의사가 어느 날 50문의 대포와 3개의 돛대를 장착한 전함인 HMS 솔즈베리 호의 흔들리는 갑판 위에 서 있었다. 프랑스 연안의 비스케이 만을 순찰하던 린드는 아래층 선실의 탁한 공기와 그곳에서 마주했던 지긋지긋한 수수께끼에서 벗어나 시원한 바람을 즐기고 있었다.

항구를 떠난 지 8주일밖에 되지 않았지만, 벌써 300명의 선원 중 40명이 병에 걸렸다. 린드의 의무실로 절뚝거리면서 들어온 선원들은 잇몸이 썩어 있었고, 피부에 붉고, 푸르고, 검은 반점이 있었다. 그들은 무기력해서 걸을 힘조차 없었다. 그는 병이 더욱 깊어지면 음식을 삼킬 수 있도록 부어오른 잇몸을 잘라야 한다는 사실을 알고 있었다.

영국 해군에서 그런 일은 드물지 않았다. 장거리 항해에서 괴혈병은 흔한 질병이었다. 린드는 불과 7년 전에 일어났던 최악의 사건을 익히 알고 있었다. 해군은 남아메리카에서 스페인 함대를 공격하기 위해서 조지 앤슨 경이 지휘하는 8척의 함선으로 구성된 함대를 파견했다. 3년 반 후에 귀환한 앤슨이 가져온 방대한 양의 보물을 런던탑까지 운반하기 위해 32대의 마차를 동원해야 했다.[31] 그러나 그와 함께 돌아온 병사는 1,900명 중에서 400명 정도뿐이었다. 대부분은 괴혈병으로 사망했다.[32]

해군이 괴혈병을 무시한 것은 아니었다. 괴혈병을 어떻게 치료할지에 대한 합의된 방법이 없었던 것이 문제였다.

한때 적어도 일부 사람들에게 알려져 있던 지식이 있었다. 200년 전의 선장들은 장거리 항해에 나선 선원들이 신선한 과일과 채소를 먹지 못하면, 괴혈병이 발생한다는 사실을 알고 있었을 것이다. 스티븐 바운이라는 작가는 17세기의 선장들이 괴혈병을 예방하기 위해서 이 항구에서 저 항구로 미친 듯이 돌아다녔던 사실을 기록했다.[33] 레몬 주스가 괴혈병을 예방하거나 치료해준다는 사실도 알려져 있었다. 존 우돌은 『외과 의사의 동료*The Surgeon's Mate*』라는 교과서에서 매일 레몬 주스를 마실 것을 권했다.[34] 심지어 네덜란드 동인도회사는 선원들에게 레몬을 공급하기 위해서 희망봉과 모리셔스에서 농장을 운영하기도 했다.

그러나 불행하게도 시간이 지나면서 레몬 주스의 유익한 효능에 대한 지식은 알 수 없는 이유로 사라졌다.[35] 단순히 안일했을 수도 있지만 여러 가지 이유가 있었을 것이다. 안타깝게도 괴혈병 발병률이 다시 치솟으면서 감귤류에 대한 거부감이 나타나기 시작했다. 레몬 주스의 값이 너무 비쌌기 때문이다. 일부 선주들은 상인들이 부당하게 가격을 올리려고 레몬의 불확실한 약효를 과장한다고 의심했다. 동시에 의사들은 다른 여러 가지 혼란스러운 치료법을 선전했다. 저술가인 데이비드 하비는 레몬이 일부 항해에서 선원들에게 도움이 되기는커녕 오히려 해가 될 수 있다고 주장하는 "과일 반대론자"도 있다고 적었다.[36]

린드는 10주일 동안의 여름 항해에서 80명의 선원이 사망하는 일을 경험하기 전까지는 괴혈병 환자를 직접 만난 경우가 거의 없었다.[37] 이유를 찾고 있던 그는 비가 내리는 추운 날씨 때문에 선원들이 선실의 탁한 공기를 건조하게 유지하기가 어려웠던 사실을 주목했다. 린드는 나쁜 공기stale air가 원인일 수도 있다고 의심했다. 적절한 식단의 결핍이 문제일 가능성도 고민했다. 그러나 그럴 가능성은 희박해 보였다. 그는 "선장이 자신에게 제공된 양고기 국물로 조리한 닭고기와 육류를 선원들에게 주었는데도 선원들은 괴혈병에 걸렸다"고 적었다.[38] 앤슨 경의 함대에서는 적절한 식품과 깨끗하다고 믿었던 물을 넉넉하게 공급했는데도 괴혈병이 발생했다는 사실도 적어두었다.

앤슨 함대의 엄청난 손실에도 불구하고 영국 해군성의 수뇌부가 보여준 절박감은 재앙적이었다. 사태의 원인에 대한 의견이 분분했다. 과밀 때문이었나? 소금을 너무 많이 섭취했나? 공기가 나빴나? 심지어 느리고 게으른 선원들만 괴혈병에 걸렸다고 믿는 사람도 있었다.[39] 더욱이 레몬이 예방에 도움이 된다는 이상한 주장을 인정하더라도 긴 항해에 많은 양의 레몬 상자를 가져가는 것은 엄청난 비용이 필요할 뿐만 아니라, 레몬과 레몬 주스가 상해서 실용적인 대안이 될 수 없었다. 어쩌면 괴혈병이 보통 장교와 고위급 선원에게는 발병하지 않는다는 사실이 가장 중요했을 것이다. 그래서 괴혈병을 예방하기 위한 부담과 비용을 떠안기보다는 (흔히 사기나 납치로) 무고한 사람들을 배에 태워서 사상자를 대체하는 것이 더 편리한 대안처럼 보였다.[40]

새로운 외과 의사로 함선에 승선한 린드는 괴혈병을 두려워했다. 건전한 과학적 소양을 갖추고 있었던 그는 선장에게 치료법을 찾기 위한 실험을 할 수 있는 허가를 요청했다. 그의 실험은 의학 역사상 최초의 임상시험으로 평가받는다. 린드는 괴혈병에 걸린 선원 12명을 6쌍으로 나누어 배의 앞부분에 있는 침대에 머물도록 했다. 그는 그들에게 사이다, 황산, 식초, 바닷물, 오렌지와 레몬 등 서로 다른 치료제를 나눠주었다. 불행하게도 여섯 번째 쌍은 린드의 동료 중 한 명이 추천한 마늘, 겨자씨, 말린 무 뿌리, 페루의 발삼이라는 나무의 수지樹脂, 몰약沒藥을 주고, 추가로 몸을 정화해준다고 알려진 타마린드와 타르타르 크림을 넣은 보리차도 가끔 처방했다.

그는 과일이 동난 일주일 후에 실험을 끝냈다. 이제 두 가지 치료법만 효과가 있다는 사실이 분명해졌다. 사이다가 조금 도움이 되기는 했지만, 놀랍게도 감귤류가 질병을 거의 완치시켰다. 선원 1명은 임무에 복귀했고, 린드는 그에게 다른 동료를 돌보는 일을 맡겼다.

감귤류에 들어 있는 어떤 성분이 괴혈병을 치료한다는 사실을 분명하게 확인한 린드가 곧바로 펄쩍펄쩍 뛰면서 "유레카"를 외쳤을 것이라고 생각할 수도 있지만 실상은 전혀 그렇지 않았다. 불행하게도 린드는 당시의 혼란스러운 의학 이론의 모래밭에 심하게 엉덩방아를 찧고 말았다.

린드는 자신의 연구 결과를 이해하기 위해서 스스로 시간을 가지기로 했다. 해군에서 제대한 그는 에딘버러에서 의학 학위를 받고, 병원을 개업했다. 그런 후에야 괴혈병에 대한 다른 사람들의 기록을 검토한 다음 그 병에 대한 최종적이고 결정적인 설명을 시도했다.

린드는 획기적인 실험을 수행하고 6년이 지난 1753년에 456쪽 분량의 논문을 발표했다. 그의 실험 결과도 분명해 보였지만, 결론이 더 결정적일 수도 있었다. 우리의 이야기에서 바로 이 부분이 "잠깐, 잠깐! 안 보이나?"라고 말하고 싶은 순간이다. 그는 괴혈병에 대한 54편의 다른 연구 결과를 면밀하게 검토했지만, 정작 자신의 실험에 대한 설명은 논문의 3분의 1 정도가 지나서야 단 5개의 단락으로 정리했다. 그는 감귤류가 괴혈병에 효과가 있다는 사실을 입증했다고 확신했지만, 괴혈병의 원인을 설명하는 데는 어려움을 겪었다. 당시 질병에 대한 개념은 완전히 엉망이었다. 질병은 체액의 불균형에서 비롯된다는 갈레노스의 주장이 지배적이었다. 그래서 린드는 배에서는 열악한 식사와 습하고 찬 공기가 땀의 배출을 막아서 몸에 좋지 않은 체액이 갇힌다는 결론을 내렸다. 그는 감귤류가 피부의 모공을 열어줄 수 있다고 설명했다. 후에는 다른 약물도 같은 효과를 낼 수 있다고 인정했다. 그는 "레몬 주스와 와인이 괴혈병의 유일한 치료법이라고 말하는 것은 아니다"라고 주장했다. 이 질병은 다른 많은 질병과 마찬가지로 레몬과 매우 다르거나 심지어 반대되는 특성을 가진 약물로도 치료할 수 있을 것이다. 프랜시스 프랑켄버그라는 작가는 "자신의 연구 결과를 의심한 연구자가 있다면, 제임스 린드가 바로 그런 사람이었다"라고 했다.[41]

린드는 선원들에게 질병 예방을 위해 레몬 주스를 권장했다. 그러나 이 좋은 제안에 이어서 그에게 어울리지 않는 어설픈 실수를 저질렀다. 그는 주스가 상하는 것을 방지하기 위해 가열해서 시럽으로 만들어야 한다고 제안했다. 열이 주스의 치료 효과를 파괴할 수 있다는 사실은 의심하지 않았다. 많은 저명한 의사들이 효과가 전혀 없는 다른 치료법을 지지했던 것도 상황을 더 혼란스럽게 만들었다. 어느 외과 의사는 "린드 박사는 신선한 채소와 푸른 채소의 결핍을 괴혈병의 원인으로 꼽았는데, 똑같은 이유로 신선한 동물성 식품, 와인, 펀치, 가문비나무 술이나 다른 것도 괴혈병 예방에 사용할 수 있었을 것"이라고 조롱했다.[42] 린드를 비판하던 사람들은 쌀이나 브랜디 4분의 1과 물 4분의 3을 섞은 것을 치료제로 추천하기도 했다. 괴혈병은 계속 기승을 부렸다.

린드가 논문을 발표하고 3년이 지난 1756년에 영국과 프랑스 사이에 7년 전쟁이 시작되었다. 영국 해군에 입대하거나 소집된 18만4,899명 중에서 전투 중에 목숨을 잃은 수병은 1,512명뿐이었다. 나머지 수병 중 13만3,708명은 질병으로 사망했는데 대부분 괴혈병 때문이었다.[43] 괴혈병은 곧이어 시작된 미국의 독립혁명 기간에도 영국 해군을 괴롭혔다. 해군성이 수병들에게 레몬을 제공했다면 영국이 식민지와의 전쟁에서 승리했거나, 적어도 프랑스 해군을 막아내고 더 유리한 합의를 이끌어낼 수 있었을 것이라고 주장하는 사람도 있다.

영국 해군은 린드가 사망하고 1년이 지난 1795년부터 수병들에게 레몬 주스를 제공하기 시작했다. 한동안 괴혈병은 실제로 문제가 되지 않았다. 하지만 해군은 한 걸음 전진한 다음 두 걸음 후퇴했다. 80년 후, 영국 해군은 레몬 대신 영국령 서인도제도의 농장에서 더 저렴하게 구매할 수 있는 라임을 쓰기 시작했다. 그 이후로 영국 수병은 라이미limey라고 알려졌다. 그러나 안타깝게도 라임은 괴혈병 예방 효과가 훨씬 떨어졌기 때문에 감귤 주스의 치료 효과에 의문이 제기되었다. 20세기 초까지도 의사들은 신선한 과일과 채소가 괴혈병을 치료할 수 있다는 데에 동의하면서도 질병의 원인에 대해서는 여전히 동의하지 못했다. 1912년 영국의 탐험가 로버트 스콧이 세심하게 준비한 남극 탐험을 어렵게 만든 것도 괴혈병이었다. 세균성 식중독이 원인일 것이라는 그의 확신이 자신의 죽음을 앞당겼을 가능성이 높았다. 수백 년이 지났는데도 괴혈병의 원인은 여전히 미스터리로 남아 있었다.

괴혈병의 정체에 대한 결정적인 단서를 찾아낸 것은 네덜란드의 정복 전쟁 덕분이었다. 19세기 후반 네덜란드는 오늘날 인도네시아로 알려진 네덜란드령 동인도에 수마트라 북동부의 무슬림 술탄국을 추가했다. 이들의 침략은 격렬한 게릴라 전을 불러왔고, 각기병이라는 끔찍한 질병이 학살의 원인이 되었다. 1885년에는 네덜란드 군대의 7퍼센트와 그보다 훨씬 더 많은 원주민 병사들이 이 병에 걸렸다.[44] 네덜란드령 동인도의 병원에 입원해 있던 많은 환자들이 각기병으로 죽어가고 있었다.

정부는 코르넬리스 페켈하링이라는 네덜란드 사람다운 이름의 저명한 병리학자에게 각기병의 원인을 찾는 책임을 맡겼다. 그는 신경과 전문의였던 코르넬리스 빙클러를 영입해 도움을 받았다.

두 의사는 성공이 보장된 듯이 보였다. 불과 10여 년 전에 루이 파스퇴르는 눈에 보이지 않는 적으로 밝혀진 세균germ이 질병을 전염시킨다는 사실을 입증하여 프랑스의 국민적 영웅이 되었다. 파스퇴르는 박테리아가 유럽의 가축을 주기적으로 괴멸시키는 치명적인 탄저균을 전파한다는 사실을 밝혀냈다. 몇 년 후에는 독일의 의사 로베르트 코흐가 결핵과 콜레라를 발생시키는 박테리아를 발견했다. 이제 다른 질병의 원인으로 작용하는 세균을 찾아내기 위한 경쟁이 시작되었다.

페켈하링과 빙클러는 1886년 코흐에게 조언을 구하기 위해 베를린으로 떠났다. 이야기에 따르면, 그들은 우아한 카페 바우어에서 커피를 마시면서 읽을 수 있는 네덜란드 신문을 요청했다.[45] 콧수염이 풍성한 청년이 그들이 원하는 신문을 읽고 있었다. 그의 테이블에 다가간 그들은 네덜란드 의사였던 크리스티안 에이크만과 즐겁게 대화를 나누게 되었다. 슬픈 눈을 가진 스물아홉 살의 청년은 이미 동인도 회사에서 근무하며 각기병의 폐해를 목격했고, 그 원인을 밝혀내려는 열망도 품고 있었다. 그러나 아내를 잃은 후에 자신도 말라리아에 걸린 그는 고향으로 돌아와야만 했다. 그런데도 그는 열대 지방으로 돌아가는 일을 두려워하지 않았다. 세균성 질병을 연구하기 위해서 코흐의 연구실을 찾아온 그는 기꺼이 페켈하링과 빙클러의 조수가 되었다.

세 사람의 의사는 1887년 2월 각기병이 창궐하고 있던 수마트라 북쪽 끝에 있는 아체 지역의 현장에 도착했다. 병원 실험실을 마음대로 사용할 수 있게 된 그들은 곧바로 조사를 시작했다. 그들은 각기병이 신경계에 영향을 미친다는 사실을 알아냈다. 각기병은 다리 부종, 보행 장애, 마비, 심장 문제, 끔찍한 감각 상실 등 놀라울 정도로 다양한 증상을 일으켰다. 어느 피해자는 "다리와 발이 완전히 마비되고 부어올랐으며, 입꼬리가 거의 눈에 닿을 정도로 마비된 느낌이 들었다"고 기억했다.[46] 에이크만은 군인들이 얼마나 빨리 병에 걸릴 수 있는지를 확인하고 충격을 받았다. 아침에 사격 훈련에서 과녁을 명중시킨 병사가 같은 날 밤에 사망하기도 했다.

각기병이 특히 이상해 보였던 또다른 이유가 있었다. 각기병은 원주민 마을이 아니라 군대, 병원, 감옥에서만 집중적으로 발생했다. 재판을 기다리는 죄수들을 몇 달간 감금하는 것은 사형 선고나 마찬가지였다.[47]

페켈하링, 빙클러, 에이크만은 즉시 새로운 실험실에서 각기병을 일으키는 박테리아를 찾는 일을 시작했다. 그러나 그 일은 예상보다 훨씬 더 어려웠다. 처음에는 아픈 병사의 혈액에서 박테리아를 발견할 수 없었다. 그후에는 박테리아를 발견하기는 했지만 건강한 병사의 혈액에서도 똑같은 박테리아가 발견되었다. 그래서 박테리아가 순식간에 병영 전체에 퍼졌을 것이라는 결론을 내렸다. 그러나 각기병 환자로부터 채취해서 배양한 박테리아를 개, 토끼, 원숭이에게 주사해도 여러 번 주사하지 않는 한 영향이 없는 것처럼 보였다. 그것은 이상한 결과였다.

그런데도 페켈하링과 빙클러는 8개월 후에 자신들의 임무가 대체로 완료되었다고 판단했다. 그들은 원인균이 흡입된 것일 가능성이 높다는 결론을 내렸다. 열과 습도가 박테리아의 성장에 도움이 되는 열대 지방에서 원인균이 전염되고 있는 것이 분명했다. 그리고 박테리아는 놀라울 정도로 빠르게 퍼졌다. 그래서 의사들은 감염된 건물을 위에서부터 아래까지 전부 소독할 것을 권했다. 외부 토양이 오염된 경우에는 재감염을 막기 위해서 주민들을 새로운 장소로 이주시키는 것이 더 쉬운 해결책이 될 수 있다고 인정했다.[48] 만족한 페켈하링과 빙클러는 네덜란드로 돌아갔고, 서른 살의 에이크만에게 그 원인 박테리아의 정체를 밝혀내기 위한 뒷수습을 맡겼다.

결국 에이크만은 1887년 각기병 환자들이 모여 있던 네덜란드 동인도령의 수도 바타비아(오늘날의 자카르타) 군병원의 실험실을 책임지게 되었다. 그의 실험실에는 지붕이 있는 베란다를 통해서 드나드는 두 개의 큰 방이 있었고, 방문객을 위한 소파와 아이스박스가 놓여 있었다. 바타비아 자체도 빠르게 변하고 있었다. 황금빛으로 깜빡이는 가스등이 어두운 거리를 밝혔다. 거리에는 마차 대신 시속 16킬로미터의 놀라운 속도로 달릴 수 있는 증기기관 트램이 등장했다.[49] 심지어 식단도 바뀌었다. 새로 도입된 증기기관 정미기精米機가 윤기 나는 백미를 생산했다. 백미는 수작업으로 빻은 누런 현미보다 더 맛있어 보였다.[50] 하지만 여전히 많은 사람들이 각기병으로 사망했다.

그러나 에이크만이 원인균을 찾기 시작했을 때는 박테리아가 다시 도와주지 않았다. 각기병 환자에게서 채취해서 배양한 박테리아를 주입한 토끼와 원숭이는 각기병에 걸리지 않았다. 장기전을 각오한 그는 사육

비가 적게 든다는 이유로 실험에 닭을 이용하기 시작했다.[51] 그의 선택은 우연한 행운이었다. 에이크만이 박테리아를 주사한 닭이 병에 걸렸다. 닭은 걸음걸이가 불안정해지다가 걸을 수 없게 되었다. 각기병과 매우 유사한 증상이었다. 상황이 순조롭게 진행되다가 다시 혼란이 찾아왔다. 다른 곳에서 사육하던 대조군의 닭도 같은 증상을 보였기 때문이다. 그 질병 역시 매우 빠르게 퍼지는 것처럼 보였다. 그런데 더욱 당황스러운 것은 모든 닭이 뚜렷한 이유도 없이 갑자기 회복되었다는 것이다. 누구라도 펄쩍 뛸 만한 일이었다.

바로 그 즈음에 에이크만이 이상한 우연의 일치를 알아채게 되었다. 그의 조수가 닭의 사료를 바꿨다고 그에게 알려주었다. 닭이 병에 걸리기 전에는 병원 주방의 요리사가 준 먹고 남은 찐 백미를 사료로 사용했다. 그것이 가장 저렴한 사료였다. 그런데 요리사가 교체되었고, 에이크만의 말에 따르면, "후임자는 민간인이 기르는 닭에 군용 쌀을 주고 싶어하지 않았다."[52] 결국 에이크만의 조수는 찌지 않은 현미를 먹여야 했고, 얼마 지나지 않아서 병에 걸렸던 닭이 회복되기 시작했다.

루이 파스퇴르는 우연이 준비된 사람에게만 도움이 된다는 유명한 말을 남겼다.[53] 실망과 좌절을 경험한 에이크만이 바로 준비된 사람이었다. 그는 백미가 혁신이라는 사실을 알고 있었다. 고작 20년 전에 도입된 증기기관 정미기는 쌀의 겉껍질인 쌀겨를 훨씬 더 철저하게 제거했다. 그렇게 얻은 백미는 산패되기까지 훨씬 더 오래 보관할 수 있었다. 사람들도 수작업으로 도정해서 얇은 쌀겨가 남아 있는 현미보다 반짝이는 백미를 더 좋아했다.

에이크만이 흰쌀밥을 먹인 몇 마리의 닭은 놀랍게도 3주에서 8주 만에 각기병과 비슷한 증상을 나타냈다. 마침내 그가 무엇인가를 알아내고 있는 것처럼 보였다.

이때 에이크만 자신도 말라리아에 걸렸다. 그런데도 그는 닭을 병들게 하는 백미의 신비한 성분을 밝혀내기 위해서 수많은 실험을 계속했다.[54] 특정한 품종의 백미에 독성이 있을까? 백미가 현미보다 빨리 상할까? 닭이 건강을 유지하려면 쌀겨에만 있는 단백질이나 소금이 필요할까? 그런 추론은 모두 사실이 아니었다.

5년 동안 실험을 이어온 에이크만의 예리한 머리에는 단 하나의 논리적 가능성만 남았다. 그는 쌀의 흰 부분에 독소가 들어 있고, 그 부분을 둘러싼 갈색의 겉껍질에는 항抗독소가 들어 있다는 결론을 얻었다. 또는 (당시에는 장내 박테리아가 독소를 생성할 수 있다고 믿는 과학자들이 많았기 때문에) 백미를 먹으면 위장의 박테리아가 쌀겨에 있는 항독소에 의해서 상쇄되는 독소를 방출한다는 가설도 세웠다.[55]

에이크만은 친구이자, 동인도의 교도소 의료 검열관이었던 아돌프 보더만이 자신의 이론을 뒷받침하는 강력한 증거를 발견했다는 기쁜 소식을 들었다. 보더만은 약 25만 명의 재소자가 있는 101개 교도소의 각기병 발병률을 분석했다. 그는 현미밥을 제공하는 교도소에서는 각기병에 걸린 수감자가 1만 명 중 1명도 되지 않는다는 사실을 발견했다. 그러나 백미를 배급하는 교도소에서는 39명 중 1명이 각기병에 걸렸고, 장기 수감자의 경우 발병률이 4명 중 1명으로 훨씬 더 높았다. 보더만도 그런 사실이 도정 과정에서 제거된 쌀겨에 백미의 독을 중화시키는 항독소가 포함되어 있다는 강력한 증거라고 인정했다.

에이크만은 병에 걸리는 바람에 1896년 유럽으로 돌아갈 수밖에 없었고, 그곳에서 혹독한 비판에 직면해야 했다. 한 영국 의사는 "각기병이 쌀밥을 먹는 것과 관계가 있다는 주장은 생선을 먹으면 나병에 걸리고,

호랑이 고기를 씹으면 용기가 생긴다는 주장과 같은 것이다"라고 비판했다.[56]

그러나 아시아에서 각기병이 음식과 관련이 있을 것이라는 아이디어가 퍼지기 시작했다. 말레이시아의 어느 "정신병원"에서 치명적인 감염이 발생하자, 영국의 한 의사는 자신의 환자를 대상으로 실험을 했다.[57] 놀랍게도 그는 현미가 각기병의 예방은 물론이고 치료에도 도움이 된다는 사실을 발견했다. 그도 역시 말레이 의학연구소의 소장을 비롯한 사람들의 격렬한 반발에 부딪혔다. 그러나 증거는 점점 쌓이고 있었다. 일본에서는 다카키 가네히로라는 의사가 단백질 결핍이 각기병을 일으킨다고 잘못 생각했다. 그런데도 그가 일본 해군에 추천한 새로운 식단 덕분에 각기병은 거의 사라졌다. 1910년대까지 아시아의 의사들은 대부분 도정된 쌀을 먹으면 각기병이 생긴다고 확신했지만, 그 이유를 설명하지는 못했다.

한편 유럽의 과학자들은 여전히 박테리아가 원인이라고 고집했다. 마치 두 개의 이미지가 포함된 그림 중에서 하나만 볼 수 있는 광학적 환상을 보는 듯했다. 그림을 완전히 새로운 시각으로 보기 위해서는 전혀 다른 실험이 필요했다.

유명한 중독 사건을 연구하면서 경력을 쌓기 시작했고, 훗날 영국 생화학의 아버지로 알려지게 된 케임브리지 대학교의 프레더릭 가울랜드 홉킨스가 그런 실험을 고안했다. 질병을 연구하려고 실험을 시작한 것은 아니었다. 우리의 영양학적 요구에 대한 지식을 얻고 싶었던 그는 완전히 인공적인 식품을 이용했다. 60년 전 유스투스 리비히가 밝혀낸 필수 영양소인 단백질, 탄수화물, 지방, 미네랄을 정확하게 측정해서 어린 쥐에게 먹였다. 놀랍게도 그는 비록 적은 양이라도 우유를 먹이지 않으면 쥐가 정상적으로 성장하지 못한다는 사실을 발견했다.

홉킨스는 혼란에 빠졌다. 리비히가 틀렸을까? 리비히가 확인하지 못한 다른 물질을 조금이라도 먹어야 하는 것일까? 믿기 어려운 일이었다. 그는 "반세기 이상 영양에 관한 신중한 과학적 연구가 많이 수행되었는데도 그랬다. 어떻게 기본적인 사실을 놓칠 수 있겠는가?"라고 썼다.[58] 그러나 얼마 후 그는 "그럴 수도 있지 않을까?"라고 생각하기 시작했다. 그는 우유에 들어 있는 신비한 물질을 "보조 인자accessory factor"라고 불렀다. 1912년에 그는 혼자서 과감하게 세균의 영향이 아니라 소량의 보조 인자가 부족해서 괴혈병과 구루병이라는 두 가지 질병이 발생한다고 제안했다.

같은 시기에 폴란드의 소심한 과학자 캐시미어 풍크도 런던의 리스터 연구소에서 같은 문제를 열심히 연구하고 있었다. 연구소의 소장이 그에게 바타비아에 있는 에이크만의 오래된 연구소에서 연구원들이 각기병 치료에 도움이 되는 쌀겨 속의 물질을 찾아내려고 경쟁하고 있다는 소식을 전해주었다. 풍크는 그들을 이겨보겠다고 결심했다. 그는 비둘기에게 백미를 먹이기 시작했다. 비둘기가 각기병과 같은 증상을 보이기 시작해서 목이 굽고, 날개와 다리가 약해져서 잘 걷지 못하게 되었다. 다음에 그는 현미의 도정 과정에서 제거되는 질병 치료의 활성 성분을 분리하려고 시도했다. 그는 종종 밤늦게까지 혼자서 "전력을 다해" 실험했다. 쌀겨에서 치료 물질을 분리하기 위해서 알코올을 넣고, 액체를 걸러내서 증발시키고, 찌꺼기를 짜내고, 다른 화학물질을 첨가하는 등의 어려운 단계를 거쳤다.[59] 그는 최종 추출물을 병든 비둘기에게 먹여서 비둘기가 회복되면, 더 적은 양의 물질을 분리하려고 노력했다. 결국 그는 900킬로그램의 쌀겨에서 한 숟가락 분량의 활성 물질을 추출하는 일에 성공했다. 극소량의 활성 물질을 투여한 비둘기는 3시간에서 10시간 만에 다시 서서 걸을 수 있게 되었다. 그런데도 회의적인 동료들은 그가 찾아낸 "치료법"의 유용성을 의심했다. 그의 치료법은 고작 7일에서 10일 정도만 효과가 유지되었기 때문이다.[60]

풍크는 1912년의 기념비적인 논문에서 알려지지 않은 물질의 매우 적은 양의 결핍이 괴혈병, 구루병, 그리고 각기병과 펠라그라라는 무서운 질병의 원인이라고 주장했다. 풍크는 약삭빠르게 "보조 인자"보다 훨씬 더 매력적인 이름을 제안했다. 그는 그것에 vita("생명"을 뜻하는 라틴어)와 amine(그는 그것이 질소를 포함하는 화합물이라고 잘못 생각했다)을 합쳐서 비타민vitamin이라는 이름을 붙였다. 그 이름이 결국 굳어졌다. 마침내 무서운 질병을 예방하려면 리비히의 단백질, 지방, 탄수화물, 미네랄 이외에 다른 무엇이 필요하다는 아이디어가 자리를 잡게 되었다.

돌이켜보면, 누구나 궁금해할 수밖에 없었다. 맙소사, 왜 이렇게 오래 걸렸을까? 증거는 오래 전부터 알려져 있었다. 레몬이 괴혈병을 치료해 준다는 사실은 선장들에게 수백 년 전부터 알려져 있었다. 그러나 그런 지식은 잘못 해석되고, 무시되고, 망각되었다. 각기병과 백미 사이의 연관성도 확실했다. 홉킨스와 풍크가 논문을 발표하기 10년 전에 바타비아에서 에이크만의 후임자인 헤릿 흐레인스와 에이크만의 옛 지도교수였던 코르넬리스 페켈하링이 모두 추가 실험을 통해서 미지의 물질이 각기병을 일으킨다는 결론을 얻었다. 그러나 네덜란드 학술지에 실린 그들의 논문은 바다의 조약돌처럼 별다른 주목을 받지 못했다. 동료들은 대부분 실험자들이 전염성이 강하면서 눈에 보이지 않는 세균의 가능성을 배제하는 실험을 하지 않았다는 이유로 그들의 주장을 믿지 않았다. 그러나 합성 식품의 부적절성을 발견한 홉킨스의 전혀 다른 실험이 과학자들에게 자신들이 그동안 무엇인가를 놓치고 있었다는 확신을 심어주기 시작했다.

그들이 의도적으로 눈이 먼 것처럼 보였던 이유는 무엇이었을까? 우선 우리는 그들이 인간이라는 사실을 인정해야 한다. 다른 사람과 마찬가지로 과학자도 존경하는 스승의 가르침을 떨쳐버리기가 어려울 수밖에 없다. 또한 자신의 오류를 쉽게 인정하는 사람도 드물다. 그리고 우리가 이미 믿고 있는 사실에 맞는 정보만 찾아서 받아들이는 흔히 확증 편향이라고 부르는 "기존 이론과 일치하는 증거만 찾아서 살펴본다"는 사고의 함정도 존재한다. 우리 모두가 가지고 있는 내재된 배선配線이 중요하다. 그런 배선이 우리가 세상을 빠르게 이해하도록 도와준다. 눈앞의 길에 있는 가늘고 긴 갈색 물체가 뱀인지 나뭇가지인지를 놓고 긴 시간 토론하고 싶은 사람은 아무도 없다. 그러나 그런 편견에는 단점도 있다. 린드, 에이크만 그리고 다른 많은 사람은 질병에 대한 기존의 이해에 맞는 증거를 찾기 위해서 체액의 불균형, 세균, 독소 등을 찾으려고 했다. 새로운 설명을 찾아야 한다는 증거가 충분히 확보될 때까지 그들은 전혀 다른 개념을 사용하는 정신적 도약을 시도하고 싶어하지 않았다.

우리는 어릴 때부터 상한 음식이나 음료를 피해야 한다고 배운다. 빅토리아 시대의 영국에서는 물보다 맥주가 더 안전한 경우가 많았다. 상한 음식을 먹으면 병에 걸린다는 사실은 누구나 알고 있었지만, 비타민이라는 기발한 개념이 그런 상식을 완전히 뒤집는 것처럼 보였다. 생화학자 얼베르트 센트죄르지는 "비타민은 오히려 먹지 않으면 병에 걸리는 물질"이라고 설명했다.[61] 그래서 홉킨스와 풍크가 비타민을 발견하고 한참이 지난 후에도 대단히 많은 과학자들이 여전히 비타민을 "단순한 이름"으로 여겼던 것은 놀랄 일이 아니었다. 특히 비타민으로 추정되는 물질의 화학적 조성을 밝혀내거나, 비타민이 어떻게 작용하는지를 알아낸 사람이 아무도 없었기 때문에 더욱 그랬다.

그러나 이제는 사람들이 대단한 변화가 일어나고 있음을 알아채기 시작했다. 1913년 위스콘신 대학교에서 엘머 매콜럼과 그와 함께 일하던 젊은 자원봉사자 마르그리트 데이비스가 쥐에게 먹일 합성 사료를 만들었다. 그들은 지방에서 분리한 "인자factor"와 밀의 배아에서 발견한 수용성 물질을 조금이라도 사료에 넣지 않으면 새끼 쥐의 성장이 멈춘다는 사실을 발견했다. 그 물질은 비타민 A와 B로 알려지게 되었지만, 자칫하면 X와 Y라고 불릴 수도 있었다. 연구자들은 그 물질들에 대해서 아무것도 알지 못했다.

그것이 과학적 골드러시의 출발 신호였다. 많은 연구 끝에 생화학자들은 B_1이라는 이름을 붙여준 비타민이 에이크만의 각기병을 치료해준 현미에 들어 있던 신비한 인자였다는 사실을 알아냈다. 훗날 (어쨌든 우리가 가장 좋아하는 탄소, 수소, 산소의 세 원소만으로 구성된) 아스코브산ascorbic acid이라고 부르게 된 비타민 C의 결핍은 제임스 린드를 오랫동안 괴롭혔던 괴혈병의 원인이었다. 비타민 B_3는 미국 남부에서 흔했던 펠라그라를 치료해주었다. 그리고 비타민 D는 햇빛이 들지 않는 도시의 어두운 주택에 사는 영아에게 흔히 발생하는 구루병을 고쳐주었다.

연구자들은 놀라운 효능에도 불구하고 비타민이 매우 작은 분자라는 사실도 발견했다. 비타민은 고작 12개에서 180개 정도의 원자로 구성된 분자이다.

오래지 않아서 비타민 열풍이 세상을 휩쓸기 시작한 것은 놀랄 일이 아니었다. 만병통치약이라는 주장이 넘쳐났다. 「뉴욕 타임스」는 1931년 "과학자들이 뇌의 연화軟化를 예방해주는 비타민의 효과를 발견했다"는 제목의 기사로 열광했다.[62] 비타민이 활력과 생기를 증진시키고, 성욕을 개선하고, 암을 예방하는 등 모든 것을 해줄 수 있는 것처럼 보였다.[63] 여러 가지 장밋빛 주장은 크게 과장된 것이었지만, 새롭게 비타민을 "강화한" 식품이 일부 질병을 획기적으로 줄여주었다. 비타민 A를 첨가한 마가린은 야맹증을 고쳐주었고, 비타민 D를 첨가한 우유와 마가린은 구루병을 예방했다.

비타민을 강화한 식품은 1941년에 또 한 번의 호황을 맞이했다. 진주만 공습 6개월 전에 루스벨트 대통령은 워싱턴 DC에서 국방을 위한 미국 영양학술회의를 개최했다. 900명의 의사와 국가 식량 공급 분야의 전문가들이 모인 이 회의에서 저명한 연사들이 경종을 울렸다. 그들은 비타민이 결핍된 군인들이 영양 상태가 양호한 독일군에 맞서서 싸우게 되었다고 경고했다.[64] FDA(미국 식품의약국)는 곧바로 제분업자와 제빵업자들에게 밀가루와 빵에 산업적인 제분 과정에서 제거된 영양분을 강화할 것을 권고했다. 제조업자들은 자발적으로 밀가루에 비타민 B_1(티아민), 비타민 B_2(리보플라빈), 비타민 B_3(니아신)을 첨가했다. 1942년 「좋은 살림*Good Housekeeping*」이라는 잡지의 칼럼은 독자들에게 "여러분도 군대에 있는 셈이다! 가족에게 강화된 빵과 밀가루를 이용해서 건강한 가치를 제공하는 것이 애국적 의무이다"라고 썼다.[65] 비타민을 강화했다고 자랑하는 원더 브레드Wonder Bread와 같은 식품이 슈퍼푸드의 영광을 차지하게 되었다. 당시의 건강식품이 사람들에게 많은 질병을 아득한 과거의 일로 기억하도록 만들었다.*

---

* 심지어 오늘날에도 상당수의 미국인은 여전히 적어도 한 가지 이상의 비타민 결핍에 시달리고 있다. 개발도상국에서는 그런 결핍이 훨씬 더 심각하다. 연구자들이 비타민 A 결핍증을 예방해줄 수 있는 황금쌀(유전자 변형 기술을 이용해서 우리 몸속에

오늘날 우리는 부종, 피부 변색, 마비를 비롯한 여러 가지 고통스러운 증상을 겪고 싶지 않으면 모두 13종류의 비타민을 섭취해야 한다고 일반적으로 알고 있다. 우리 몸에는 비타민 A, C, D, E, K와 8가지 비타민 B가 필요하다(참고로 다른 비타민은 필요하지 않다. F부터 J까지와 일부 비타민 B는 그 효과가 확인되지 않았다).

모든 비타민의 공통점은 무엇일까? BBC 라디오의 진행자 멜빈 브래그에 따르면, "비타민은 우리가 만들 수 없는 분자를 뜻하는 이름이다."[66] 대체로 맞는 설명이기는 하다. 실제로 우리는 몸에서 비타민 B_3, D, K를 만들지만 항상 충분하지는 않다. 우리는 세포를 만들고, 에너지를 생산하기 위해서 많은 양의 탄수화물, 지방, 단백질을 원료로 사용하지만, 비타민은 대부분 화학반응에 도움이 되는 중요한 작은 도구의 역할을 한다. 비타민은 자동차에 사용하는 윤활제나 윤활유와 마찬가지이다. 윤활제나 윤활유가 없어도 자동차는 온전하지만, 시간이 지나면 움직일 수 없게 된다. 많은 양의 비타민이 필요한 것도 아니다. 예를 들면 비타민 B_{12}는 하루에 2.5마이크로그램(100만 분의 1그램) 정도면 된다. 소금 한 톨의 30분의 1 정도에 해당하는 적은 양이다.

이런 모든 사실이 의문을 불러일으킨다. 비타민이 꼭 필요하고, 비타민 결핍이 그렇게 위험하다면, 우리 몸이 스스로 비타민을 합성하도록 진화하지 않은 이유가 무엇일까? 한 가지 간단한 답은 우리가 게으르기 때문이고, 우리가 굳이 직접 비타민을 만들어야 할 필요가 없기 때문이라는 것이다. 비타민 C를 예로 들어보자. 우리의 영장류 조상은 비타민 C를 만들었고, 고양이와 쥐를 비롯한 대부분의 척추동물도 여전히 비타

서 비타민 A로 변환될 수 있는 베타카로틴을 함유하도록 개량한 쌀/역주)과 같은 유전자 변형 작물을 개발하려고 노력하는 이유 중 하나이다.

민 C를 만든다. 우리가 반려동물에게 반드시 브로콜리를 먹일 필요가 없는 것도 그런 이유 때문이다. 그러나 대략 6,000만 년 전에 우리 조상의 유전자에서 돌연변이가 일어나면서 비타민 C를 더 이상 만들지 못하게 되었다.[67] 우리에게는 여전히 그 유전자가 있지만, 더 이상 작동하지는 않는다. 생화학자 크리스 월시는 "매일 식사를 해야 하는 우리는 언제나 먹는 음식에서 충분한 양의 비타민을 얻을 수 있을 것이라는 도박을 했다"고 설명했다. 우리의 조상과 우리에게는 다행스럽게도 식물이 비타민 C를 충분히 만들어준다.

우리에게 필요한 비타민의 양이 적다는 사실에 속지 말아야 한다. 비타민은 우리 세포의 가장 기본적인 여러 가지 기능에 도움을 준다. 예를 들면, 비타민 A, C, K와 비타민 B는 보조효소이다. 이런 릴리푸트(조너선 스위프트의 소설 『걸리버 여행기』에 나오는 난쟁이 나라/역주) 분자는 화학 반응을 가속하는 효소라는 육중한 큰 형제의 기능을 도와준다. 아미노산이 길게 접혀 있는 끈 모양의 효소는 100만 년이나 10억 년에 한 번 정도 일어날 수 있는 반응을 1초에 여러 차례나 일어날 수 있도록 해준다. 효소는 분자를 붙잡아서 수십억 분의 1인치 오차 범위 안에 자리 잡도록 해서 반응을 촉진한다. 그러나 그런 과정에서 일부 효소는 전혀 다른 화학적 손잡이를 가진 작은 조력자의 도움이 필요하다. 다시 말해서 효소에 보조효소인 비타민이 필요하다. 건설 작업자가 건물을 지을 때 크레인과 불도저 이외에도 전동 드릴이 필요한 것처럼 우리 세포도 여러 가지 기본적인 작업을 수행하기 위해서 비타민이 필요하다.

당연히 우리만 비타민의 가치를 아는 것은 아니다. 대장균, 버섯, 오리너구리 등 모든 생명체가 비타민을 간절하게 원한다. 비타민의 작용은 매우 근본적인 것이기 때문에 생화학자 해럴드 화이트는 비타민이 가장 초기의 세포에서 진화했다고 추정했다. 생명은 DNA와 단백질이 등장하기 훨씬 전에 RNA로부터 진화했을 것이라고 믿는 연구자가 있다는 사실을 기억할 필요가 있다.[68] RNA는 복제할 수 있고, 더욱이 화학반응을 가속할 수도 있다. 하지만 RNA는 보조효소의 도움이 필요했을 수 있고, 고장 나지 않으면 고칠 이유가 없었을 수도 있다. 그래서 우리는 그후로 보조효소를 계속 사용하게 되었을 수도 있다.

비타민은 일일이 열거하기도 어려울 정도로 다양한 기능에 활용되고 있다. 비타민 A는 우리 눈에서 희미한 빛을 감지하는 막대 모양의 세포를 만드는 데에 도움을 준다. 그런 세포가 없다면 우리는 어두운 곳에서 벽에 부딪힐 수 있다. 또한 피부, 뼈, 치아, 손톱, 모발, 면역 체계를 위한 세포를 만드는 데도 비타민 A가 필요하다. 반면에 비타민 C가 없으면 우리가 걸을 수 없게 된다. 피부, 뼈, 힘줄, 근육에 유연성을 더해주는 탄력 성분인 콜라겐 생성에도 필요하다. 적어도 단백질의 30퍼센트는 콜라겐이다. 비타민 C가 부족하면 잇몸과 다리가 영국 해군의 수병처럼 붓게 될 것이다. 잘 알려진 비타민 D의 주요 효능은 세포가 칼슘을 흡수하는 데 도움을 준다는 것이다. 물론 비타민 D가 없으면 골격이 형성되지 않는다는 뜻이다. 하지만 근육과 신경에도 비타민 D가 필요하다. 따라서 비타민 D가 부족하면 몸은 다른 곳의 칼슘을 빼내서 사용하게 된다.* 어린아이의 경우에는 굽은 다리 때문에 구루병을 앓았다는 사실을 곧바로 알 수 있을 것이다. 비타민 A, D, E와 같은 일부 비타민도 작은 빗자

* 피부에서 비타민 D를 직접 만들 수 있다는 것은 좋은 소식이다. 그러나 비타민 D를 합성하려면 햇빛이 필요하다. 햇볕을 충분히 쬐지 않으면 고생하게 될 수 있다. 일주일에 몇 번 낮에 20분에서 30분 정도 햇볕을 쬐면 되고, 짧은 옷을 착용하면 그보다 짧은 시간으로도 충분하다.

루 역할을 한다. 비타민은 전하를 가지고 있어서 위험한 자유 라디칼free radical이라는 분자가 우리 세포의 기계 장치를 망가뜨리기 전에 청소를 해주는 항산화제antioxidant의 역할을 한다.

한 세기 전만 해도 식물(가끔 버섯이나 효모와 같은 곰팡이류까지 포함)이 우리에게 필요한 모든 비타민을 만들었을 것이다(단 한 가지 예외가 있다. 박테리아만 비타민 B_{12}를 만든다). 그러나 오늘날 우리가 사용하는 비타민 중에는 공장에서 생산되는 것도 있다. 알약 형태로 공급되는 비타민은 파스타, 오렌지 주스, 아침 식사용 시리얼에 첨가한다. 캐서린 프라이스가 『비타매니아*Vitamania*』에서 지적했듯이, 우리가 먹는 일부 합성 비타민은 나일론, 아세톤, 폼알데하이드, 콜타르로 만들기도 한다.[69] 식욕이 떨어지는 설명처럼 들리겠지만 합성 비타민도 효과가 있다. 공장에서 생산한 비타민과 식물에서 합성된 비타민은 화학 구조가 (거의) 똑같다. 그런데도 일부 생화학자들은 비타민을 자연식품whole food으로 직접 섭취하는 것이 훨씬 더 바람직하다고 생각한다. 그들은 우리가 영양학에 대해서 모르는 것이 많다는 사실을 기꺼이 인정한다. 연구자들은 식물에 들어 있는 플라보노이드와 같은 강력한 항산화제를 비롯한 많은 화합물의 영양학적 역할에 대해 지금도 연구를 계속하고 있다. 비타민은 그런 영양소를 비롯해서 자연식품에 들어 있는 다른 영양소와 함께 우리가 아직 알지 못하는 방식으로 시너지 효과를 발휘할 수도 있다. 브로콜리를 먹는 것이 생각보다 건강에 좋을 수도 있다.

그런데 여기서 값싼 보험이라고 생각하고 매일 비타민을 복용해야 하는지 궁금할 수도 있을 것이다. 글쎄, 답은 상황에 따라 다르다. 예를 들어 임신 중이라면 좋은 선택이 될 수도 있다. 노인에게도 마찬가지이다. 나이가 들면 비타민 D와 B_{12}의 흡수 능력이 떨어진다. 더욱이 일부 국가에서는 값싼 쌀, 밀, 옥수수 때문에 콩, 렌틸콩, 완두콩처럼 영양이 풍부한 식품의 섭취가 부족해져서 현대판 각기병과 같은 비타민 결핍증이 발생하고 있다. 심지어 미국에서도 한 가지 이상의 비타민 결핍에 시달리는 사람이 의외로 많다. 그러나 균형 잡힌 건강한 식사를 하는 사람이라면 식물과 박테리아를 통해서 필요한 비타민을 충분히 섭취할 수 있다. 비타민을 충분히 섭취하면 건강식품 매장에서 판매하는 비타민을 더 먹는 것은 아무 도움이 되지 않고, 자칫하면 몸(과 지갑)에 해가 될 수도 있다. 612쪽에 달하는 『비타민*The Vitamins*』을 공동 집필한 제럴드 콤스 주니어는 "미국인은 세계에서 가장 비싼 소변을 눈다"고 말했다.[70]

유스투스 리비히는 비타민을 놓쳤지만, 나머지 성분 목록은 정확하게 맞혔다. 탄수화물, 지방, 단백질 이외에 네 번째 물질이 있다고 말한 것을 기억하나? 그가 완전하게 이해하지는 못했지만 실제로 네 번째 물질이 존재한다. 기분이 상할 수도 있겠지만, 그 물질이 없으면 우리 몸은 거의 아무 의미도 없어지는 것이 사실이다. 리비히는 생존을 위해서는 몇 가지 미네랄도 필요하다고 가르쳤다. 그의 목록에는 철, 인, 그리고 매우 중요한 소금의 소듐(나트륨)과 염소도 정확하게 포함되어 있었다.

물론 우리의 지나친 소금 사랑 때문에 우리는 소금을 넣지 않으면 음식의 맛이 떨어진다고 생각한다. 소금은 혈압을 유지하고, 신경 자극을 전달하고, 근육을 수축시키는 등의 다양한 역할을 한다. 소금은 매우 귀중해서 한때 로마 병사의 임금에 포함되기도 했다. "당신은 소금값을 하는가?"라는 질문이 있을 정도였다. 소금 때문에 전쟁이 벌어지기도 했다. 미국 남북전쟁 당시 북부의 장군들이 버지니아 주 솔트빌Saltville의 제염소를 공격한 것도 그런 경우였다. 그들은 소금을 빼앗아서 남부군의 전투력을 약화시키려고 했다.

1930년대부터 실험동물을 위한 인공 사료를 만들던 과학자들은 사람에게도 소량의 다른 미네랄이 필요하다는 사실을 발견했다.[71] 우리에게도 마그네슘, 망가니즈, 구리, 아연, 바나듐, 셀레늄, 그리고 크롬 광택을 내는 금속인 크로뮴을 비롯한 적은 양의 다른 미네랄이 필요하다.

미네랄이 우리 몸에 미치는 효과는 과대평가하기 어렵다. 그리고 어떤 것이 가장 중요한지를 결정하기도 어렵다. 가장 풍부한 미네랄인 칼슘과 인은 뼈를 강화해준다. 칼슘은 건조 체중의 약 1퍼센트를 차지하며, 인은 그 절반 정도이다. 소듐과 포타슘은 생각하거나 걷기에 필요하다. 소듐과 포타슘은 세포막 안과 밖의 전위 차이를 만드는 데에 사용된다. 앞으로 살펴보겠지만, 이 훌륭한 배열이 신경과 근육을 따라 전기 자극을 보낼 수 있도록 해준다. 반면에 철분이 가장 중요한 미네랄 경연 대회에 참가한다면 "철이 없으면 에너지도 없다"라는 구호를 내걸 수 있을 것이다. 폐의 헤모글로빈에 들어 있는 철분이 녹슬면 산소와 결합하고, 철이 포함된 분자가 혈류를 통해서 몸의 모든 세포로 산소를 운반해준다. 그러나 신진대사를 조절하는 갑상선 호르몬을 만들기 위해서는 아이오딘이 필요하다. 아이오딘이 충분하지 않으면 갑상선종甲狀腺腫에 걸리고, 눈이 튀어나온다. 우리 몸은 니켈, 아연, 망가니즈, 코발트도 필요하다. 셀레늄이 얼마나 중요한지 누가 알았겠는가? 셀레늄이 부족하면, 탈모, 피로, 의식 혼미, 체중 증가, 심장병, 갑상선종, 면역력 약화, 신체적 및 정신적 지체가 발생할 수 있다.

그리고 독성을 가진 비소도 있다. 아주 적은 양이라도 꼭 필요할 수 있다.[72] 그러나 너무 많이 섭취하지는 말아야 한다. 비소의 역할은 아직도 정확하게 밝혀지지 않았지만, 많은 양을 섭취하면 독이 되는 것은 분명하다.

마지막으로 이트륨, 탄탈럼, 스트론튬, 나이오븀, 금, 은과 같은 미네랄은 몸속에서 쓸모는 없지만 어쨌든 우리 몸에 들어와서 함께 돌아다닌다. 미네랄 영양학 연구자인 제임스 콜린스는 "토양 속에 있는 모든 것과 흙 속에 있는 모든 것이 사람의 몸에 들어간다"고 했다.[73] 이는 우리 몸에 있는 대략 60종의 원소 중 절반 정도는 아무 역할이 없다는 사실을 설명하는 데에 보탬이 된다. 약 25종만이 필수 원소로 보인다.

그러나 모든 원소를 모으고자 정기적으로 뛰어다녀야 하는 삶이 어떨지 생각해보자. 몰리브데넘과 바나늄은 어디에서 찾아야 할까? 미쳐버릴 노릇이다. 다행히 토마토와 완두콩과 같은 여러 가지 일반 식품에는 몰리브데넘이 들어 있고, 후추, 딜, 곡물에는 바나듐이 들어 있다. 암석에서 여러 종류의 미네랄을 처음 캐내서 수집하려고 열심히 노력하는 식물, 박테리아, 곰팡이에게 감사해야 한다. 이들이 바로 우리에게 미네랄 배달 서비스를 제공하고 있다.

역설적으로 우리를 괴롭히는 일부 미네랄과 비타민 결핍증인 빈혈, 괴혈병, 각기병, 펠라그라 등은 수렵 채집 시대에는 흔하지 않았던 현대의 질병이다.[74] 농업 혁명 이전의 우리 조상은 식물, 과일, 견과류, 육류 등을 다양하게 섭취했다. 약 1만2,000년 전에 작물화된 밀, 옥수수, 쌀에 크게 의존하는 문명이 시작되면서 우리는 우리도 모르는 사이에 심각한 영양 결핍의 희생양이 될 위험에 노출되었다. 그리고 지난 100년 사이에 리비히, 린드, 에이크만 등 여러 사람들의 왕성한 호기심 덕분에 우리는 이러한 끔찍한 질병을 예방하는 방법을 알아내게 되었다.

이제 우리의 몸을 만들기 위해서 필요한 영양분의 목록이 완성되었다.

우리는 단백질, 탄수화물, 지방, 비타민, 미네랄의 5가지 종류의 분자로 세포를 조립한다.* (박테리아와 곰팡이에 들어 있는 몇 가지 이외에는) 거의 모두가 식물에서 유래된 물질이다.[75]

그러나 이 목록은 모든 과학에서 가장 당혹스러운 의문을 제기한다. 어떻게 잘게 잘라진 영양소를 모아서 살아 숨 쉬는 사람이 만들어질 수 있을까? 어떻게 세포 내에서 생명을 만들까? 그리고 첫 번째 질문은, 우리가 식사를 할 때마다 섭취하는 수조 개의 수조 배에 이르는 원자로 인간을 조립하는 방법을 알려주는 지식은 우리 몸속의 어디에 있을까? 우리 자신에 대한 설명서는 어디에 있을까? 이 질문들은 한때 전혀 이해할 수 없는 듯했다. 고름에 대한……과학적 연구에서 단서를 찾기 전까지는 말이다.

---

* 우리 스스로 만들지는 못하지만, 두뇌의 기능을 비롯하여 다양한 역할을 하는 오메가-3와 오메가-6도 또다른 유형의 지방이다.

12

뻔한 곳에 숨겨진

기본 설계도의 발견

탐색적 연구는 정말 안개 속에서 일하는 것과 다름없다. 자신이 어디로 가고 있는지도 알 수 없다. 그저 더듬어갈 뿐이다. 그리고 나중에 그것에 대해 알게 된 사람들은 그것이 얼마나 간단했는지를 생각하게 된다.

_ 프랜시스 크릭[1]

1868년 가을에 프리드리히 미셔라는 스위스의 젊은 의사가 독일의 중세 도시인 튀빙겐에 있는 웅장한 성의 거대한 석재 아치 입구를 걸어 들어갔다. 수줍음이 많고 내성적이던 스물네 살의 의대 졸업생인 그는 자신의 미래 연구실인 성의 옛 부엌으로 가고 있었다. 미셔는 한때 저명한 의사였던 아버지와 삼촌의 뒤를 따르려고 했다. 하지만 발진티푸스 감염으로 청력이 손상되어 청진기 사용이 힘들어진 그는 연구 분야에서 일하기로 결심하고, 생화학의 선구자인 펠릭스 호페-자일러 문하에서 일하러 튀빙겐으로 온 것이었다.

고작 6개월 만에 미셔는 머릿속을 복잡하게 만드는 질문에 대한 중요한 단서를 발견했다. 우주에서 나선형 미끄럼틀을 따라 지구에 도착한 원자들이 어떻게 우리 세포에서 일어나는 환상적으로 복잡한 활동으로 향할 수 있을까? 다시 말해서 세포가 우리를 만들고 유지하는 방법을 알려주는 분자 사용 설명서에 해당하는 청사진은 어디에 있을까? 미셔는 다윈이 『종의 기원』을 발표하고 불과 30여 년이 지나고, 제임스 왓슨과 프랜시스 크릭이 태어나기도 훨씬 전에 놀랍게도 그 해답에 아주 가까이 다가갔다.[2]

미셔가 튀빙겐에 도착했을 당시에는 우리 몸에 대해 알려진 사실이 많지 않았다. 당시 호페-자일러의 목표는 다양한 종류의 세포에서 발견되는 화학물질의 정체를 알아내는 것이었다. 그는 세포의 단백질을 분석하면 세포가 어떻게 작동하는지를 밝혀낼 수 있다고 생각했다. 그는 미셔에게 가장 단순한 세포라고 믿었던 백혈구를 분석하는 일을 맡겼다.[3]

다행히 젊은 연구자가 백혈구를 구하는 일은 어렵지 않았다. 소독제와 질병의 세균 유래설이 등장하기 전에는 죽은 백혈구 덩어리인 고름이 몸속의 유독한 "체액"을 제거하는 데에 도움이 된다고 믿었다. 의사들은 상처 부위에 고름이 많은 것을 반가워했고, 붕대는 단순히 그런 고름을 흡수하는 역할을 한다고 생각했다. 미셔는 군인들이 많이 드나드는 인근의 병원에서 냄새나는 고름이 잔뜩 묻어 있는 붕대를 쉽게 구할 수 있었다.

아치형 천장의 넓은 실험실에서 미셔는 붕대에 붙어 있던 탁하고 끈적끈적한 고름 덩어리를 떼어내서 소금 용액으로 세포를 깨뜨렸다.[4] 그런 다음 그는 그 안에 있는 화학물질의 정체를 확인하는 까다로운 일을 시작했다. 그는 예상했던 단백질과 지방을 발견했지만, 다른 분자도 찾아냈다. 그 안에는 인燐이 있었다. 놀라운 일이었다. 단백질, 지방, 탄수화물에는 인이 들어 있지 않기 때문이다. 그는 자신이 우리 세포에서 전혀 새로운 유형의 분자를 발견했다고 의심하기 시작했다. 본격적인 사냥이 시작되었다.

그는 일부 실험에서 핵을 분리한 적이 있었고, 그런 핵에 새로운 분자가 들어 있는 것처럼 보였다. 이 사실을 증명하려면 세포에서 핵을 완전히 분리해야 했지만, 그런 일은 과거에 한 번도 해본 적이 없었다.[5] 그는 집중해서 일하는 특유의 열정으로 그 문제를 해결했다(몇 년 후에는 결혼식 당일 결혼식 날짜를 잊어버리고 연구실에 있던 그를 친구가 끌고 가야 했다[6]). 미셔는 그런 기술을 개발하기 위해서 정육점을 찾아가서 돼지에서 냄새나는 위벽을 채취하는 방법을 배워야 했다. 그는 위벽에서 추출한 펩신pepsin이라는 소화 효소와 알코올과 염산을 함께 사용해서 세포핵을 분리했다.

몇 개월 후에 그는 세포핵에서 인이 들어 있는 흰색 물질을 추출했다. 그는 이것이 획기적인 발견이라고 확신했다. 세포에서 독특한 역할을 하는 새로운 유형의 분자를 발견한 것이었다. 그것은 단백질에 버금갈 정도로 중요한 것일 수도 있었다.

호페-자일러는 자신의 젊은 연구원이 그런 핵심적인 발견을 했다는 사실을 믿고 싶지 않았다. 1년이 지난 후 강사 자리를 찾고 있던 미셔는 이 논문이 절실히 필요했고, 다른 사람이 같은 내용을 먼저 발표할 것을 걱정했다. 그러나 호페-자일러는 자신이 직접 결과를 확인하기 전에는 미셔의 논문을 자신이 편집하고 있던 생화학 학술지에 싣고 싶지 않았다. "고름 세포의 화학적 구성에 관하여"라는 그의 논문은 결국 2년 후에 발표되었다. 그의 논문에는 "예기치 못한 상황"으로 인해서 발표가 지연되었다는 호페-자일러의 주석이 붙어 있었다.

미셔는 자신의 새로운 분자를 뉴클레인nuclein이라고 불렀다. 오늘날 우리는 그것을 DNA라고 부른다.

세포의 핵에 대한 미셔의 관심을 고려하면 그가 유전에 흥미를 느꼈던 것은 놀라운 일이 아니었다. 과학자들은 유전이 어떻게 작동하는지에 대해서 막연한 단서만 가지고 있었지만, 세포핵과 유전이 관련이 있는 것처럼 보였다. 수백 년 전에 현미경을 들여다보던 영국의 자연철학자 로버트 훅은 코르크 조각이 여러 개의 작은 칸으로 나뉘어 있는 것을 보고 깜짝 놀랐다. 그는 수도원의 작은 방을 닮은 그 칸을 세포cell라고 불렀다. 1850년대에는 더 강력한 현미경을 통해서 모든 생명체가 세포로 구성되어 있다는 사실이 밝혀졌다. 그런데도 많은 과학자들은 새로운 생명체가 먼지, 죽은 살, 또는 유기물에서 자연 발생을 통해서만 생겨날 수 있다는 주장을 믿었다. 그러던 중에 더욱 강력해진 현미경 덕분에 세포가 분열한다는 사실이 관찰되면서 모든 세포가 다른 세포에서 비롯된다는 것이 밝혀졌다. 또한 세포가 분열할 때 핵도 함께 분열한다는 사실도 밝혀졌다. 그리고 성게의 크고 투명한 알에서 정자와 난자의 두 핵이 서로 융합해서 배아가 형성된다는 사실도 관찰할 수 있었다.

미셔는 핵에서 유전 정보를 전달하는 역할을 하는 분자의 종류를 추정했다. 당시의 화학 기술은 너무 엉성해서 답을 내놓기 어려웠지만, 그는 생물학 역사상 가장 위대한 예측을 하기 직전까지 갔었다. 1874년에 그는 "만약 수정授精을 일어나게 해주는 특정한 물질이 존재한다면, 가장 먼저 뉴클레인을 고려해야 할 것이 분명하다"고 제안했다.[7] 이후 1892년에는 삼촌에게 보낸 편지에서, 24개에서 30개의 알파벳으로 무한히 많은 말과 생각을 표현할 수 있는 것처럼, 비슷한 수의 특징을 가진 분자가 세포에게 후손을 낳는 번식의 방법을 알려줄 수 있다고 정확하게 제안했다.[8] 이는 놀라울 정도로 정답에 가까운 것이었다. DNA에는 20개의 서로 다른 아미노산에 대한 암호가 포함되어 있다. 그리고 그 암호가 궁극적으로 우리 세포 활동의 대부분을 제어한다.

그런데 뉴클레인을 발견하고 20여 년이 지나는 동안 미셔가 단백질에 더 많은 관심을 가지게 된 것은 역설적인 일이었다. 단백질은 크고 복잡한 것으로 알려져 있었다. 미셔는 뉴클레인이 어떻게 유전에 필요한 복잡성을 전달할 수 있는지를 이해할 수 없었다. DNA를 너무 가볍게 생각했던 탓에 그는 과학의 역사상 가장 위대한 성과를 놓치고 말았다. 과로로 면역력이 약해진 탓에 결핵에 걸린 그는 쉰여섯의 나이에 세상을 떠났다. 그의 성과는 대체로 망각되고 말았다.[9]

그러나 세기가 바뀌면서 몇몇 생화학자들이 뉴클레인의 가능성에 대한 미셔의 의문을 의심하기 시작했다. 그들은 유전을 전달하는 것은 단백질이 아니라 뉴클레인이라고 주장했다.[10] 얼마 지나지 않아 이 초기 아이디어는 뉴욕 록펠러 의학 연구소의 존경받는 화학과 과장이던 피버스 레빈의 연구에 의해서 분명하게 확인되었다. 레빈은 확실한 뉴클레인 전문가였다. 사실 그는 뉴클레인을 DNA, 즉 데옥시리보스 핵산deoxyribose nucleic acid으로 이름을 변경했다(굳이 알고 싶다면, 리보핵산인 RNA의 리보스ribose와 달리 데옥시리보스라는 당에는 산소 원자가 없기 때문이다). 그는 DNA가 아데닌adenine, 구아닌guanine, 시토신cytosine, 티민thymine이라는 네 가지 작은 화학 염기base를 가지고 있다는 사실을 알고 있었다. 당시 레빈이 할 수 있었던 대략적인 측정에 따르면 DNA에는 각 염기가 같은 비율로 들어 있는 듯했다. 따라서 그에게는 DNA가 4개의 염기가 똑같이 고정된 순서로 반복되는 단순한 분자일 가능성이 가장 높아 보였다.

합리적인 추정이었던 것이 언젠가부터 의심할 여지 없는 지식으로 굳어졌다. 곧 DNA가 보기 드물게 지루한 것이라는 사실에 누구나 동의하게 되었다. 그들은 "가능성이 가장 높아 보이는 것이 반드시 옳다"는 편견에 빠져 있었다. 모든 사람이 DNA가 단순하다는 데에 동의하자, 이 믿음의 바탕이었던 가정이 얼마나 빈약한 것이었는지는 기억에서 사라졌다.

이 무렵의 생물학자들은 유전에 대해서 조금 더 많은 것을 알게 되었다. 19세기에 오스트리아의 수도사 그레고어 멘델은 종자의 크기나 모양과 같은 식물의 형질이 한 세대에서 다음 세대로 전달되는 과정을 추적할 수 있다는 사실을 밝혀냈다. 과학자들은 세포에서 형질을 전달하는 것을 그리스어로 "출생" 또는 "집단"을 뜻하는 제노스genos를 이용해서 유전자gene라고 불렀다. 1920년대 후반의 생물학자들은 초파리를 X선으로 촬영하고 한 세대에서 다음 세대로 이어지는 돌연변이를 추적했다. 일부 형질은 항상 함께 유전되고, 핵에 들어 있는 실타래 같은 구조인 염색체의 물리적 변화와 관련이 있었기 때문에 유전학자들은 유전자가 염색체 안에 함께 들어 있어야 한다는 사실을 알아냈다. 또한 그들은 염색체가 DNA와 단백질이라는 두 가지 물질로 이루어져 있다는 사실도 알고 있었다.

그렇다면 유전자는 무엇일까? 단일 분자일까? 여러 분자로 되어 있다면, 느슨하게 결합되어 있을까? 아무도 그 정체를 몰랐다. 그러나 유전학자들은 유전자가 세포에서 가장 인상적인 분자인 단백질로 만들어졌을 가능성이 높다는 주장에 동의했다. 단순한 DNA와 달리 최대 20종류의 아미노산으로 이루어진 끈인 단백질은 크기와 모양이 매우 다양했다. 따라서 단백질이 몹시 총명한 것이 당연해 보였다. 단백질만이 유전을 전달하는 데에 필요한 복잡성을 가지고 있었다.

바로 그때 그런 통념의 벽에 거의 보이지 않는 가는 균열이 생겼다. 유전학자가 아니라 박테리아를 연구하던 의학 연구자 오즈월드 에이버리가 그 사실을 처음 소개했다. 록펠러 연구소에서 근무하던 레빈의 친구이면서 동료였고, 존경하는 괴짜로 알려져 있던 에이버리를 동료들은 교수의 줄임말인 페스Fess라고 불렀다. 의사로 일하기 시작한 그는 환자를 위해서 아무것도 할 수 없다는 사실에 좌절하는 일이 잦았다. 예를 들면 오한, 발열, 환각을 동반하는 주요 사망 원인인 폐렴은 에이버리의 어머니를 포함해서 매년 5만 명의 미국인을 사망에 이르게 했다.[11] 그래서 그는 연구를 시작했다. 대학 시절에는 대화에 뛰어나고, 대중 강연에 탁월한 재능을 보였던 그는 록펠러에서 과학 수도사로 변신했다. 에이버리는 (갑상선 기능 항진증 때문에) 큰 두개골과 튀어나온 눈, 그리고 작은 체구의 소유자였다. 내성적이고 혼자 있기를 즐긴 그는 다른 미혼 과학자와 함께 록펠러 근처에 살았고, 자신의 연구에 방해가 된다는 이유로 편지에 답장을 보내는 일조차 싫어했다. 미셔와 마찬가지로 그도 화학물질을 찾는 일을 좋아했다. 하지만 에이버리는 아무 준비도 없이 실험에 뛰어드는 연구자들을 경멸했다. 그는 시험관을 집어들기 전에 어떻게 하면 실험을 더 우아하고 의미 있게 만들 것인지를 며칠 동안 고민했다.[12] 연구실 벤치에 앉아 있던 그는 감각이 예민해졌고, 시선은 "주변 세상과 무관심한 듯이 내면을 향하고 있었다."[13]

이 무시무시한 발견에 누구보다 많은 관심을 기울인 사람은 바로 에이버리였다. 1928년 런던 보건부의 의료 담당관이었던 프레더릭 그리피스는 폐렴 환자가 기침할 때 뱉는 가래를 분석했다. 그는 일반적으로 한 가지가 아니라 두 가지 종류의 폐렴 박테리아가 있다는 사실에 놀랐다. 하나는 겉모습이 거칠었고, 쥐에 주입해도 해가 없었다. 다른 하나는 끈적끈적하게 코팅이 되어 있고 치명적인 독성이 있었다. 그리피스는 한 사람이 두 가지 서로 다른 종류의 폐렴균에 감염될 가능성은 거의 없다고 생각했다. 그의 실험은 더욱 흥미로운 사실을 보여주었다. 열을 이용해서 치명적인 악성균을 죽인 후에 쥐에 주입하면 쥐에게 아무 문제가 생기지 않았다. 그러나 치명적인 악성균의 사체와 살아 있는 무해한 양성균을 동시에 주입한 쥐는 죽었다. 그리고 죽은 쥐에서는 살아 있는 악성균이 검출되었다. 한 가지 박테리아가 다른 박테리아로 변한 듯했다.

처음에 에이버리는 그리피스의 이상한 결과가 오염에 의한 것이라고 확신했고, 동료들이 그런 실험을 재현하기 위해서 시간을 낭비하는 것을 용납하지 않았다.[14] 그러나 실험실의 한 연구원이 에이버리가 휴가를 간 사이에 그리피스의 실험을 반복해보았다.[15] 록펠러 의학 연구소의 6층에서 일하던 그들은 병동으로 걸어 내려가기만 하면 새로운 폐렴균을 채취할 수 있었다. 휴가에서 돌아온 에이버리는 그리피스의 결과가 재현되었다는 사실을 알고 놀랐다. 치명적인 악성균을 가열하고 갈아서 살아 있는 무해한 양성균과 함께 시험관에 넣는 경우에도 무해한 양성균이 치명적인 악성균으로 변했고, 그 후손도 여전히 살인자가 되었다. 에이버리의 말대로, 무엇인가가 박테리아 지킬 박사를 하이드 씨로 변신시키고 있었다.[16]

하찮은 박테리아에서 일어나는 이상한 현상을 조사하고 싶어하는 사람은 거의 없었지만 에이버리는 생각을 멈출 수가 없었다. 그가 '형질 전환 인자transforming principle'(죽은 병원성 폐렴균에 들어 있는 성분으로 비병원성 폐렴균을 병원성으로 전환해주는 역할을 한다/역주)라고 불렀던, 양성균을 치명적인 악성균으로 변신시키는 이 신비한 물질의 정체가 무엇일까? 죽은 치명적인 악성균에 들어 있는 성분이 양성균에 달라붙어서 효소를 자극함으로써 무해한 박테리아를 치명적인 박테리아로 변신시키는 물질을 만드는 것일까?[17] 아니면 다른 어떤 일이 벌어지는 것일까? 죽은 박테리아의 어떤 유전자가 살아 있는 박테리아에 흡수되어 통합되는 것일까? 하등 박테리아에 대한 그리피스의 기이한 관찰이 우리 세포의 일부 분자가 다른 세포의 활동을 어떻게 지시하는지를 밝힐 수 있다고 생각한 사람은 그뿐이었다.

그런 사실을 확인해보기로 마음먹은 에이버리에게 어려움이 닥쳐왔다. 1930년대 초에 그는 급격하게 악화된 갑상선 기능 항진증 때문에 손 떨림, 우울증, 허약 증세에 시달렸다. 수술을 받고 나서야 45킬로그램이 조금 넘었던 평소 체중을 회복했다.[18] 그 사이에 그의 연구진은 신뢰할 수 있는 결과를 얻기 위해서 분투하면서 끊임없이 "고민과 상심"을 경험했다.[19] 때로는 그들이 분리한 형질 전환 인자가 박테리아를 변형시키기도 했지만, 변형시키지 않은 경우도 있었다. 그의 회고에 따르면, "모든 것을 창밖으로 던져버리고 싶을 때가 많았다." 그는 종종 "실망은 나의 일용할 양식이었다"라고 했다.[20]

에이버리가 마침내 "형질 전환 인자"에 모든 시간과 에너지를 집중할 수 있게 된 것은 의무 은퇴를 불과 3년 앞둔 예순두 살이 되던 1940년이었다. 그는 몇 가지 획기적인 성과로 보상을 받았다. 그의 동료인 콜린 매클라우드가 실험에 필요한 대량의 박테리아를 분리할 수 있는 확실한 방법을 개발했다. 그는 대형 플라스크에서 배양한 폐렴균을 분리하는 일에 산업용 대형 유제품 크림 분리기를 원심분리기로 개조해서 사용했다. 그는 독한 폐렴균이 공기 중으로 누출되는 것을 막기 위해서 스테인리스 스틸로 만든 상자에 배양기를 넣어두고, 타이어 렌치로 밀봉하는 볼트를 풀기 전에 상자의 내부를 증기로 살균하는 장치를 설계했다(에이버리는 상자를 열 때 절대 몸을 사리지 않았다).

충분한 양의 전환 인자를 손에 넣은 후에 또다른 동료인 매클린 매카티가 이 물질의 정체를 알아내기 위해서 다양한 화학 실험을 시작했다. 그는 지방과 당을 모두 제거한 후에도 그 물질이 무해한 양성균을 치명적인 악성균으로 변형시킨다는 사실을 발견했다. 그렇게 해서 두 가지 화학적 용의자만 남았다. 첫 번째는 단백질이었다. 에이버리에게는 놀랍게도 두 번째 용의자가 DNA였다.

1942년에 그들은 무해한 폐렴균을 암살자로 만들 수 있는 흰색의 끈끈한 추출물을 분리했다. 단백질은 0.01퍼센트도 되지 않았다. 그들이 점차 의심했던 물질의 나머지 99.99퍼센트는 DNA였다. 연구를 계속하는 동안 그들은 추출물을 토끼 뼈, 돼지 신장, 개의 내장, 그리고 토끼, 개, 사람의 혈액에서 추출한 효소로 처리했다.[21] DNA를 파괴하는 것으로 알려진 효소가 이 물질의 작용을 막았다. 연구진은 상상할 수 있는 모든 실험을 통해서 전환 인자가 DNA임을 밝혀냈다.

에이버리는 모험을 원하지는 않았지만, 과거의 유령에 시달리고 있었다. 20년 전에 그는 표면의 단백질을 근거로 치명적인 폐렴균을 식별할 수 있다고 발표했다. 6년 후에는 스스로 자신이 틀렸다는 사실을 알아냈다. 악성균의 식별 분자는 당이었다. 공개적으로 자신의 주장을 철회한 그는 회의론과 비난에 부딪혔다.[22] 몇 년이 지났지만 그는 여전히 상처를 기억하고 있었고, 다시는 실수를 저지르고 싶지 않았다. 하지만 프린스턴의 저명한 화학자 몇 명과 상의한 그는 다른 실험을 구상할 수 없었다. 실험실로 돌아오는 길에 매클라우드가 그에게 물었다. "페스, 또 무엇을 원하십니까? 어떤 증거를 더 얻을 수 있을까요?"[23] 에이버리는 록펠러의 다른 화학자들에게 자문을 구했다.

마침내 1944년에 그는 거의 14년에 걸친 연구 결과를 발표했다. 들뜬 마음으로 그는 동생에게 "유전학자들의 오랜 꿈이었던" 중대한 발견을 했다고 기뻐하며 편지를 보냈다.[24] 긴 논문의 마지막에 그는 폭탄을 터뜨렸다. 수십 년 동안 유전자가 단백질로 만들어졌다고 믿었던 그는 전환 인자가 유전자에 관련된 것일 수 있고, 사실은 DNA로 만들어진 것이라고 했다. 물론 그 바로 뒤에 그의 전환 인자가 오염되었을 가능성을 배제할 수 없고, 그런 경우에는 자신의 주장에 더 이상 신경을 쓸 필요가 없다는 경고의 문구도 적었다.

"폐렴구균 유형의 변이를 유도하는 물질의 화학적 특성에 관한 연구 : 폐렴구균 유형 III에서 분리한 데옥시리보핵산에 의한 형질 전환 유도"라는 미적지근한 제목이 붙은 에이버리의 논문은 사람들로부터 인정받지 못했다. 에이버리의 가장 열렬한 비평자이자 단백질 분야의 세계적 권위자인 앨프리드 미르스키가 록펠러 연구소의 두 층 위에서 일하고 있었다는 사실도 도움이 되지 않았다. 에이버리의 다양한 실험을 무시한 미르스키는 아무도 DNA를 99퍼센트 이상 정제할 수 없다고 주장했다. 따라서 에이버리의 시료가 0.1퍼센트의 단백질로 오염되었더라도 시료에는 변형을 일으킬 수 있는 단백질이 수백만 개나 남아 있다는 것이 그의 지적이었다.[25] "세계 최고의 전문가는 반드시 옳다"는 사고의 함정이 다시 한번 과학자들의 생각을 혼란스럽게 만들었다. 물론 그런 생각은 대부분 합리적인 가정이다. 더욱이 에이버리는 당시의 생물학자들이 잘 알지 못했던 박테리아를 연구하고 있었다. 박테리아의 유전학이 우리와 공통점이 있는지 누가 알았겠는가? 많은 유전학자들에게는 유전자가 단백질이나 DNA로 만들어지는지는 그렇게 중요해 보이지 않았다. 두 가지 모두를 잘 알지 못했기 때문이다. DNA는 그저 "빌어먹을 다른 거대 분자"일 뿐이라고 생각했다고 기억하는 사람도 있었다.[26] 우리 세포의 작동을 제어하는 분자의 본질이 많은 과학자에게는 여전히 베일에 싸여 있었다.

에이버리가 혁명의 씨앗을 심은 것은 사실이다. 그 수가 많지는 않았지만 그를 진지하게 받아들인 과학자들이 있었다. 컬럼비아의 생화학자 에르빈 샤가프도 그중 한 사람이었다. 그는 "나는 눈앞에서 생물학의 문법이 시작되는 짙은 윤곽을 보았다"고 기억했다.[27] 샤가프는 즉시 DNA에 대한 연구를 시작했다. 그는 고작 1년 전에 개발된 종이 크로마토그래피paper chromatography라는 새로운 기술을 이용해서 모든 DNA의 염기 비율이 동일하다는 레빈의 가정을 확인하는 일을 시작했다. 그 결과는 놀라웠다. 소의 DNA에서 염기 A : G : C : T의 비율은 대략 30 : 20 : 20 : 30이지만, 결핵균은 35 : 15 : 15 : 35에 가까웠고, 인간 DNA의 비율은 더욱 다른 것으로 밝혀졌다.[28] 샤가프에게 그런 결과는 염기가 항상 정해진 반복 서열로 나타나는 것이 아니라는 증거였다. 결국 DNA의 염기 서열은 "어리석은" 것이 아니었다.

과학자들은 한 가지가 아니라 "가능성이 가장 높아 보이는 것이 반드시 옳다"와 "세계 최고의 전문가는 반드시 옳다"는 두 가지 인지적 함정에 빠지고 말았다. 초기의 레빈은 염기쌍을 정확하게 측정할 수 있는 기술이 없었다. 그 자신도 그런 사실을 알고 있었다. 그러나 그런 상황에서 염기쌍이 항상 똑같은 비율로, 항상 간단하게 고정된 똑같은 순서로 나타난다는 그의 추정이 정설로 인정되었다.

샤가프는 또 한 가지의 흥미로운 사실을 발견했다. 그는 염기의 비율에서 이상한 패턴을 발견했다. 염기 A는 항상 T와 같은 비율로 나타나고, G는 C와 같은 비율로 발견되었다. 샤가프는 그런 결과를 어떻게 해석해야 하는지를 알지 못했다. 그는 그 중요성을 놓친 것을 후회하게 되었다.

에이버리의 논문이 발표된 해에 물리학자 에르빈 슈뢰딩거가 쓴 『생명이란 무엇인가?*What is Life?*』라는 얇은 책이 출간되면서 DNA의 흔적을 쫓는 과학자가 늘어나기 시작했다. 슈뢰딩거는 아원자 입자가 얼마나 기괴하게 행동하는지를 밝혀낸 "슈뢰딩거의 고양이"라는 사고실험으로 잘 알려져 있었다. 양자 이론의 발전에 기여한 슈뢰딩거는 자신이 해결할 수 있는 또다른 큰 문제를 찾고 있었다. 그는 생물학에서 유전자가 매우 신비로운 개념이라는 사실을 알게 되었다. 과학자들은 눈 색깔이나 키와 같이 후손에게 유전될 수 있는 유전자에 대해서 이야기했지만, 특정 형질과 관련된 유전자의 본질에 대해서는 아무것도 알지 못했다. 유전자는 분자일까? 많은 분자가 함께 작용하는 것이라면, 누가 어떻게 알아낼 수 있을까? 슈뢰딩거는 유전자가 (그가 "비주기적 결정aperiodic crystal"이라고 부른) 일종의 생물학적 분자에 내장된 "암호문code-script"일 것이라고 추정했다. 그는 유전자의 정체를 밝혀내는 것이 당대의 가장 시급한 과학적 과제라고 선언했다.

슈뢰딩거의 짧고 명료한 책에 마음을 빼앗긴 젊은 과학자들이 진로를 바꿔 유전자의 물리적 본질을 탐구하기 시작했다. 동물학을 공부하던 제임스 왓슨과 프랜시스 크릭과 모리스 윌킨스라는 두 영국 물리학자도 그랬다. 그들은 자신도 모르게 노벨상 경쟁에 뛰어들었다.

1944년에 슈뢰딩거의 책을 읽은 윌킨스는 긴 얼굴에 키가 크고 사교적인 성격의 물리학자였다. 버클리의 로런스 리버모어 연구소에서 전쟁과 관련된 연구를 하는 영국 팀의 일원으로서, 원자폭탄의 우라늄 분리를 연구하던 그는 핵무기가 인류의 생존에 미치는 위협에 공포를 느꼈다. 결국 그는 생명에 대한 연구로 자신의 진로를 바꾸기로 결심했다. 영국으로 돌아온 그는 킹스 칼리지 런던에 신설된 생물물리학 연구실에 합류했다. 윌킨스도 다른 사람들과 마찬가지로 단백질이 유전을 전달하는 분자가 분명하다고 생각했다. 하지만 에이버리의 연구 결과를 듣고는 갑자기 DNA도 경쟁상대가 될 수 있다고 생각하게 되었다. 그는 DNA 구조에 대한 단서를 찾기 위해서 새로운 광학 현미경을 개발하기 시작했다. 그러나 현미경의 해상도에는 한계가 있었다. 그는 더 자세히 보기 위해서 X선 결정학이라는 과학으로 눈을 돌렸다. 그런 과학이 없었다면 DNA의 구조는 오늘날에도 여전히 미스터리로 남아 있었을 것이다.

영국의 물리학자들은 윌킨스가 연구를 시작하기 불과 수십 년 전에 이 놀라운 기술을 개척했다. 그들은 사진 필름 앞에 결정형 분자를 놓아두고 X선을 쏘아 광선이 그 주변이나 결정을 통과할 때 굴절되어 만들어지는 회절回折 이미지를 찍었다. 그런 다음 이미지에 복잡한 수학을 적용해서 결정의 구조를 재구성했다. 마치 벽에 드리워진 그림자를 보고 물체의 모양을 알아내는 것과 비슷한 일이었다. 다만 그 대상이 우리가 볼 수 있는 것보다 100만 배나 더 작다는 점이 달랐다.

다행스럽게도 1950년 5월 윌킨스가 참석한 회의에서 어느 스위스 과학자가 비정상적으로 순수한 DNA 시료를 아낌없이 나눠주었다. 런던으로 돌아온 윌킨스와 대학원생 레이먼드 고슬링은 그 시료로 X선 결정 이미지를 촬영했다. 여러 차례의 실험 끝에 그들은 이전에 만들어진 어떤 사진보다 훨씬 더 선명한 사진을 찍었다는 사실에 감격했다. 기쁨에 들뜬 그들은 술 한 잔을 마시면서 자축했다. 몇 년이 지난 후에도 고슬링은 여전히 그 느낌을 기억했다.

그러나 윌킨스는 자신들이 이 기술에 대해서 초보자라는 사실을 깨달았다. 그래서 연구소 소장이었던 존 랜들이 X선 결정학에 경험이 많은 과학자 로절린드 프랭클린을 고용한다는 소식을 들은 윌킨스는 랜들에게 그녀를 DNA 연구팀에서 연구하도록 해줄 것을 제안했다. 안타깝게도 여기서부터 문제가 생기기 시작했다.

서른 살의 프랭클린은 파리에서 석탄의 구조에 대한 중요한 발견을 해낸 뛰어난 화학자였다. 랜들은 처음에는 그녀에게 단백질 연구를 부탁했지만, 그녀가 런던에 도착하기도 전에 DNA를 연구해달라고 요청하는 새로운 편지를 보냈다. 그는 그녀와 고슬링만 그 주제를 연구하게 될 것이라고 알려주었다.[29] 랜들은 윌킨스가 X선 작업을 중단하기를 원했던 것으로 보이지만, 실제로 그렇게 지시하지는 않았다. 어떤 이유에서인지는 알 수 없지만 랜들은 윌킨스에게 프랭클린에게 보낸 편지에 대해서 말하지 않았다. 바로 이즈음에 현미경으로는 한계에 맞닥뜨린 윌킨스는 X선 결정학에 대한 노력을 배가하는 것만이 진전을 이룰 수 있는 유일한 희망이라는 결론에 이르렀다.[30] 당시에 두 사람이 함께 연구했다면 훗날 두 사람 모두 스웨덴으로 여행을 떠났을 것이다. 그 대신 과학계에서 가장 유명한 불화를 위한 무대가 마련되었다.

처음부터 오해가 시작되었다. 프랭클린이 도착했을 때 연구소의 부소장이던 윌킨스는 휴가 중이었다. 새로운 후배를 반갑게 맞이하고 싶은 마음에 휴가에서 돌아온 그는 키가 작고, 검은 머리에 자신감 넘치는 검은 눈동자의 노련한 과학자를 만났다. 랜들은 이미 고슬링에게 그녀와 함께 일하라고 말해놓은 상태였다. 그녀는 X선 결정학 장비와 윌킨스의 귀중한 순수 DNA 시료를 넘겨받을 예정이었다. 윌킨스는 여전히 그녀가 자신의 조수로 연구에 동참할 것으로 기대했다. 적어도 두 사람은 함께 연구를 수행할 것이고, 이론가인 자신이 그녀가 찍은 이미지를 해석하는 일을 돕는 역할을 할 것으로 생각했다.

그러나 프랭클린은 그런 일에는 관심이 없었다. 그것은 그녀가 기대했던 일이 아니었다. 누군가의 조수가 되고 싶지 않았던 그녀에게 윌킨스는 전혀 인상적인 인물이 아니었다. 일을 시작하자마자 그녀는 선명한 사진을 찍는 까다로운 기술에서는 자신이 훨씬 능통하다는 사실을 알게 되었다.[31] 얼마 지나지 않아서 그녀는 실제로 지하실에 있던 자신의 실험실에서 더 나은 사진을 찍었다. 프랭클린은 자신의 이미지를 해석하는 방법에 대해 원치 않는 제안을 하기 시작한 윌킨스를 불쾌하게 생각했다. 그가 자신의 실험에 참견하는 이유가 무엇일까?[32]

두 사람이 고양이와 개처럼 사이가 좋지 않았던 다른 이유도 있었다. 두 사람 사이에는 전형적인 성격 충돌이 있었다. 프랭클린은 항상 자신감이 넘쳤다. 그녀는 무슨 일이든 해내고, 주도적으로 행동하고 싶어했다. 그녀는 과학에 대한 열정이 넘쳤고, 직설적인 지적 경쟁을 즐겼다. 그러나 온화한 성격에 수줍음이 많았던 윌킨스는 갈등을 원하지 않았다. 그는 일상적인 대화에서조차 말을 할 때 종종 상대방에게서 고개를 돌리고는 했다. 의견이 일치하지 않으면 그는 침묵에 빠져버렸다. 훗날 그녀와 함께 연구했던 에런 클루그는 "그녀는 매우 예리하고 빠르고 단호했다"라고 말했다.[33] "그녀가 윌킨스와 잘 지내지 못했던 것도 그런 이유 때문이었다. 윌킨스는 영리한 사람이었다. 그는 영리했지만 느렸다. 그녀는 빠르고 결단력이 있었다." 사실 두 사람 모두 서로를 어려워했고, 서로의 공통점을 찾지 못했던 탓에 큰 대가를 치르고 말았다.

한편 몇 달 후에는 다른 연구진도 똑같은 문제에 관심을 가지게 되었다. 사실 윌킨스 자신은 아무것도 모른 채 큰 눈에 짧은 머리의 괴짜 미국인을 영입해서 DNA 구조를 찾는 일에 동참시켰다. 박사 후 연구원이던 제임스 왓슨은 덴마크에서 아무런 성과도 거두지 못한 채 허덕이고 있었으면서도 스스로 과학적 영광을 꿈꾸고 있었다. 그의 미국 교수들은 에이버리의 발견을 받아들여 유전자가 단백질이 아니라 DNA로 이루어졌다고 가르쳤다. 왓슨은 단순히 그런 가르침을 받아들였다. 그런 왓슨의 입장에서는 DNA의 구조가 생물학에서 가장 중요한 문제라고 생각할 수밖에 없었고, 자신이 그 구조를 밝혀내는 사람이 되고 싶었다. 하지만 어떻게 해야 하는지는 전혀 몰랐다.

그런데 이탈리아에서 열린 학술회의에서 그는 윌킨스의 발표에 참석했다. 윌킨스가 고슬링과 함께 촬영한 DNA의 선명한 X선 사진을 본 왓슨은 전율을 느꼈다. 선과 점으로 이루어진 패턴은 DNA의 구조가 규칙적이고, X선 결정학을 통해서 그 구조를 밝혀낼 수 있다는 사실을 보여주었다.

왓슨은 당장 배에 뛰어올라 런던의 킹스 칼리지로 가서 윌킨스와 함께 일하고 싶었다. 그러나 그런 일은 불가능했다. 그는 차선책으로 기차로 한 시간 반 거리에 있는 케임브리지 대학교의 박사후 연구원 자리를 찾았다. 그곳의 연구원들은 X선 결정학을 이용해서 단백질의 구조를 연구하고 있었다. 왓슨은 그 기술을 배워서 자신이 직접 DNA 구조를 밝힐 수 있을 때까지 시간을 벌 계획이었다.

그에게 기회는 예상보다 빨리 찾아왔다.

케임브리지에 도착한 첫날, 그는 큰 소리로 웃으면서 쉴 새 없이 이야기하는 깡마르고 멋쟁이인 물리학자를 만났다. 그 물리학자는 호기심에 가득 찬 그의 새로운 연구실 동료인 프랜시스 크릭이었다. 크릭은 전쟁 중 해군용 기뢰 설계를 도운 적이 있었다. 윌킨스의 친구이기도 한 크릭도 역시 무기를 만드는 일보다는 생명을 연구하는 편을 더 선호했다. 그러나 그는 런던에 있는 윌킨스의 연구실에 합류하는 대신 죽은 분자가 생명으로 전환되는 데에 가장 중요한 역할을 한다고 믿고 있던 복잡한 단백질의 구조를 연구하기 위해서 케임브리지로 왔다.

왓슨과 크릭은 곧바로 서로 마음이 통한다는 사실을 알아차렸다. 그들은 기묘한 짝이었다. 미숙하지만 조숙한 스물두 살의 왓슨은 이미 박사후 연구원이었고, 기혼에 서른다섯 살의 크릭은 박사 학위 과정을 이수하고 있었다. 그러나 크릭은 생각이 너무 재빨라서 동료들을 질겁하게 했다. 동료들이 문제를 설명하고 나면, 스스로 문제를 풀기도 전에 자신이 집에서 먼저 해결하기도 했다. 한편 왓슨은 야심 차고 건방진 사람이었다. 그는 강의 중에 잘난 체하듯 신문을 읽다가 관심을 기울일 만한 흥미로운 내용이 있을 때만 신문을 내려놓고는 했다. 크릭은 훗날 "우리 두 사람 모두에게는 젊은 시절의 오만함과 잔인함, 엉성한 생각에 의한 조급함이 자연스러웠다"고 기억했다.[34]

왓슨과 크릭은 곧 단백질보다는 DNA의 구조를 찾는 것이 훨씬 더 낫다는 데 합의했다. 우선, DNA의 구조를 찾는 일이 훨씬 더 쉬울 수 있었다. 단백질은 방대하고 매우 복잡했다. 크릭의 지도교수인 맥스 퍼루츠는 15년간 헤모글로빈의 구조를 연구했다(그후에도 9년이나 더 연구해야 했다). 만약 유전자가 단백질이라면 이를 이해하는 데에 얼마나 시간이 걸릴지 누가 알겠는가? DNA가 훨씬 더 간단할지도 모른다는 생각에 그들은 직접 시도하기로 했다. 더욱이 어차피 기술적 능력이 부족한 자신들이 굳이 실험에 신경 쓸 필요도 없었다.

다른 과학자들의 데이터를 사용할 것이고, '화학의 사자lion'로 알려진 라이너스 폴링으로부터 교훈을 얻은 그들은 영리한 지름길을 선택하기로 했다. 폴링은 당대의 최고 화학자였다. 1920년대 후반 칼텍에서 양자

역학을 이용해서 원자 결합의 새로운 규칙을 발견한 그는 거의 혼자서 화학을 훨씬 더 정교한 과학으로 발전시켰다. 이제 그도 자신이 모든 분자 중에서 가장 중요한 것이라고 확신하는 단백질의 구조를 찾기 위한 경쟁에 뛰어들었다. 그리고 그는 왓슨과 크릭의 케임브리지 연구소를 압도하고 있었다. 사실 학과장인 로런스 브래그가 불과 몇 달 전에 아버지와 함께 X선 결정학을 개척했지만, 폴링은 이미 케임브리지 연구진을 크게 앞지르는 성과를 거두고 있었다. 폴링은 수많은 단백질이 나선helix이라고 부르는 3차원의 꼬인 구조라는 사실을 발견했다.* 그는 이 발견을 위해서 새로운 기술을 개발했다. 단순히 X선 이미지를 분석하는 대신에 측정값을 이용해서 단백질의 세부 단위에 대한 축소 모형을 만들었다. 그런 후에 그는 그 모형을 팅커 장난감처럼 활용해서 원자 결합에 대한 자신의 심오한 지식으로 논리적 구조를 찾아나갔다.

케임브리지 연구진도 답을 찾기 위해서 노력했지만, 한계에 도달하고 말았다. X선 이미지에 나타난 작고 흐릿한 점들이 나선 구조를 배제하는 것처럼 보였다. 한편 폴링은 그 점들이 자신이 발견한 구조와 일치하지 않는다는 이유로 무시해야 한다고 생각했다. 그의 판단이 옳았던 것으로 밝혀졌다. 그 점들은 사진 촬영 과정에서 생긴 허상이었다. 이는 크릭과 모든 케임브리지 연구원들에게 충격적인 패배였다.

이제 크릭과 왓슨에게는 폴링을 뛰어넘어야 한다는 사실이 분명해졌다. 폴링이 DNA 구조를 직접 해독하기 전에 자신들이 그의 모형화 기술을 이용해서 먼저 구조를 밝혀내야만 했다. 물리학자와 생물학자는 자

* 그런데 폴링에게는 도움을 주는 사람이 있었다. 흑인 화학자인 허먼 브랜슨이 모형을 증명하는 수학 문제의 대부분을 해결했다. 어떤 이유에서 폴링은 브랜슨에게 논문의 제3저자의 자격을 주기는 했지만, 그의 기여를 최소화했다.

신들이 화학을 자세히 모른다는 사실에 개의치 않고 신속하게 작업을 시작했다.

그들은 윌킨스에게 킹스 칼리지에서 그 자신의 모형을 만들어줄 것을 촉구했다. 그러나 윌킨스는 프랭클린의 도움이 없이는 그런 일을 할 능력이 없었다. 더욱이 그녀는 그런 추론적인 방법은 의미가 없다고 생각했다.[35] 그녀는 끈기를 가지고 X선 데이터에만 의존해야 더 확실한 답을 얻을 수 있다고 생각했다.

왓슨과 크릭은 다른 사람들이 이미 발표한 데이터를 검토하는 일부터 시작했다. 하지만 그들은 곧바로 더 많은 측정이 필요하다는 사실을 깨달았다. 그리고 그런 데이터를 찾을 수 있는 곳은 프랭클린의 연구실뿐이었다. 마침 킹스 칼리지에서는 프랭클린의 예비 결과를 발표하는 학과 세미나를 준비 중이었다. 윌킨스는 의무적으로 그들에게도 초대장을 보냈다. 그래서 케임브리지에 도착하고 불과 6주일 만에 왓슨은 런던행 기차를 타고, 훗날 그의 표현을 빌리자면 "스파이처럼" 강의실에 몰래 들어갔다.[36]

그리고 그는 자신이 그녀의 세미나에서 배운 것을 크릭에게 알려주기 위해 서둘러 케임브리지로 돌아왔다.

왓슨은 재빨리 DNA 구성단위의 모양과 크기를 가진 철사, 나무 막대, 공을 이용해서 팅커 장난감을 만들도록 공작실에 주문했다. 그런 다음 벽돌이 그대로 노출된 사무실의 책상에서 그 모형을 바라보면서 불가해한 상상을 시작했다. 세포에 지시를 내리는 분자에 해당하는 유전자가 어떻게 생겼을까?

그들은 DNA가 다섯 가지 원소만으로 이루어져 있다는 사실을 알고 있었다. DNA는 (인과 산소로 구성된) 인산 염기와 (탄소, 산소, 수소로 구성된) 데옥시리보스라는 당이 교대로 연결된 골격을 가지고 있었다. 그러나 DNA의 핵심은, 그 골격이 (13–16개 정도의 질소, 탄소, 수소, 산소로 구성된) 아데닌, 구아닌, 시토신, 티민이라는 네 가지 작은 염기를 지지하고 있다는 것이었다. 만약 그들의 생각이 맞다면, DNA는 방대한 양의 유전 정보를 어떤 식으로든지 암호화한 염기의 서열에 해당하는 유전자를 가지고 있을 것이다.

그들은 DNA의 구조가 단백질처럼 복잡한 악몽임이 밝혀질 것을 두려워했다. 심지어 유전자가 DNA와 단백질 모두의 복잡한 조합으로 만들어진 것일 수 있다는 우울한 전망도 있었다. 그러나 그들이 운이 좋다면, 유전자는 DNA로만 이루어져 있고, 그 구조는 단순할 것이다. 만약 그렇다면 가능성이 가장 높은 구조는 나선형일 것이라고 추정했다. 그것이 X선 이미지의 크기와 윌킨스의 추측이 모두 일치하는 결론처럼 보였다. 그들은 서둘러 폴링의 저서 『화학결합의 본성*The Nature of the Chemical Bond*』을 구입해서 연구를 시작했다.

그들이 주문한 팅커 장난감은 단 2주일 만에 완성되었다. 3개의 골격이 프랭클린의 이미지에 나타난 패턴과 일치할 것이라고 추정한 그들은 중앙에 3개의 나선을 안정적으로 연결했다. 그리고 염기를 크리스마스 트리의 장식처럼 옆에 어색하게 매달았다. 초조했던 크릭은 윌킨스에게 자신들의 모형을 살펴보도록 초대했다.

다음 날 아침, 윌킨스는 프랭클린, 고슬링, 그리고 킹스 칼리지의 다른 동료 두 명과 함께 런던에서 오전 10시 기차를 타고 도착했다. 그들은 특종을 놓쳤다는 생각에 침울한 기분이었다. 그러나 프랭클린은 모형을 보자마자 웃음을 터뜨렸다. 안과 밖이 뒤바뀐 그 모형이 너무 많이 틀렸기 때문이었다. 그녀는 자신의 계산에 따르면 염기가 나선형 골격의 바깥쪽이 아니라 그 안쪽에 맞아 들어가야 하는 이유를 세미나에서 설명했다. 그러나 그 지적은 왓슨의 머릿속을 스쳐 지나가고 말았다.

결국 왓슨과 크릭은 망신을 당하고 말았다. 그런데 더 나쁜 일이 기다리고 있었다. 그들의 상관인 브래그가 윌킨스와 프랭클린의 학과장인 랜들로부터 성난 전화를 받았다. 그는 왓슨과 크릭의 지나치게 비신사적인 행동에 분노했다. 당시 영국에는 생물물리학 연구실이 몇 개 되지 않았다. 남의 일을 베끼는 것은 옳지 않은 일로 여기던 때였다. 윌킨스와 프랭클린이 먼저 연구를 시작한 그 문제는 당연히 자신들의 것이어야만 했다. 당황하고 짜증이 난 브래그는 왓슨과 크릭에게 당장 그 일을 그만두고 원래 하던 일로 돌아가라고 지시했다.

훈계를 들은 왓슨과 크릭은 화해를 위해 자신들의 모형 제작 장비를 윌킨스와 프랭클린에게 보내서, 그들도 모형을 만들어보라고 권했다. 그러나 프랭클린은 여전히 핵심을 이해하지 못했다. 고슬링의 기억에 따르면, 프랭클린은 "아주 오랜 시간에 걸쳐서 원자 모형을 만들 수는 있겠지만, 어느 것이 진실에 더 가까운지를 알아낼 수는 없다"고 생각했다.[37] 그녀는 여전히 데이터에서 올바른 구조가 드러나도록 하는 것만이 합리적인 방법이라고 믿었다.

킹스 칼리지에서는 프랭클린과 고슬링이 몇 달 전의 발견에 고무되어 다시 연구를 계속했다. 프랭클린은 DNA 가닥이 두 가지 형태를 가질 수 있다는 사실을 발견했다. 건조한 환경에서는 그 지름이 더 커졌다. 그녀는 그것을 A형이라고 불렀다. 그러나 우리의 세포처럼 물에 젖은 환경에서는 B형이라고 불렀던 더 얇은 모양이 된다.

그것만으로도 큰 진전이었다.

그러나 프랭클린은 연구의 속도를 늦추는 결정을 내렸다. 그녀는 더 복잡하고, 그래서 데이터가 더 많은 A형에서 얻은 이미지에서 더 확실한 결과를 얻을 수 있다고 생각해서 그 구조를 파악하는 일을 먼저 끝내기로 했다. 그녀는 X선 이미지의 패턴을 해석하기 위해서 매우 복잡하고 시간이 많이 걸리는 수학적 계산을 시작했다. 그리고 데이터를 분석할수록 그녀는 A형이 나선 구조가 아니라고 확신하게 되었다.

한편 윌킨스는 점점 더 좌절하고 있었다. 그가 이해하기로는, 자신이 킹스 칼리지에서 DNA 연구를 시작할 때 프랭클린의 도움을 받을 수 있도록 해줄 것을 랜들에게 요청했지만, 그녀는 자신의 연구과제를 빼앗아간 후에 자신을 배제해버렸다. 두 사람의 관계가 악화되자 결국 랜들이 나서서 화해를 주선해야 했다. 결국 프랭클린은 (윌킨스가 그녀에게 준 순수한 DNA를 사용해서) A형을 분석하고, 윌킨스는 (다른 곳에서 DNA 시료를 구해서) B형을 분석하는 일을 하기로 합의했다. 이제 두 사람은 서로 대화를 거의 하지 않았다. 윌킨스는 DNA의 B형을 연구하기 위해서 더 큰 카메라를 구입했다. 그러나 그는 스위스 생화학자로부터 받은 시료만큼 순수한 DNA 시료를 구할 수 없다는 사실을 깨달았다. 결국 그는 프랭클린과의 합의 때문에 사실상 연구를 중단하고 말았다. 그는 가끔 왓슨과 크릭을 만나 그녀의 새로운 연구 진행 상황을 알려주고, 그들이 "로지Rosy"라고 낮춰 부르던 그녀에 대해 투덜거리는 대화를 나누었다.

프랭클린도 역시 점점 더 불편해졌다. 파리에 있었을 때는 교양 있고 지적으로 자극을 주는 동료들 덕분에 편안했다. 그러나 킹스 칼리지에서는 여성이 교수 휴게실에서 남성과 점심식사를 함께 하는 것도 허용되지 않는 분위기에 거부감을 느꼈다. 그리고 그녀는 킹스 칼리지의 일부 세련되지 못한 군인 출신 직원들의 짓궂은 분위기도 싫어했다. 파리에서 뛰어난 과학자로 인정받았던 그녀가 이곳에서는 무명의 인물이 되어버렸다. 무엇보다도 자신과 함께 일하자고 계속 제안하는 윌킨스가 그녀를 화나게 했다. 돌이켜보면 그녀는 공동 연구자의 도움을 받을 수 있었지만, 그 사람이 윌킨스가 될 수 없었던 것은 분명했다. 프랭클린의 절친한 친구인 돈 캐스퍼는 "안타깝게도 모리스는 남성 우월주의자처럼 행동했다"고 나에게 말해주었다.[38] "그는 분명 로절린드가 자신을 도와주기를 바랐다." 그녀는 그의 도움이 필요하지 않다고 확신했지만, 상황이 너무 심각해져서 결국 다른 일자리를 찾기 시작했다.

그런 사이에 케임브리지의 왓슨과 크릭도 애를 태우고 있었다. 그들의 입장에서는 프랭클린이 1년이 넘도록 아무런 진전을 이루지 못한 것으로 보였다. 그러던 중 1953년 1월에 왓슨과 크릭은 폴링의 논문 초고를 보게 되었다. 언뜻 보기에도 놀라움을 금치 못할 지경이었다.

폴링은 DNA의 구조를 제안했다. 처음에 왓슨과 크릭은 큰 충격을 받았다. 그러나 놀랍고도 다행스럽게도 그들은 폴링이 충분하게 신중하지 못했다는 사실을 깨달았다. 폴링도 자신들의 실패한 모형과 마찬가지로 중앙에 3개의 나선 구조를 배치했고, 역시 분자들이 어떻게 결합해야 하는지를 상상하는 과정에서 그에게 어울리지 않는 초보적인 실수를 저질렀다. 폴링이 제안한 DNA 분자는 즉시 분해될 수밖에 없었다. 그러나 왓슨은 폴링이 곧바로 자신의 실수를 깨닫고 정확한 구조를 알아낼 것이라고 확신했다. 왓슨은 영광의 기회가 사라지는 광경을 보고 있었다. 왓슨은 폴링, 크릭, 윌킨스, 프랭클린 이상으로 DNA의 구조를 발견하는 것이 엄청난 업적이라고 확신했다. 왓슨은 그 발견이 유전자의 작동 원리를 밝히는 데에 큰 도움이 될 것이라고 기대했다. 그는 그 특유의 태도로 "이 문제의 가치를 제대로 알고 있던 사람은 전 세계에서 나뿐이었다"라고 회고했다.[39] 폴링의 논문을 보고 며칠 후에 기차를 타고 케임브리지에서 런던으로 간 왓슨은 윌킨스와 프랭클린에게 폴링이 자신의 오류를 발견하기 전에 즉시 모형 제작을 시작해야 한다고 재촉했다.

영국인답지 않은 태도를 오히려 자랑스러워했던 왓슨은 아무 예고도 없이 프랭클린의 사무실에 불쑥 들어갔다. 그는 그런 일이 결코 있을 수 없는 일이었다고 기억했다. 왓슨은 그녀에게 폴링의 원고를 보여주면서 폴링이 제안한 삼중나선 구조가 명백히 틀린 것이라고 설명하기 시작했다. 프랭클린은 왓슨이 자신이 보지도 못한 중요한 논문을 들고 연구실로 불쑥 찾아온 것을 반가워하지 않았다.

그러나 왓슨의 솔직한 저서 『이중나선*The Double Helix*』(왓슨은 의도적으로 스물세 살의 미성숙한 관점에서 썼다고 주장한다)에 영원히 박제된 두 사람의 유명한 충돌은 단순한 영역 다툼 이상의 일이었다. 프랭클린은 여전히 A형의 DNA가 나선 구조라는 사실을 확신하지 못했다. 왓슨은 그녀가 틀렸다고 말했다. 그는 X선 결정학 이미지로 단백질의 나선 구조를 분석해왔던 크릭을 신뢰했다. 크릭은 프랭클린이 오해의 가능성이 있는 사소한 데이터에 너무 신경을 쓴다고 그에게 말했다. 자신도 과거에 케임브리지에서 똑같은 실수를 저질렀다는 것이다. 프랭클린은 왓슨의 비판을 달가워하지 않았다. 더 이상 잃을 것이 없다고 생각한 왓슨은 반격에 나섰다. 그는 더 이상 망설이지 않고 『이중나선』에 "나는 그녀가 X선 사진을 해석하는 능력이 충분하지 않다고 넌지시 말해주었다. 만약 그녀가 이론을 조금이라도 배웠더라면, 규칙적인 나선 구조가 결정의 격자를 만들 때 나타나는 사소한 변형 때문에 어떻게 반反나선 구조의 특징이 나타나게 되는지를 이해할 수 있었을 것이다"라고 썼다. 그리고 그는 화가 난 프랭클린을 외면했다.

윌킨스가 도착하면서 더 이상의 대결은 피할 수 있었다. 왓슨은 복도를 걸어가면서 동료에게 "그녀가 나를 한 대 칠 줄 알았다"라고 말했다. 그리고 윌킨스는 자신이 얼마나 참아왔는지를 보여주려고 서랍을 열어서 왓슨에게 놀라운 사진을 보여주었다. 그는 프랭클린이 몇 달 전에 찍은 사진인데도 자신에게 보여주지도 않았고, 며칠 전에야 겨우 볼 수 있게 해주었다고 불평했다.

그 사진은 이제는 유명해진 51번 사진으로 알려진 것이었다.

왓슨은 사진을 보자마자 심장이 두근거리기 시작했다. 목이 말랐다. 우리 세포 속에 있는 B형 DNA를 62시간 노출해서 찍은 51번 사진은 프랭클린의 놀라운 기술을 증명해주었다.[40] 사진은 놀라울 정도로 선명했다. 더욱이 왓슨은 오랫동안 DNA의 구조가 엄청나게 복잡할 것이라고 걱정했지만, 프랭클린의 뛰어난 이미지에는 놀랍도록 선명한 X선 패턴이 나타나 있었다. 크릭이 왓슨에게 설명해준 나선 구조의 이미지가 분명했다. 왓슨은 또한 윌킨스가 가지고 있던 사진에서 핵심 측정값을 알아냈다. 그러나 51번 사진의 핵심적인 의미는 훨씬 더 단순했다. 그 사진이 왓슨을 흥분시켰다. 그는 크릭과 함께 가능한 한 빨리 모형을 제작해야겠다고 확신했다.

윌킨스는 프랭클린의 허락 없이 왓슨에게 사진을 보여주었다는 비난을 받아왔다. 그러나 상황은 분명하지 않았다. 그 사진은 말하자면 윌킨스의 소유였다. 그때는 이미 프랭클린이 런던의 다른 연구소에 직장을 찾은 후였다. 8주일 후부터는 윌킨스가 킹스 칼리지의 연구소에서 DNA 연구를 책임질 예정이었기 때문에, 그녀는 이직을 위해서 고슬링에게 사진을 윌킨스에게 전해달라고 부탁했다.[41] 윌킨스는 그녀가 떠나자마자 사진을 분석하고 모형 제작에 돌입할 계획이었다.[42] 그는 그 중간에 사진을 왓슨에게 보여주어도 된다고 생각했다.

그는 곧 그 결과를 알게 될 터였다.

왓슨은 서둘러 케임브리지로 돌아와서, 학과장인 브래그에게 라이너스 폴링이 다시 한번 자신을 이기게 될 것이라고 보고했다. 폴링은 이미 두 번이나 브래그에게 굴욕을 안겨준 적이 있었다. 이제 브래그는 이 문제가 국가적 자존심이 걸린 문제라고 생각했다. 그는 영국 과학자가 다시 미국인에게 패배하는 것은 보고 싶지 않았다. 브래그는 즉시 왓슨과 크릭에게 모형 제작을 시작하도록 허가했다.

그들은 윌킨스에게 조심스럽게 양해를 구했다. 그는 망연자실했다. 그는 프랭클린이 떠날 때까지 모형 제작을 시작할 수도, 거절할 방법을 찾을 수도 없었다. 그는 자신이 DNA를 소유한 것은 아니라고 생각했다. 자신의 연구실이 오랫동안 이 분야를 독점하고 있었기 때문에 그들에게 기회를 주는 것이 공평할 수도 있었다. 사실 그들은 이미 모형 제작을 시작한 상태였다.

이제 왓슨과 크릭은 분자 팅커 장난감을 살펴보면서 새로운 모험을 해야만 했다. 크릭은 여전히 골격에 3개의 나선 구조가 들어 있다고 생각했지만, X선 사진에서 알아낸 밀도를 고려한 왓슨은 2개의 나선 구조라고 주장했다.[43] 왓슨은 나무와 공으로 된 나선형 골격 2개를 조립해서 전에 했듯이 모형의 중앙에 배치했다. 그러나 며칠이 지나도 왓슨은 X선 측정 결과와 일치하는 배열로 모형을 만들 수 없었다. 절망한 그는 프랭클린이 알려주었듯이 골격을 바깥쪽에 배치하는 것이 더 나을 수도 있다고 결정했다.

그 주에 하늘에서 만나(manna, 광야에서 방황하고 있던 이스라엘 민족에게 여호와가 내려준 양식/역주)가 크릭의 무릎에 떨어졌다. 몇 달 전 두 연구소 모두에 연구비를 지원하던 기관에서 다른 과학자들과 마찬가지로 프랭클린에게도 진행 상황을 요약해달라고 요청했다. 보고서는 크릭의 상관에게 전달되었다. 보고서에는 프랭클린이 1년 전 세미나에서 발표한 것과 거의 똑같은 데이터가 포함되어 있었다. 하지만 초보자였던 왓슨은 메모를 하지 않은 탓에 많은 내용을 정확하게 기억하지 못했다. 이제 뛰어난 이론가인 크릭이 더 중요한 데이터를 가지게 되었고, 그는 그 데이터를 어떻게 이해해야 하는지를 알고 있었다.

측정 자료를 살펴보던 크릭은 프랭클린이 알아내지 못한 사실을 찾아냈다. 우연하게도 그는 헤모글로빈에 관한 자료를 본 적이 있었고, 그래서 곧바로 2개의 나선 구조가 서로 반대 방향으로 나란히 배열되어 있다는 사실을 알아챘다. 마치 위로 올라가는 계단과 아래로 내려가는 2개의 나선형 계단이 서로 맞물려 있는 것과 같았다. 마침내 그들은 염기가 중간에 끼어 있어야 하는 골격의 정확한 배열을 알아내게 되었다.

연구소의 공작실에 요청한 염기의 모형이 완성되지 않았던 탓에 왓슨은 직접 딱딱한 골판지를 잘라서 모형을 만들었다. 그리고 그는 골판지 모형을 나선 구조 사이에 넣어보았다. 그러나 4개의 염기는 모두 서로 모양이 달랐기 때문에 그가 아무리 돌리고, 비틀고, 짝을 지어보아도 도무지 맞아 들어가지 않았다.

다시 한번 행운이 찾아왔다. 왓슨과 크릭과 연구실을 함께 쓰던 칼텍에서 온 어느 화학자가 왓슨에게 교과서에 있는 오래된 자료를 사용한 탓에 몇 개의 수소 원자를 잘못된 위치에 붙인 것 같다고 말해주었다. 더 이상 잃을 것이 없다고 생각한 왓슨은 골판지 염기를 다시 만들었다.

다음 날인 1953년 2월 23일 아침에 그는 책상에 앉아서 염기 모형을 이용해서 나선 구조 사이에 들어갈 수 있는 짝을 맞춰보고 있었다. 전에도 그랬듯이 그는 A와 A를 맞춰보고, T와 T를 맞춰보고자 씨름했다. 골판지 모형을 이리저리 섞어보던 그는 A와 T로 짝을 지으면 C와 G로 지은 짝과 크기와 모양이 똑같아진다는 사실을 알아냈다. 머릿속에 번개가 번쩍였다. 그는 나선 구조 사이에 그런 짝을 원하는 만큼의 길이로 말끔하게 넣을 수 있다는 사실을 깨달았다. 더욱이 그는 놀랍게도 그런 짝을 이용하면 에르빈 샤가프가 몇 년 전에 발견한 수수께끼 같은 결과를 설명할 수 있다는 사실도 알아냈다. 염기가 두 가지 조합으로만 결합할 수 있다면, A와 T는 물론이고 C와 G도 언제나 비율이 같아야만 한다는 것이다.

크릭은 평소처럼 10시 30분경에 도착했다. 책상 위의 모형을 보고, 이리저리 만져본 그는 황홀경에 빠졌다. 갑자기 DNA가 어떻게 유전자를 가지게 되는지가 분명해졌다. DNA의 설계는 의외로 단순했다. 훌륭했다! 나란히 배열된 2개의 나선 구조가 바깥쪽 레일 역할을 하는 비틀린 사다리를 닮았고, 사다리의 가로대가 유전 암호를 담은 염기 쌍의 긴 서열이 된다. 왓슨과 크릭은 오로지 다섯 가지의 요소로 엄청난 양의 정보를 보관하고 전달할 수 있는 놀라울 정도로 효율적인 분자를 만들었다는 사실에 혀를 찼다. 그리고 그것은 놀라웠다. 수천 권의 전화번호부를 쌓아놓은 것만큼의 단어를 눈으로 볼 수 있는 것보다 수백만 배나 더 작은 분자에 집어넣는다고 생각해보라.

왓슨과 크릭은 오랫동안 DNA의 구조를 밝혀내더라도 유전자가 실제로 어떻게 작동하는지는 거의 알 수 없을 것이라고 걱정해왔다. 그런데 모형은 자신들이 꿈꿔왔던 것보다 훨씬 더 많은 사실을 알려주었다. 크릭은 그전까지는 "유전자가 어떻게 복제될 수 있는지를 알아내는 일이 거의 불가능했다"고 기억했다.[44] 이제 그들은 유전자가 어떻게 복제되고 전달되는지를 곧바로 알아냈다. 사다리의 발판에 붙어 있는 두 염기는 약한 수소결합으로 결합되어 있어서 DNA의 한 부분을 뜯어낼 수 있다. 그리고 나선형의 가닥에 붙어 있는 염기를 상보적인 염기(A와 T, C와 G)와 짝을 지어서 거울상에 해당하는 복사본을 만들 수 있다. 더욱이 돌연변이가 어떻게 만들어지는지도 분명해졌다. 실수로 잘못된 염기쌍이 삽입되기만 하면 된다.

우리 세포에 감춰져 있는 정교하고 우아한 설계를 알고 있는 사람이 세상에서 왓슨과 크릭, 그리고 그들의 연구실 동료뿐이었다는 사실이 그들에게는 달콤했다. 점심에 왓슨과 크릭은 자신들의 단골 주점인 이글에서 술을 마시면서 자축했다. 그들은 자신들이 생명의 비밀을 찾아냈다고 느꼈다(왓슨은 『이중나선』에서 그렇게 주장한 것과 달리 크릭은 공개적으로 그런 사실을 자랑하지는 않았다[45]).

일주일 후, 모형을 확인한 그들은 윌킨스를 초대해서 살펴보도록 했다. 그는 "무생물인 원자와 화학결합이 모여서 생명체를 만든 것 같았다"고 회상했다.[46] "나는 그 모든 것이 무척 놀라웠다." 그는 그 모형 자체가 독자적인 생명을 가지고 있는 것처럼 느꼈다. 그 모형의 아름다움에 압도되었고, 동시에 명치를 한 대 얻어맞은 것처럼 느끼기도 했다. 불과 일주일 전에 그는 크릭에게 자신도 모형 제작을 시작할 예정이라는 편지를 보냈다. 절친한 친구들이 자신을 이긴 것이었다. 윌킨스는 잠시 씁쓸했다. 프랭클린의 반응은 더 우아했다. 모형이 자신의 데이터와 일치한다는 사실을 알 수 있었던 그녀는 그 구조가 옳다는 사실을 인정했다. 그녀는 고슬링에게 "우리 모두는 서로의 어깨 위에 서 있는 셈이다"라고 말했다.[47] 또한 그녀는 새로운 연구소에서 새로운 과제를 수행할 예정이었다.

불과 7주일 후에 DNA 구조에 대한 왓슨과 크릭의 기념비적인 논문이 「네이처」에 실렸다. 이중나선 모형을 뒷받침하는 데이터와 이미지가 포함된 프랭클린, 고슬링, 윌킨스의 논문도 함께 발표되었다. 오늘날의 기준으로는 윤리적이라고 보기 어렵겠지만, 왓슨과 크릭은 동료들의 기여에 대해서 단 한 줄로 감사를 표했다. "우리는 또한 M. H. F. 윌킨스 박사, R. E. 프랭클린 박사 그리고 런던의 킹스 칼리지에 있는 그들의 동료들이 보내준 미발표 실험 결과와 아이디어의 일반적인 특성에 대한 지식에 자극을 받았다."

그들이 이렇게 인색했던 이유가 무엇이었을까? 그들이 사용한 프랭클린의 미발표 데이터가 자신들의 모형 제작에 어떻게 이용되었는지가 밝혀지는 것을 두려워했을 가능성이 크다. 아마도 그녀는 그 사실을 모르고 살았을 것이다.

몇 년이 지나고 그녀의 동료인 에런 클루그는 그녀의 책을 읽던 중에 사실 경쟁이 끝나갈 무렵에 그녀가 사람들의 생각보다 DNA 구조 규명에 훨씬 더 가까이 갔었다는 사실을 발견했다. 그녀는 DNA가 이중나선이라는 사실을 알아냈고, 샤가프의 관찰로부터 A와 T, 그리고 C와 G가 어떤 식으로든지 "상호 교환 가능해야" 한다는 사실도 알아냈다.[48] 그녀는 왓슨이 자신의 연구실에 들이닥칠 때까지는 참여하는 줄도 몰랐던 경쟁에서 패배했다. 클루그는 1년만 시간이 더 주어졌더라면 그녀도 DNA 구조를 밝혀낼 수 있었을 것이라고 믿었다. 그러나 그런 일은 일어나지 않았다. 결국 그녀는 런던에 있는 버크벡 대학의 연구실로 옮겨가서, 바이러스의 구조를 밝혀내는 일에 중대한 기여를 했다.

역사적인 발견을 한 후에야 왓슨, 크릭, 프랭클린은 마침내 서로를 존경하게 되었다. 프랭클린은 그 이후에 자신의 연구에 대해 왓슨과 크릭에게 자문을 구하기도 했다. 하지만 1962년의 노벨상은 왓슨, 크릭, (킹스 칼리지에서 DNA 연구를 시작한) 윌킨스에게 수여되었다.

비극적인 이유로 프랭클린은 수상 자격을 갖추지 못했다. 살아 있는 사람만이 노벨상을 받을 수 있는데, 프랭클린은 4년 전 서른일곱 살의 나이에 난소암으로 세상을 떠났다. 아마도 실험실에서 X선에 노출된 탓이었을 것이다. 그즈음에 그녀는 크릭 부부와 가까워졌고, 두 번째 수술에서 회복할 때는 몇 주일 동안 그들과 함께 지내기도 했다.

참고로 유전자가 DNA로 되어 있다는 사실을 처음 밝혀낸 과학자였던 오즈월드 에이버리는 여러 차례 노벨상 후보에 올랐지만 수상하지는 못했다. 왓슨과 크릭의 발견이 있고 2년 후에 그가 간암으로 사망했을 때도 유전에서 DNA의 역할은 여전히 보편적으로 받아들여지지 않았다. 에이버리가 DNA에 대한 연구와 폐렴에 대한 연구로 두 번의 노벨상을 받을 자격이 있다고 생각하는 과학자도 있다.

처음 승리를 기념하면서 자신들의 모형을 자랑하기 시작했을 때부터 왓슨과 크릭은 예상하지 못한 기분 좋은 우아함에 감동했다. 어느 강연에서 흥분한 왓슨은 "너무 아름답다. 그렇지 않은가. 정말 아름답다"라고 표현할 수밖에 없었다.[49] 그런 상황에서도 DNA는 조용히 그들을 조롱하고 있었다. 그들은 자신들이 아는 것이 얼마나 적은지를 너무 잘 알고 있었다. 왓슨이 가져온 모형을 본 물리학자 레오 실라드는 곧바로 "특허를 등록할 수 있느냐"고 물었다[50](실라드는 1936년 영국 정부에 기부한 핵 연쇄 반응에 관한 특허를 포함해 많은 특허를 보유하고 있었다). 그러나 왓슨은 실용적인 응용 가능성이 없으면 특허를 등록할 수 없다는 사실을 알고 있었다. 그러나 그는 여전히 유전자가 어떻게 작동하는

지 전혀 알지 못했다.* 어떻게 A, C, T, G로 만들어진 엄청나게 긴 염기 서열이 세포에 들어 있는 수백만 종류의 분자에 작업을 지시해서 생명을 만들 수 있을까? 염기로 쓴 암호가 어떻게 세포에 음식을 분해하고 재배열해서 우리 몸을 만드는 방법을 알려줄 수 있을까? 그런 암호가 코끼리와 파리의 차이는 말할 것도 없고, 입술의 곡선이나 코의 구부러짐은 어떻게 표현할까?

크릭은 그 답을 찾으려면 반세기가 넘게 걸리겠지만, 적어도 자신과 왓슨은 어디에서부터 시작해야 하는지를 알고 있다고 생각했다. 그들은 이전에 다른 사람들이 제안했던 아이디어에 주목했다. 즉 모든 유전자가 서로 다른 유형의 단백질에 대한 암호이고, 각각의 단백질은 세포에서 고유한 역할을 담당한다는 것이었다. 하지만 여전히 그들은 머리를 긁적여야만 했다. 유전자가 어떻게 단백질을 만들 수 있을까? 유전자는 오로지 네 가지 종류의 염기로 이루어진 염기 서열로 핵 속에 갇혀 있지만, 단백질은 최대 20가지 종류의 아미노산으로 이루어진 문자열로 세포 전체에서 발견된다.

몇 년 동안 과학자들은 뒤엉킨 퍼즐의 덤불을 헤쳐나가면서 앞으로 나가기 위해서 분투했다. 세포에 들어 있는 RNA가 유전자와 단백질 사이의 중개자 역할을 할 수 있다는 사실을 알아낸 것이 한 가지 발전이었다. RNA 분자는 DNA의 일부에 해당하는 거울상이다. DNA에 티민이 있다면, RNA에는 우라실이라는 염기가 있고, DNA 가닥 중 하나의 복사본이라는 점이 큰 차이이다. 1961년에는 유전자의 RNA 사본이 핵을

* 2000년대 미국에서는 많은 개인의 인간 유전자에 대한 특허 등록이 가능했지만, 2013년 대법원은 그런 특허를 더 이상 허용하지 않겠다고 판결했다. 그러나 변형된 유전자는 자연적인 것으로 간주되지 않기 때문에 특허 등록을 할 수 있다.

벗어나서 얼마 전에 발견된 리보솜ribosome이라는 구조로 이동해서 단백질의 제조에 사용된다는 사실이 밝혀졌다. 거기까지는 괜찮았다.

그러나 왓슨과 크릭을 비롯한 모두는 여전히 막막했다. RNA의 아무 의미도 찾을 수 없는 (GIGAUUCAG 같은) 염기 서열이 어떻게 리보솜에서 어떤 아미노산을 연결해서 단백질을 만들도록 알려줄 수 있을까? 염기에 암호가 들어 있다면, 그 열쇠는 무엇일까? 1950년대 중반부터 많은 유전학자, 물리학자, 수학자들이 암호를 풀기 위해서 수많은 수학적, 논리적 방법을 찾아내려고 애썼다. 하지만 그들은 여전히 혼란스러웠다. 크릭은 자신들이 초기의 "모호한 단계"와 "낙관적인 단계"를 지나 이제는 "혼란의 단계"에 도달했다고 인정했다.[51] DNA의 작동 원리를 밝혀내려면 적어도 반세기가 걸릴 것이라는 그의 예상은 적중하는 듯 보였다.

그런데 1961년 미국 국립보건원의 무명 연구원인 마셜 니런버그가 과학계의 거장들을 제치고 최고의 자리에 올랐다. 대학원을 졸업한 지 2년밖에 되지 않은 니런버그는 논리를 제쳐두고 실험을 통해서 고르디우스의 매듭을 풀었다. 그는 리보솜에 물어보면 될 일인데 굳이 암호를 예측하려고 애쓸 이유가 있을까라고 생각했다. 니런버그는 세포에서 리보솜을 떼어내서 아미노산이 충분히 들어 있는 시험관에 넣고 인공적으로 만든 RNA를 주입하는 방법을 고안했다. 그는 리보솜이 세포에서 자연적으로 하는 일인 아미노산을 서로 연결하는 의무를 다해주기를 바랐다. 어느 날 아침 6시경에 그의 박사후 연구원이던 요하네스 마태이가 리보솜에 UUUUUU의 염기를 가진 RNA를 넣어주면 리보솜이 페닐알라닌이라는 아미노산 두 분자를 서로 연결해준다는 사실을 발견했다. 니런버그와 마태이가 생명 암호의 첫 번째 단어를 해독한 것이다. 이 암호는 세 글자로 이루어진 삼중 염기로, UUU는 페닐알라닌을 뜻하는 암호이다. 그 이후에 벌어진 열광적인 경쟁에서 유사한 실험으로 20개의 아미노산 각각에 대해 여러 개의 세 글자로 된 암호가 밝혀졌다. 예를 들면, UUU, GUU, ACG는 모두 페닐알라닌을 뜻하는 암호이다. TAA와 같은 일부 삼중 염기는 완전히 다른 종류의 메시지를 보낸다. 이들은 리보솜에게 멈추라고 알려준다. 그것만으로도 충분하다. 단백질이 완성된다.

이 암호는 수년 동안 수많은 천재들이 찾고 있던 우아한 답과는 전혀 다른 것이었다. 어떤 수학적이나 논리적인 패턴도 없었다. 생명의 암호는 단순히 역사적 우연이 작동한 결과였다. 그것은 지구상에서 가장 성공적인 발명품 중 하나였다. 박테리아 티오마르가리타 나미비엔시스(*Thiomargarita namibiensis*, 지금까지 발견된 세균 중 크기가 가장 큰 구균으로 나미비아 해안의 퇴적토에서 발견되었다/역주), 흡혈 오징어vampire squid, 돼지 엉덩이 벌레(pigbutt worm, 용존 산소가 거의 없는 심해저에 사는 길이가 20밀리미터 정도이고 모양이 돼지 엉덩이처럼 보이는 벌레/역주), 멸종한 밤비랍토르(Bambiraptor, 디즈니의 꽃사슴 이름인 '밤비'를 붙인 뿔이 달린 7,200만 년 전의 공룡/역주)를 비롯한 모든 생명체가 이 고대 암호를 공유한다. 일단 암호가 해독된 이후 유전학과 생물학은 선례 없는 정보 폭발을 경험하게 되었다. 유전학자 션 캐럴의 표현을 빌리면, 오늘날에는 정보를 소화하는 일이 소방 호스로 물을 마시는 것과 같아졌다.

마침내 과학자들이 풀 수 없을 것만 같았던 질문에 답을 할 수 있게 되었다. 수십억 년 전에 지구에 도착한 원자가 어떻게 우리와 같은 생명체를 만들 수 있었을까? 우리가 어제 저녁에 먹은 원자를 처리하는 방법을 어떻게 알아냈을까? 영양분을 어떻게 우리로 변환시키는지를 알려주는 지침은 어디에 있을까?

이제 우리는 그 답이 DNA에 있다는 것을 알게 되었다. 수십억 년 동안 무수히 일어난 DNA의 작은 돌연변이가 수많은 생화학 실험을 해냈다. 성공적인 실험에서 엄청나게 다양한 생물이 출현했다. 그리고 우리가 마침내 가지게 된 DNA는 우리 세포에 음식을 어떻게 우리 몸으로 변환할 수 있는지를 알려준다.

우리는 흔히 DNA를 우리의 사용 설명서에 해당하는 청사진이라고 부르지만, 그것은 사실 매우 이상한 해석이다. 거부감을 느낄 수도 있겠지만 솔직히 말해서 우리의 DNA는 혼란스럽고 하찮은 것이다. 우리 몸에 있는 모든 세포는 DNA가 똑같다. DNA는 23개의 가닥으로 나뉘어 단단하게 접혀 있는 염색체이다(정자와 난자를 제외한 모든 세포는 각 염색체의 똑같은 복사본을 가지고 있다). 염색체는 매우 조밀하게 접혀 있어서 세포 하나에 들어 있는 모든 염색체를 똑바로 펴서 연결하면 무려 30억 개의 (ATTGACCACAGG……와 같은) 염기쌍으로 이루어진 암호 서열의 길이가 1.8미터나 된다.

세포 속에 있는 유전자를 둘러보려고 시도한다면 곧바로 길을 잃게 될 것이다. 엄청난 양의 염기는 그 기능이 알려지지 않았다는 이유로 (논란이 되는 용어인) '정크junk DNA'라고 불린다. 여기에는 (역逆전사 바이러스retrovirus라고 알려진) 바이러스 침입자의 잔해도 포함되어 있다. 일부 흔한 반복 염기 서열은 (점핑 유전자[jumping gene, 염색체의 한 곳에서 다른 곳으로 이동할 수 있는 염기 서열로 트랜스포손(transposon)이라고 부르기도 한다/역주]라고 부르는) 기생 소자parasitic element이다. 그리고 수가 적기는 하지만 돌연변이로 기능을 상실한 멸실된 조상 유전자의 암호가 들어 있는 '유령 유전자ghost gene'도 있다. 그러나 쓸모없는 DNA의 양에 대해서는 논란이 계속되고 있다. 누구와 이야기하는지에 따라서 그 비율이 20퍼센트에서 90퍼센트까지 달라진다.

우리의 유전자 역할을 하는 유용한 서열이 아무 기능이 없는 염기 서열 사이의 이곳저곳에 흩어져 있다. 그런 염기 서열이 유전 정보를 전달하고, 우리의 성장을 주도하지만, 그 이상의 역할도 한다. 유전자는 영양분을 사용해서 작동하고 수리하는 방법을 우리 세포에 끊임없이 알려준다.

그런 일을 하기 위한 DNA의 게임 계획은 놀라울 정도로 단순하다는 사실이 밝혀졌다. 유전자는 기본적으로 새로운 단백질의 생성을 제어하는 한 가지 일만 한다.* 우리 세포에서 가장 중요한 분자의 경연에서 단백질은 DNA에 이어 2위를 차지한다. 단백질은 그동안 생각했던 것처럼 유전 정보를 저장하거나 스스로 복사본을 만들지는 않지만, 세포에서 필요한 거의 모든 다른 작업을 수행한다. 단백질은 작은 공 모양의 자석으로 만들어진 끈처럼 놀라울 정도로 다양하고 복잡한 모양으로 변형될 수 있고, 대부분은 거대하다. 우리 몸에 들어 있는 헤모글로빈은 574개의 아미노산으로 구성되어 있고, 9,272개의 원자로 만들어진다. 우리 몸에서 가장 큰 단백질은 근육에 있는 고무줄 같은 분자인 티틴titin으로 3만4,350개의 아미노산으로 이루어져 있다. 티틴에는 약 54만 개의 원자가 들어 있다. 우리는 산소를 운반하는 헤모글로빈과 같은 일부 단백질을 도구로 사용한다. 피부와 뼈에 들어 있는 유연한 콜라겐과 같은 단백질은 구조적 요소로 사용한다. 하지만 세포에서 가장 많은 일을 하는 단백질은 효소이다. 효소는 화학반응 촉진에는 천재적이지만, 독특한 모양 때문에 대부분 한두 가지 유형의 반응만 촉진할 수 있다. 따라서

---

* 유전자가 발현되는 방식에 기여하는 많은 분자들이 있지만, 그런 분자들을 생성하는 지침도 결국에는 DNA에 암호화되어 있다.

DNA는 효소를 만들기 위해서 많은 일을 해야 한다. 세포는 수명을 다할 때까지 매우 다양한 유형의 화학반응이 필요하기 때문에 DNA는 수천 종류의 효소를 생산해야 한다.

핵 속에 갇혀 있는 DNA가 어떻게 수많은 효소와 온갖 종류의 분자가 이리저리 돌아다니는 세포의 다른 부분을 통제할 수 있는지 궁금할 수 있다. 교실에 갇혀 있는 초등학교 교사가 운동장에서 마음대로 뛰어다니는 학생들을 통제해야 한다고 상상해보자. 과학자들은 DNA가 통제력을 발휘할 수 있는 것은 단백질이 흔히 그렇듯이 효소가 바쁘게 살다가 일찍 죽기 때문이라는 사실을 알아냈다. 효소는 대부분 몇 시간 또는 며칠만 지나면 분해된다.[52] 따라서 유전자는 고도로 기획된 순서에 따라 세포 내에서 대부분의 작용을 제어하는 새로운 효소의 생산을 요구한다(혹은 요구하지 않는다). 세포가 어떻게 작동하고, 스스로 복구하고, 번식하는지는 세포가 매 초마다 만들어내는 수만 개의 효소와 다른 단백질 사본의 끊임없는 공급 라인에서 나타나는 변화에 따라 결정된다.[53]

원리는 간단하다. DNA가 세포에 어떤 단백질을 만들어야 하는지 알려주면 그 단백질이 나머지 작업을 수행한다. 그러나 DNA가 새로운 단백질의 생성을 조율하는 과정은 끔찍할 정도로 복잡하다. 우리 DNA 염기 서열 중 약 1–2퍼센트만 단백질의 암호에 해당한다. 그보다 두 배 이상 많은 염기 서열이 유전자가 언제 켜지고 꺼지는지를 결정하는 악마처럼 복잡한 춤에 도움을 준다.[54] 많은 유전자들은 멀리 떨어져 있는 다른 유전자에 의해서 제어되고, 그런 유전자도 역시 다른 유전자에 의해서 켜지거나 꺼진다. 하나의 유전자가 일련의 다른 유전자를 활성화할 수 있으며, 컴퓨터 프로그램이 서브루틴을 활성화하는 것처럼 각각의 유전자가 연쇄적으로 다른 유전자를 켜준다.

그렇다면 우리는 어떻게 자궁에서 단세포 배아로부터 팔, 다리, 심장, 뇌를 가진 생명체로 성장할 수 있을까? 그 비밀은 세포의 유전자와 전체 유전자 집합이 조절되는 순서와 시간, 즉 유전자가 켜지거나 꺼지는 패턴에 담겨 있다. 배아가 성장함에 따라 각각의 세포는 새로운 세포를 생성하고, 그런 과정에서 외배엽ectoderm, 중배엽mesoderm, 내배엽endoderm으로 알려진 세 개의 층이 만들어진다. 맨 위층은 피부, 뇌, 신경의 대부분을 만든다. 중간층에서는 심장, 혈액 세포, 근육, 뼈, 생식 기관이 만들어진다. 가장 안쪽 층에서는 폐, 장, 간 등이 만들어진다. (주변 세포의 신호에 따라 변형되는 과정인) 특정 유전자가 켜지고 꺼지는 순서에 따라서 어떤 세포가 새끼발가락의 세포가 되기도 하고, 눈썹의 세포가 되기도 했다.

완전히 성장한 후에도 지친 몸은 쉴 수 없다. 우리의 DNA는 여전히 끊임없이 움직인다(그리고 DNA의 양은 대단히 많다. 수조 개의 세포에 들어 있는 모든 DNA 가닥을 한 줄로 늘어놓으면 태양계 지름의 두 배에 달한다). 그중 일부는 유전자가 활성화될 수 있도록 끊임없이 풀어진다. 지금도 우리 몸의 모든 세포에서는 수천 개의 유전자에 해당하는 RNA 복사본이 만들어지고 있다.* 달리기를 하거나, 역기를 들거나, 음식을 먹거나, 병에 걸리거나, 새로운 언어를 배울 때마다 새로운 단백질을 만드는 유전자가 활성화된다.

여전히 또다른 수수께끼가 남아 있다. 세포에 필요한 모든 영양소와 DNA 사본을 시험관에 넣으면 아무 일도 일어나지 않는다. 적어도 인간의 일생에 해당하는 시간 동안에는 그렇다. 그렇다면 최초의 세포인 수

* 헤모글로빈을 운반하는 일만 하기 때문에 세포핵이 없는 성숙한 적혈구 세포만은 예외이다.

정란이 수정되는 순간부터 어떻게 당신을 만들 수 있었을까? 그 답은 그런 일이 완전히 아무것도 없는 상태에서 시작하지 않았다는 것이다. 수정란은 어머니로부터 DNA뿐만 아니라 반응을 촉진하는 효소도 함께 물려받았다. 또한 에너지와 단백질을 만드는 미토콘드리아와 리보솜도 어머니로부터 물려받았다. DNA와 마찬가지로 이런 소기관들도 역시 수십억 년에 걸쳐 한 생물체에서 다른 생물체로 전달되었다. 따라서 우리가 수태되는 그 순간부터 우리의 첫 세포에는 DNA 청사진뿐만 아니라 음식을 우리 몸으로 만드는 데에 필요한 모든 도구도 함께 들어 있었다.

이 모든 것이 여전히 한 가지 당혹스러운 의문을 남긴다. 우리 몸의 각 세포는 지구에 도달하기 전 우주를 떠돌던 약 100조 개에 달하는 방대한 수의 원자로 이루어져 있다. 우리가 섭취하는 이 거대한 원자 덩어리가 어떻게 생명으로 도약할 수 있을까? 모든 것이 DNA, 단백질, 리보솜으로 귀결될까? 아니면 우리 세포에 들어 있던 죽은 원자에 생명을 불어넣기 위해서 눈에 보이지 않는 다른 메커니즘도 필요할까? 1920년대까지만 해도 이 질문에 답하는 것은 영원히 불가능해 보였다. 하지만 열린 마음을 가진 벨기에의 한 젊은 과학자는 그런 문제에 도전하기로 결심했다.

13

원소와 모든 것

정말로 우리 몸을 구성하는 것

인간도 다른 생물과 마찬가지로 완벽하게 조율되어 있어서, 깨어 있을 때나
잠들어 있을 때나 상관없이 자신이 작동하고 있는 세포의 집합체이고,
자신이 성취했다고 착각하는 것이 실제로는 세포가 자신을 통해서
성취한 것이라는 사실을 쉽게 잊고는 한다.
_ 알베르 클로드[1]

우리가 모르고 있을 수도 있지만, 사실 우리는 30조 개의 단위인 세포로 이루어진 우뚝 솟은 마천루이자 조합원 아파트이다.[2] 우리 몸의 세포를 이어서 쌓으면 지구를 4바퀴 이상 돌 수 있다. 세포는 생물체를 구성하는 가장 작은 단위이다. 세포의 어느 부분을 가리켜서 "살아 있다!"고 외칠 수는 없다. 어렵사리 지구에 도달한 무생물인 원자가 도대체 어떻게 세포에 생명을 불어넣을 수 있었을까? DNA나 효소 이상의 무엇이 있었을까? 우리는 우리의 감각, 생각, 감정은 알고 있지만, 우리 몸 안에서 일어나는 일은 거의 알지 못한다. 엠파이어 스테이트 빌딩의 거리 풍경으로부터 빌딩의 사무실과 복도에서 벌어지고 있는 일을 알 수 없는 것과 마찬가지이다. 우리를 구성하는 세포 중 어느 하나를 확대하면 무엇이 보일까? 세포 안에 있는 수조 개의 원자들이 생명을 창조하기 위해서

어떻게 서로 공모하는지에 대한 비밀을 알아낼 수 있을까?

1920년대에 벨기에의 올백 머리를 한 멋진 의대생 알베르 클로드에게 그런 질문은 지극히 개인적인 것이었다. 제빵사의 아들인 클로드는 작은 시골 마을에서 자랐고, 교실이 하나뿐인 학교에 다녔다. 안타깝게도 그가 세 살 때 어머니가 유방암에 걸렸다. 어머니가 세상을 떠날 때까지 4년 동안 그는 고통스러운 병의 진행 과정을 지켜보아야만 했다. 클로드는 나이가 들면서 사랑하는 어머니를 앗아간 알 수 없는 병을 이해하고 싶은 열망에 사로잡혔다. 그러나 의학 학위를 취득하는 길은 험난하기만 했다.[3] 그의 아버지는 뇌출혈로 마비된 삼촌을 돌보아야 한다는 이유로 열 살이던 그의 학업을 중단시켰다. 2년 후에 클로드는 철강 공장에서 일하기 시작했고, 기술자가 되기 위한 일을 배웠다. 그러던 중에 제1차 세계대전이 시작되었고, 독일군이 벨기에를 침공했다. 당시 10대였던 클로드는 영국 정보기관에 자원해서 목숨을 걸고 독일군의 움직임에 대한 정보를 전달했다.[4] 그가 예기치 않게 암 치료의 꿈을 달성할 수 있게 된 것은 전시에 그런 일을 한 덕분이었다. 벨기에 정부는 한시적으로 고등학교 졸업장이 없는 참전 용사도 대학에 등록할 수 있도록 허용했다. 5학년 중퇴생이었던 클로드는 수업이 모두 라틴어로 진행될 수 있다는 두려움에도 불구하고 의과대학에 지원했다.[5] 그는 실제 수업이 라틴어로 진행되지는 않는다는 사실에 안도했다.

의과대학을 다니던 클로드는 생명을 탄생시키는 메커니즘과 암을 비롯한 질병을 유발하는 메커니즘을 알아내기 위해서 현미경으로 세포를 관찰하면서 많은 시간을 보냈다. 그러나 아무리 눈을 가늘게 뜨고 초점을 달리 해보아도 핵과 염색체, 그리고 여전히 기능을 알 수 없었던 미토콘드리아 이외에는 아무것도 알 수 없었다. 이탈리아의 의사 카밀로 골지가 처음 발견한 골지체Golgi apparatus라는 얼룩이 하나 더 있었다. 그것이 실제 구조인지 아니면 염색 과정에서 생긴 인공물인지는 알 수 없었다. 그리고 그것이 전부였다. 세포 내부의 나머지 부분은 자욱한 안개처럼 보였을 뿐이다. 클로드에게 그것은 "세포 생명의 비밀 메커니즘을 담고 있는 신비한 기질基質, ground substance을 가리고 있는 답답하고 흐릿한 경계"처럼 보였다.[6]

더욱 실망스러웠던 사실은 이론적 배율의 한계에 도달한 현미경이 더 이상 쓸모가 없었다는 것이다. 세포의 내부와 암의 원인은 천문학자들에게 별과 은하처럼 멀게만 느껴졌다.[7]

그런데도 생화학자들은 세포 내부에 무엇이 있는지 잘 알고 있다고 착각했다. 그들의 대답은 "별것이 없다"는 것이었다. 그들은 화학반응을 엄청나게 가속하는 효소가 모든 일을 한다고 확신했고, 세포 내부가 효소와 다른 분자들이 충돌하고 반응하는 진한 수프와 같은 "생화학적 늪biochemical bog"에 지나지 않는다고 믿었다.[8] 그들은 우리가 이전에 보았던 "현재의 도구로 검출하지 못하는 것은 존재하지 않는다"는 인지적 편견에 빠져 있었다.

클로드는 1928년 실험동물을 대상으로 암을 연구해서 의학박사 학위를 취득했다. 그후에는 암이 박테리아에 의해서 발생한다는 이론을 선도적으로 주장하던 소장이 운영하는 베를린의 한 연구소에 들어갔다. 독립심이 강했던 클로드는 연구소의 실험실이 모두 오염되어 있어서 실험이 의미가 없다고 지적하는 일도 주저하지 않았다. 결국 그는 가능한 한 빨리 연구소를 떠나라는 요청을 받았다.[9] 다행히 그에게는 이미 다음 목적지가 있었다. 그는 맨해튼에 있는 록펠러 연구소의 연구원들이 닭에서 특이한 종양 세포의 변종을 발견했다는 사실을 알고 있었다. 이 세포에서 걸러낸 추출물을 주입하면 암이 발생했지만, 아무도 그 추출물에서 암을 유발하는 물질을 분리하지는 못했다. 클로드는 자신이 그 일의 적임자라고 생각했고, 그 일을 맡을 수 있는 가장 좋은 방법은 연구소의 소장에게 직접 편지를 쓰는 것이라고 생각했다. 놀랍게도 그의 서툰 영어 실력에도 불구하고 그 방법이 통했다.

명성이 높았던 록펠러 연구소는 뛰어난 두뇌와 강한 독립심을 갖춘 연구자들이 모인 곳으로 유명했다. 클로드는 별이 수소 원자의 융합으로부터 동력을 얻고, 우주가 팽창하고 있다는 사실이 밝혀졌던 1929년에 연구소에 도착했다. 그는 세포 생물학도 곧 그에 못지않은 혁명적인 시대로 접어들 것이라고 기대했다.

시설이 잘 갖춰진 실험실에서 클로드는 닭 종양에서 발견되는 암 전이 물질cancer-transmitting substance을 분리하는 작업을 시작했다. 동료들에게 그는 호감이 가지만 조금은 이상한 사람이었다. 그는 벨기에 억양이 강했지만 교양이 풍부해서 과학, 음악, 역사, 정치 등 어떤 주제든 편안하게 이야기를 나눌 수 있는 사람이었다. 그의 뉴욕 친구 중에는 화가 디에고 리베라를 비롯한 많은 음악가와 화가들이 있었다. 그러나 어느 동료의 기억에 따르면, 직장에서의 클로드는 고독한 멧돼지 같았다.[10] 키는 작았지만, 체격이 건장했던 그는 무장이 해제된 것처럼 순진한 질문을 던지면서 자신만의 길을 갔다. 독창적인 아이디어가 떠오르면 그는 혼자서 실험을 최대한 밀어붙이기 위해서 밤늦게까지 작업하는 경우가 많았다(당연히 그의 첫 번째 결혼 생활은 파탄이 나고 말았다).

클로드는 최선을 다했지만 3년이 지나도록 연구에서 성과를 얻지 못했다. 그는 분명히 찬바람을 느꼈을 것이다. 연구소의 소장은 그를 실제 화학자로 교체하고 싶어했다.[11] 그러나 클로드의 연구실 실장은 새로운 기술을 개발하는 그의 독창성을 높이 평가하면서 그를 계속 데리고 있겠다고 주장했다. 그로부터 온전하게 2년이 지난 후인 1935년에 초조했던 클로드는 영국의 연구진이 고속 원심분리기를 이용해서 발암 물질을 분리하는 데에 성공했다는 소식을 들었다.

축제장의 놀이기구처럼 용액을 휘저어주는 큰 냄비 크기의 탁상용 장치가 첨단 기술로 보이지 않을 수도 있다. 그러나 세포 생물학자에게 그런 장비는 혁명적인 것이었다. 원심분리기는 용액을 무게에 따라 여러 층으로 분리한다. 농부들은 오래 전부터 우유에서 크림을 분리하기 위해서 원심분리기를 사용했다. 클로드의 시대에는 엔지니어가 엄청나게 노력해야만 초超원심분리기를 분당 1만 회 이상으로 매우 빠르게 회전시켜서 약 1만7,000g의 힘을 낼 수 있었다.[12]

클로드는 닭의 종양 세포와 식염수를 절구에 넣고 공이로 부드럽게 갈았다.[13] 그렇게 준비한 용액을 원심분리기에 넣고 회전시키면 용액이 여러 층으로 분리된다는 사실을 발견했다. 그러자 클로드에게 아이디어가 떠올랐다. 그는 자신이 얻은 층을 다시 원심분리했다. 그러자 층이 더 많이 분리되었고, 그 층을 원심분리하자 더 많은 층이 나왔다. 클로드에게 그것은 각각의 층에 서로 다른 고유 질량을 가진 큰 분자가 있다는 뜻이었다. 결국 그는 자신의 방법을 이용해서 암 유발 물질의 농도를 더 높일 수 있었다. 더욱이 그는 그 속에 RNA가 들어 있다는 사실도 확인했다.[14] 몇 년 후에는 바로 그 RNA가 바이러스에서 나온 것이라는 사실도 밝혀냈고, 결국 바이러스가 암을 일으킬 수 있다는 이론을 정립했다.

그런데 클로드의 가장 획기적인 돌파구는 그것이 아니었다. 그는 자신이 개발한 기술을 이용하면 암세포뿐만 아니라 정상 세포에서도 매우 큰 분자를 분리할 수 있다는 사실을 알아냈다. 그는 흥분했다. 너무 작아서 현미경으로는 확인할 수 없었던 세포의 구조를 알아낼 수 있었기 때문이다. 그 부분을 연구하면 세포가 어떻게 작동하는지는 물론이고 심지어 세포가 어떻게 잘못되는지에 대한 새로운 단서도 찾을 수 있을 것처럼 보였다. 클로드는 즉시 연구의 방향을 바꿨다. 그는 암을 이해하려면 정상 세포의 작동 원리를 먼저 알아내야 한다는 생각에 암 연구를 보류했다.* 그는 세포 안으로 들어가보기로 결심했다. 훗날 그가 말했듯이, 그는 현미경이 도움이 되지 않는다면, 망치로 세포를 부숴 그 안에 무엇이 있는지를 연구할 생각이었다.[15]

많은 사람들이 닭이나 생쥐를 비롯한 여러 실험동물의 조직을 갈아서 원심분리하는 클로드를 비웃었다. 그의 동료인 키스 포터는 "그가 세포를 찢어서 조각을 꺼내 검사하기 시작하자, 자신을 괜찮은……세포 생물학자라고 부르던 사람들이 모두 그를 비웃기 시작했다"고 기억했다.[16] "멋있는 구조를 부순다고 무슨 소용이 있을까?" 동료들은 그가 세포로 마요네즈를 만들었다고 조롱했다.[17] 그런 행동을 배신으로 여기는 동료도 있었다.[18] 그가 아름다운 세포를 부순 것이 첫 번째 범죄였다. 그가 분리한 것이 파괴되지 않은 채 온전하게 남아 있다고 여겼던 것이 두 번째 범죄였다.

그러나 클로드는 과학자들의 이해가 도구의 예리함으로 결정된다는

* 운이 좋은 때였다. 암의 근본 원인을 찾으려는 생물학자들의 노력이 벽에 부딪혔다. 그들은 적절한 도구도 없었고, 세포에 대한 그들의 지식도 초보 수준이었다. 록펠러 연구소의 동료였던 오즈월드 에이버리도 아직 유전자가 DNA로 구성되어 있다는 사실을 발견하지 못하고 있었다. 그후 수십 년 동안 일부 연구자들은 바이러스나 박테리아가 암의 주요 원인이라는 사실을 밝혀내기 위해서 계속 노력했다. 1970년대에 이르러서야 과학자들은 암이 유전적 돌연변이에 의해서 유발된다는 사실을 알아냈다. 암을 유발하는 바이러스와 박테리아의 수는 다른 암 유발 돌연변이의 원인보다 훨씬 적었다.

사실을 잘 알고 있었다. 위대한 발전이 새로운 도구의 도입이라는 "우연한 기술적 진보"를 통해서 이루어지기도 한다고 말이다.[19] 한 역사학자가 지적했듯이, 클로드는 그런 사실을 잘 활용하는 달인이었다.[20]

현미경으로 자신의 마요네즈 층을 들여다보던 클로드는 그가 "알갱이granule" 또는 "미립자particulate" 등으로 다양하게 불렀던 거의 보이지 않을 정도로 작은 점을 발견했다. 그는 그것이 누구도 그 존재조차 모르고 있던 세포 내의 구조라고 확신했다. 또한 그 층에는 확실한 효소도 있었다. 아마도 그것이 바로 그 구조가 무엇을 하는지에 대한 단서가 될 것이었다. 심지어 그는 자신이 발견한 미립자가 세포의 화학 공장이라고 생각하기도 했다.[21] 그러나 그는 그것을 다시 볼 수 있을지 걱정했고, 많은 동료들은 그의 작은 점들이 전혀 의미가 없을 것이라고 계속 의심했다.

우주의 기묘한 사실을 찾고 있던 베를린의 어느 독일 기술자가 클로드를 구원해주었다. 에른스트 루스카는 10여 년 전에 이미 이론적으로 렌즈로 빛을 모으듯이 전자석을 이용해서 미세한 전자빔을 모을 수 있다는 사실을 알아냈다. 그는 그런 일을 충분히 정밀하게 수행할 수 있다면 이론적으로는 휘어진 전자파를 이용해서 화면에 이미시를 만들 수 있다고 생각했다. 사람들은 그런 주장에 혼란을 느꼈던 것이 분명했다. 물리학자들에게는 어리둥절한 일이었지만, 우리가 입자라고 생각하는 전자가 동시에 파동처럼 행동하기도 한다는 양자 이론이 등장하고 있었다. 그런 사실은 지금도 우리가 완전하게 이해하지 못한 당혹스러운 역설이다. 그러나 그런 역설이 루스카에게는 축복이었다. 전자의 파장은 가시광선보다 1,000배나 짧아서 이론적으로는 전자 현미경의 해상도를 일반 현미경보다 적어도 1,000배는 더 개선할 수 있기 때문이었다.

전자빔으로 이미지를 만드는 것이 당시의 전문가들에게는 꿈같은 이야기였다. 그러나 루스카는 그런 일을 시도해볼 생각이었다. 1933년에 그는 아무도 작동을 기대하지 않은 전자 현미경electron microscope의 시제품을 만들었다. 그가 만든 장비가 "아무 쓸모도 없을 것"이라는 이유로 학술지가 이미지와 함께 제출한 논문의 게재를 거부한 후에도 그는 장비를 개선하는 작업을 계속했다.[22] 결국 그의 아이디어에 상당한 가치가 있다고 판단한 지멘스 사가 그를 지원하기 시작했다. 미국의 RCA사도 독자적으로 전자 현미경을 개발했다.

1943년 여름, 전시戰時의 뉴욕 시에는 전자 현미경이 단 1대뿐이었다. 어느 페인트 회사가 신제품 개발에 현미경을 사용하고 있었다. 그 회사의 앨버트 게슬러라는 연구 책임자는 암에 관심이 많았다.[23] 가까운 친구를 암으로 잃었기 때문이다. 어느 날 「사이언스」를 훑어보던 그가 클로드의 논문을 읽었다. 정상 세포의 미립자와 그 미립자가 어떻게 복제되는지를 자세히 살펴보면 암의 원인에 대한 단서를 얻을 수 있을 것이라는 제안이 담긴 논문이었다. 게슬러는 클로드에게 퇴근 후 회사의 전자 현미경 전문가와 함께 일할 것을 제안했다. 클로드는 흔쾌히 수락했다.

기술적 어려움은 만만치 않았다. 그들은 주변과 구분되는 대비를 이루기 위해서 세포를 화학 물질로 코팅하는 기술과 현미경 내부의 진공이 세포를 파괴하지 않도록 만드는 기술을 개발해야 했다. 다행히 클로드의 동료인 키스 포터는 세포 배양에 탁월했으며, 닭의 세포를 전자빔이 투과할 수 있을 만큼 평편하고 얇은 모양으로 배양하는 독창적인 기술을 개발했다. 1년 후인 1944년에 과학자들은 마침내 단일 세포에 대한 최초의 전자 현미경 이미지를 얻었다. 갑자기 완전히 새로운 풍경이 펼쳐졌다. 훗날 포터는 "정말 훌륭했다"고 기억했다.[24] "믿을 수 없겠지만 우리는 그런 모습을 한 번도 본 적이 없었다. 달에 가기도 했던 사람들 중에 광학 현미경으로는 도저히 구분할 수 없는 미립자와 같은 구조를 본 것은……우리가 최초였다." 세포 생물학의 암흑기가 끝나가고 있었다.

이제 생명의 원자들이 세포에서 다른 종류의 구조를 만들지 않을까에 대해서는 더 이상 논쟁할 필요가 없었다. 전자 현미경 기술이 더욱 정교해지면서 놀라울 정도로 선명하게 초점이 맞춰졌다. 록펠러 연구소의 "작은 탐험가 그룹"으로 활동했던 키스 포터, 크리스티앙 드 뒤브, 조지 펄레이드는 클로드의 기술을 활용해서 알아낸 새로운 구조가 대단히 많다는 사실에 충격을 받았다. 그중에는 (프랜시스 크릭과 다른 사람들에 의해서 RNA를 이용해서 단백질을 만드는 것으로 밝혀진) 리보솜도 있었다. 클로드가 원심분리기로 분리한 다른 많은 "미립자들"은 현재 우리가 세포 소기관organelle이라고 부르는 막으로 둘러싸인 구조로 밝혀졌다. 무엇보다도 연구진은 클로드의 기술을 활용하면 세포 소기관의 기능도 알아낼 수 있다는 사실을 깨달았다. 전자 현미경으로 세포 소기관의 구조를 밝혀내고, 원심분리기로 세포 소기관의 효소를 확인할 수 있었다. 그들은 소포체endoplasmic reticulum와 그 이웃인 골지체라는 소기관이 새로운 단백질을 화학적으로 변형하고 소낭vesicle에 넣어서 세포의 다른 곳으로 운반한다는 사실을 발견했다. 리소좀lysosome이라는 또다른 구조는 세포의 쓰레기 처리기였다. 세포 생물학자들은 황홀경에 빠졌다. 연구자들은 세포 소기관에 장애가 생기면 질병이 발생한다는 사실도 발견해서 의학의 발전에 큰 도움을 주었다. 예를 들면, 리보솜의 결함은 다이아몬드-블랙팬 빈혈(골수에서 적아구계[赤芽球系] 세포가 현저하게 줄어들어서 발생하는 선천성 빈혈/역주)을 유발한다. 미토콘드리아 장애는 MERRF라는 일종의 간질을 유발하고, 리소좀에 효소가 부족하면 테이-삭스병(지질

대사의 장애로 중추신경과 기타 장기에 지질이 축적되어 지적 장애를 유발하는 유전병/역주)이 발생한다.

클로드 자신은 고작 몇 개의 세포 소기관의 연구에서만 직접적인 역할을 했다. 1949년, 그는 록펠러의 유혹에도 불구하고 자신의 고국인 벨기에에 있는 암 연구센터의 책임자로 일해달라는 제안을 수락했다. 그의 천재성은 자신이 개발한 기술을 이용해서 세포의 비밀을 파헤치는 일보다 새로운 도구를 개발하는 데에 있었다. 그는 그 일을 번개처럼 빠르게 해치웠다.[25] 이후에는 자신이 개발한 혁신적인 기술을 이용해서 여러 가지 획기적인 발견을 해낸 드 뒤브와 펄레이드와 함께 노벨상을 받았다.

1950년대 초에 이르러서는 DNA와 더불어 단백질을 만드는 리보솜이 있는 세포핵 이외에도 고유한 효소를 가지고 있는 세포 소기관도 특화된 작업을 수행한다는 사실이 분명해졌다. 그런데도 세포에 대한 오래된 인식이 여전히 지배적이었다. 전자 현미경을 통해서 세포 소기관의 바깥을 들여다보는 연구자가 볼 수 있는 것은 여전히 흐릿한 수프뿐이었다. 세포 생물학자 프랭클린 해럴드는 "연구자들은 세포 소기관을 서로 부딪치고, 확산하는 용해성 분자의 바다에 떠 있는 단단한 섬과 같다고 생각했다"고 기억한다. 세포 내부의 다른 부분은 여느 때와 마찬가지로 흐릿해 보였다. 아마도 효소가 지배하고 있을 것이다. 소수만이 다른 것이 있다고 생각했다.

그런 견해에 대한 가장 위대한 도전은 아무도 상상하지 못했던 세포의 완전히 새로운 메커니즘을 발견해낸 "괴짜" 생화학자에 의해서 이루어졌다. 피터 미첼은 세계적으로 유명하지는 않았으나 생화학자들 사이에서는 널리 존경받고 심지어 숭배받던 인물이었다. 일찍이 케임브리지 대학 시절부터 그는 잊기 힘든 학생이었다. 1939년 말 학생 신분으로 케임브리지에 도착한 그는 건설회사를 운영하고 있던 삼촌의 도움으로 세련된 모건 자동차를 탔고, 나중에는 중고 롤스 로이스를 몰았다. 그의 전기 작가들은 "친구들은 버건디 재킷과 때로는 허리까지 단추를 잠그지 않은 셔츠, 어깨까지 내려오는 긴 머리 등의 화려한 옷차림 때문에 미첼을 기억한다"고 썼다.[26] 그들은 미첼이 베토벤을 닮았다고 생각했다. 실제로 그의 숙소에는 베토벤의 흉상이 있었다. 미첼은 항상 틀에 얽매이지 않는 철학적 사고를 좋아했다. 세포에 들어 있는 원자가 어떻게 생명을 만들어내는지에 대한 그의 특이한 생각 때문에 과학계에서 거의 20년간 이어진 가장 격렬한 논쟁이 시작되었다.

미첼은 1954년에 박사 학위를 받고 케임브리지를 떠나 에든버러 대학교의 생화학과를 이끄는 연구직을 맡았다. 그곳에서 그는 심각한 반발을 불러왔던 근본적인 질문과 씨름하기 시작했다. 세포가 어떻게 에너지를 생성할까? 미첼은 다른 사람들이 모두 잘못 알고 있다고 생각했다.

많은 과학자들은 문제를 인식조차 하지 못했다. 대답하기 어려울 것 같지도 않았다. 그들은 이미 거의 모든 퍼즐을 해결한 상태였다.

클로드는 이미 원심분리기와 전자 현미경을 이용해서 미토콘드리아가 당과 산소를 연소시켜서 에너지를 방출한다는 사실을 밝혀냈다. 미토콘드리아가 "세포의 진정한 발전소"라는 그의 표현은 강의실에서 널리 사용되기 시작했다.[27]

그런 설명이 또다른 수수께끼로 이어졌다. 세포는 그렇게 만든 에너지를 어떻게 멀리 떨어진 분자와 세포 소기관으로 전달할까? 세포에는 미토콘드리아로 연결된 전선이 없다.

생화학자들은 그 수수께끼도 어느 정도는 해결했다. 그들은 고작 47개의 원자로 구성된 작은 분자인 ATP(아데노신 삼인산)가 휴대용 배터리 팩이라는 사실을 알아내고 놀라움을 금치 못했다. ATP에는 자발적으로 빛을 내는 불안정한 성질이 있어서 한때 "악마의 원소"라고 불리던 인燐이 들어 있었다. ATP에서 마지막 인산기를 떼어내면 엄청난 양의 에너지가 방출되는 것이 핵심이다.

과학자들은 ATP가 태양으로부터 에너지를 끌어오는 과정의 마지막 단계를 수행한다는 사실을 알아냈다. 먼저 식물이 광합성 과정에서 에너지를 포집하여 당에 저장한다. 우리가 그렇게 만들어진 당(또는 당으로 만든 지방)을 먹으면, 세포의 미토콘드리아가 에너지를 방출한다. 그리고 ATP가 세포에서 에너지가 필요한 모든 분자에 태양에서 온 에너지를 운반한다. 생화학자들은 ATP 분자를 엄청나게 많이 만들어야 한다는 사실이 분명하다고 생각했다. 오늘날 우리는 일반적으로 사람의 세포가 매초 1,000만 개에서 1억 개의 ATP를 소비한다는 사실을 알게 되었다.[28] 모든 생명체가 ATP(또는 이와 유사한 분자)를 이용해서 에너지를 분배한다는 사실은 이 작은 파워 팩이 생명만큼이나 오래되었음을 뜻한다. 또한 연구자들은 ATP가 인산기를 잃어버리고 에너지를 방출하고 나면, 나머지 분자는 효소가 새로운 인산기를 추가해서 재충전해주는 모선母船에 해당하는 미토콘드리아로 되돌아온다는 사실을 알고 있었다.

소소한 수수께끼 하나가 남았다. ATP 합성효소라는 효소가 어떻게 ATP를 만들까? 간단한 일일 것이다. 생화학자들은 효소의 화학적 경로를 결정하는 방법을 알고 있었다. 그러나 "미토콘드리아 전문가들"은 아무리 애를 써도 효소가 어떻게 작동하는지를 설명할 수 없었다.

소식이 퍼지면서 더 많은 사냥꾼 화학자와 물리학자, 수십 개의 연구실, 수백 명의 연구원이 참여하기 시작했다. 대형 연구소와 유명한 과학자들이 경쟁하기 시작했다.[29] 효소의 작동 원리를 설명하는 것이 뜨거운 쟁점이 되었다.[30] 그러나 20년 넘도록 이 문제를 연구한 생화학자 에프라임 래커의 회고에 따르면, 여전히 실망스럽게도 "움직이는 부품의 그림자만 보였다."[31] 가끔 어느 연구진이 문제를 해결했다고 자랑스럽게 발표하기도 했다. 그러나 얼마 지나지 않아 승리의 주장은 사실이 아닌 것으로 확인되고, 사람들은 오히려 더 혼란스러워졌다. 어느 학술회의에서 래커는 "완전히 혼란스럽지 않다고 생각하는 사람은 상황을 이해하지 못한 것"이라고 선언했다.[32] 그들은 자신들의 헛된 노력이 수십 년 동안 계속되리라는 사실을 전혀 몰랐다.

이제 철학적 사고를 하던 미첼에게는 그들이 어리석은 일에 시간을 낭비하고 있다는 것이 분명해졌다. 혼자 고민해보기를 좋아했던 미첼은 너무나 참신해서 곧 실현될 것 같은 대안을 제시했다. 그는 "같은 물에 두 번 발을 담글 수 없다"고 했던 소크라테스 이전의 철학자 헤라클레이토스의 말에 흥미를 느꼈다.[33] 미첼은 일정하게 유지되는 구조를 가지고 있지만 원자가 계속 교체되는 세포를 강이나 촛불처럼 생각하기 시작했다. 그는 안팎으로 끊임없이 드나드는 분자의 흐름을 세포막이 어떻게 조절하는지에 관심을 가지게 되었다. 결국 그는 세포막이 단순한 문지기 이상의 역할을 한다는 사실을 확신하게 되었다.

미첼은 미토콘드리아의 구조를 재검토했다. 전자 현미경으로 관찰한 미토콘드리아는 타원형이었고, 막으로 둘러싸여 있었다. 그 안에는 또 다른 닫힌 막이 있어서 내부 공간을 이루고 있었다. 그의 가설은 이 내부 막의 구조가 ATP 생성에 반드시 필요하다는 것이었다. 그렇다면 기존의 효소가 어떻게 ATP를 생성하는지 설명하려던 연구자들은 모두 존재하지 않는 유령을 찾고 있던 셈이었다. 그는 미토콘드리아가 당에서 방출된 에너지를 이용해서 엄청난 수의 양전하를 가진 수소 이온을 내부 막에서 밖으로 내보낸다고 주장했다. 그런 후에 막 양쪽의 전하 차이를 이용해서 ATP를 만든다는 것이다.

다시 말해서, 미첼은 미토콘드리아가 세포에 전력을 공급하는 전류를 생성하기 위해서 세포막을 이용한다는 기괴한 이론을 내놓았다. 전선이나 가전제품에서는 음전하를 띤 전자가 전류를 발생시키지만, 세포에서는 양전하를 띤 양성자인 수소 원자핵이 전류를 발생시킨다. 그리고 그 전류를 이용해서 ATP를 생성하는 막의 메커니즘에 전력을 공급한다는 것이다.

1961년에는 그의 아이디어가 기괴하게 보였다. 기존에 잘 알려져 있던 분자 생성 방법과는 완전히 달랐다. 게다가 그저 예측에 불과했다. 그는 자신의 주장을 뒷받침할 실험적 증거를 내놓지 않았다.[34] 레슬리 오겔은 "나는 속으로 [그것이] 그런 식으로 작동하지 않는다는 데에 무엇이든 걸겠다고 했던 기억이 난다"라고 썼다.[35] 생화학자 래커는 "그의 제안은 마치 궁정 광대의 헛소리나 파멸의 예언처럼 들렸다"고 기억했다.[36] 미첼은 사실상 자신의 주장을 지지하는 과학자를 찾지 못했다. 많은 과학자들이 다시 한번 "진실이라고 하기에는 너무 이상하다"는 편견에 흔들렸다. 그들은 가능성이 희박해 보이고, 지금까지 배운 모든 것에 맞지 않고, 보기에도 좋지 않다는 이유로 그의 이론을 무시했다.

미첼은 양보하지 않았다. 천재적인 재능을 가진 그였지만, 자신의 주장을 쉽게 설명하지는 못했다. 그는 미토콘드리아 연구자들이 익숙하게 알고 있는 용어가 아니라 자신이 만든 모호한 용어로 이론을 제시했다.[37] 또한 양성자 전류가 어떻게 ATP를 만드는지 설명하기 위해서 그가 제안한 여러 가지 메커니즘이 모두 옳았던 것도 아니었다.

에든버러 대학교에서 몇 년을 보낸 미첼은 심한 위궤양으로 결국 사직해야만 했다. 그는 회복을 위해 콘월 외곽의 낡은 시골 저택으로 이사했다. 그런데도 그는 포기하지 않았고, 2년 후에는 우아한 건물을 개조해서 건물 한쪽에 개인 연구실을 마련했다. 그리고 케임브리지와 에든버러에서 함께 일했던 유능한 연구자 제니퍼 모이얼을 데려왔다. 시골의 우거진 숲이 내려다보이는 연구실에서 그들은 자신들의 이론을 뒷받침하기 위한 실험을 계속했다. 그의 젖소에서 나온 수익이 연구 수행에 도움이 되었다.[38]

미첼은 동료들과 함께 10년 동안 연구를 했지만, 아무 성과도 얻지 못했다. 미래의 노벨상 수상자였지만 당시에는 한 귀로 듣고 한 귀로 흘려버려야 했을 정도로 무능해 보였던 엉터리 연사를 초청한 학술회의에서 짜증이 났다고 기억하는 사람도 있었다.[39] 미첼과 대화를 하는 동안 너무 화가 나서 한 발로 깡충깡충 뛴 사람도 있었다.[40]

미첼은 집에 있던 세계지도에 자신의 이론에 반대하는 사람의 위치를 빨간색 핀으로 표시했다.[41] 회의론자가 마음을 바꾸면 미첼은 "설득 모니터"의 빨간색 핀을 바꿨다. 경계선에 있는 경우는 흰색 핀으로 표시했고, 완전히 개종한 경우는 녹색 핀으로 표시했다.

결국 미첼과 모이얼은 물론이고, 그의 주장을 반박하려던 여러 사람들의 실험이 서서히 흐름을 바꿔놓았다. 마침내 생화학자들은 미첼이 옳았다는 사실을 인정할 수밖에 없었다. 미토콘드리아는 양전하를 가진 양성자인 수소 이온을 이용해서 내부 막에 전위차를 만든다. 그 전위차는 1피트당 1억 볼트로 번개만큼 강하다.[42]

미첼의 오랜 반대자였던 UCLA의 폴 보이어가 미첼의 이론을 더 쉽게 이해할 수 있도록 해주는 놀라운 사실을 발견했다. 1960년대 초에 보이어는 ATP를 만드는 효소가 평범한 효소일 수 없다고 생각하기 시작했다. 처음에 그는 효소가 반응을 촉진하기 위해서 모양을 바꾼 주변의 다른 단백질과 함께 작용한다고 생각했다. 그러나 1970년대에 이르자 그의 생각은 더욱 분명해졌다. 그는 ATP를 생성하는 효소 자체가 특별한 것이라고 믿었다. 효소는 움직이는 여러 부품이 서로 복잡하게 연결된 사실상의 작은 분자 기계와 같다는 것이었다. 보이어는 미첼의 수소 원자 흐름이 보이지 않는 기계에 동력을 공급한다고 믿었다.

그는 ATP 합성효소라고 알려진 이 기계의 구조가 특별하다는 사실을 발견했다. 알베르 클로드가 상상하지 못했던 메커니즘이 바로 그것이었다. 마치 레오나르도 다빈치가 설계했을 법한 물레방아처럼 보이지만, 댐의 물이 아니라 막에 쌓여 있는 양성자에 의해서 회전한다는 점이 다르다. 작은 회전형 모터의 역할을 하는 장치는 내부 막에 걸쳐 있고, 초당 약 300회 회전할 수 있는 회전축을 가지고 있다.[43] 나중에 그 장치의 정확한 분자 구조를 밝혀낸 공로로 노벨상을 받은 X선 결정학자인 존 워커 경은 이 장치가 베어링, 피스톤 또는 밸브, 크랭크 또는 캠(회전 운동을 왕복 운동으로 변환시켜주는 장치/역주), 스프링 또는 플라이휠을 가지고 있다고 설명했다.[44] 그 장치는 양성자 전류에 의해 구동되는 회전축을 이용해서 축에 연결된 메커니즘을 회전시킨다. 첫 번째 부분은 인산염과 아데노신 이인산(ADP) 분자를 붙잡는다. 두 번째 부분이 두 분자를 결합하여 ATP라고 부르는 아데노신 삼인산 분자를 만든다. 그런 다음 세 번째 부분이 새로 만들어진 ATP를 강하게 쳐서 세포 속으로 내보낸다.

보이어는 1975년에 미첼에게 화해를 청했다. 그는 전쟁이 끝났음을 인정하기 위해서 미첼과 몇 사람의 반대자와 함께 총설 논문을 작성하자고 제안했다. 3년 후에 미첼은 노벨 화학상을 받으러 스톡홀름에 갔다.

한 과학자는 그의 업적을 "생물학적 상상력"이라고 했다.[45] 미첼은 노벨상 상금으로 연구소와 농장을 운영하면서 진 빚을 갚았다.[46] 몇 년 후에 보이어 역시 노벨상을 받았다. 그들은 우리 세포에서 단순히 반응을 가속하는 효소에 대한 전통적인 설명과는 전혀 다른 메커니즘을 발견했다. 미토콘드리아는 당의 에너지를 사용해서 전력망을 구축한다. 양성자 전기가 정교한 분자 기계에 동력을 공급하고, 그런 기계가 돌아가면서 우리가 하는 모든 일에 연료를 공급하는 작은 배터리가 계속 충전된다.

놀랍게도 생명의 기원에 관해 제7장에서 살펴본 것처럼, 마이크 러셀과 윌리엄 마틴은 비슷한 양성자 흐름이 최초의 생명이 등장하는 데에 어떤 역할을 했을 것으로 생각했다.[47] 그들은 심해 열수구에서 미첼의 전류에 대한 오래된 흔적을 발견했다. 그곳에서는 수소 이온이 세포처럼 얇은 벽을 가진 작은 방들로 가득한 광물의 퇴적물을 통해 거품을 일으키며 올라온다. 연구진은 그런 벽의 반대편에 양전하를 띤 수소 양성자가 다른 농도로 쌓이면서 전류가 발생한다고 제안했다. 그런 양성자 흐름에 의해서 복잡한 유기 화합물이 형성되었고, 궁극적으로 생명체가 탄생한 것으로 추정했다.

그것이 사실인지 아닌지에 상관없이, 미첼과 보이어의 메커니즘은 미토콘드리아가 어떻게 진화를 강력하게 촉진했는지 설명해준다. 린 마굴리스가 주장했듯이, 한 종류의 생물이 에너지를 특별히 효율적으로 생산하게 되기까지는 미생물이 지구를 지배했다. 그런 미생물 중 한 종이 다른 세포에 의해서 포획되었고, 그 후손은 가축화되었다. 그리고 이것이 바로 미토콘드리아였고, 그 나머지는 역사가 되었다. 그것이 바로 우리의 역사이다. 평균적으로 우리 몸의 세포 1개에는 1,000개에서 1만 개의 미토콘드리아가 들어 있다.[48] 심장 근육 세포의 경우에는 미토콘드리아가 세포 부피의 약 35퍼센트를 차지한다.[49] 미토콘드리아는 우리 세포 하나가 박테리아보다 수만 배나 더 많은 에너지를 낼 수 있게 해준다.[50] 이러한 초강력 카페인의 도움으로 DNA는 리보솜이 더 많은 단백질과 효소를 생산하도록 하고, 세포를 활발한 활동의 장으로 만들 수 있게 해준다. 우리 몸에서는 매 초마다 과거의 박테리아 수천조 개가 세포막을 가로질러 양성자를 퍼내서 ATP를 만드는 회전형 모터에 필요한 전기를 생산한다. 우리는 1분에 약 3분의 2파인트의 산소를 흡입해서 그런 모터를 계속 돌아가게 하고, 그 덕분에 미토콘드리아는 100와트 전구만큼의 에너지를 생성한다.[51]

세포에 생명을 불어넣기 위해서 우리 몸의 분자는 DNA, RNA, 리보솜, 효소, 세포 소기관뿐만 아니라 작은 기계를 만들고 전류를 발생시킨다. 사실 우리 몸은 다른 종류의 전류도 활용한다. 1780년에 의사 루이지 갈바니가 이런 전류를 발견했다. 그는 죽은 개구리의 다리에 전기를 흐르게 하자 다리에서 경련이 일어나는 것을 관찰했다. 1950년대 후반에 이르러서 생물학자들은 우리 신경에서 전기가 생성되는 것은 전하를 가진 원자를 움직이도록 해주는 펌프와 같은 보이지 않는 또다른 메커니즘 때문이라는 사실을 밝혀냈다. 사실 이러한 분자 펌프는 모든 세포에 존재한다. 우리는 소듐-포타슘 펌프를 계속 작동시키는 데만 에너지의 약 3분의 1을 소비한다.[52] 그러나 소듐과 포타슘 없이는 생각도 할 수 없고, 뇌에서 발로 "뛰라!"는 메시지를 보낼 수도 없다는 사실을 깨닫는다면, 소듐과 포타슘이 소비하는 엄청난 양의 ATP를 원망할 수는 없을 것이다.

이런 중요한 펌프 덕분에 전하를 가진 소듐 이온은 세포의 외부에 더 많이 존재하고, 포타슘은 세포의 내부에 더 많은 상태가 유지된다. 세포가 터지지 않도록 세포의 내부 압력과 다른 화학 물질의 균형이 적절하게 유지되는 것도 그런 이유 때문이다.

과학자들은 우리의 신경이 이 펌프를 다른 용도로 사용한다는 사실도 알아냈다. 신경이 전기로 메시지를 보내기는 하지만, 직접 전자나 양성자를 이용하지는 않는다. 연구자들은 1939년 방어용 무장을 하지 않은 대왕오징어가 위험에서 가능한 한 빨리 탈출하기 위해서 주로 거대한 신경세포를 이용한다는 사실을 확인했다. 대왕오징어의 신경은 매우 넓게 퍼져 있어서 연구자들이 실제로 신경에 전선을 꽂아 안팎의 전위차를 측정할 수 있었다. 그들은 신경의 전류가 양전하를 가진 소듐과 포타슘 이온에 의해서 생성된다는 사실을 알게 되었다. 그런데 놀랍게도 전하를 가지고 있어서 이온이라고 알려진 이 분자는 신경의 한쪽 끝에서 다른 쪽 끝으로 빠르게 이동하지 않는다. 그 대신 축구 경기를 응원하는 사람들처럼 파동을 일으킨다. 세포막에 소듐이 들어오거나, 포타슘이 빠져나갈 수 있는 작은 통로들이 길게 늘어선 모습을 생각해보자. 통로가 열리면 초당 100만 개 이상의 소듐 이온이 밀려 들어오거나, 포타슘 이온이 빠져 나간다.[53] 축구 팬이 팔로 옆 사람의 팔 움직임을 유도하듯이, 그런 변화 때문에 인접한 통로가 열리게 된다. 소듐과 포타슘 이온이 막의 안과 밖을 오가면서 신경을 따라 이동하는 전하의 파동을 전파한다.

신경이 쉬고 있을 때는 막의 안보다 바깥에 소듐 이온이 더 많고, 바깥보다 안에 포타슘 이온이 더 많아서 그런 기발한 방법이 작동할 수 있게 된다. 그리고 그런 차이를 유지하도록 해주는 것은 세포의 외막에 있는 작은 기계들이다. 펌프는 ATP가 공급하는 에너지로 3개의 소듐 이온을 방출한다. 그런 후에 펌프의 모양이 바뀌면서 포타슘이 2개만 들어오도록 해준다. 하나의 신경에서 100만 개의 소듐-포타슘 펌프가 발생시키는 전하의 차이는[54] 신호가 초당 최대 약 105미터의 속도로 전달되도록 해준다.[55] 다른 세포에서는 이 작은 기계의 용도가 훨씬 더 다양하다. 심장을 포함한 근육도 수축할 때 이 펌프를 사용한다.

우리가 인식하지는 못하지만, 우리의 생명은 1,000조 개에 가까운 소듐-포타슘 펌프에 달려 있다.[56] 그러나 소듐-포타슘 펌프가 없으면 우리는 생각은커녕 포식자로부터 도망치지도 못하고, 생명을 유지할 수도 없다. 그것이 바로 소금으로 알려진 염화소듐을 맛있다고 느끼는 이유이다. 우리가 먹는 식물에는 포타슘은 많지만, 소듐은 많지 않다. 몸속의 전하를 유지하려면 하루에 한 티스푼보다 조금 적은 양의 소금이 필요하다. 수렵채집인은 육류에서 소금을 얻었지만, 농경인은 별도로 소금을 섭취해야 했다.[57] 소금 통에 들어 있는 소금 덕분에 우리는 손가락을 꼬고, 귀를 만지고, 생각하고, 대화를 나눌 수 있다.

우아한 ATP 합성효소와 소듐-포타슘 펌프가 끝이 아니다. 1960년대와 1970년대부터 과학자들은 우리 몸의 세포에서 ATP를 연료로 사용하는 여러 가지 다른 놀라운 분자 기계들이 돌아가고 있다는 사실을 발견했다. 대형 공장 크기의 세포 소기관에 비하면 그런 기계들은 수레 정도로 작다. 두 발로 걸으면서 세포 안을 돌아다니는 키네신kinesin(진핵생물에 존재하는 모터의 기능을 가진 단백질/역주)이라는 작은 기계는 걸음을 걷듯이 움직일 때마다 ATP를 사용한다. 단백질로 만들어진 미세소관microtuble을 따라 움직이는 키네신은 미토콘드리아나 다른 세포 기관이 필요한 곳으로 이동하고, 더 이상 필요하지 않게 된 곳에서는 철수한다. 키네신은 하루 종일 단백질로 가득 찬 소포체를 세포의 한쪽에서 다른 쪽으로 옮기는 일을 한다. 근육에서는 미오신myosin이라는 작은 ATP 구동 모터가 톱니바퀴 모양의 궤도를 따라 미끄러지듯이 움직이면서 모양을 바꿔서 근육을 이완하나거나 수축하게 해준다. 생물물리학자 홀리 굿슨은 "동물이 죽을 때 근육이 딱딱해지는 이유는 미오신이 강력한 접착제처럼 굳기 때문"이라고 나에게 설명해주었다. 다시 말해서, 근육의 작은 모터가 굳어버리는 것이다. 한편 모든 세포에서 새로 만들어지는 단백질은 샤페로닌chaperonin이라는 작은 기계로 들어가서 단백질을 필요한 모양으로 접히도록 만든 후에 방출된다. 이 모든 과정에서 프로테아좀preteasome은 나무꾼처럼 불필요한 단백질을 잘게 잘라서 쓰레기 더미에 버린다.

"기본적으로 세포의 내부는 건설 현장처럼 일하면서 자재를 옮기는 기계들로 가득 채워져 있다. 여전히 일정한 양의 액체가 있기는 하다. 그러나 매년 새로운 발견이 이루어지기 때문에 액체의 수프가 들어갈 공간이 점점 줄어들고 있다." 그동안 수많은 새로운 분자 기계의 발견에 감동한 프랭클린 해럴드는 이렇게 말했다.

공장형의 세포 소기관, 전류, 작은 분자 기계가 세포에 들어 있는 수조 개의 원자에서 어떻게 생명이 만들어지는지를 설명하는 데 많은 도움이 되는 것은 사실이다. 그러나 그것이 전부는 아니다.

우선 분자 사이의 단순한 인력과 반발력에 의해서 스스로 조립되는 구조가 있다는 것이 놀라운 사실이다. 앞에서 살펴보았듯이, 알렉 뱅엄이 1960년대 초에 자신이 새로 만든 전자 현미경을 시험하던 중에 그런 사실을 처음 발견했다. 그는 지방 분자가 물을 싫어하는 말단을 감추기 위해서 회전하는 과정에서 자연스럽게 막을 형성하는 것을 보고 깜짝 놀랐다. 마찬가지로 단백질에도 물을 좋아하는 영역과 물을 싫어하는 영역이 있다. 단백질이 종이접기를 하듯이 안정적인 모양을 만들 수 있는 것은 그런 인력과 반발력 덕분이다.

분자가 생명을 창조할 수 있는 이유에 대한 또다른 단서도 있다. 세포에는 30억 개의 염기쌍으로 이루어진 DNA를 포함해서 엄청나게 많은 수의 구조가 들어 있지만, 우리가 성장하거나, 치유하거나, 고장 난 세포를 교체할 때는 약 24시간 만에 완전히 새로운 세포를 만들 수 있다. 하지만 내가 잠시도 쉬지 않고 30억 개의 글자를 쓰는 데에만 15년 이상이 걸린다. 우리 세포는 어떻게 그렇게 빨리 작동할 수 있을까?

스코틀랜드의 식물학자 로버트 브라운이 현미경에서 그에 대한 힌트를 발견했다. 그는 물에 넣은 꽃가루 알갱이가 멈추지 않고 계속 서로 충돌하는 이유를 알아낼 수 없었다. 처음에는 꽃가루 알갱이가 살아 있는 것은 아닌지 의심했다. 그러나 바위에서 떨어진 먼지도 똑같이 움직이는 것을 보고 생각을 바꿨다. 그런데 입자들이 움직이는 이유는 대체 무엇일까? 1905년에 알베르트 아인슈타인은 술에 취한 것처럼 보이는 불규칙한 움직임의 원인이 그들을 둘러싸고 있는 보이지 않는 물 분자들이 끊임없이 무작위로 충돌하기 때문이라는 사실을 증명했다(물리학자들이 원자가 실제로 존재한다는 사실을 확신하게 된 것은 아인슈타인의 이 논문 덕분이었다). 그러나 브라운과 아인슈타인은 원자들의 끊임없는 충돌이 세포에 생명을 불어넣는 데 도움이 된다는 사실을 몰랐다. 원자와 분자와 같은 나노 수준에서는 세상이 흐릿하게 보이기 때문이다. 열은 세포의 분자들을 무작위로 진동하고 충돌하게 만든다. 물리학자 피터 호프먼은 그런 현상을 분자 폭풍molecular storm이라고 불렀다.[58] 사실 그런 폭풍은 5등급의 허리케인보다 훨씬 더 강력하다. 세포에 들어 있는 분자는 밀리초마다 무수히 많은 충돌을 견뎌내야만 한다.

끝없이 계속되는 충돌 때문에 극심한 혼란이 발생할 것처럼 보이지만, 놀랍게도 우리 세포는 전혀 개의치 않는다. 오히려 세포는 끊임없는 움직임을 이용해서 생명을 창조한다. 끊임없는 충돌이 세포 안과 바깥으로 분자를 밀어내고, 단백질의 모양을 바꾸고, 효소의 이동을 도와준다. 예를 들면 공 모양의 단백질은 충돌을 통해서 1초에 200만 번 이상 회전한다.[59] 반응하게 될 모든 분자는 평균적으로 세포의 모든 단백질과 1초에 1번씩 충돌한다.[60] 끊임없는 충돌 때문에 작은 물 분자는 (비록 40억 분의 1인치마다 다른 분자와 부딪히기는 하지만[61]) 시속 1,600킬로미터가 넘는 놀라운 속도로 세포 속에서 이리저리 돌아다닌다. 포도당처럼 조금 큰 분자는 시속 약 420킬로미터로 튕겨 나간다. 심지어 거대한 단백질 분자도 시속 32킬로미터로 움직인다.[62] 세계에서 가장 빠른 단거리 육상 선수의 속도도 시속 43킬로미터에 불과하므로 세포에서 일어나는 대부분의 움직임은 미쳤다고 할 정도로 빠르다.

그런데 우리 세포는 작은 분자 기계로 가득 채워져 있다. 그런 기계들도 자동차나 식기세척기와 같은 운명을 겪지 않을까? 끊임없이 부서지지 않을까? 생물물리학자 댄 키르쉬너는 세포에서 일어날 수 있는 모든 일을 생각하면 밤잠을 설치게 된다고 나에게 말해주었다. 그가 대학원에서 세포 발달을 배울 당시 그의 아내는 출산을 앞두고 있었다. 그는 오류가 발생할 가능성이 너무 커서 혹시 자기 딸이 기린 같은 목을 가지고 태어날까 봐 두려웠다고 했다. 다행히 딸은 정상이었다. 우리 세포는 단명短命을 피하려고 여러 가지 영리한 전략을 고안했다. 첫째는 세포의 기계 장치가 놀라울 정도로 신뢰할 수 있다는 것이다. 예를 들면, 리보솜이 단백질에 잘못된 아미노산을 삽입할 가능성은 1만 번에 1번 정도이다.[63] 우리의 DNA를 복사하는 기계가 실수를 저지를 확률은 100만 분의 1에서 1,000만 분의 1 정도에 지나지 않는다.[64]

그러나 완벽한 것은 없다. 때때로 실수가 발생하기도 한다. 심한 충돌, 자외선, 자유 라디칼과 같은 위험한 분자가 손상을 일으킨다. 다행히 우리 세포는 그런 위협에 대처하는 여러 가지 대안을 갖추고 있다. 우선, 세포에는 순찰하면서 오류를 찾아내서 고치는 일을 하는 영리한 수선 메커니즘이 잔뜩 들어 있다. 우리 세포에는 오류를 검사하는 분자 기계와 자동 수정 되먹임 회로가 있어서 놀라운 정확성을 보장한다.

1954년 「애틀랜타 콘스티튜션*Atlanta Constitution*」에 실린 기사는 우리 세포가 생존을 위해서 채택한 두 번째 전략을 소개했다. "스스로에 싫증이 났을까? 오래된 똑같은 몸집과 얼굴에 지쳤나? 그렇다면 다른 모습을 찾아보자. 어떤 의미에서는 우리가 끊임없이 다시 태어나고 있다고 말해보자. 자동차 산업과 마찬가지로 사람도 매년 근본적인 모델 변경을 한다."[65] 이런 기묘한 주장을 뒷받침하는 과학적 근거는 폴 애버솔드라는 독창적인 핵물리학자의 연구 결과였다. 애버솔드는 (탄소-14로 유명한 마틴 케이멘이 새로운 방사성 동위원소를 개발했던) 버클리 방사선연구소의 사이클로트론으로 연구를 시작했다. 그런 후에 애버솔드는 원자력위원회에서 의료용 동위원소 개발을 감독했다. 어느 날 그는 자신의 동위원소를 이용해서 우리 몸의 원자들이 얼마나 자주 교체되는지 알아낼 수 있다는 사실을 깨달았다. 식탁용 소금과 같은 물질에 방사선을 쬐어 준 후에, 우호적인 사람에게 소금을 먹이고, 가이거 계수기 같은 방사선 추적 장치로 소금의 이동 경로를 추적하기만 하면 되는 일이었다. 애버솔드는 "10억 분의 1온스" 정도로 적은 양의 방사성 원자를 추적할 수 있다고 기자에게 자랑스럽게 설명했다.[66]

그는 우리가 한두 달마다 탄소 원자의 절반을 교체하고, 매년 전체 원자의 98퍼센트를 교체한다는 사실을 발견했다.[67]

잠깐, 뭐라고? 그런 일이 도대체 가능할까? 분명히 가능하다. 우리 몸의 절반 이상은 수분이고, 우리는 계속해서 수분을 보충한다는 사실을 알고 있다. 큰 비중을 차지하는 또다른 물질은 단백질이고, 기억하겠지만 단백질은 대부분 몇 시간 또는 며칠 내에 분해된다. 심지어 우리 몸에서 주로 단백질로 구성된 리보솜과 미토콘드리아와 같은 큰 세포 소기관조차 분해되어 교체된다.

애버솔드는 세포가 오래 살 수 있는 또다른 전략도 발견했다. 세포는 영구적으로 보이는 구조와 낡고 오래된 분자 기계를 끊임없이 새로운 것으로 교체한다. 세포가 유일하게 교체하지 않는 것은 우리의 거대한 염색체뿐이다. 그 대신 염색체 주변을 돌아다니면서 문제를 찾아 해결하는 기계를 가지고 있다.

세포가 지나치게 손상되어 더 이상 복구할 수 없게 되면 어떨까? 그런 경우에 대한 대책도 마련되어 있다. 세포 전체를 파괴해서, 재활용할 수 있는 조각으로 잘게 쪼개 폐기하고 완전히 새로운 세포를 만든다. 평균적으로 우리는 10년마다 세포를 교체한다.[68] 하루에 3,300억 개의 세포를 갈아치우는 셈이다.[69] 열악한 환경에서 작동하는 세포가 더 자주 교체된다. 강한 산酸에 노출되는 내장의 세포는 손상이 발생할 가능성이 매우 커서 계획적인 자살을 통해 이틀에서 나흘마다 새로운 세포로 교체된다.[70] 긁히거나 자외선에 노출되는 피부 세포는 한 달에 한 번 정도 교체된다. 혈류를 따라 돌아다니는 적혈구는 120일마다 교체된다.[71] 매초마다 거의 350만 개의 적혈구를 새로 만들어야 한다는 뜻이다.[72] 뼈와 같은 곳에 있는 다른 세포는 10년에 한 번 정도로 그 빈도가 낮다.[73]

따라서 우리 몸의 세포는 신뢰할 수 있는 기계를 사용하는 것 이외에도 끊임없이 오류를 점검하고, 수리하고, 계속 교체한다는 세 가지 원칙을 가지고 있다. 우리 몸은 뉴욕의 주요 고속도로처럼 언제나 가동되면서 항상 수리 중이다.

모두 그럴듯하게 들린다. 이 정도면 "혹시 내가 불멸의 존재가 되지 않을까?"라고 생각할 수도 있다. 반드시 그런 것은 아니다. 우리 몸은 끊임없이 세포를 새로 만들고 교체하지만, 세포에서 잘못된 유전적 돌연변이가 발생하면 세포가 제멋대로 변하기도 한다. 특히 언제 분열해야 하는지와 손상된 DNA를 복구하는 방법을 알려주는 유전자에 문제가 생기면 그렇게 된다. 그러면 세포는 형제와의 약속을 깨고 다른 모든 세포를 희생시키면서까지 이기적으로 번식한다. 그런 현상을 암이라고 하고, 암은 언제든지 발생할 수 있다.

이 과정을 견제하기 위해서 우리는 가능성을 낮추는 방법을 발전시켰다. 안타깝게도 이 방법이 불멸을 가로막는 역할을 한다. 인간과 같은 대형 동물은, 예를 들어서 쥐보다 훨씬 더 많은 세포를 가지고 있어서 많은 세포 중 하나가 암으로 변할 확률이 높다는 것이 문제가 된다. 우리는 그런 문제를 해결하기 위한 전략을 마련해두고 있다. 인간은 다른 동물과 마찬가지로 태어나기 전에 태아의 세포에서 텔로머레이즈telomerase라는 효소를 생산한다. 이 효소는 복제되는 DNA의 끝부분이 짧아지는 것을 방지해서 손상이 발생하지 않도록 해준다. 그러나 우리가 일단 태어난 후에는 세포가 이 효소를 더 이상 생산하지 않게 된다. 이 효소가 없으면 세포는 DNA의 말단이 너무 닳아서 더 이상 복제할 수 없을 때까지 제한된 횟수만큼만 분열할 수 있게 된다. 그런 세포에서 새로운 돌연변이가 발생하더라도 더 이상 증식할 수 없으므로 암이 생기지 않게 된다는 것은 좋은 소식이다. 그러나 세포가 망가지기 시작할 수 있다는 것은 나쁜 소식이다. 그리고 우리 몸에서 일부 세포를 대체하는 줄기세포도 더 이상 제 역할을 할 수 없게 된다.

영원히 살 수 없는 다른 이유도 있다. 암을 일으키지 않더라도 여전히 에너지를 생성하는 미토콘드리아와 줄기세포를 쇠약하게 만드는 돌연변이가 누적된다.

우리가 영원히 살 수 없는 어쩌면 더 근본적인 이유가 또 있다. 우리가 절대 대체할 수 없는 세포가 있다. 뇌졸중이나 심장마비를 겪을 때도 무릎에 상처를 입었을 때처럼 새로운 뇌 세포나 심장 세포를 성장시켜 손상을 복구할 수 있다면 안심이 되겠지만, 몇 가지 예외를 제외하고는 그런 일은 절대 일어나지 않는다. 뇌는 약 860억 개의 뉴런으로 이루어진 그물망이고, 각각의 뉴런은 이웃 뉴런과 1만 개 이상의 연결을 형성한다.[74] 그렇게 복잡한 연결 고리에는 우리의 정체성을 형성하는 기억과 경험이 암호화되어 있다. 그런 연결 고리가 우리를 우리로 만들어준다. 만약 우리가 그런 연결 고리를 대체하게 된다면, 우리는 힘들게 얻은 세상에 대한 지식을 잃게 된다. 우리가 스스로의 정체성을 잃게 된다는 뜻이다. 유아기 이후에는 (해마라고 부르는 뇌 부위의 일부를 제외하면) 새로운 뇌 세포가 거의 자라지 않는다. 마찬가시로 박동하는 심장도 새로운 세포를 만드는 능력을 거의 상실했다. 그 이유는 아무도 정확하게 알아내지 못했다. 아마도 강력한 펌프질을 계속하기 위해서 고도로 전문화된 심장 근육 세포가 한때 재생을 허용했던 유전적 경로를 포기해야 했었을 수도 있다. 성인은 1년에 심장 근육 세포의 약 1퍼센트를 교체한다.[75] 대략 50세가 될 때까지 심장 세포는 매년 1퍼센트 정도의 속도로 교체되고, 그 이후에는 그 속도가 줄어든다. 생물학자 닉 레인은 "우리를 인간으로 만들어주는 뇌와 심장이 우리를 늙어서 죽게 만드는 요소이기도 하다. 우리 몸의 일부 세포는 대체할 수 없다"고 지적했다. 그래서 그는 『바이털 퀘스천*The Vital Question*』에서 우리는 단순히 생리학을 미세 조정하는 것만으로는 120세 이상을 살 수 있는 방법을 찾을 수 없을 것이라고 했다.[76] 결국 운명을 피할 수는 없다.

이러한 궁극적인 한계에도 불구하고 우리 몸은 수리, 재건, 교체라는 전략을 통해서 놀라울 정도로 잘 작동한다.

마침내 우리는 문제의 핵심에 도달했다. 이제 우리는 빅뱅과 별로부터 이곳까지 온 용감한 원자들이 어떻게 세포 안에서 생명을 만드는지 이해할 수 있게 되었다. 우리는 알베르 클로드가 세포 생물학의 암흑기 동안 찾아내려고 애쓰던 "비밀 메커니즘"을 발견했다. 지금도 세포를 단순한 그림으로 표현하는 데 익숙해진 우리는 대부분 세포의 정교함을 제대로 이해하지 못한다. 세포에는 단순한 것이 전혀 없다. 우리가 세포 안으로 직접 들어가본다면 어지러울 정도로 복잡하게 얽혀 있는 거대한 도시를 발견하게 될 것이다.

세포의 핵에서는 매 초마다 수천 개의 유전자가 들어 있는 DNA가 복제된다. 유전자에서 만들어진 RNA 클론이 리보솜에 세포의 작동, 유지, 번식 방법을 알려주는 단백질과 효소 파이프라인을 생산하도록 지시한다. 그러나 그외에도 훨씬 더 많은 것이 있다. 발전소의 역할을 하는 미토콘드리아는 수소 양성자의 흐름을 통해서 초당 수억 개에서 10억 개의 ATP를 생산하는 미세한 회전 모터를 돌린다.[77] 또한 세포는 전문 공장과 제조 센터, 저장고, 쓰레기 처리장 등의 여러 가지 대형 세포 기관으로 가득하고, 화물로 가득 채워진 운송 고속도로망도 갖추고 있다.

더욱이 다른 많은 종류의 분자 기계가 윙윙거리고, 퍼내고, 걸어 잠그고, 움직이고 있다. 화학적 인력과 반발력에 의해서 스스로 조립되는 구조도 있다. 영리하게도 세포는 분자들이 너무 빽빽하게 모여 있다는 사실을 적극적으로 활용한다. 물리학자 피터 호프먼은 그 밀도를 자동차 사이의 간격이 30센티미터도 되지 않는 주차장에 비유하기도 했다.[78] 촘촘하게 밀집된 분자들의 무작위적인 에너지 충돌이 움직임과 상호작용을 가속한다. 마지막으로 세포는 젊음을 유지하기 위한 전략도 가지고 있다. 우리 몸이 세포 전체를 끊임없이 교체하는 것과 마찬가지로 세포도 낡고 손상된 기계와 구조를 끊임없이 새로운 것으로 교체한다.

사실 우리의 세포는 그 자체로 충분히 복잡하기 때문에 우리 몸의 나머지 부분은 필요하지 않다. 인간 세포에 필요한 모든 영양분을 공급해주면 적어도 한동안 세포는 잘 작동할 것이다. 그리고 1951년에 사망한 암 환자 헨리에타 랙스의 이름을 딴 헤라HeLa 세포와 같은 일부 비정상적인 암세포는 불멸의 존재이다. 이 세포는 영원히 번식할 수 있어서 지금도 많은 생물학 연구에 사용되고 있다.

어떤 과학자도 원자와 분자가 모여서 살아 있는 세포를 구성하는 원리를 완전히 이해한다고 주장하지는 않을 것이다. 하나의 세포에서 일어나는 모든 일의 엄청난 규모조차 이해하기 어렵다. 카네기 과학연구소의 조지 코디는 "가장 단순한 생명체라고 하더라도 그 속에 얼마나 많은 분자가 있는지 생각해보면, 어느 한순간에 얼마나 많은 분자들이 상호작용하고 있는지를 전부 이해하는 일은 우리 능력을 완전히 넘어선다"라고 말했다. 진행 중인 모든 화학반응을 나타내는 순서도는 너무 빽빽해서 과학자들도 읽기 어려울 것이다. 코디는 세포의 작동 원리를 이해하는 돌파구는 화학이 아니라 이론물리학에서 나올 것이라고 생각한다. 홀리 굿슨은 그런 돌파구가 컴퓨터 모델링에서 나올 것으로 예상한다. 세포 생물학자 프랭클린 해럴드는 여전히 세포에 들어 있는 엄청난 수의 분자가 적절한 위치를 찾아가는 방식이 생명의 가장 큰 비밀 중 하나라고 생각한다. 식물 생리학자 앤서니 트레와바스는 단세포 유기체조차도 너무 복잡해서 어리사 프랭클린이 요구했듯이 존중해야 할 필요가 있다고 말한다. 그는 "모든 단세포 유기체는 우리가 아직 알지 못하거나 이해하지 못하는 방식으로 작동할 수 있다"고 말했다. "지금도 우리는 조금씩 알아가는 중이다. 나는 아직도 우리가 완전히 이해할 수 있을지에 대해서 의문을 가지고 있다. 내가 틀릴 수도 있겠지만, 나는 아마도 우리가 그 존재를 알지도 못하고 있는 일이 진행되고 있다고 생각한다. 우리는 주변에서 보는 유기체를 좀더 존중할 필요가 있다."

알베르 클로드가 발견했듯이 세포에 들어 있는 안개의 내부는 단순히 충돌하는 효소들의 수프가 아니다. 그것은 마치 뉴욕 시의 모든 사람들이 동시에 거리로 나와서 거리를 질주하면서 서로 부딪치고 팔꿈치를 부딪치면서 평형을 유지하는 것처럼, 반응하는 분자뿐만 아니라 기계, 조정된 움직임, 되먹임 루프와 자기 교정 과정으로 가득 채워져 있는 고체를 닮은 액체에서 분자 시민의 끊임없는 움직임에 의해서 평형을 유지하는 거대한 대도시이다.

말할 필요도 없이, 원자는 지구에 처음 도착했을 때 생각, 욕망, 계획, 행동을 만드는 세포의 눈부신 메커니즘은커녕 자급자족하는 거대한 생명의 순환 고리에 참여하게 되리라고는 상상도 하지 못했을 것이다.

따라서 마침내 우리는 과학만큼이나 철학적으로 가장 심오한 질문에 도달하게 되었다. 우리 세포는 온갖 종류의 놀라운 기계들로 가득 차 있지만, 우리 자신은 어떤 존재일까? 우리는 이제 우리 안에 무엇이 들어 있는지를 알아냈지만, 궁극적으로 과연 우리는 무엇일까?

결론

정말 길고 이상한 여행

확실하게 이해한 과학은 죽음이 아니라
신비감, 경외감, 숭배심의 탄생이다.
_ 프레더릭 G. 도넌[1]

우리는 실제로 무엇으로 이루어져 있을까? 그리고 그것은 어디에서 왔을까? 이 책은 그런 궁금증을 해결해보려는 느긋한 생각에서 비롯되었다. 더 깊이 파고드는 과정에서 나는 내가 알아낸 내용이 어떤 결론으로 이어질지 궁금해졌다. 빅뱅에서 튀어나온 그 모든 입자들이 무엇을 만들어냈을까? 물리적으로나 철학적으로 우리는 도대체 무엇일까? 과학은 우리가 무엇이고, 우리의 궁극적인 기원에 대해서 무엇을 말해줄까?

그것은 물질적인 차원에서도 답변이 쉽지 않은 문제이다. 지금까지 살펴보았듯이, 우리의 존재를 고찰할 수 있는 수준은 매우 다양하다. 과학자들에게 우리가 궁극적으로 무엇으로 이루어져 있는지를 물어보면 다양한 대답을 들을 수 있다.

어떤 의미에서 우리는 세부적으로 놀랍도록 복잡하게 이루어져 있고, 우리의 능력으로 이해하기 어려울 정도로 경이로운 생물학적 기계 장치이다. 우리 몸을 구성하는 전형적인 세포는 수백조 개에 달하는 원자로 이루어진 은하계이다. 달러 지폐를 그 수만큼 쌓으면 그 높이가 달까지

25번 이상 왕복할 수 있을 정도가 된다. 우리 몸의 세포에서는 매 초마다 수억 개의 분자가 세포막의 안팎을 드나든다. 수천 개의 유전자가 잠겼다가 풀어진다. 수백만 개의 리보솜과 세포 소기관이 작동한다. 전류가 치솟기도 한다. 수백만 개는 아니더라도 수십만 개의 모터가 돌아가고, 펌프가 작동한다. 세포 하나에서 일어나는 일이 그렇다. 우리 몸에는 은하수에 있는 별의 수보다 약 100배나 더 많은 세포가 있다.[2]

생화학자 피터 미첼이 관찰했듯이, 어떤 의미에서 우리는 원자가 끊임없이 교체되는 불꽃에 더 가깝다. 우리는 죽을 수 있지만, 원자는 죽지 않는다. 원자는 생명체, 토양, 바다, 하늘을 화학적 회전목마처럼 돌고 있다. 지질학자 마이크 러셀은 "나는 우리가 만들어진 존재라고 생각하지 않는다"고 말했다. 세포 생물학자 프랭클린 해럴드도 그런 지적에 동의한다. 그는 바퀴가 계속 돌아가는 동안에만 똑바로 서 있는 자전거처럼 우리 세포도 일정한 움직임을 계속해야만 조직화된 패턴을 유지할 수 있는 계system라고 생각한다.

또다른 기본적인 수준에서 보면, 우리는 빅뱅과 별이 만들어낸 원소들의 일시적인 집합체일 뿐이다. 우리는 주기율표에 포함된 132종 남짓한 원소 중 약 60종의 원소로 구성되어 있다.

물리학자는 우리에게 더 근본적인 것이 있다고 말한다. 우리 몸에 있는 7,000억경(7×10^{27}/역주) 개의 원자는 전자, 양성자, 중성자로 구성되어 있고, 양성자와 중성자는 더 작은 입자인 쿼크와 글루온으로 이루어져 있다. 그 모두를 합치면 우리는 겉으로 드러나는 잠재력을 훨씬 뛰어넘는 매우 많은 아원자 입자들의 집합체라고 할 수 있다.

더 심오한 물리학적 수준에서 보면, 양자물리학자들은 대부분 기본 입자가 공간을 관통하는 (양자장이라고 부르는) 에너지장의 국소적 들뜸localized excitation of energy field이고, 우리 몸을 구성하는 가장 작은 조각은 입자이면서 동시에 파동이라고 말한다. 따라서 우리를 포함한 우주의 모든 것은 파동과 같이 진동하는 에너지장이 서로 엉켜 있는 그물망이다. 우리는 대단한 깨달음을 얻었다고 생각하지 않을 수도 있겠지만, 어떤 의미에서 우리는 이미 우주와 하나가 되어 있는 셈이다.

아직도 어지럽지 않다면, 다음과 같은 문제를 생각해보자. 원자 부피의 약 99퍼센트는 기본 입자 사이가 텅 비어 있는 공간에 지나지 않는다. 그러나 자세히 살펴보면, 그렇게 비어 있는 공간조차도 실제로 아무것도 아닌 것은 아니다. 그 안에는 물질 입자와 반물질 입자가 끊임없이 만들어졌다가 소멸하는 에너지장이 있다.

우리의 기본 구성 요소에 대한 이야기는 이 정도이다. 이 모든 미세한 장場, 파동, 입자, 원자가 모여서 우리 몸과 우리의 인간적인 약점도 만들어진다.

생화학의 선구자 유스투스 리비히가 과감하게 동물을 화학적으로 연구하기 시작하고 150여 년이 지난 오늘날 우리는 더 이상 인체의 작용을 이해하기 위해서 아무도 설명할 수 없는 "생명력vital force"을 들먹일 이유가 없었다. 그런데도 여전히 많은 미스터리가 남아 있다. 가장 큰 도전은 인간의 본질적인 특성인 의식, 영성, 언어, 사고가 어떻게 원자와 세포에서 비롯되는지를 설명하는 것이다. 장미꽃 향기를 맡을 때의 기쁨이나 그랜드 캐니언을 바라보며 느끼는 경외감 같은 우리의 감각이 정말 화학 반응, 나노 기계, 알려진 물리학의 힘으로만 만들어지는 것일까? 도대체 과학이 어떤 해답을 제시할 수나 있을까?

그런 문제에 대한 연구자들의 의견은 매우 다양한 것으로 알려져 있다. 우리가 단순히 원자의 총합인지, 아니면 그보다 더 많은 것이 있는지에 대한 논쟁이 여전히 계속되고 있다.

쿼크를 발견한 천재 머리 겔만을 비롯한 많은 과학자들은 우리가 알아낸 가장 기본적인 입자와 물리적 힘이 존재의 전부라고 확신한다. 궁극적으로 그것만으로 모든 것을 설명할 수 있다는 것이다. 겔만의 넓은 백미러에 비친 우주는 "태엽이 감겨 있는" 에너지 상태에서 시작되었다.[3] 그리고 우주가 팽창하면서 우주 전체가 더욱 무질서해졌다. 그러나 더 높은 질서를 가진 작은 영역도 등장했다. 그곳이 바로 우리가 생명을 발견한 곳이다.

옥스퍼드의 저명한 물리학자 로저 펜로즈를 비롯한 일부 과학자는 아직 밝혀내지 못한 뇌의 양자역학적 상호작용이 궁극적으로 우리의 의식 경험을 설명해줄 것으로 기대한다.

우리가 아직도 의식의 뿌리를 밝혀줄 새로운 종류의 물리 현상을 발견하지 못했다고 생각하는 과학자도 있다.

생명의 기원을 연구하는 화학자인 귄터 베흐터쇼이저는 생명이 해저에서 시작되었다고 굳게 믿고 있다. 그러나 전직 특허 변호사였던 그는 물질의 세계와 함께 정신의 세계도 존재한다고 믿는다. 그는 우리를 인간답게 해주는 우리의 아이디어와 문화, 그리고 정신적 발명이 물리적 영역과는 독립적으로 존재한다고 확신한다.

최초로 우주에서 유기 분자를 발견한 과학자이자, 노벨상 수상자인 찰스 타운스는 그런 분자가 생명의 탄생에 도움이 되었다고 생각했다. 그러나 그는 신이 매우 정교하게 조정된 물리 법칙으로 우주를 창조했기 때문에 우리의 등장이 필연적이었다고 굳게 믿기도 했다. 빅뱅을 처음 생각해낸 성직자이자 우주론자인 조르주 르메트르도 비슷한 말을 했다.

그는 자연에 대해 배우려면 과학에 기대를 걸어야 하고, 구원에 대해 배우려면 성서를 찾아야 한다고 믿었다.

어떤 면에서는 과학과 종교가 모두 인간의 근본적인 요구에 대한 답을 해준다. 세포 생물학자 프랭클린 해럴드는 나에게 "과학의 진정한 목적은 세상을 이해할 수 있도록 해주는 것이다"라고 했다. 우리는 세상의 신비를 설명하고, 그 안에서 우리의 위치를 이해하려는 갈망을 가지고 태어난 의미 창조자meaning maker이다.

물론 과학이 모든 것을 말해주지는 않을 것이다. 여전히 우주에 대해서 우리가 모르는 것이 매우 많다. 아직도 과학은 분자가 궁극적으로 우리의 의식을 어떻게 작동시키는지를 완전히 설명하지 못했고, 애초에 우주가 존재하게 된 이유도 설명하지 못했다.

그러나 또다른 중요한 질문에 대한 답을 찾을 수는 있다.

과학은 적어도 지난 138억 년 동안 우리가 어떻게 여기까지 왔는지를 알려줄 수 있다. 우리의 모든 원자는 빅뱅에서 시작된 경이로운 오디세이라는 놀라운 여정을 공유해왔다.* 현재 살아 있는 모든 사람과 모든 생

---

* 오늘날 과학자들이 "빅뱅"이라고 부르는 것이 정확하게 무엇을 뜻하는지에 대해서는 논란의 여지가 있다. 최소한으로 빅뱅은 우주에 있는 모든 물질이 믿을 수 없을 정도로 작고 상상할 수 없을 정도로 뜨거운 시간과 공간에 갇혀 있었고, 그때부터 우주가 점점 더 커지면서 차가워졌다는 뜻이다. 우주가 정말 아인슈타인 방정식이 알려주듯이 시간과 공간이 존재하지 않은 작은 "특이점"에서 시작했는지는 알 수 없다. 물리학자들은 확실한 불가능성을 벗어나기 위해서 빅뱅 이전의 상태에 대한 여러 가지 이론을 제안해왔다. 우리는 계속 팽창하다가 수축한 후에 빅바운스(Big Bounce)로 다시 팽창하는 우주에 살고 있을 수도 있다. 아니면 우리가 어떤 식으로든지 새로운 우주를 탄생시키는 수없이 많은 우주들 중 하나에 살고 있을 수도 있다. 많은 이론이 있지만 결정적인 증거는 찾지 못하고 있다.

명체를 구성하는 물질은 동일한 작은 시공간에서 비롯되었을 수 있다. 인력에 의해서 수소가 된 더 작은 입자들이 우리의 원자로 탄생했다. 그런 입자들이 중력에 의해서 거대한 별 속으로 빨려 들어갔고, 아원자 입자 사이의 반응이 적절한 방식으로 이루어지면서, 탄소와 산소를 비롯한 생명의 다른 원소들이 만들어졌다. 차갑고 어두운 우주를 떠다니던 우리 분자들이 엄청나게 큰 먼지구름에 갇혀서 태양계가 형성되었다. 우리 근처에서 충돌한 먼지구름이 우리를 구성하는 원소가 풍부하게 들어 있는 바위와 물로 이루어진 지구를 만들었다. 그리고 가까운 곳에서 만난 분자들은 무한한 다양성을 가진 긴 사슬을 형성할 수 있는 끈적끈적한 구성 요소가 되어 새로운 유형의 분자와 스스로 영속하는 세포, 그리고 놀랍게도 우리 자신을 탄생시켰다.

더욱이 많은 과학자들은 지구에 생명이 출현한 것은 필연이었다고 생각한다. 그것이 우리가 계속 겸손해야 하는 많은 이유 중 하나이다. 우리는 그렇게 특별하지 않을 수도 있다는 뜻이다. 우리 우주의 다른 곳에도 생명체가 존재할 수 있고, 우리보다 더 지적인 우주의 형제와 자매가 있을 수도 있다.

우리는 이곳 지구에서 일단 만들어진 후에는 고집스럽게 버티면서 변화를 멈추지 않았던 장엄하고 창의적인 생명의 나무의 일부이다. 우리 원자의 여정은 적어도 38억 년 전으로 거슬러 올라가고, 한 번도 끊어지지 않았던 유기체의 사슬에 의해서 마련되었다. 이 이야기를 알게 되면서, 나는 최초로 생명의 틀을 개발한 박테리아 친척에게 진 빚에 더 큰 고마움을 느끼게 되었다. 박테리아는 RNA, DNA, ATP, 리보솜, 소듐-포타슘 펌프와 같은 편리한 기본 도구를 개척했다. 광합성을 하는 박테리아는 대기에 산소를 공급해서, 식물이 공기와 암석에서 분자를 뽑아내어 우리가 저녁 식탁에서 먹는 당, 단백질, 지방, 비타민, 미네랄을 생산함으로써 우리가 우리 몸을 만들 수 있도록 해주었다.

생명체가 지구를 근본적으로 변화시켰다는 사실을 기억할 필요가 있다. 광합성이 없었다면 대기에는 산소가 거의 없고, 이산화탄소가 더 많았을 것이다. 광합성은 공기 중에서 이산화탄소를 끌어내고, 나중에는 화석 연료로 땅에 묻히거나 토양과 식물에 저장하도록 만들었다. 그런 단열 기체의 일부를 대기로 다시 방출함으로써 지구가 따뜻해졌다. 과거에도 대기 중 이산화탄소의 양이 늘어나서 온난기가 시작된 적이 여러 차례 있었다.

모든 생명체가 미생물에서 비롯되었다는 사실은 우리가 지구상의 다른 모든 생명체와 깊은 생물학적 유대를 맺고 있다는 의미이다. 우리는 단세포 유기체에서 왔다. 나는 아무리 작은 세포라도 우리가 최대한 존중할 가치가 있는 놀라운 생명체라는 사실을 알게 되었다. 어떤 의미에서 우리는 미생물 조상, 즉 우리의 위대한 고모나 삼촌과 많은 것을 공유하고 있다. 우리는 같은 주제를 가진 변형일 뿐이다. 린 마굴리스가 지적했듯이, 우리는 미생물이 무성하게 자란 거대한 군집에 불과하다.

그러나 우리는 그 이상의 존재이기도 하다. 우리 몸 안에는 별에서 온 원자로 만들어진 수백 가지의 특수한 세포들이 박테리아가 감히 할 수 없는 특별한 방식으로 서로 협력하고 대화한다. 영성과 우주의 본질에 대해서 토론하는 것도 그런 경우이다.

한때 우주에서 무질서하게 부서지던 원자가 이제는 시간을 거슬러 올라가 자신의 여정을 재구성할 수 있다는 것은 우리 우주에 대한 놀라운 사실이다. 다시 말해서 화학적이고 생물학적 진화의 산물인 자기복제 인간은 이제 세상을 "보고", 그것을 탐사하고, 놀라운 회귀성을 통해서 우리를 구성하는 분자의 기원과 여정을 연구할 수 있게 되었다. 칼 세이건의 말을 빌리자면, "우리는 우주가 그 자체를 알아낼 수 있도록 해주는 통로이다."[4] 우리가 어떻게 그토록 많은 것을 배울 수 있었고, 아득한 과거는 물론 심지어 태초까지 거슬러 올라갈 수 있었을까?

이러한 이해는 지식 그 자체에 대한 심한 갈증에 이끌렸던 수많은 연구자들의 집착과 끈기를 보여주는 증거이다. 급진적인 발견을 해낸 연구자들 중에는 성격이 내성적인 사람도 있었다. 연구자들의 출발은 대부분 초라했다. 독학으로 공부해서 대학에 진학한 고등학교 중퇴자도 있었다. 세상을 이해하는 데에서 오는 순수한 만족감이나 인류 역사상 처음으로 새로운 발견을 해냈을 때의 짜릿함이 강력한 동기가 되었다. ATP 합성효소의 복잡한 분자 구조를 밝혀낸 존 워커 경은 "성공은 실패를 거듭하면서도 열정을 잃지 않는 것"이라는 윈스턴 처칠의 말로 그런 사실을 설명했다.

과학자들은 우주의 구조가 수학자와 물리학자들이 종이에 방정식을 써가면서 처음 발견했던 패턴과 일치한다는 심오한 사실로부터 헤아릴 수 없을 정도로 많은 도움을 받았다. 아인슈타인의 일반 상대성 이론은 훗날 관측을 통해서 확인된 빅뱅을 밝히는 데에 도움이 되었다. 양자역학과 애매한 기하학은 머리 겔만이 쿼크와 글루온의 존재를 예측하는 데 도움이 되었다. 우리 우주의 구조는 인간이 머릿속에서 도출한 수학과 여러 가지 면에서 깊은 공명을 일으킨다.

우리가 시간의 장막을 넘어서 그토록 먼 과거를 들여다볼 수 있었던 것도 우리의 감각이 매우 예민하고 놀라울 정도로 미세하게 조정되어 있기 때문이다. 우리의 눈은 먼지보다 1,000만 배나 더 작은 입자인 빛의 광자 몇 개를 감지할 수 있다. 아주 맑은 밤에는 은하수로부터 가장 가까운 곳에 있는 은하인 안드로메다를 맨눈으로도 볼 수 있다. 그 광자는 250만 년 전 저 먼 은하에서 우리를 향해 날아오기 시작한 것이다. 우리의 감각과 우리의 감각을 확장해주는 장비는 우리 자신보다 엄청나게 작은 원자, 입자, 파동을 감지할 수 있다. 그 덕분에 우리는 가시광선, X선, 마이크로파, 기타 파장의 전자기파, 심지어 눈에 보이지 않는 아원자 입자의 궤적에서도 놀라운 양의 정보를 얻을 수 있게 되었다.

패턴을 감지하고, 보이는 것에 논리를 적용하고, 어디로 향하든지 상관없이 증거를 따라갈 수 있는 우리 정신의 탁월하고 강력한 추론 능력이 없었다면 먼 과거의 여정을 재구성할 수 없었을 것이다.

그렇다고 우리가 그런 면에서 완벽하다는 뜻은 아니다. 앞에서 살펴본 것처럼 과학자도 인간이다. 그들도 야망과 자아를 가지고 있다. 우리와 마찬가지로 그들도 경쟁심과 사적인 이해관계 때문에 시야가 흐려지기도 한다.

물론 우리도 인지 편향의 희생양이 될 수 있다. 아무도 인지 편향에서 벗어날 수 없다. 경제학자 피에르 크레미외가 나에게 말해주었듯이, 소쩍새가 다른 새의 둥지에 알을 낳는 이유는 둥지 주인이 자신의 둥지에 있는 알을 자신의 것이라고 생각하는 인지 편향이 있다는 사실을 알고 있기 때문이다. 마찬가지로 우리는 내일 아침에 해가 떠오를지 궁금해하면서 잠자리에 들지는 않는다. 모든 것에 대해서 끊임없이 의문을 품고, 아무것도 가정하지 않는다면 우리는 아무 일도 할 수 없을 것이다. 다른 사람과 마찬가지로 과학자에게도 인지 편향이 유용한 지름길을 제공한다. 과거의 연구를 기반으로 하지 않고, 해당 분야의 전문가들이 대체로 옳다고 가정하지 않는다면 생산적인 과학자가 되기 어려울 것이다.

그러나 편향에는 대가가 따른다. 가정을 재확인하지 않으면 단순한 DNA가 결국 그렇게 "단순한" 것이 아닐 수도 있다는 가능성을 놓쳐버리게 될 수도 있다. 그리고 우리 모두가 빠지기 쉬운 인지 편향이 아니더라도, 우리는 지금까지의 이야기를 통해서 과학자들이 급진적인 과학적 돌파구(또는 그에 대한 분명한 단서)에 직면할 때는 사회 전체가 특정한 편향에 의해 엉뚱한 길로 가기도 하는 일이 반복된다. "진실이라고 하기에는 너무 이상하다"는 편향과 "전문가인 나도 지금까지 알아내지 못한 것이 너무 많다는 사실을 잊는다"는 편향이 바로 그런 사고의 함정이다.

과격한 발견을 한 많은 연구자가 조롱과 멸시에도 불구하고 기꺼이 자신의 길을 가려고 했던 치열한 독립심을 가진 사람들이었다는 사실은 놀라운 것이 아니다.

과학자들은 검증이 가능한 가설을 세웠을 때뿐만 아니라, 이미 알려진 것과 가능성이 있어 보이는 것, 그리고 아무리 터무니없고 황당하더라도 여전히 가능할 수 있는 것을 구분할 수 있을 때 가장 성공적이었다. 과학의 역사는 곧바로 뒤집히는 원로 정치가들의 장엄한 선언으로 가득 차 있다. 우주론 학자들은 우주는 당연히 정적이고, 항상 존재해왔다고 선언했다. 물리학자들은 전자, 양성자, 중성자의 기본 삼위일체보다 더 작은 것은 존재할 수 없다고 확신했다. 가장 존경받는 천문학자들도 별과 행성이 똑같은 성분으로 구성되어 있고, 유기 분자는 우주 공간에서 결코 존재할 수 없다고 동의했다. 생물학자들은 깊은 심해에는 생명체가 존재할 수 없다고 확신했다. 최고의 고생물학자들이 5억 년 이상 된 화석은 절대 발견할 수 없을 것이라고 동의했다. 식물은 서로 의사소통하지 못하고, 화학으로는 생명을 설명할 수 없고, DNA는 유전정보를 전해주지 못한다는 등의 주장도 있었다.

인지 편향과 그것에 도전하려는 의지 사이의 상호작용이 과학의 핵심이다. 그것이 과학의 울퉁불퉁한 발전을 가능하게 해준다. 새로운 아이디어를 거부하려는 충동이 과학의 발전을 가로막기도 하지만, 역설적으로 도움이 되기도 한다. 과학자들은 틀에 박힌 생각을 버리고 수많은 이론을 세우는 일을 한다. 그중 대부분은 틀린 것이라고 밝혀진다. 그런데도 발전이 이루어지는 것은 연구자들이 새로운 이론을 무자비할 정도로 철저하게 검증하고, 지지자들에게 가능한 모든 오류의 원인을 배제했음을 입증하도록 강요하기 때문이다. 상상력과 치열한 회의주의, 그리고 지적 정직성의 필수적인 조합이 없다면 연구자들은 과학적 밀알과 쭉정이를 구분할 수 없을 것이다. 그들은 거의 아무 진전을 이루지 못할 것이다. 큰 틀에서 보면, 옳은 결과를 얻은 사람은 틀린 것으로 밝혀진 사람들에게 큰 빚을 지고 있는 셈이다.

이 책은 검은 양복과 성직자 깃을 착용한 가톨릭 사제 조르주 르메트르가 훗날 빅뱅으로 알려진 이론의 핵심을 많은 청중 앞에서 발표하는 이야기로 시작했다. 르메트르의 혼란스러웠던 연설에도 불구하고 그날은 참석자들에게 축하할 일이 많은 날이었다. 1931년에 그들은 영국 과학진흥협회 창립 100주년 기념행사에 참석하고 있었다. 지난 100년 동안 생물학자들은 진화의 엄청난 힘을 발견했다. 지질학자들은 지구의 광대한 고대 지각변동을 밝혀냈다. 물리학자들은 전자와 양성자를 검출했다. 화학자들은 원자가 어떻게 결합하는지에 대한 복잡한 원리를 밝혀냈다. 그리고 우주론 학자들은 우주의 상상할 수 없을 정도의 광활함을 발견했고, 르메트르 자신도 놀랐던 것처럼 우주가 팽창하고 있다는 기이한 사실도 알아냈다.

이 뜻깊은 100주년을 기념하여, 버밍엄의 주교인 어니스트 반스는 리버풀 대성당에서 많은 청중을 대상으로 기념 설교를 했다. 반스는 이렇게 말했다. "과학적 진보의……전체 틀에서 가장 놀라운 사실은 인간 자신이다. 현대 천문학자는 수십억 년의 단위로 생각하면서 3년이나 10년 단위로 살아간다. 그의 마음은 우주 전체를 포용한다. 그는 수십억 킬로미터의 수백만 배에 해당하는 거리를 여행하지만, 2미터 남짓이면 휴식 공간으로 충분하다고 생각한다."

그날의 반스는 내가 공유하게 된 느낌을 알고 있었다. 이 책을 쓰는 동안 나는 끊임없이 경이로움, 어리둥절함, 흥분, 감사함을 느꼈다. 우리가 우주에서 발견한 물리적 힘이 우리가 어떻게 이곳에 도착했는지를 설명하는 데에 필요한 전부라는 사실을 알게 되더라도, 우울해하거나 인생의 무의미함에 절망할 필요는 없다. 우주의 본질에 대해 경외심과 고마움을 느낄 이유는 언제나 무궁무진하다. 내가 이 책을 마무리할 무렵에 어머니가 아흔세 살의 나이로 돌아가셨다. 우리는 어머니의 유골을 매사추세츠 주 케임브리지에 있는 아름다운 공동묘지에 묻어드렸다. 바로 직전에 나는 어머니의 유골이 담긴 작은 나무 상사를 손에 들었다. 신발 상자보다 작은 것이었다. 어머니를 그토록 사랑스럽게 만들었던 원자의 몇 퍼센트밖에 되지 않은 양이었다. 그런데도 나는 그들에게 고마움을 느꼈다. 내가 손에 쥐고 있는 원자들은 빅뱅에서 여행을 시작했다. 그들은 어머니에게 생명을 불어넣기 위해서 많은 시련을 겪었다. 그들은 수년 동안 땅속에 있다가 풀잎이거나, 새이거나, 아니면 다른 생명의 일부가 되기 위해 흩어질 것이다. 하지만 어머니는 어디에 있을까? 적어도 어머니는 내 가슴속에 남아 있을 것이다. 그리고 내 마음에도 있을 것이다. 내가 계속 숨을 쉬는 한 어머니와의 관계는 절대 끝나지 않을 것이다. 타인에 대한 열렬한 지지자이자 애호가였던 어머니와 같은 사람을 만들 수 있는 우주의 복잡성은 소중히 간직해야 할 아름다움이다. 나는 지금 글을 쓰면서 슬픔을 느낀다. 그러나 가족과 친구들이 어머니의 삶을 기리는 것처럼, 나는 우리가 살고 있는 더 넓은 세상을 기린다.

원자의 여정을 되짚어보는 것은 세상을 새롭게 인식하는 일이다.

감사의 글

이 책을 시작했을 때는 나는 그렇게 뒤죽박죽인 이야기를 어떻게 정리해야 할지 망설였다. 과학자, 친구, 가족을 비롯하여 놀라울 정도로 많은 사람들의 너그러운 도움 덕분에 이 책을 쓸 수 있었다.

우선 나는 처음부터 이 책의 가능성을 알아본 윌리엄 모리스 엔데버(WME)의 내 담당자 수전 글럭에게 말로 표현할 수 없을 만큼 깊이 감사드린다. 훌륭한 편집자 노아 이커도 역시 열정적이고 "영어 전공자의 질문" 등으로 큰 도움을 주었다. 매의 눈을 가진 교열 담당자 게리 스티멜링, 편집 보조원 에디 애스틀리, WME의 안드레아 블라트를 비롯한 여러 사람들이 이 책의 출간에 많은 도움을 주었다. 여러 제안을 해준 메건 하우저와 유용한 충고와 격려를 해준 토비 레스터에게도 감사한다.

이 책의 연구와 집필을 위한 연구비를 제공해준 도론 웨버와 알프레드 P. 슬론 재단에게도 깊이 감사드린다.

다양한 주제의 과학 이론을 정립하는 과정에서의 우여곡절을 추적하는 일은 조심스럽게 표현해도 도전적인 것이다. 감사하게도 깊은 통찰을 제공해준 여러 과학자와 역사학자가 없었더라면 나는 길을 찾지 못했을 것이다. 프란티젝 발루스카, 재닛 브람, 테드 베르긴, 로런스 브로디, 돈 캐스파, 토머스 체크, 제임스 콜린스, 켄트 콘디, 데일 크루익샤크, 브라이언 필즈, 사이먼 길로이, 오언 깅거리치, 앨프리드 골드버그,

스텝코 골루빅, 더글러스 그린, 린다 히스트, 니컬러스 허드, 조 커슈빙크, 키스 크벤볼덴, 잭 리스사우어, 닉 레인, 애비 로엡, 스티븐 롱, 팀 리온스, 사이먼 마치, 짐 모세스, 제이 멜로시, 캐럴 모버그, 알레산드로 보비델리, 웨인 니콜슨, 롭 필립스, 조너선 로스너, 데이브 루비, 마이크 러셀, 킴 샤프, 프레드 스피갈, 폴 스타인하트, 앤서니 트레와바스, 존 밸리, 엘리자베스 반 볼켄버그, 귄터 베흐터쇼이저, 잭 웰치 등이 그런 사람들이다.

나와 대화를 나눠주었을 뿐만 아니라 원고에 대한 조언을 위해서 기꺼이 바쁜 시간을 내준 과학자들에게도 깊이 감사한다. 존 아치볼드, 앨리사 보쿠리치, 피터 보쿠리치, 데이비드 캐틀링, 프랭크 클로즈, 조지 코디, 제럴드 콤스 주니어, 돈 데이비스, 데이비드 데보킨, 홀리 굿슨, 고빈지, 프랭클린 해럴드, 데이비드 주윗, 폴 켄릭, 앤디 놀, 사이먼 미턴, 한스-조르그 라인버거, 윌리엄 쇼프, 잭 슐츠, 토머스 샤키, 루스 르윈심, 마사 슈탐퍼, 크리스토퍼 T. 월시, 마틴 우르에게 감사한다. 코넬 알렉산더, 린 디베네디터, 다니엘 키르슈너, 아나 사지나에게도 깊이 감사한다. 여러분이 내가 챙기지 못한 오류를 바로잡는 일에 큰 도움이 되었다. 사실에 대한 오류는 전적으로 내 몫이다.

내가 길을 벗어나지 않도록 해주고, 솔직한 조언을 아끼지 않았던 친구들이 이 책을 쓰는 일을 재미있게 만들어주었다. 래리 브라만, 이사벨 브래드번, 앤 브라우드, 스티브 콜리어, 알렉스 크레뮈, 폴리 판함, 마크 프리드만, 제니퍼 길버트, 알렉스 호핑거, 존 제레스코, 체웨이 림에게 깊이 감사한다. 원고를 꼼꼼하게 읽어주었을 뿐만 아니라 이 책을 더 훌륭하게 만들기 위해 지칠 줄 모르고 응원과 멋진 제안을 해준 조간 케인, 메간 메카시, 캐럴 톰슨에게 특별히 깊은 감사를 드린다.

일곱 살에 화학 키트를 선물하며 어릴 때부터 과학에 관심을 가지도록 해주었던 어머니 로어와 아버지 데이브에게 특별히 감사드린다. 훌륭한 독자인 데이브는 사실 확인도 해주었다. 엘리와 조는 내가 언제나 책과 씨름을 하는 동안 참고 기다려주었다. 그리고 마지막으로 이 책을 가장 열심히 읽은 아내 아리아드네의 격려와 사랑이 없었더라면 이 책을 쓰는 일은 불가능했을 것이다. 나는 그녀와 그녀의 7,000억경 개의 원자에게 영원히 감사해야 할 엄청난 빚을 지게 되었다.

주

1 코트의 "우주 : 칼 세이건과의 인터뷰"에서 인용.

서론

1 Sender, Fuchs, and Milo, "Revised Estimates for the Number of Human and Bacteria Cells in the Body," 9.

2 Milo and Phillips, *Cell Biology by the Numbers*, 68.

3 Blatner, *Spectrums*, 20.

4 사람 몸에 들어 있는 원소의 가치에 대한 계산은 매우 다양하다. 1,942.29달러는 다음과 같이 계산한 것이다. 몸에 들어 있는 원소의 질량은 존 엠슬리가 쓴 『자연의 구성 요소 : 원소에 대한 A에서 Z까지의 가이드(*Nature's Building Blocks: An AZ Guide to the Elements*)』에 소개된 값을 사용했다. 원소의 가격은 Chemicool.com이라는 웹에서 찾은 것이다. 물론 실제 가격은 크게 달라질 수 있다. 예를 들면 물을 직접 만들 것인지, 아니면 슈퍼에서 살 것인지에 따라서도 가격이 달라진다.

제1장

1 Shaw, "Annajanska, the Bolshevik Empress," 139.

2 The Times, "The British Association: Evolution of the Universe."

3 Lemaître, "Contributions to a British Association Discussion on the Evolution of the Universe," 706.

4 Barnes, "Contributions to a British Association Discussion on the Evolution of the Universe," 722.

5 Mitton, "The Expanding Universe of Georges Lemaître," 28.

6 Mitton, "Georges Lemaître and the Foundations of Big Bang Cosmology," 4.

7 Deprit, "Monsignor Georges Lemaître," 365.

8 Deprit, "Monsignor," 366.

9 Lambert, *The Atom of the Universe: The Life and Work of Georges Lemaître*, 5657.

10 Lambert, "Georges Lemaître: The Priest Who Invented the Big Bang," 11.

11 Aikman, "Lemaitre Follows Two Paths to Truth."

12 Lambert, "Georges Lemaître," 16.

13 Kragh, "'The Wildest Speculation of All': Lemaître and the Primeval-Atom Universe," 24.

14 *New York Times*, "Finds Spiral Nebulae Are Stellar Systems: Dr. Hubbell Confirms View That They Are 'Island Universes' Similar to Our Own."

15 Mitton, "The Expanding Universe," 29–30.

16 은하 사이에 비어 있는 공간은 커지고 있지만 은하 자체와 은하에 들어 있는 물질은 커지지 않는다. 그것은 물질 덩어리 사이에 작용하는 중력에 의한 인력이, 공간을 끌어당겨서 덩어리를 서로 떨어지게 만드는 힘보다 훨씬 크기 때문이다.

17 Kragh, "The Wildest Speculation," 34.

18 Lambert, "Einstein and Lemaître: Two Friends, Two Cosmologies."

19 Frenkel and Grib, "Einstein, Friedmann, Lemaître," 13.

20 Deprit, "Monsignor," 370.

21 Lemaître, "My Encounters with A. Einstein."

22 Farrell, *The Day without Yesterday: Lemaître, Einstein, and the Birth of Modern Cosmology*, 97.

23 Lemaître, "Contributions," 706.

24 Lemaître, *The Primeval Atom: An Essay on Cosmogony*, 78.

25 DeVorkin, AIP oral history interview with Bart Bok.

26 Menzel, "Blast of Giant Atom Created Our Universe."

27 Kragh, "The Wildest Speculation," 35–36.

28 Godart, "The Scientific Work of Georges Lemaître," 395.

29 Quoted in Lambert, "Georges Lemaître," 16.

30 Aikman, "Lemaître Follows."

31 O'Raifeartaigh and Mitton, "Interrogating the Legend of Einstein's 'Biggest Blunder.'" 아인슈타인이 실제로 그런 말을 했는지를 의심하는 역사학자도 있지만, 그렇게 말했다고 믿는 사람도 있다.

32 Aikman, "Lemaître Follows."

33 Lemaître, *The Primeval Atom*, vi.

34 Cooper, *Origins of the Universe*.

35 Lambert, "Georges Lemaître," 17.

36 2018년 8월, 하버드 스미소니언에서의 저자 인터뷰.

37 Webb, "Listening for Gravitational Waves from the Birth of the Universe."

제2장

1 Rhodes, *The Making of the Atomic Bomb*, 3031.

2 Blackmore, *Ernst Mach*, 321.

3 Close, *Particle Physics: A Very Short Introduction*, 14.

4 De Angelis, "Atmospheric Ionization and Cosmic Rays," 3.

5 Gbur, "Paris: City of Lights and Cosmic Rays."

6 Bertolotti, *Celestial Messengers: Cosmic Rays: The Story of a Scientific Adventure*, 36.

7 Kraus, "A Strange Radiation from Above," 20.

8 헤스의 기록 중 일부는 영어로 번역되었다. Steinmaurer, "Erinnerungen an V.F. Hess, Den Entdecker Der Kosmischen Strahlung, Und an Die Ersten Jahre Des Betriebes Des Hafelekar-Labors."

9 Ziegler, "Technology and the Process of Scientific Discovery," 950.

10 Walter, "From the Discovery of Radioactivity to the First Accelerator Experiments," 28.

11 De Maria, Ianniello, and Russo, "The Discovery of Cosmic Rays," 178.

12 Quoted in Nobel Lectures Physics: Including Presentation Speeches and Laureates' Biographies, 1922–1941, 215.

13 Pais, *Inward Bound: Of Matter and Forces in the Physical World*, 38.

14 2년 후에 J. J. 톰슨이 관 속의 음극에서 나오는 "선"을 발견했다. 그것은 전자의 흐름이었다.

15 Pais, *Inward Bound*, 39.

16 Crowther, *Scientific Types*, 38.

17 BBC Interview with Wilson in transcript of the BBC documentary Wilson of the Cloud Chamber.

18 Nobel Lectures Physics, 216.

19 Weiss, *The Discovery*, 2526.

20 Weiss, *The Discovery*, 2930.

21 Hanson, "Discovering the Positron (I)," 199.

22 Sundermier, "The Particle Physics of You."

23 Close, Marten, and Sutton, *The Particle Odyssey: A Journey to the Heart of Matter*, 69.

24 Rentetzi, *Trafficking Materials and Gendered Experimental Practices*, 2.; and Miklos, "Seriously Scary Radioactive Products from the 20th Century."

25 Sime, "Marietta Blau: Pioneer of Photographic Nuclear Emulsions and Particle Physics," 7.

26 Rentetzi, AIP oral history interview with Leopold Halpern.

27 Rentetzi, AIP oral history.

28 Galison, "Marietta Blau: Between Nazis and Nuclei," 44.

29 Sime, "Marietta Blau," 14.

30 Rosner and Strohmaier, *Marietta Blau, Stars of Disintegration*, 159.

31 Rentetzi, "Blau, Marietta," 301.

32 Rentetzi, AIP oral history.

33 Rentetzi, AIP oral history.

34 Plumb, "Brookhaven Cosmotron Achieves the Miracle of Changing Energy Back into Matter."

35 Close, Marten, and Sutton, *The Particle Odyssey*, 13.

36 Riordan, *The Hunting of the Quark: A True Story of Modern Physics*, 69.

37 Quoted in Riordan, *The Hunting*, 69.

38 Johnson, *Strange Beauty: Murray Gell-Mann and the Revolution in Twentieth-Century Physics*, 35.

39 Glashow, "Book Review of Strange Beauty: Murray Gell-Mann and the Revolution in Twentieth-Century Physics," 582.

40 Bernstein, *A Palette of Particles*, 95.

41 Johnson, *Strange Beauty*, 194.

42 Johnson, *Strange Beauty*, 208.

43 Crease and Mann, *The Second Creation: Makers of the Revolution in Twentieth-Century Physics*, 275.

44 Johnson, *Strange Beauty*, 217.

45 Riordan, *The Hunting*, 101.

46 Crease and Mann, *The Second Creation*, 281.

47 Johnson, *Strange Beauty*, 28384.

48 Crease and Mann, *The Second Creation*, 284.

49 Charitos, "Interview with George Zweig."

50 Zweig, "Origin of the Quark Model," 36.

51 Butterworth, "How Big Is a Quark?"

52 Sullivan, "Subatomic Tests Suggest a New Layer of Matter."

53 Chu, "Physicists Calculate Proton's Pressure Distribution for First Time."

54 Sundermier, "The Particle Physics of You."

55 Cottrell, *Matter: A Very Short Introduction*, 127.

제3장

1 Hoyle, *Home Is Where the Wind Blows: Chapters from a Cosmologist's Life*, 154.

2 Payne-Gaposchkin, Cecilia Payne–Gaposchkin: An Autobiography and Other Recollections, 124.

3 Payne-Gaposchkin, *Cecilia Payne-Gaposchkin*, 97.

4 Payne-Gaposchkin, *Cecilia Payne-Gaposchkin*, 98.

5 Payne-Gaposchkin, *Cecilia Payne-Gaposchkin*, 102.

6 Payne-Gaposchkin, *Cecilia Payne-Gaposchkin*, 117–18.

7 Gingerich, AIP oral history with Cecilia PayneGaposchkin.

8 Moore, *What Stars Are Made Of: The Life of Cecilia Payne-Gaposchkin*, 172.

9 2018년 2월, 하버드 대학교에서 저자의 인터뷰.

10 Payne-Gaposchkin, *Cecilia Payne-Gaposchkin*, 163.

11 Payne-Gaposchkin, *Cecilia Payne-Gaposchkin*, 165.

12 Payne-Gaposchkin, *Cecilia Payne-Gaposchkin*, 19.

13 Gingerich, "The Most Brilliant Ph.D. Thesis Ever Written in Astronomy," 11.

14 Payne-Gaposchkin, *Cecilia Payne-Gaposchkin*, 201.

15 Payne-Gaposchkin, *Cecilia Payne-Gaposchkin*, 5.

16 Moore, *What Stars Are Made Of*, 183.

17 DeVorkin, *Henry Norris Russell: Dean of American Astronomers*, 213–16.; Gingerich, "The Most Brilliant Ph.D. Thesis Ever Written in Astronomy," 13–14.

18 Payne-Gaposchkin, *Cecilia Payne-Gaposchkin*, 184.

19 Payne-Gaposchkin, *Cecilia Payne-Gaposchkin*, 26.

20 Hoyle, *The Small World of Fred Hoyle: An Autobiography*, 72.

21 Hoyle, *The Small World*, 64.

22 Couper and Henbest, *The History of Astronomy*, 217.

23 Martin Rees quoted in Livio, *Brilliant Blunders: From Darwin to Einstein-Colossal Mistakes by Great Scientists That Changed Our Understanding of Life and the Universe*, 219.

24 Livio, *Brilliant Blunders*, 180.

25 Hoyle, *Home Is Where*, 150.

26 Mitton, *Fred Hoyle: A Life in Science*, 99.

27 Mitton, *Fred Hoyle*, 104–5.

28 Gregory, *Fred Hoyle's Universe*, 31.

29 Hoyle, *Home Is Where*, 229.

30 Hoyle, *Home Is Where*, 230.

31 Mitton, *Fred Hoyle*, 198.

32 Emsley, *Nature's Building Blocks: An A-Z Guide to the Elements*, 111.

33 Weiner, AIP oral history interview with William Fowler.

34 Hoyle, *Home Is Where*, 265.

35 『바람 부는 곳이 집이다』에서 호일은 열흘 동안 기다렸다고 했다. 그러나 그의 자서전 작가였던 사이먼 미턴에 따라면, 호일은 결과에 대한 소식을 듣기까지 몇 달을 기다려야만 했다.

36 Emsley, *Nature's Building Blocks*, 112.

37 원자번호 92번인 우라늄이 자연적으로 지구에 존재하는 가장 무거운 원소이다.

38 Gribbin and Gribbin, *Stardust: Supernovae and Life-the Cosmic Connection*, 156.

39 Burbidge, "Sir Fred Hoyle 24 June 1915: 20 August 2001," 225.

40 Hoyle, *Home Is Where*, 296–97.

41 https://www.nasa.gov/sun.

42 Horgan, "Remembering Big Bang Basher Fred Hoyle."

제4장

1 Haldane, *Possible Worlds*, 286.

2 Wetherill, "The Formation of the Earth from Planetesimals," 174.

3 Burns, Lissauer, and Makalkin, "Victor Sergeyevich Safronov (1917–1999)."

4 2018년 5월, 러시아 과학 아카데미의 지구물리학 연구소의 안드레이 마칼킨이 저자에게 보낸 이메일.

5 2018년 5월, 과거 대학원 학생이었던 NASA 에임즈 연구 센터 데일 크루이크샹크와의 인터뷰.

6 Wetherill, "Contemplation of Things Past," 17.

7 Wetherill, "Contemplation," 19.

8 Hazen, *The Story of Earth: The First 4.5 Billion Years, from Stardust to Living Planet*, 45.

9 Fisher, "Birth of the Moon," 63.

10 Wetherill, *Contemplation*, 18.

11 Gribbin, *The Scientists*, 68.

12 Hockey et al., "Gilbert, William."

13 Cooper, "Letter from the Space Center," 50. 쿠퍼는 이 이야기를 「뉴요커」의 연재와 자신의 저서 『달 위의 아폴로*Apollo on the Moon*』에 아름답게 소개했다.

14 Compton, *Where No Man Has Gone Before*, 52.

15 Wilford, "Moon Rocks Go to Houston; Studies to Begin Today: Lunar Rocks and Soil Are Flown to Houston Lab."

16 Corfield, "One Giant Leap," 50.

17 Powell, "To a Rocky Moon," 200.

18 Eyles, "Tales from the Lunar Module Guidance Computer."

19 Wagener, *One Giant Leap*, 182.

20 Portree, "The Eagle Has Crashed (1966)."

21 King, *Moon Trip: A Personal Account of the Apollo Program and Its Science*, 92.

22 Wilford, "Moon Rocks."

23 Wilford, "Moon Rocks."

24 King, *Moon Trip*, 101.

25 West, "Moon Rocks Go to Experts On Friday."

26 Weaver, "What the Moon Rocks Tell Us."

27 2019년 7월, UCLA에서의 저자 인터뷰.

28 Cooper, *Apollo on the Moon*, 9699.

29 Marvin, "Oral Histories in Meteoritics and Planetary Science," 2004, 186.

30 Hammond, *A Passion to Know: 20 Profiles in Science*, 52–53.

31 Wolchover, "Geological Explorers Discover a Passage to Earth's Dark Age."

32 Tera, Papanastassiou, and Wasserburg, "A Lunar Cataclysm at ~3.95 AE and the Structure of the Lunar Crust," 725.

33 Laskar and Gastineau, "Existence of Collisional Trajectories of Mercury, Mars and Venus with the Earth."

34 Interview by Peter Schultz of Brown University in the 2005 documentary series "Miracle Planet."

제5장

1 Eiseley, *The Immense Journey*, 15.

2 Lovelock, "Hands up for the Gaia Hypothesis," 102.

3 Lacapra, "Bird, Plane, Bacteria?"

4 몸속에서 물을 세포까지 운반해주는 내부의 강과 시내인 혈관을 서로 연결하면 지구 둘레의 대략 2.5배에 이르는 8만 킬로미터나 된다. Sender, Fuchs, and Milo, "Revised Estimates for the Number of Human and Bacteria Cells in the Body," 7.

5 Krulwich, "Born Wet, Human Babies Are 75 Percent Water. Then Comes the Drying."

6 USDA FoodData Central website.

7 Aitkenhead, Smith, and Rowbotham, *Textbook of Anaesthesia*, 417.

8 Emsley, *Nature's Building Blocks: An AZ Guide to the Elements*, 228.

9 Hoffmann, *Life's Ratchet: How Molecular Machines Extract Order from Chaos*, 116.

10 Ashcroft, *The Spark of Life: Electricity in the Human Body*, 56.

11 Adan, "Cognitive Performance and Dehydration," 73.

12 Von Braun, Whipple, and Ley, *Conquest of the Moon*.

13 DeVorkin, AIP oral history with Fred Whipple.

14 Marsden, "Fred Lawrence Whipple (1906–2004)," 1452.

15 Whipple, "Of Comets and Meteors," 728.

16 Marvin, *Oral Histories in Meteoritics and Planetary Science*, August 2004, A199.

17 Marsden, *Fred Lawrence Whipple* (1906–2004), 1452.

18 DeVorkin, AIP oral history with Fred Whipple.

19 Hughes, "Fred L. Whipple 1906–2004," 6.35.

20 Levy, *David Levy's Guide to Observing and Discovering Comets*, 26.

21 DeVorkin, AIP oral history with Fred Whipple.

22 Whipple, "Of Comets and Meteors," 728.

23 DeVorkin, AIP oral history with Fred Whipple.

24 Calder, *Giotto to the Comets*, 38.

25 Cowan, "Scientists Uncover First Direct Evidence of Water in Halley's Comet: New Way to Study Comets Will Help Yield Clues to Solar System's Origin."

26 Levy, *The Quest for Comets*, 70.

27 Quoted in Markham, "European Spacecraft Grazes Comet."

28 Calder, *Giotto*, 107.

29 Calder, *Giotto*, 110.

30 Calder, *Giotto*, 112.

31 Calder, *Giotto*, 130.

32 2018년 1월 UCLA에서의 저자 인터뷰.

33 Couper and Henbest, *The History of Astronomy*, 196.

34 Harder, "Water for the Rock," 184.

35 Morbidelli et al., "Source Regions and Timescales for the Delivery of Water to the Earth."

36 Righter et al., "Michael J. Drake (1946–2011)."

37 Drake interview in the National Geographic Channel documentary, "Birth of the Oceans."

38 Jewitt and Young, "Oceans from the Skies," 39; and author conversation with David Rubie, Universitaet Bayreuth, February 2021.

39 Kunzig, *Mapping the Deep: The Extraordinary Story of Ocean Science*, 1718.

40 Author interview with John Valley, University of Wisconsin, Madison, June 2018.

41 Hart, *Gold*, 12.

42 Valley, "A Cool Early Earth?" 63.

43 대략 같은 시기에 UCLA의 스티븐 모즈시스, 마크 해리슨, 로버트 피드존도 비슷한 사실을 발견했다.

제6장

1 Wald, "Nobel Banquet Speech, The Nobel Prize in Physiology or Medicine 1967."

2 Oparin, Alexander, *The Origin of Life*, 1924. 앤 신지가 영어로 번역한 오파린 논문의 원본은 Bernal, *The Origin of Life*, 206–7에 실려 있다.

3 Mikhailov, *Put' k istinye*, 910.

4 Lazcano, "Alexandr I. Oparin and the Origin of Life," 215.

5 Cooper and Hausman, *The Cell*, 44.

6 Woodard and White, "The Composition of Body Tissues," 1214.

7 Quoted in Hunter, *Vital Forces*, 56.

8 Kelvin, *Popular Lectures and Addresses: Geology and General Physics*, II:198.

9 Quoted in Peretó, Bada, and Lazcano, "Charles Darwin and the Origin of Life," 396.

10 Helmholtz, *Science and Culture: Popular and Philosophical Essays*, 275.

11 Kursanov, "Sketches to a Portrait of A. I. Oparin," 4.

12 Schopf, *Cradle of Life: The Discovery of Earth's Earliest Fossils*, 112.

13 Schopf, *Cradle of Life*, 120–21.

14 Graham, *Science, Philosophy, and Human Behavior in the Soviet Union*, 73.

15 Schopf, *Cradle of Life*, 123.

16 Quoted in Graham, *Science in Russia and the Soviet Union*, 276.

17 Quoted in Shindell, *The Life and Science of Harold C. Urey*, 114.

18 Miller, "The First Laboratory Synthesis of Organic Compounds Under Primitive Earth Conditions," 230.

19 Henahan, "From Primordial Soup to the Prebiotic Beach: An Interview with the Exbiology Pioneer Dr. Stanley L. Miller."

20 Davidson, *Carl Sagan: A Life*, 23.

21 Sagan, *Conversations with Carl Sagan*, 30.

22 Bada and Lazcano, "Biographical Memoirs: Stanley L. Miller 1930–2007," 18.

23 Wade, "Stanley Miller, Who Examined Origins of Life, Dies at 77."

24 Wills and Bada, *The Spark of Life: Darwin and the Primeval Soup*, 49.

25 Mesler and Cleaves II, *A Brief History of Creation*, 178.

26 Henahan, "From Primordial Soup to the Prebiotic Beach. An Interview with the Exbiology Pioneer Dr. Stanley L. Miller."

27 Sagan, *Conversations with Carl Sagan*, 30.

28 Lazcano and Bada, "Stanley L. Miller (1930–2007)," 374.

29 Henahan, "From Primordial Soup to the Prebiotic Beach: An Interview with the

Exbiology Pioneer Dr. Stanley L. Miller."
30 Mesler and Cleaves II, *A Brief History*, 173.
31 Oparin, *The Origin of Life*, 252.
32 Radetsky, "How Did Life Start?" 78.
33 Zahnle, Schaefer, and Fegley, "Earth's Earliest Atmospheres," 2.
34 2021년 10월 노스캐롤라이나 대학교에서 저자와 로라 린지-볼츠의 대화.
35 Townes, "Microwave and Radio-Frequency Resonance Lines of Interest to Radio Astronomy."
36 Townes, "The Discovery of Interstellar Water Vapor and Ammonia at the Hat Creek Radio Observatory," 82.
37 2018년 6월 캘리포니아 대학교 버클리에서 저자와의 인터뷰.
38 Townes, *How the Laser Happened: Adventures of a Scientist*, 65.
39 Townes, "The Discovery," 82.
40 Patel et al., "Common Origins of RNA, Protein and Lipid Precursors in a Cyanosulfidic Protometabolism."
41 Interview in video, Jess and Kendrew, "Murchison Meteorite Continues to Dazzle Scientists."
42 "Meteoritical Bulletin: Entry for Murchison."
43 Deamer, *First Life: Discovering the Connections between Stars, Cells, and How Life Began*, 53.
44 Sullivan, *We Are Not Alone; the Search for Intelligent Life on Other Worlds*, 114.
45 Sullivan, *We Are Not Alone*, 123–24.
46 Schopf, *Major Events in the History of Life*, 17.
47 Miller, "The First Laboratory Synthesis of Organic Compounds under Primitive Earth Conditions," 240.
48 Brownlee, "Cosmic Dust: Building Blocks of Planets Falling from the Sky," 166.
49 Segre and Lancet, 94–95.
50 Barras, "Formation of Life's Building Blocks Recreated in Lab."

제7장

1 de Duve, "The Beginnings of Life on Earth," 437.
2 Heap and Gregoriadis, "Alec Douglas Bangham, 10 November 1921–9 March

2010," 28.

3 Bangham, "Surrogate Cells or Trojan Horses: The Discovery of Liposomes," 1081.

4 Deamer, "From 'Banghasomes' to Liposomes: A Memoir of Alec Bangham, 1921–2010," 1309.

5 Robert Singer quoted in Albert Einstein College of Medicine Press Release, "Built-in 'Self-Destruct Timer' Causes Ultimate Death of Messenger RNA in Cells."

6 Milo and Phillips, *Cell Biology by the Numbers*, 215–16.

7 Echols, *Operators and Promoters: The Story of Molecular Biology and Its Creators*, 215.

8 Gitschier, "Meeting a Fork in the Road: An Interview with Tom Cech," 0624.

9 Cech interview in Howard Hughes Medical Institute video, *The Discovery of Ribozymes*.

10 Quoted in Dick and Strick, *The Living Universe: NASA and the Development of Astrobiology*, 128.

11 2021년 9월, 콜로라도 대학교 볼더에서 저자 인터뷰.

12 HHMI video interview, *The Discovery of Ribozymes*.

13 Kaharl, *Water Baby: The Story of Alvin*, 168–69.

14 Crane, *Sea Legs: Tales of a Woman Oceanographer*, 112–13.

15 Kaharl, *Water Baby*, 173.

16 Kaharl, *The Story of Alvin*, 173.

17 Robert D. Ballard, *The Eternal Darkness*, 171.

18 Kusek, "Through the Porthole 30 Years Ago," 141.

19 Kaharl, *Water Baby*, 175.

20 Wade, "Meet Luca, the Ancestor of All Living Things."

21 Hazen, *Genesis: The Scientific Quest for Life's Origin*, 98–99.

22 Hazen, *Genesis*, 109.

23 Miller and Bada, "Submarine Hot Springs and the Origin of Life," 610.

24 Author interview with Gnter Wchtershuser, December 2018.

25 Wächtershäuser, "The Origin of Life and Its Methodological Challenge," 488.

26 Wächtershäuser, "Before Enzymes and Templates: Theory of Surface Metabolism," 453.

27 Radetsky, "How Did Life Start?" 82.

28 Lucentini, "Darkness Before the Dawn-of Biology," 29.

29 Bada interview in BBC Horizon documentary, *Life Is Impossible*.

30 Hagmann, "Between a Rock and a Hard Place."

31 Monroe, "2 Dispute Popular Theory on Life Origin."

32 2018년 12월, 저자와의 인터뷰.

33 Lane, *Life Ascending*, 19–23.

34 Flamholz, Phillips, and Milo, "The Quantified Cell," 3498.

35 Lane, *The Vital Question: Why Is Life the Way It Is?* 117–19.

36 Wade, "Making Sense of the Chemistry That Led to Life on Earth."

37 2018년 6월, 카네기 과학연구소에서 저자와의 인터뷰.

38 2018년 5월, 퍼듀 대학교에서 저자와의 인터뷰.

39 Caltech press release, "Caltech Geologists Find New Evidence That Martian Meteorite Could Have Harbored Life", and Weiss et al., "A Low Temperature Transfer of ALH84001 from Mars to Earth."

40 Nicholson et al., "Resistance of Bacillus Endospores to Extreme Terrestrial and Extraterrestrial Environments."

41 Amos, "Beer Microbes Live 553 Days Outside ISS."

42 Knoll, *A Brief History of Earth: Four Billion Years in Eight Chapters*, 81–83.

43 See Kirschvink and Weiss, "Mars, Panspermia, and the Origin of Life: Where Did It All Begin?" 더욱이 커슈빙크와 다른 생화학자 스티브 베너는 붕산염이라는 화학 물질이 제공하는 안정화가 없으면, RNA를 만들기 어렵다고 주장했다. 지구상에서는 붕산염은 흔하지 않지만, 화성에는 흔하다.

제8장

1 Kellogg, *The New Dietetics: What to Eat and How*, 29.

2 Beale and Beale, *Echoes of Ingen Housz: The Long-Lost Story of the Genius Who Rescued the Habsburgs from Smallpox and Became the Father of Photosynthesis*, 29.

3 Van Klooster, "Jan Ingenhousz," 353.

4 Magiels, *From Sunlight to Insight*, 87.

5 Quoted in Beale and Beale, *Echoes*, 322.

6 Beaudreau and Finger, "Medical Electricity and Madness in the 18th Century," 338.

7 Beale and Beale, *Echoes*, 270–71.

8 Quoted in Beale and Beale, *Echoes*, 279.

9 Quoted in Beale and Beale, *Echoes*, 323.

10 Magiels, "Dr Jan IngenHousz, or Why Don't We Know Who Discovered Photosynthesis?" 14.

11 Magiels, *From Sunlight*, 109.

12 Quoted in Magiels, *From Sunlight*, 109.

13 Quoted in Beale and Beale, *Echoes*, 323.

14 Gest, "A 'Misplaced Chapter' in the History of Photosynthesis Research: The Second Publication (1796 on Plant Processes by Dr Jan Ingen-Housz, MD, Discoverer of Photosynthesis," 65.

15 Debus, *Chemistry and Medical Debate: Van Helmont to Boerhaave*, 33.

16 Hedesan, "The Influence of Louvain Teaching on Jan Baptist Van Helmont's Adoption of Paracelsianism and Alchemy," 240.

17 Rosenfeld, "The Last Alchemist-the First Biochemist: J. B. van Helmont (1577–1644)," 1756.

18 Quoted in Cockell, *The Equations of Life: How Physics Shapes Evolution*, 240.

19 Quoted in Pagel, *Joan Baptista van Helmont*, 12.

20 Pagel, *Joan Baptista van Helmont*, 53.

21 Ingenhousz, *An Essay on the Food of Plants and the Renovation of Soils*, 2.

22 Kamen, *Radiant Science, Dark Politics: A Memoir of the Nuclear Age*, 21.

23 Yarris, "Ernest Lawrence's Cyclotron: Invention for the Ages."

24 Harold, *A Bridge Not Attacked: Chemical Warfare Civilian Research During World War II*, 90.

25 Kamen, "Onward into a Fabulous Half-Century," 139.

26 Kamen, *Radiant Science*, 84.

27 Kamen, "A Cupful of Luck, a Pinch of Sagacity," 6.

28 Larson, "Interview with Martin Kamen: Pioneers in Science and Technology Series, Oak Ridge Oral History Center," 11.

29 Kamen, *Radiant Science*, 86.

30 Kamen, "Early History of Carbon-14," 586.

31 Kamen, "Early History," 588.

32 Petterson, "The Chemical Composition of Wood," 58.

33 Russell and Williams, *The Nutrition and Health Dictionary*, 137.

34 Kamen, *Radiant Science*, 165.

35 Benson, "Following the Path of Carbon in Photosynthesis," 35.

36 Larson, "Interview with Martin Kamen: Pioneers in Science and Technology Series, Oak Ridge Oral History Center."

37 Kelly, "John Earl Haynes's Interview."

38 Calvin, *Following the Trail of Light: A Scientific Odyssey*, 51.

39 Hargittai and Hargittai, *Candid Science V*, 386.

40 Alsop, "Political Impact Is Seen in New Atomic Experiments."

41 Hargittai and Hargittai, *Candid Science V*, 388.

42 Buchanan and Wong, "A Conversation with Andrew Benson: Reflections on the Discovery of the Calvin-Benson Cycle," 210.

43 Buchanan and Wong, "A Conversation," 213.

44 Moses and Moses, "Interview with Rod Quayle," 3 of 6.

45 Moses and Moses, "Interview with Al Bassham," 7 of 14.

46 Benson, "Following," 809.

47 Sharkey, "Discovery of the Canonical Calvin-Benson Cycle," 242.

48 Buchanan and Wong, "A Conversation," 213.

49 광반응은 많은 연구의 주제였다. Govindjee, Shevela, and Bjrn, "Evolution of the ZScheme of Photosynthesis."

50 2021년 11월, 어바나-샴페인의 일리노이 대학교에서 저자와의 인터뷰.

51 Falkowski, *Life's Engines: How Microbes Made Earth Habitable*, 99.

52 2019년 5월, 어바나-샴페인의 일리노이 대학교에서 저자와의 인터뷰.

53 Bar-On and Milo, "The Global Mass and Average Rate of Rubisco," 4738.

54 Calvin, "Photosynthesis as a Resource for Energy and Materials," 277.

55 Bourzac, "To Feed the World, Improve Photosynthesis."

56 Vernadsky, *The Biosphere*, 47.

제9장

1 2019년 7월, 저자와의 인터뷰.

2 Margulis and Sagan, *Microcosmos: Four Billion Years of Evolution from Our Microbial Ancestors*, 109.

3 이오존(Eozon)이라는 오래된 화석을 발견했다고 믿었던 지질학자 존 도슨의 주장

은 인정받지 못했다. Schopf, *Cradle of Life: The Discovery of Earth's Earliest Fossils*, 19–21.

4 Walcott, "Pre-Carboniferous Strata in the Grand Canyon of the Colorado, Arizona," 438.

5 Walcott, "Report of Mr. Charles D. Walcott, July 2," 160.

6 Schuchert, "Charles Doolittle Walcott, (1850–1927)," 279.

7 Yochelson, *Charles Doolittle Walcott, Paleontologist*, 145.

8 Walcott, "Report of Mr. Charles D. Walcott, July 2," 47.

9 Walcott, *Pre-Cambrian Fossiliferous Formations*, 234.

10 Schopf, *Life in Deep Time: Darwin's Missing Fossil Record*, 49.

11 Schopf, *Cradle of Life: The Discovery of Earth's Earliest Fossils*, 1921. 그 화석은 이오존이라고 불렸다.

12 Schopf, 31.

13 Seward, *Plant Life through the Ages: A Geological and Botanical Retrospect*, 87.

14 Seward, 92.

15 2019년 7월, 스텝코 골루빅과 저자의 인터뷰.

16 특히 바하마를 비롯한 다른 곳에서 활동하던 과거의 연구자들은 남세균와 고대 스트로마톨라이트를 서로 연관시키기도 했지만, 그런 주장은 널리 받아들여지지 않고 있다. 그들이 주목하는 "살아 있는" 스트로마톨라이트는 고대의 크립토잔(Cryptozan)과는 상당히 다른 것으로 보인다. 반대로 로건의 스트로마톨라이트는 고대 화석과 분명히 닮은 점이 있었다. Hoffman, "Recent and Ancient Algal Stromatolites," 180–81.

17 Prothero, *The Story of Life in 25 Fossils: Tales of Intrepid Fossil Hunters and the Wonders of Evolution*, 11.

18 Falkowski, *Life's Engines: How Microbes Made Earth Habitable*, 72.

19 2019년 7월, UCLA에서 저자의 인터뷰.

20 Crowell, "Preston Cloud," 45.

21 2019년 7월, UCLA에서 저자의 인터뷰.

22 Margulis and Sagan, *Microcosmos*, 108.

23 Walker, *Snowball Earth: The Story of the Great Global Catastrophe That Spawned Life as We Know It*, 113.

24 Walker, *Snowball Earth*, 122–28.

25 커슈빙크는 지구가 태양으로부터 조금만 더 멀었더라면 지구 극지방의 온도가 너무 낮아서 극지방에서는 화산에서 배출되어 단열 기능을 해주는 이산화탄소 기체마저도 얼어버릴 것이라고 믿었다. 행성이 너무 추워서 눈덩이 지구에서 탈출도 불가능해질 것이었다. 커슈빙크에게 그것은 생명이 등장했다가 완전히 얼어버린 지구형 행성이 더 있을 수 있다는 뜻이었다.

26 The Telegraph, "Lynn Margulis."

27 2019년 3월, 알칸소 대학교에서 저자와의 인터뷰.

28 Doron Sagan interview in *Symbiotic Earth*.

29 Margulis, "Mixing It Up," 1034.

30 Quoted in Goldscheider, "Evolution Revolution," 46.

31 Quammen, *The Tangled Tree: A Radical New History of Life*, 120.

32 Quammen, *The Tangled Tree*, 120.

33 Poundstone, *Carl Sagan: A Life in the Cosmos*, 63.

34 Otis, *Rethinking Thought: Inside the Minds of Creative Scientists and Artists*, 36.

35 Otis, 19.

36 Quoted in Davidson, *Carl Sagan: A Life*, 112.

37 Quoted in Poundstone, *Carl Sagan: A Life in the Cosmos*, 47.

38 Sagan, *Lynn Margulis: The Life and Legacy of a Scientific Rebel*, 59.

39 *The Telegraph*, "Lynn Margulis."

40 Sapp, *Evolution by Association*, 185.

41 Margulis and Sagan, *What Is Life?* 52.

42 Quoted in Goldscheider, "Evolution Revolution," 44.

43 2019년 3월, 달하우지 대학교에서 저자와의 인터뷰.

44 Knoll, *A Brief History of Earth: Four Billion Years in Eight Chapters*, 108–11.

45 2019년 9월, 유니버시티 칼리지 런던에서 저자와의 인터뷰.

46 레인과 마틴은 미토콘드리아와의 공생을 통해서 에너지 잉여가 발생한다고 주장한다. 다른 세포 속에 사는 미토콘드리아는 더 이상 세포벽을 만드는 것과 같은 일을 할 필요가 없다. 전체적으로 미토콘드리아와 숙주는 서로 독립적으로 살 때보다 해야 할 일이 줄어든다는 뜻이다.

47 Lane, "Why Is Life the Way It Is?" 23.

48 Lane, 27.; Catling et al., "Why O2 Is Required by Complex Life on Habitable Planets and the Concept of Planetary 'Oxygenation Time.'"

49 Gibson et al., "Precise Age of Bangiomorpha pubescens Dates the Origin of Eukaryotic Photosynthesis." 지금까지 발견한 가장 오래된 화석은 10억4,700만 년 전까지 거슬러 올라가지만, 분자시계의 증거에 따르면 그들의 조상은 적어도 12억 5,000만 년 전에 출현했다.

50 약 6억 3,500만 년 전에 시작된 초기 에디아카라기에는 이상할 정도로 느리게 움직이는 동물이 있었다.

51 Falkowski, *Life's Engines: How Microbes Made Earth Habitable*, 130.

52 Reinhard et al., "Evolution of the Global Phosphorus Cycle," 386.

53 Milo and Phillips, *Cell Biology by the Numbers*, 111.

54 Falkowski, *Life's Engines*, 141.

55 Kahn, "How Much Oxygen Does a Person Consume in a Day?"

제10장

1 Thoreau, *Walden*, 130.

2 Zimmermann, "Nachrufe: Simon Schwendener," 59.

3 Bar-On, Phillips, and Milo, "The Biomass Distribution on Earth."

4 Honegger, "Simon Schwendener (1829–1919) and the Dual Hypothesis of Lichens," 312.

5 Plitt, "A Short History of Lichenology," 89.

6 Ralfs, "The Lichens of West Cornwall," 211.

7 Plitt, "A Short History," 82.

8 James Crombie, quoted in Smith, *Lichens*, xxv.

9 Step, *Plant-Life*, 149.

10 Albert Schmidt, "Essai d'une biologie de l'holophyte des Lichens," 7.

11 Ryan, *Darwin's Blind Spot*, 22.

12 Frank, "On the Nutritional Dependence of Certain Trees on Root Symbiosis with Belowground Fungi (an English Translation of A. B. Frank's Classic Paper of 1885)," 271.

13 프랭크가 심바이오티스무스(symbiotismus)의 개념을 제시하고 1년 후에 식물학자 안톤 드 배리가 "같지 않은 생명체가 함께 살기"라는 뜻의 공생(symbiosis)의 개념을 도입했다.

14 Frank, "On the Nutritional Dependence of Certain Trees on Root Symbiosis with

Belowground Fungi (an English Translation of A.B. Frank's Classic Paper of 1885)," 274.

15 Ryan, *Darwin's Blind Spot*, 49.

16 Beerling, *Making Eden*, 125 26.

17 "Hermann Hellriegel," 11.

18 Aulie, "Boussingault and the Nitrogen Cycle," *Doctoral Thesis*, 39.

19 Mccosh, *Boussingault*, 4.

20 Aulie, "Boussingault and the Nitrogen Cycle," 448.

21 Aulie, "Boussingault and the Nitrogen Cycle," 447.

22 Nutman, "Centenary Lecture," 72.

23 Finlay, "Science, Promotion, and Scandal," 209.

24 MacFarlane, "The Transmutation of Nitrogen," 49.

25 Erisman et al., "How a Century of Ammonia Synthesis Changed the World," 637.

26 Walker, *Plants: A Very Short Introduction*, 30.

27 Datta et al., "Root Hairs," 1.

28 2021년 11월 메디슨의 위스콘신 대학교에서 저자와의 인터뷰.

29 Tobey, *Saving the Prairies: The Life Cycle of the Founding School of American Plant Ecology*, 1895–1955, 19293.

30 Wilson, *Roots: Miracles Below*, 84.

31 2019년 9월 에딘버러 대학교에서 저자와의 인터뷰.

32 Wade, "Number of Human Genes Is Put at 140,000, a Significant Gain."

33 2021년 9월 국립보건원에서 이 사실을 발견한 로런스 브로디와의 인터뷰.

34 2019년 9월 톨레도 대학교에서 저자와의 인터뷰.

35 2019년 9월 워싱턴 대학교에서 저자와의 인터뷰.

36 Alpi et al., "Plant Neurobiology: No Brain, No Gain?" 136.

37 Mancuso and Viola, *Brilliant Green: The Surprising History and Science of Plant Intelligence*, 77.

38 Trewavas, "Mindless Mastery," 841.

39 2019년 9월 라이스 대학교에서 저자와의 대화.

40 Yong, "Trees Have Their Own Internet."

41 Trewavas, "The Foundations of Plant Intelligence," 11.

42 Trewavas, "Mindless Mastery," 841.

43 Trewavas and Baluka, "The Ubiquity of Consciousness," 1225.

44 Baluka and Mancuso, "Deep Evolutionary Origins of Neurobiology," 63.

45 Milo and Phillips, *Cell Biology by the Numbers*, 169.

제11장

1 Tegmark, "Solid. Liquid. Consciousness."

2 Thorpe, *Essays in Historical Chemistry*, 316.

3 Hofmann, *The Life-Work of Liebig*, 17.

4 Brock, *Justus Von Liebig: The Chemical Gatekeeper*, 6.

5 Brock, *Justus Von Liebig*, 32.

6 Brock, *Justus Von Liebig*, 38.

7 Turner, "Justus Liebig versus Prussian Chemistry," 131.

8 Liebig, "Justus Von Liebig: An Autobiographical Sketch," 661.

9 Morris, *The Matter Factory: A History of the Chemistry Laboratory*, 93.

10 Mulder, *Liebig's Question to Mulder Tested by Morality and Science*, 6.

11 Phillips, "Liebig and Kolbe, Critical Editors," 91.

12 Hunter, *Vital Forces*, 56.

13 Klickstein, "Charles Caldwell and the Controversy in America over Liebig's 'Animal Chemistry,'" 141.

14 Brucer, "Nuclear Medicine Begins with a Boa Constrictor," 280.

15 대략 5퍼센트의 염신인 위액 약 8컵 정도가 얻어진다.

16 Carpenter, *Protein and Energy: A Study of Changing Ideas in Nutrition*, 59.

17 Liebig, *Animal Chemistry: Or Organic Chemistry in Its Application to Physiology and Pathology*, 48.

18 Carpenter, *Protein and Energy*, 48.

19 Thoreau, *Walden*, 11.

20 Bissonnette, *It's All about Nutrition*, 45.

21 Liebig, *Animal Chemistry*, vi.

22 Bence-Jones, Henry Bence-Jones, M.D., F.R.S. 1813–1873 : *Autobiography with Elucidations at Later Dates*, 16.

23 Morris, *The Matter Factory: A History of the Chemistry Laboratory*, 30.

24 Carpenter, Harper, and Olson, "Experiments That Changed Nutritional Thinking,"

1120S–1121S.

25 Carpenter, Harper, and Olson, "Experiments," 1021.

26 Carpenter, *Protein and Energy*, 71–72.

27 Carpenter, "A Short History of Nutritional Science: Part 1 (1785–1885)," 642.

28 Apple, "Science Gendered: Nutrition in the United States 1840–1940," 133.

29 Carpenter, *Protein and Energy*, 74.

30 Carpenter, *The History of Scurvy and Vitamin C*, 253.

31 Bown, *Scurvy: How a Surgeon, a Mariner, and a Gentlemen Solved the Greatest Medical Mystery of the Age of Sail*, 68.

32 Frankenburg, *Vitamin Discoveries and Disasters*, 72.

33 Bown, *Scurvy: How a Surgeon*, 75.

34 Roddis, *James Lind, Founder of Nautical Medicine*, 55.

35 Bown, *Scurvy: How a Surgeon*, 74.

36 Harvie, *Limeys*, 56.

37 Lind, *A Treatise on the Scurvy, in Three Parts: Containing an Inquiry into the Nature, Causes, and Cure of That Disease Together with a Critical and Chronological View of What Has Been Published on the Subject*, 72.

38 Lind, *A Treatise*, 6263.

39 Gratzer, *Terrors of the Table*, 17.

40 Harvie, *Limeys*, 18.

41 Frankenburg, *Vitamin*, 78.

42 Meiklejohn, "The Curious Obscurity of Dr. James Lind," 307.

43 Bown, *Scurvy*, 26.

44 Braddon, *The Cause and Prevention of Beri-Beri*, 248.

45 Beek, *Dutch Pioneers of Science*, 138.

46 Carpenter, *Beriberi, White Rice, and Vitamin B: A Disease, a Cause, and a Cure*, 27.

47 Eijkman, "Christiaan Eijkman Nobel Lecture, 1929."

48 Carpenter, *Beriberi*, 35.

49 "Tracing the Lost Railway Lines of Indonesia."

50 Carpenter, *Beriberi*, 41.

51 Carpenter, *Beriberi*, 198.

52 Eijkman, "Christiaan Eijkman Nobel Lecture, 1929."

53 Houston, *A Treasury of the World's Great Speeches*, 470.

54 Carpenter, *Beriberi*, 4041.

55 Carpenter, *Beriberi*, 45.

56 Vedder, *Beriberi*, 160.

57 Gratzer, *Terrors of the Table*, 141–42.

58 Hopkins, *Newer Aspects of the Nutrition Problem*, 15.

59 Maltz, "Casimer Funk, Nonconformist Nomenclature, and Networks Surrounding the Discovery of Vitamins," 1016.

60 Maltz, "Casimer Funk," 1016.

61 Quoted in Gratzer, *Terrors of the Table*, 162.

62 *New York Times*, "Scientists Find Indication of a Vitamin Which Prevents Softening of the Brain."

63 *St. Louis Post-Dispatch*,"Is Vitamine Starvation the True Cause of Cancer?"

64 Price, *Vitamania: How Vitamins Revolutionized the Way We Think about Food*, 75–78.

65 Quoted in *Bobrow-Strain, White Bread: A Social History of the Store-Bought Loaf*, 119.

66 BBC radio, *In Our Time*, "Enzymes."

67 Zimmer, "Vitamins' Old, Old Edge."

68 Zimmer, "Vitamins' Old, Old Edge."

69 Price, *Vitamania*, 17.

70 2019년 11월 터프츠 대학교에서 저자와의 인터뷰.

71 Kenneth J. Carpenter, "A Short History of Nutritional Science: Part 3 (1912–1944)," *The Journal of Nutrition* 133, no. 10 (October 1, 2003): 3030.

72 Collins, *Molecular, Genetic, and Nutritional Aspects of Major and Trace Minerals*, 528.

73 2020년 2월, 제임스 F. 컬린스와 플로리다 대학교에서 저자와의 인터뷰.

74 Lieberman, *The Story of the Human Body: Evolution, Health, and Disease*, 191.

75 우리 내장에 서식하는 일부 박테리아는 비타민 B와 비타민 K 등의 비타민을 만들어준다.

제12장

1 Horgan, Profile, "Francis H. C. Crick: The Mephistopheless of Neurobiology," 33.

2 미셔는 1892년에 이 가설을 거의 세웠다.

3 Dahm, "Discovering DNA," 576.

4 Olby, "Cell Chemistry in Miescher's Day," 379.

5 Dahm, "The First Discovery of DNA," 321.

6 de Meuron-Landolt, "Johannes Friedrich Miescher: sa personnalit et l'importance de son œuvre," 20.

7 Dahm, "Friedrich Miescher and the Discovery of DNA," 282.

8 Lamm, Harman, and Veigl, "Before Watson and Crick in 1953 Came Friedrich Miescher in 1869," 294–95.

9 Dahm, "The First," 327.

10 Mirsky, "The Discovery of DNA," 86–88.

11 Perutz, "Co-Chairman's Remarks: Before the Double Helix," 10.

12 MacLeod, "Obituary Notice, Oswald Theodore Avery, 1877–1955," 544.

13 Dubos, "Oswald Theodore Avery, 1877–1955," 35.

14 Williams, Unravelling the Double Helix: The Lost Heroes of DNA, 148–49.

15 Audio interview, Dubos, "Rene Dubos's Memories of Working in Oswald Avery's Laboratory."

16 Dubos, *The Professor, the Institute, and DNA*, 116.

17 McCarty, *The Transforming Principle: Discovering That Genes Are Made of DNA*, 92.

18 McCarty, *The Transforming*, 87.

19 그의 형제인 로이에게 보낸 편지에서, Dubos, *The Professor*, 217.

20 Dubos, *The Professor*, 139.

21 그의 형제인 에이버리에게 보낸 편지에서, Dubos, *The Professor*, 219.

22 Dubos, *The Professor*, 106.

23 McCarty, *The Transforming Principle*, 163.

24 Dubos, *The Professor*, 245.

25 McCarty, *The Transforming Principle*, 173.

26 Judson, *The Eighth Day of Creation: Makers of the Revolution in Biology*, 60.

27 Chargaff, *Heraclitean Fire: Sketches from a Life Before Nature*, 83.

28 Williams, *Unravelling*, 246.

29 Wilkins, *Maurice Wilkins, The Third Man of the Double Helix: An Autobiography*, 143–50.

30 Wilkins, *Maurice Wilkins*, 129.

31 Maddox, *Rosalind Franklin: The Dark Lady of DNA*, 144–45.

32 Maddox, *Rosalind Franklin*, 15355.

33 Cold Spring Harbor Laboratory, "Aaron Klug on Rosalind Franklin."

34 Crick, *What Mad Pursuit*, 64.

35 Maddox, *Rosalind Franklin*, 161.

36 Watson interview in PBS documentary, Babcock and Eriksson, "DNA: The Secret of Life."

37 Quoted in Watson, Gann, and Witkowski, *The Annotated and Illustrated Double Helix*, 91.

38 2020년 5월 돈 카스파르와 저자의 인터뷰.

39 Watson interview in Web of Stories interview with James Watson, "Complementarity and My Place in History.ē

40 Williams, *Unravelling*, 327.

41 Wilkins, *Maurice Wilkins*, 198.

42 Watson and Berry, *DNA: The Secret of Life*, 51.

43 Olby, *The Path to the Double Helix*, 403.

44 Web of Stories interview with Crick, "Molecular Biology in the Late 1940s."

45 Markel, *The Secret of Life*, 12.

46 Wilkins, *Maurice Wilkins*, 212.

47 "Due Credit," 270.

48 Maddox, *Rosalind Franklin*, 202.

49 Crick, *What Mad Pursuit*, 79.

50 Watson and Berry, DNA, 58.

51 Crick, "Biochemical Activities of Nucleic Acids: The Present Position of the Coding Problem," 35.

52 Milo and Phillips, *Cell Biology by the Numbers*, 248.

53 *Cell Biology by the Numbers*에 따르면, 하나의 세포에는 대략 100억 개의 단백질이 들어 있고, 단백질의 평균 반(半)수명은 70시간이다. 즉, 우리는 7시간마다 100억 개 단백질의 절반이 교체된다. 1초에 39,000개의 단박질이 새로 만들어진다는 뜻이다.

54 유전자가 발현될 때를 조절하는 염기 서열은 전사요소 결합 부위(transcription factor binding site), 활성인자(activator), 촉진제(promoter), 증폭제(enhancer), 억제제(repressor), 소음제(silencer), 조절요소(control element 등으로 알려져 있다.

제13장

1 Claude, "The Coming of Age of the Cell," 434.

2 Sender, Fuchs, and Milo, "Revised Estimates for the Number of Human and Bacteria Cells in the Body," 9.

3 Brachet, "Notice sur Albert Claude," 95.

4 Gompel, *Le destin extraordinaire d'Albert Claude* (18981983), 26.

5 de Duve and Palade, "Obituary," 588.

6 Claude, "The Coming," 433.

7 Claude, "The Coming," 433.

8 Moberg, *Entering an Unseen World: A Founding Laboratory and Origins of Modern Cell Biology*, 19101974, 137.

9 Brachet, "Notice sur Albert Claude," 100.

10 Brachet, "Notice," 118.

11 Moberg, Entering, 23.

12 Claude, "Fractionation of Chicken Tumor Extracts by High Speed Centrifugation," 743.

13 de Duve and Beaufay, "A Short History of Tissue Fractionation.," 24.

14 de Duve and Palade. "Obituary," 588.

15 *Interview with Albert Claude*, Rockefeller Institute Archive Center, RAC FA1444, (Box 1, Folder 5).

16 Moberg, *Entering*, 38.

17 Rheinberger, "Claude, Albert," 146.

18 Brachet, "Notice," 108.

19 Claude, "Albert Claude, 1948," 121.

20 Rheinberger, "Claude, Albert," 146.

21 Moberg, *Entering*, 76.

22 Hawkes, "Ernst Ruska," 84.

23 Moberg, *Entering*, 55.

24 Moberg, *Entering*, 60.

25 Palade, "Albert Claude and the Beginnings of Biological Electron Microscopy," 15–17.

26 Prebble and Weber, *Wandering in the Gardens of the Mind*, 15.

27 Claude, "The Coming," 434.

28 Flamholz, Phillips, and Milo, "The Quantified Cell," 3499.

29 Gilbert and Mulkay, *Opening Pandora's Box*, 26. 이 책에서는 과학자들이 미첼의 이론에 대해서 어떤 논의를 했고, 어떻게 반응했는지를 살펴보았다.

30 Harold, *To Make the World Intelligible*, 121.

31 Racker, "Reconstitution, Mechanism of Action and Control of Ion Pumps," 787.

32 Racker, "Reconstitution," 787.

33 Prebble, "The Philosophical Origins of Mitchell's Chemiosmotic Concepts," 443.

34 Prebble, "Peter Mitchell and the Ox Phos Wars," 209.

35 Orgel, "Are You Serious, Dr. Mitchell?" 17.

36 Racker, "Reconstitution," 787.

37 Harold, *To Make the World Intelligible*, 49.

38 Lane, *Power, Sex, Suicide*, 102.

39 Govindjee and Krogmann, "A List of Personal Perspectives with Selected Quotations, along with Lists of Tributes, Historical Notes, Nobel and Kettering Awards Related to Photosynthesis," 16.

40 Prebble, "Peter Mitchell and the Ox Phos Wars," 210

41 Saier, "Peter Mitchell and the Life Force," Chapter 8 page 10 of 14.

42 Nick Lane, *The Vital Question: Why Is Life the Way It Is?* 73.

43 Milo and Phillips, *Cell Biology by the Numbers*, 357.

44 Walker, *The Fuel of Life*.

45 Roskoski, "Wandering in the Gardens of the Mind," 64–65.

46 Saier, "Peter Mitchell and the Life Force," ch. 9, p. 2 of 8.

47 Lane, *Life Ascending*, 32–33.

48 Milo and Phillips, *Cell Biology*, 34.

49 Hom and Sheu, "Morphological Dynamics of Mitochondria: A Special Emphasis on Cardiac Muscle Cells," 7.

50 2021년 12월 유니버시티 칼리지 런던에서 저자와의 인터뷰.

51 Flamholz, Phillips, and Milo, "The Quantified Cell," 3499.

52 Hoffmann, *Life's Ratchet: How Molecular Machines Extract Order from Chaos*, 212.

53 Ashcroft, *The Spark of Life: Electricity in the Human Body*, 42.

54 Stevens, "The Neuron," 57.

55 Ashcroft, *The Spark of Life*, 56.

56 1,000억 개의 신경세포 하나하나에는 약 100만 개의 소듐-포타슘 펌프가 있다. 그것만으로도 소듐-포타슘 펌프의 수는 1,000조 개가 된다. 다른 세포에는 더 적은 수가 들어 있다.

57 Lieberman, *The Story of the Human Body: Evolution, Health, and Disease*, 283.

58 Hoffmann, *Life's Ratchet*, 72.

59 E-mail from Kim Sharp, University of Pennsylvania.

60 Milo and Phillips, *Cell Biology*, 220.

61 E-mail from Kim Sharp, University of Pennsylvania.

62 Bray, *Cell Movements*, 4.

63 Lane, *The Vital*, 12.

64 DNA에 잘못된 염기가 들어가는 정도는 100만 개당 하나에서 1,000만 개당 하나까지 다양하다. 오류가 발생한 직후에 작동하는 수정 메커니즘 덕분에 정확도는 100억 개당 하나 정도까지 개선된다.

65 *Atlanta Constitution*, "Each of Us Is Charged with Busy Little Atoms."

66 "Paul C. Aebersold Interview." *Longines Chronoscope*, CBS.

67 Stager, *Your Atomic Self*, 213.

68 컬스티 스팔링과 요나스 프리슨이 처음으로 그런 사실을 알아냈다. Wade, "Your Body Is Younger Than You Think." See also Milo and Phillips, *Cell Biology by the Numbers*, 279. 몇 종류의 세포는 전혀 교체되지 않지만, 세포는 대부분 10년 안에 완전히 새로운 세포로 교체된다.

69 Sender and Milo, "The Distribution of Cellular Turnover in the Human Body," 45.

70 Milo and Phillips, *Cell Biology*, 279.

71 Milo and Phillips, *Cell Biology*, 279.

72 Sender and Milo, "The Distribution," 45.

73 Milo and Phillips, *Cell Biology*, 279.

74 Herculano-Houzel, "The Human Brain in Numbers," 7.

75 대략 50세가 될 때까지 심장 세포는 매년 1퍼센트 정도의 속도로 교체되고, 그후에는 속도가 더 줄어든다. Wade, "Heart Muscle Renewed Over Lifetime, Study Finds."

76 Lane, *The Vital*, 278.

77 Milo and Phillips, *Cell Biology*, 201. 밀로와 필립스의 추정에 따르면, 3,000μm³의

부피를 가진 포유류의 세포는 초당 100억 개의 ATP를 소비한다.

78 Hoffmann, *Life's Ratchet*, 107.

결론

1 Donnan, "The Mystery of Life," 514.

2 인체에 있는 세포의 수는 30조 개 정도이다. Sender, Fuchs, and Milo, "Revised Estimates for the Number of Human and Bacteria Cells in the Body." 우리 은하인 은하수에 있는 별(항성)의 수는 1,000억–4,000억 개 정도로 추정된다.

3 Horgan, "From My Archives: Quark Inventor Murray Gell-Mann Doubts Science Will Discover 'Something Else.'"

4 Carl Sagan in the television series *Cosmos*.

참고 문헌

Adan, Ana. "Cognitive Performance and Dehydration." *Journal of the American College of Nutrition* 31, no. 2 (April 1, 2012).

Aikman, Duncan. "Lemaitre Follows Two Paths to Truth." *New York Times*, February 19, 1933.

Aitkenhead, Alan R., *Graham Smith, and David J. Rowbotham. Textbook of Anaesthesia*, 5th ed. London: Elsevier, 2007.

Albert Einstein College of Medicine. "Built-In 'Self-Destruct Timer' Causes Ultimate Death of Messenger RNA in Cells." Press release, December 22, 2011.

Alpi, Amedeo, Nikolaus Amrhein, et al. "Plant Neurobiology: No Brain, No Gain?" *Trends in Plant Science* 12, no. 4 (April 2007).

Alsop, Stewart. "Political Impact Is Seen in New Atomic Experiments." *Toledo Blade*, January 6, 1949.

Amos, Jonathan. "Beer Microbes Live 553 Days Outside ISS." BBC News, August 23, 2010, https://www.bbc.com/news/science-environment-11039206.

Anderson, Carl D., and Richard J. Weiss. *The Discovery of Anti-Matter: The Autobiography of Carl David Anderson, the Youngest Man to Win the Nobel Prize. Singapore: World Scientific*, 1999.

Apple, Rima. "Science Gendered: Nutrition in the United States 1840–1940," in *The Science and Culture of Nutrition*, 1840–1940, ed. Harmke Kamminga and Andrew Cunningham. Amsterdam: Rodopi, 1995.

Ashcroft, Frances. *The Spark of Life: Electricity in the Human Body*. New York: Norton, 2012.

Atlanta Constitution, "Each of Us Is Charged with Busy Little Atoms," November 8, 1954.

Aulie, Richard P. "Boussingault and the Nitrogen Cycle." Doctoral thesis, Yale University, 1969.

———. "Boussingault and the Nitrogen Cycle." *Proceedings of the American Philosophical*

Society 114, no. 6 (December 18, 1970).

Babcock, Viki, and Magdalena Eriksson, writers; Ian Duncan and David Glover, directors. *DNA: The Secret of Life*, episode 1. Arlington, VA: Public Broadcasting Service, 2003.

Bada, Jeffrey, and Antonio Lazcano. "Biographical Memoirs: Stanley L. Miller: 1930–2007." *National Academy of Sciences*, 2012, http://www.nasonline.org/publications/biographical-memoirs/memoir-pdfs/miller-stanley.pdf.

Ballard, Robert D. *The Eternal Darkness: A Personal History of Deep-Sea Exploration*. Princeton, NJ: Princeton University Press, 2000.

Baluška, František, and Stefano Mancuso. "Deep Evolutionary Origins of Neurobiology: Turning the Essence of 'Neural' Upside-Down." *Communicative & Integrative Biology* 2, no. 1 (December 1, 2009).

Bangham, Alec D. "Surrogate Cells or Trojan Horses: The Discovery of Liposomes." *BioEssays* 17, no. 12 (1995).

Barnes, E. W. "Contributions to a British Association Discussion on the Evolution of the Universe." *Nature*, no. 128 (October 24, 1931).

Bar-On, Yinon M., and Ron Milo. "The Global Mass and Average Rate of Rubisco." *Proceedings of the National Academy of Sciences of the United States of America* 116, no. 10 (March 5, 2019).

Bar-On, Yinon M., Rob Phillips, and Ron Milo. "The Biomass Distribution on Earth." *Proceedings of the National Academy of Sciences* 115, no. 25 (June 19, 2018).

Barras, Colin. "Formation of Life's Building Blocks Recreated in Lab." *New Scientist*, no. 2999 (December 13, 2014).

BBC documentary transcript. "Wilson of the Cloud Chamber," 1959.

BBC *Horizon* documentary. "Life Is Impossible," 1993.

BBC radio. "Enzymes." *In Our Time*, June 1, 2017.

Beale, Norman, and Elaine Beale. *Echoes of Ingen Housz: The Long Lost Story of the Genius Who Rescued the Habsburgs from Smallpox and Became the Father of Photosynthesis*. Gloucester, UK: Hobnob Press, 2011.

Beaudreau, Sherry Ann, and Stanley Finger. "Medical Electricity and Madness in the 18th Century: The Legacies of Benjamin Franklin and Jan Ingenhousz." *Perspectives in Biology and Medicine* 49, no. 3 (July 27, 2006).

Beek, Leo. *Dutch Pioneers of Science*. Assen, Netherlands: Van Gorcum, 1985.

Beerling, David. *Making Eden: How Plants Transformed a Barren Planet*. Oxford, UK: Oxford University Press, 2019.

Bence-Jones, Henry. *Henry Bence-Jones, M.D., F.R.S. 1813–1873: Autobiography with*

Elucidations at Later Dates. London: Crusha & Son, 1929.

Benson, Andrew A. "Following the Path of Carbon in Photosynthesis: A Personal Story." *Photosynthesis Research* 73, (July 1, 2002).

Bernal, J. D. *The Origin of Life*. London: Weidenfeld & Nicolson, 1967.

Bernstein, Jeremy. *A Palette of Particles*. Cambridge, MA: Harvard University Press, 2013.

Bertolotti, Mario. *Celestial Messengers: Cosmic Rays: The Story of a Scientific Adventure*. Berlin: Springer, 2013.

Bissonnette, David. *It's All about Nutrition: Saving the Health of Americans*. Lanham, MD: University Press of America, 2014.

Blackmore, John T. *Ernst Mach: His Life, Work, and Influence*. Berkeley: University of California Press, 1972.

Blatner, David. *Spectrums: Our Mind-Boggling Universe from Infinitesimal to Infinity*. London: Bloomsbury, 2013.

Bobrow-Strain, Aaron. *White Bread: A Social History of the Store-Bought Loaf*. Boston: Beacon Press, 2012.

Bourzac, Katherine. "To Feed the World, Improve Photosynthesis." *MIT Technology Review* 120, no. 5 (September 2017).

Bown, Stephen R. *Scurvy: How a Surgeon, a Mariner, and a Gentleman Solved the Greatest Medical Mystery of the Age of Sail*. New York: St. Martin's Press, 2003.

Brachet, Jean. "Notice sur Albert Claude." *Annuaire de l'Académie royale de Belgique*, 1988.

Braddon, William Leonard. *The Cause and Prevention of Beri-Beri*. London: Rebman Limited, 1907.

Bray, Dennis. *Cell Movements: From Molecules to Motility*. New York: Garland Science, 2001.

Brock, William H. *Justus Von Liebig: The Chemical Gatekeeper*. Cambridge, UK: Cambridge University Press, 2002.

Brownlee, Donald E. "Cosmic Dust: Building Blocks of Planets Falling from the Sky." *Elements* 12, no. 3 (June 1, 2016).

Brucer, Marshall. "Nuclear Medicine Begins with a Boa Constrictor." *Journal of Nuclear Medicine Technology* 24, no. 4 (1996).

Buchanan, Bob B., and Joshua H. Wong. "A Conversation with Andrew Benson: Reflections on the Discovery of the Calvin-Benson Cycle." *Photosynthesis Research* 114, no. 3 (March 1, 2013).

Burbidge, Geoffrey. "Sir Fred Hoyle 24 June 1915–20 August 2001." *Biographical Memoirs of Fellows of the Royal Society* 49 (2003).

Burns, Joseph A., Jack J. Lissauer, and Andrei Makalkin. "Victor Sergeyevich Safronov (1917–1999)." *Icarus* 145, no. 1 (May 1, 2000).

Butterworth, Jon. "How Big Is a Quark?" *The Guardian*, April 7, 2016, https://www.theguardian.com/science/life-and-physics/2016/apr/07/how-big-is-a-quark.

Calder, Nigel. *Giotto to the Comets*. London: Presswork, 1992.

California Institute of Technology. "Caltech Geologists Find New Evidence That Martian Meteorite Could Have Harbored Life," press release, March 13, 1997, https://www2.jpl.nasa.gov/snc/news8.html.

Calvin, Melvin. *Following the Trail of Light: A Scientific Odyssey*. Washington, DC: American Chemical Society, 1992.

———. "Photosynthesis as a Resource for Energy and Materials: The Natural Photosynthetic Quantum-Capturing Mechanism of Some Plants May Provide a Design for a Synthetic System That Will Serve as a Renewable Resource for Material and Fuel." *American Scientist* 64, no. 3 (1976).

Carpenter, Kenneth J. *Beriberi, White Rice, and Vitamin B: A Disease, a Cause, and a Cure*. Berkeley: University of California Press, 2000.

———. *The History of Scurvy and Vitamin C*. Cambridge, UK: Cambridge University Press, 1988.

———. *Protein and Energy: A Study of Changing Ideas in Nutrition*. Cambridge, UK: Cambridge University Press, 1994.

———. "A Short History of Nutritional Science: Part 1 (1785–1885)." *Journal of Nutrition* 133, no. 3 (March 2003).

———. "A Short History of Nutritional Science: Part 3 (1785–1885)." *Journal of Nutrition* 133, no. 10 (October 2003).

Carpenter, Kenneth J., Alfred E. Harper, and Robert E. Olson. "Experiments That Changed Nutritional Thinking." *Journal of Nutrition* 127, no. 5 (May 1997).

Catling, David C., Christopher R. Glein, et al. "Why O2 Is Required by Complex Life on Habitable Planets and the Concept of Planetary 'Oxygenation Time.'" *Astrobiology* 5, no. 3 (June 2005).

Chargaff, Erwin. *Heraclitean Fire: Sketches from a Life before Nature*. New York: Rockefeller University Press, 1978.

Charitos, Panos. "Interview with George Zweig." CERN EP News, December 13, 2013, https://ep-news.web.cern.ch/content/interview-george-zweig.

Chu, Jennifer. "Physicists Calculate Proton's Pressure Distribution for First Time." *MIT News*, February 22, 2019, https://news.mit.edu/2019/physicists-calculate-proton-

pressure-distribution-0222.
Claude, Albert. "Albert Claude, 1948." *Harvey Society Lectures*, Rockefeller University, January 1, 1950.
———. "The Coming of Age of the Cell." *Science* 189, no. 4201 (August 8, 1975).
———. "Fractionation of Chicken Tumor Extracts by High Speed Centrifugation." *American Journal of Cancer* 30, no. 4 (August 1, 1937).
Close, Frank. *Particle Physics: A Very Short Introduction*. Oxford, UK: Oxford University Press, 2004.
Close, Frank, Michael Marten, and Christine Sutton. *The Particle Odyssey: A Journey to the Heart of Matter*. Oxford, UK: Oxford University Press, 2004.
Cockell, Charles S. *The Equations of Life: How Physics Shapes Evolution*. New York: Basic Books, 2018.
Cold Spring Harbor Laboratory, Oral History Collection. "Aaron Klug on Rosalind Franklin," June 17, 2005, http://library.cshl.edu/oralhistory/interview/scientific-experience/women-science/aaron-rosalind-franklin/.
Collins, James F. *Molecular, Genetic, and Nutritional Aspects of Major and Trace Minerals*. San Diego: Academic Press, 2016.
Compton, William. *Where No Man Has Gone Before: A History of Apollo Lunar Exploration Missions*. Washington, DC: NASA, 1988.
Cooper, Geoffrey M., and Robert E. Hausman. *The Cell: A Molecular Approach*. Sunderland, MA: Sinauer Associates, 2013.
Cooper, Henry S. F. *Apollo on the Moon*. New York: Dial Press, 1969.
———. "Letter from the Space Center." *New Yorker*, July 25, 1969.
Cooper, Keith. *Origins of the Universe: The Cosmic Microwave Background and the Search for Quantum Gravity*. London: Icon Books, 2020.
Corfield, Richard. "One Giant Leap." *Chemistry World*, August 2009.
Cott, Jonathan. "The Cosmos: An Interview with Carl Sagan." *Rolling Stone*, December 25, 1980.
Cottrell, Geoff. *Matter: A Very Short Introduction*. Oxford, UK: Oxford University Press, 2019.
Couper, Heather, and Nigel Henbest. *The History of Astronomy*. Richmond Hill, Ontario: Firefly Books, 2007.
Cowan, Robert. "Scientists Uncover First Direct Evidence of Water in Halley's Comet: New Way to Study Comets Will Help Yield Clues to Solar System's Origin." *Christian Science Monitor*, January 13, 1986.

Crane, Kathleen. *Sea Legs: Tales of a Woman Oceanographer*. Boulder, CO: Westview Press, 2003.

Crease, Robert P., and Charles C. Mann. *The Second Creation: Makers of the Revolution in Twentieth-Century Physics*. New Brunswick, NJ: Rutgers University Press, 1996.

Crick, Francis. "Biochemical Activities of Nucleic Acids: The Present Position of the Coding Problem." *Brookhaven Symposia in Biology* 12 (1959).

———. *What Mad Pursuit: A Personal View of Scientific Discovery*. New York: Basic Books, 1988.

Crowell, John. "Preston Cloud," in *National Academy of Sciences: Biographical Memoirs*, vol. 67. Washington, DC: National Academy Press, 1995.

Crowther, James. *Scientific Types*. Chester Springs, PA: Dufour, 1970.

Dahm, Ralf. "Discovering DNA: Friedrich Miescher and the Early Years of Nucleic Acid Research." *Human Genetics* 122, no. 6 (January 2008).

———. "The First Discovery of DNA: Few Remember the Man Who Discovered the 'Molecule of Life' Three-Quarters of a Century before Watson and Crick Revealed Its Structure." *American Scientist* 96, no. 4 (2008).

———. "Friedrich Miescher and the Discovery of DNA." *Developmental Biology* 278, no. 2 (February 15, 2005).

Datta, Sourav, Chul Min Kim, et al. "Root Hairs: Development, Growth and Evolution at the Plant-Soil Interface." *Plant and Soil* 346, no. 1 (September 1, 2011).

Davidson, Keay. *Carl Sagan: A Life*. New York: Wiley, 1999.

Deamer, David. *First Life: Discovering the Connections between Stars, Cells, and How Life Began*. Berkeley: University of California Press, 2012.

Deamer, David W. "From 'Banghasomes' to Liposomes: A Memoir of Alec Bangham, 1921–2010." *FASEB Journal* 24, no. 5 (May 2010).

de Angelis, Alessandro. "Atmospheric Ionization and Cosmic Rays: Studies and Measurements before 1912." *Astroparticle Physics* 53 (January 2014).

Debus, Allen G. *Chemistry and Medical Debate: Van Helmont to Boerhaave*. Canton, MA: Science History, 2001.

de Duve, Christian. "The Beginnings of Life on Earth." *American Scientist* 83, no. 5 (1995).

de Duve, Christian, and Henri Beaufay. "A Short History of Tissue Fractionation." *Journal of Cell Biology* 91, no. 3 (December 1, 1981).

de Duve, Christian, and George E. Palade. "Obituary: Albert Claude, 1899–1983." *Nature* 304, no. 5927 (August 18, 1983).

Deprit, Andre. "Monsignor Georges Lemaître," in *The Big Bang and Georges Lemaître:*

Proceedings of the Symposium, Louvain-La-Neuve, Belgium, October 10–13, 1983, ed. A. Berger. Dordrecht, Netherlands: D. Reidel, 1984.

de Maria, M., M. G. Ianniello, and A. Russo. "The Discovery of Cosmic Rays: Rivalries and Controversies between Europe and the United States." *Historical Studies in the Physical and Biological Sciences* 22, no. 1 (1991).

DeVorkin, David. AIP oral history interview with Bart Bok, May 17, 1978, http://www.aip.org/history-programs/niels-bohr-library/oral-histories/4518-2.

———. AIP oral history interview with Fred Whipple, April 29, 1977, https://www.aip.org/history-programs/niels-bohr-library/oral-histories/5403.

DeVorkin, David H. *Henry Norris Russell: Dean of American Astronomers*. Princeton, NJ: Princeton University Press, 2000.

Dick, Steven J., and James Edgar Strick. *The Living Universe: NASA and the Development of Astrobiology*. New Brunswick, NJ: Rutgers University Press, 2004.

Donnan, Frederick G. "The Mystery of Life." *Nature* 122, no. 3075 (October 1, 1928).

Dubos, René Jules. "Oswald Theodore Avery, 1877–1955." *Biographical Memoirs of Fellows of the Royal Society* 2 (November 1, 1956).

———. *The Professor, the Institute, and DNA*. New York: Rockefeller University Press, 1976.

———. "Rene Dubos's Memories of Working in Oswald Avery's Laboratory." Symposium Celebrating the Thirty-Fifth Anniversary of the Publication of "Studies on the Chemical Nature of the Substance Inducing Transformation of Pneumococcal Types," 1979, https://profiles.nlm.nih.gov/101584575X343.

"Due Credit." *Nature* 496, no. 7445 (April 18, 2013).

Echols, Harrison G. *Operators and Promoters: The Story of Molecular Biology and Its Creators*. Berkeley: University of California Press, 2001.

Eijkman, Christiaan. "Christiaan Eijkman Nobel Lecture, 1929," NobelPrize.org.

Eiseley, Loren C. *The Immense Journey*. New York: Vintage Books, 1957.

Emsley, John. *Nature's Building Blocks: An A–Z Guide to the Elements*. Oxford, UK: Oxford University Press, 2011.

Erisman, Jan Willem, Mark A. Sutton, et al. "How a Century of Ammonia Synthesis Changed the World." *Nature Geoscience* 1, no. 10 (October 2008).

Eyles, Don. "Tales from the Lunar Module Guidance Computer." Guidance and Control Conference of the American Astronautical Society, Breckenridge, CO, February 6, 2004.

Falkowski, Paul G. *Life's Engines: How Microbes Made Earth Habitable*. Princeton, NJ: Princeton University Press, 2016.

Farrell, John. *The Day without Yesterday: Lemaître, Einstein, and the Birth of Modern Cosmology*. New York: Basic Books, 2005.

Finlay, Mark R. "Science, Promotion, and Scandal: Soil Bacteriology, Legume Inoculation, and the American Campaign for Soil Improvement in the Progressive Era," in *New Perspectives on the History of Life Sciences and Agriculture*, ed. Denise Phillips and Sharon Kingsland. Heidelberg, Germany: Springer, 2015.

Fisher, Arthur. "Birth of the Moon." *Popular Science* 230, no. 1 (January 1987).

Flamholz, Avi, Rob Phillips, and Ron Milo. "The Quantified Cell." *Molecular Biology of the Cell* 25, no. 22 (November 5, 2014).

Frank, A. B. "On the Nutritional Dependence of Certain Trees on Root Symbiosis with Belowground Fungi (an English Translation of A. B. Frank's Classic Paper of 1885)," trans. James Trappe. *Mycorrhiza* 15, no. 4 (June 2005).

Frankenburg, Frances Rachel. *Vitamin Discoveries and Disasters: History, Science, and Controversies*. Santa Barbara: Prager, 2009.

Frenkel, V., and A. Grib. "Einstein, Friedmann, Lemaître: Discovery of the Big Bang," in *Proceedings of the 2nd Alexander Friedmann International Seminar*. St. Petersburg, Russia: Friedmann Laboratory Publishing, 1994.

Galison, Peter L. "Marietta Blau: Between Nazis and Nuclei." *Physics Today* 50, no. 11 (November 1997).

Gbur, Greg. "Paris: City of Lights and Cosmic Rays." *Scientific American* Blog, July 4, 2011, https://blogs.scientificamerican.com/guest-blog/paris-city-of-lights-and-cosmic-rays.

Gest, Howard. "A 'Misplaced Chapter' in the History of Photosynthesis Research: The Second Publication (1796) on Plant Processes by Dr. Jan Ingen-Housz, MD, Discoverer of Photosynthesis." *Photosynthesis Research* 53, no. 1 (July 1, 1997).

Gibson, Timothy M., Patrick M. Shih, et al. "Precise Age of Bangiomorpha pubescens Dates the Origin of Eukaryotic Photosynthesis." *Geology* 46, no. 2 (February 2018).

Gilbert, G. Nigel, and Michael Mulkay. *Opening Pandora's Box: A Sociological Analysis of Scientists' Discourse*. Cambridge, UK: Cambridge University Press, 1984.

Gingerich, Owen. AIP oral history interview with Cecilia Payne-Gaposchkin, March 5, 1968, https://www.aip.org/history-programs/niels-bohr-library/oral-histories/4620.

———. "The Most Brilliant Ph.D. Thesis Ever Written in Astronomy," in *The Starry Universe: The Cecilia Payne-Gaposchkin Centenary: Proceedings of a Symposium Held at the Harvard-Smithsonian Center for Astrophysics, Cambridge, Massachusetts, October 26–27, 2000*. Schenectady, NY: L. Davis Press, 2001.

Gitschier, Jane. "Meeting a Fork in the Road: An Interview with Tom Cech." *PLOS Genetics* 1, no. 6 (December 2005).

Glashow, Sheldon. "Book Review of Strange Beauty: Murray Gell-Mann and the Revolution in Twentieth-Century Physics." *American Journal of Physics* 68, no. 6 (June 2000).

Godart, O. "The Scientific Work of Georges Lemaître," in *The Big Bang and Georges Lemaître: Proceedings of a Symposium in Honour of G. Lemaître Fifty Years after His Initiation of Big-Bang Cosmology, Louvain-La-Neuve, Belgium, 10–13 October 1983*, ed. A. Berger. Heidelberg, Germany: Springer, 2012.

Goldscheider, Eric. "Evolution Revolution." *On Wisconsin*, Fall 2009.

Gompel, Claude. *Le destin extraordinaire d'Albert Claude (1898–1983): Découvreur de la cellule, Rénovateur de l'institut Bordet, Prix Nobel de Médecine 1974*. Île-de-France: Connaissances et Savoirs, 2012.

Govindjee and David W. Krogmann. "A List of Personal Perspectives with Selected Quotations, along with Lists of Tributes, Historical Notes, Nobel and Kettering Awards Related to Photosynthesis." *Photosynthesis Research* 73, no. 1 (July 2002).

Govindjee, Dmitriy Shevela, and Lars Olof Björn. "Evolution of the Z-Scheme of Photosynthesis: A Perspective." *Photosynthesis Research* 133, no. 1 (September 2017).

Graham, Loren R. *Science in Russia and the Soviet Union: A Short History*. Cambridge, UK: Cambridge University Press, 1993.

———. *Science, Philosophy, and Human Behavior in the Soviet Union*. New York: Columbia University Press, 1987.

Gratzer, Walter. *Terrors of the Table: The Curious History of Nutrition*. Oxford, UK: Oxford University Press, 2007.

Gregory, Jane. *Fred Hoyle's Universe*. Oxford, UK: Oxford University Press, 2005.

Gribbin, John. *The Scientists: A History of Science Told through the Lives of Its Greatest Inventors*. New York: Random House, 2003.

Gribbin, John, and Mary Gribbin. *Stardust: Supernovae and Life—the Cosmic Connection*. New Haven, CT: Yale University Press, 2001.

Hagmann, Michael. "Between a Rock and a Hard Place." *Science* 295, no. 5562 (March 15, 2002).

Haldane, J.B.S. *Possible Worlds*. London: Chatto and Windus, 1927.

Hammond, Allen L. *A Passion to Know: 20 Profiles in Science*. New York: Scribner's, 1984.

Hanson, Norwood Russell. "Discovering the Positron (I)." *British Journal for the Philosophy of Science* 12, no. 47 (November 1961).

Harder, Ben. "Water for the Rock." *Science News* 161, no. 12 (March 23, 2002).

Hargittai, Balazs, and Istvan Hargittai. *Candid Science V: Conversations with Famous Scientists*. London: Imperial College Press, 2005.

Harold, Franklin M. *To Make the World Intelligible*. Altona, Manitoba, Canada: FriesenPress, 2017.

Hart, Matthew. *Gold: The Race for the World's Most Seductive Metal*. New York: Simon & Schuster, 2013.

Harvie, David I. *Limeys: The True Story of One Man's War against Ignorance, the Establishment and the Deadly Scurvy*. Stroud, Gloustershire, UK: Sutton Publishing, 2002.

Hawkes, Peter W. "Ernst Ruska." *Physics Today* 43, no. 7 (July 1990).

Hazen, Robert M. *Genesis: The Scientific Quest for Life's Origin*. Washington, DC: National Academies Press, 2005.

———. *The Story of Earth: The First 4.5 Billion Years, from Stardust to Living Planet*. New York: Penguin Books, 2013.

Heap, Sir Brian, and Gregory Gregoriadis. "Alec Douglas Bangham, 10 November 1921–9 March 2010." *Biographical Memoirs of Fellows of the Royal Society* 57 (December 1, 2011).

Hedesan, Georgiana D. "The Influence of Louvain Teaching on Jan Baptist Van Helmont's Adoption of Paracelsianism and Alchemy." *Ambix* 68, no. 2–3 (2021).

Helmholtz, Hermann von. *Science and Culture: Popular and Philosophical Essays*. Chicago: University of Chicago Press, 1995.

Henahan, Sean. "From Primordial Soup to the Prebiotic Beach: An Interview with the Exobiology Pioneer Dr. Stanley L. Miller." National Health Museum, Accessexcellence.org, October 1996.

Herculano-Houzel, Suzana. "The Human Brain in Numbers: A Linearly Scaled-Up Primate Brain." *Frontiers in Human Neuroscience* 3 (November 2009).

"Hermann Hellriegel." *Nature* 53, no. 1358 (November 7, 1895).

Hockey, Thomas, Virginia Trimble, et al., eds. "Gilbert, William," in *Biographical Encyclopedia of Astronomers*. New York: Springer, 2014.

Hoffman, Paul. "Recent and Ancient Algal Stromatolites," in *Evolving Concepts in Sedimentology*, ed. Robert N. Ginsburg. Baltimore: Johns Hopkins University Press, 1973.

Hoffmann, Peter M. *Life's Ratchet: How Molecular Machines Extract Order from Chaos*. New York: Basic Books, 2012.

Hofmann, August Wilhelm von. *The Life-Workof Liebig*. London: Macmillan, 1876.

Hom, Jennifer, and Shey-Shing Sheu. "Morphological Dynamics of Mitochondria: A Special

Emphasis on Cardiac Muscle Cells." *Journal of Molecular and Cellular Cardiology* 46, no. 6 (June 2009).

Honegger, Rosmarie. "Simon Schwendener (1829–1919) and the Dual Hypothesis of Lichens." *The Bryologist* 103, no. 2 (2000).

Hopkins, Frederick Gowland. *Newer Aspects of the Nutrition Problem*. New York: Columbia University Press, 1922.

Horgan, John. "Francis H. C. Crick: The Mephistopheles of Neurobiology." *Scientific American* 266, no. 2 (1992).

———. "From My Archives: Quark Inventor Murray Gell-Mann Doubts Science Will Discover 'Something Else.'" *Scientific American* Blog, December 17, 2013. https://blogs.scientificamerican.com/cross-check/from-my-archives-quark-inventor-murray-gell-mann-doubts-science-will-discover-e2809csomething-elsee2809d.

———. "Remembering Big Bang Basher Fred Hoyle." *Scientific American Blog*, April 7, 2020, https://blogs.scientificamerican.com/cross-check/remembering-big-bang-basher-fred-hoyle/.

Houston, Peterson. *A Treasury of the World's Great Speeches*. New York: Simon & Schuster, 1954.

Howard Hughes Medical Institute. *The Discovery of Ribozymes*, HHMI BioInteractive video interview with Thomas Cech, 1995, https://www.biointeractive.org/classroom-resources/discovery-ribozymes.

Hoyle, Fred. *Home Is Where the Wind Blows: Chapters from a Cosmologist's Life*. Mill Valley, CA: University Science Books, 1994.

———. *The Small World of Fred Hoyle: An Autobiography*. London: Michael Joseph, 1986.

Hughes, David. "Fred L. Whipple 1906–2004." *Astronomy & Geophysics* 45, no. 6 (December 1, 2004).

Hunter, Graeme. *Vital Forces: The Discovery of the Molecular Basis of Life*. San Diego: Academic Press, 2000.

Ingenhousz, Jan. *An Essay on the Food of Plants and the Renovation of Soils*. London: Bulmer and Co., 1796.

———. *Experiments upon Vegetables: Discovering their great Power of purifying the Common Air in the Sun-shine and of Injuring it in the shade and at Night, to which is joined a new Method of examining the accurate Degree of Salubrity of the Atmosphere*. London: Elmsly and Payne, 1779.

Interview with Albert Claude. Rockefeller Institute Archive Center, RAC FA1444 (Box 1, Folder 5), 1976.

Jess, Allison, and Will Kendrew. "Murchison Meteorite Continues to Dazzle Scientists." ABC News, Goulburn Murray, Australia, December 28, 2016, https://www.abc.net.au/news/2016-12-29/murchison-meteorite/8113520.

Jewitt, David, and Edward Young. "Oceans from the Skies." *Scientific American* 312, no. 3 (March 2015).

Johnson, George. *Strange Beauty: Murray Gell-Mann and the Revolution in Twentieth-Century Physics*, 1st ed. New York: Knopf, 1999.

Johnston, Harold S. *A Bridge Not Attacked: Chemical Warfare Civilian Research during World War II*. Singapore: World Scientific, 2003.

Judson, Horace Freeland. *The Eighth Day of Creation: Makers of the Revolution in Biology*. New York: Simon & Schuster, 1979.

Kaharl, Victoria A. *Water Baby: The Story of Alvin*. New York: Oxford University Press, 1990.

Kahn, Sherry. "How Much Oxygen Does a Person Consume in a Day?" HowStuff-Works, May 11, 2021, https://health.howstuffworks.com/human-body/systems/respiratory/question98.htm.

Kamen, Martin D. "A Cupful of Luck, a Pinch of Sagacity." *Annual Review of Biochemistry* 55, no. 1 (1986).

———. "Early History of Carbon-14." *Science* 140, no. 3567 (May 10, 1963).

———. "Onward into a Fabulous Half-Century." *Photosynthesis Research* 21, no. 3 (September 1, 1989).

———. *Radiant Science, Dark Politics: A Memoir of the Nuclear Age*. Berkeley: University of California Press, 1985.

Kellogg, John Harvey. *The New Dietetics: What to Eat and How: A Guide to Scientific Feeding in Health and Disease*. Battle Creek, MI: Modern Medicine Publishing Company, 1921.

Kelly, Cynthia. "John Earl Haynes's Interview." Atomic Heritage Foundation, Voices of the Manhattan Project, Oak Ridge, TN, February 6, 2017, https://www.manhattanprojectvoices.org/oral-histories/john-earl-hayness-interview.

Kelvin, William Thomson. *Popular Lectures and Addresses*, vol. 2, *Geology and General Physics*. London: Macmillan, 1894.

King, Elbert. *Moon Trip: A Personal Account of the Apollo Program and Its Science*. Houston: University of Houston, 1989.

Kirschvink, Joseph, and Benjamin Weiss. "Mars, Panspermia, and the Origin of Life: Where Did It All Begin?" *Palaeontologia Electronica* 4, no. 2 (2001), https://palaeo-electronica.

org/2001_2/editor/mars.htm.

Klickstein, Herbert S. "Charles Caldwell and the Controversy in America over Liebig's 'Animal Chemistry.'" *Chymia* 4 (1953).

Knoll, Andrew H. *A Brief History of Earth: Four Billion Years in Eight Chapters*. New York: HarperCollins, 2021.

Kragh, Helge. "'The Wildest Speculation of All': Lemaître and the Primeval-Atom Universe," in *Georges Lemaître: Life, Science and Legacy*, ed. Rodney D. Holder and Simon Mitton. Heidelberg, Germany: Springer, 2012.

Kraus, John. "A Strange Radiation from Above." North American AstroPhysical Observatory, *Cosmic Search* 2, no. 1 (Winter 1980).

Krulwich, Robert. "Born Wet, Human Babies Are 75 Percent Water: Then Comes the Drying." *Krulwich Wonders*, National Public Radio, November 26, 2013.

Kunzig, Robert. *Mapping the Deep: The Extraordinary Story of Ocean Science*. New York: Norton, 2000.

Kursanov, A. L. "Sketches to a Portrait of A. I. Oparin," in *Evolutionary Biochemistry and Related Areas of Physicochemical Biology: Dedicated to the Memory of Academician A. I. Oparin*. Moscow: Bach Institute of Biochemistry, Russian Academy of Sciences, 1995.

Kusek, Kristen. "Through the Porthole 30 Years Ago." *Oceanography* 20, no. 1 (March 1, 2007).

LaCapra, Véronique. "Bird, Plane, Bacteria? Microbes Thrive in Storm Clouds." *Morning Edition*, National Public Radio, January 29, 2013.

Lambert, Dominique. *The Atom of the Universe: The Life and Work of Georges Lemaître*. Krakow: Copernicus Center Press, 2016.

———. "Einstein and Lemaître: Two Friends, Two Cosmologies." Interdisciplinary Encyclopedia of Religion & Science (Inters.org).

———. "Georges Lemaître: The Priest Who Invented the Big Bang," in *Georges Lemaître: Life, Science and Legacy*, ed. Rodney D. Holder and Simon Mitton. Heidelberg, Germany: Springer, 2012.

Lamm, Ehud, Oren Harman, and Sophie Juliane Veigl. "Before Watson and Crick in 1953 Came Friedrich Miescher in 1869." *Genetics* 215, no. 2 (June 1, 2020).

Lane, Nick. *Life Ascending: The Ten Great Inventions of Evolution*. London: Profile Books, 2010.

———. *Power, Sex, Suicide: Mitochondria and the Meaning of Life*, 2nd ed. Oxford, UK: Oxford University Press, 2018.

———. *The Vital Question: Why Is Life the Way It Is?* London: Profile Books, 2015.

———. "Why Is Life the Way It Is?" *Molecular Frontiers Journal* 3, no. 1 (2019).

Larson, Clarence. Interview with Martin Kamen, Pioneers in Science and Technology Series, Center for Oak Ridge Oral History, March 24, 1986, http://cdm16107.contentdm.oclc.org/cdm/ref/collection/p15388coll1/id/523.

Laskar, Jacques, and Mickael Gastineau. "Existence of Collisional Trajectories of Mercury, Mars and Venus with the Earth." *Nature* 459, no. 7248 (June 2009).

Lazcano, Antonio. "Alexandr I. Oparin and the Origin of Life: A Historical Reassessment of the Heterotrophic Theory." *Journal of Molecular Evolution* 83, no. 5 (December 2016).

Lazcano, Antonio, and Jeffrey L. Bada. "Stanley L. Miller (1930–2007): Reflections and Remembrances." *Origins of Life and Evolution of Biospheres* 38, no. 5 (October 2008).

Lemaître, Georges. "Contributions to a British Association Discussion on the Evolution of the Universe." *Nature* 128 (October 24, 1931).

———. "My Encounters with A. Einstein," 1958, Interdisciplinary Encyclopedia of Religion & Science, https://www.inters.org/lemaitre-einsten.

———. *The Primeval Atom: An Essay on Cosmogony*. New York: Van Nostrand, 1950.

Levy, David H. *David Levy's Guide to Observing and Discovering Comets*. Cambridge, UK: Cambridge University Press, 2003.

———. *The Quest for Comets: An Explosive Trail of Beauty and Danger*. New York: Plenum Press, 1994.

Lieberman, Daniel. *The Story of the Human Body: Evolution, Health, and Disease*. New York: Vintage Books, 2014.

Liebig, Justus. "Justus Von Liebig: An Autobiographical Sketch," trans. J. C. Brown. *Popular Science Monthly* 40 (March 1892).

Liebig, Justus Freiherr von. *Animal Chemistry: Or Organic Chemistry in Its Application to Physiology and Pathology*, 2nd ed., William Gregory with additional notes and corrections by Dr. Gregory and others. Cambridge, MA: John Owen, 1843.

Lind, James. *A Treatise on the Scurvy, in Three Parts: Containing an Inquiry into the Nature, Causes, and Cure of That Disease, Together with a Critical and Chronological View of What Has Been Published on the Subject*. London: Printed for S. Crowder, D. Wilson and G. Nicholls, T. Cadell, T. Becket and Co., G. Pearch, and W. Woodfall, 1772.

Livio, Mario. *Brilliant Blunders: From Darwin to Einstein—Colossal Mistakes by Great Scientists That Changed Our Understanding of Life and the Universe*. New York: Simon & Schuster, 2013.

Lovelock, James E. "Hands Up for the Gaia Hypothesis." *Nature* 344, no. 6262 (March 1990).

Lucentini, Jack. "Darkness Before the Dawn—of Biology." *The Scientist* 17, no. 23(December 1, 2003).
MacFarlane, Thos. "The Transmutation of Nitrogen." *Ottawa Naturalist* 8 (1895).
MacLeod, Colin. "Obituary Notice: Oswald Theodore Avery, 1877–1955." *Microbiology* 17, no. 3 (1957).
Maddox, Brenda. *Rosalind Franklin: The Dark Lady of DNA*. London: HarperCollins, 2002.
Magiels, Geerdt. "Dr. Jan IngenHousz, or Why Don't We Know Who Discovered Photosynthesis?" *First Conference of the European Philosophy of Science Association*, Madrid, November 15–17, 2007.
———. *From Sunlight to Insight: Jan IngenHousz, the Discovery of Photosynthesis & Science in the Light of Ecology*. Brussels: Brussels University Press, 2010.
Maltz, Alesia. "Casimer Funk, Nonconformist Nomenclature, and Networks Surrounding the Discovery of Vitamins." *Journal of Nutrition* 143, no. 7 (July 2013).
Mancuso, Stefano, and Alessandra Viola. *Brilliant Green: The Surprising History and Science of Plant Intelligence*. Washington, DC: Island Press, 2015.
Margulis, Lynn. "Mixing It Up," in *Curious Minds: How a Child Becomes a Scientist*, ed. John Brockman. London: Vintage, 2005.
Margulis, Lynn, and Dorion Sagan. *Microcosmos: Four Billion Years of Evolution from Our Microbial Ancestors*. New York: Summit Books, 1986.
———. *What Is Life?* New York: Simon & Schuster, 1995.
Markel, Howard. *The Secret of Life: Rosalind Franklin, James Watson, Francis Crick, and the Discovery of DNA's Double Helix*. New York: Norton, 2021.
Markham, James M. "European Spacecraft Grazes Comet." *New York Times*, March 14, 1986.
Marsden, Brian G. "Fred Lawrence Whipple (1906–2004)." *Publications of the Astronomical Society of the Pacific* 117, no. 838 (2005).
Marvin, Ursula B. "Fred L. Whipple," *Oral Histories in Meteoritics and Planetary Science* 13. Meteoritics & Planetary Science 39, no. S8 (August 2004).
———. "Gerald J. Wasserburg," *Oral Histories in Meteoritics and Planetary Science* 12. Meteoritics & Planetary Science 39, no. S8 (2004).
McCarty, Maclyn. *The Transforming Principle: Discovering That Genes Are Made of DNA*. New York: Norton, 1986.
McCosh, Frederick William James. *Boussingault: Chemist and Agriculturist*. Dordrecht, Netherlands: D. Reidel, 2012.
Meiklejohn, Arnold Peter. "The Curious Obscurity of Dr. James Lind." *Journal of the*

History of Medicine and Allied Sciences 9, no. 3 (July 1954).
Menzel, Donald H. "Blast of Giant Atom Created Our Universe." *Modern Mechanix*, December 1932.
Mesler, Bill, and H. James Cleaves II. *A Brief History of Creation: Science and the Search for the Origin of Life*. New York: Norton, 2016.
Meteoritical Society. "Murchison." Meteoritical Bulletin, https://www.lpi.usra.edu/meteor/metbull.php?code=16875.Meuron-Landolt,
Monique de. "Johannes Friedrich Miescher: sa personnalité et l'importance de son oeuvre." *Bulletin der Schweizerischen Akademie der Medizinischen Wissenschaften* 25, no. 1–2 (January 1970).
Mikhailov, V. M. *Put'k istinye [The Path to the Truth]*. Moscow, Sovetskaia Rossiia, 1984.
Miklós, Vincze. "Seriously Scary Radioactive Products from the 20th Century." *Gizmodo*, May 9, 2013, https://gizmodo.com/seriously-scary-radioactive-consumer-products-from-the-498044380.
Miller, Stanley. "The First Laboratory Synthesis of Organic Compounds under Primitive Earth Conditions," in *The Heritage of Copernicus: Theories "Pleasing to the Mind,"* ed. Jerzy Neyman. Cambridge, MA: MIT Press, 1974.
Miller, Stanley L., and Jeffrey L. Bada. "Submarine Hot Springs and the Origin of Life." *Nature* 334, no. 6183 (August 1988).
Milo, Ron, and Rob Phillips. *Cell Biology by the Numbers*. New York: Garland Science, 2015.
Mirsky, Alfred E. "The Discovery of DNA." *Scientific American* 218, no. 6 (1968).
Mitton, Simon. "The Expanding Universe of Georges Lemaître." *Astronomy & Geophysics* 58, no. 2 (April 1, 2017).
———. *Fred Hoyle: A Life in Science*. New York: Cambridge University Press, 2011.
———. "Georges Lemaître and the Foundations of Big Bang Cosmology." *Antiquarian Astronomer*, July 18, 2020.
Moberg, Carol L. *Entering an Unseen World: A Founding Laboratory and Origins of Modern Cell Biology, 1910–1974*. New York: Rockefeller University Press, 2012.
Monroe, Linda. "2 Dispute Popular Theory on Life Origin." *Los Angeles Times*, August 18, 1988.
Moore, Donovan. *What Stars Are Made Of: The Life of Cecilia Payne-Gaposchkin*. Cambridge, MA: Harvard University Press, 2020.
Morbidelli, A., J. Chambers, et al. "Source Regions and Timescales for the Delivery of Water to the Earth." *Meteoritics & Planetary Science* 35, no. 6 (2000).

Morris, Peter J. T. *The Matter Factory: A History of the Chemistry Laboratory*. London: Reaktion Books, 2015.

Moses, Vivian, and Sheila Moses. "Interview with Al Bassham," in *The Calvin Lab: Oral History Transcript 1945–1963*, chapter 7. Bancroft Library, Regional Oral History Office, Lawrence Berkeley Laboratory, University of California-Berkeley, 2000.

———. "Interview with Rod Quayle," in *The Calvin Lab: Oral History Transcript 1945–1963*, vol. 1, chapter 3. Bancroft Library, Regional Oral History Office, Lawrence Berkeley Laboratory, University of California-Berkeley, 2000.

Mulder, Gerardus. *Liebig's Question to Mulder Tested by Morality and Science*. London and Edinburgh: William Blackwood and Sons, 1846.

National Geographic Channel. "Birth of the Oceans." *Naked Science* series, March 2009.

New York Times. "Finds Spiral Nebulae Are Stellar Systems: Dr. Hubbell [sic] Confirms View That They Are 'Island Universes' Similar to Our Own," November 23, 1924.

———. "Scientists Find Indication of a Vitamin Which Prevents Softening of the Brain," April 10, 1931.

Nicholson, Wayne L., Nobuo Munakata, et al. "Resistance of Bacillus Endospores to Extreme Terrestrial and Extraterrestrial Environments." *Microbiology and Molecular Biology Reviews* 64, no. 3 (September 1, 2000).

Nobel Lectures Physics: Including Presentation Speeches and Laureates' Biographies, 1922–1941. Amsterdam: Elsevier, 1965.

Nutman, P. S. "Centenary Lecture." *Philosophical Transactions of the Royal Society of London*, Series B, *Biological Sciences* 317, no. 1184 (1987).

Olby, Robert. "Cell Chemistry in Miescher's Day." *Medical History* 13, no. 4 (October 1969).

———. *The Path to the Double Helix: The Discovery of DNA*. Seattle: University of Washington Press, 1974.

Oliveira, Patrick Luiz Sullivan De. "Martyrs Made in the Sky: The Zénith Balloon Tragedy and the Construction of the French Third Republic's First Scientific Heroes." *Notes and Records: The Royal Society Journal of the History of Science* 74, no. 3 (September 18, 2019).

Oparin, Aleksandr. *The Origin of Life*, trans. Sergius Morgulis, 2nd ed. New York: Dover, 1952.

O'Raifeartaigh, Cormac, and Simon Mitton. "Interrogating the Legend of Einstein's 'Biggest Blunder.'" *Physics in Perspective* 20 (December 2018).

Orgel, Leslie E. "Are You Serious, Dr. Mitchell?" *Nature* 402, no. 6757 (November 4,

1999).
Otis, Laura. *Rethinking Thought: Inside the Minds of Creative Scientists and Artists*. New York: Oxford University Press, 2015.
Pagel, Walter. *Joan Baptista Van Helmont: Reformer of Science and Medicine*. Cambridge, UK: Cambridge University Press, 1982.
Pais, Abraham. *Inward Bound: Of Matter and Forces in the Physical World*. Oxford, UK: Clarendon Press, 1988.
Palade, George E. "Albert Claude and the Beginnings of Biological Electron Microscopy." *Journal of Cell Biology* 50, no. 1 (July 1971).
Patel, Bhavesh H., Claudia Percivalle, et al. "Common Origins of RNA, Protein and Lipid Precursors in a Cyanosulfidic Protometabolism." *Nature Chemistry* 7, no. 4 (April 2015).
"Paul C. Aebersold Interview." *Longines Chronoscope*, CBS, 1953. https://www.youtube.com/watch?v=RFcxsXlUO44.
Payne-Gaposchkin, Cecilia. *Cecilia Payne-Gaposchkin: An Autobiography and Other Recollections*. Cambridge, UK: Cambridge University Press, 1996.
Peretó, Juli, Jeffrey L. Bada, and Antonio Lazcano. "Charles Darwin and the Origin
of Life." *Origins of Life and Evolution of the Biosphere* 39, no. 5 (October 2009).
Perutz, M. F. "Co-Chairman's Remarks: Before the Double Helix." *Gene* 135, no. 1–2 (December 15, 1993).
Petterson, Roger. "The Chemical Composition of Wood," in *The Chemistry of Solid Wood: Advances in Chemistry*, vol. 207. American Chemical Society, 1984.
Phillips, J. P. "Liebig and Kolbe, Critical Editors." *Chymia* 11 (January 1966).
Plitt, Charles C. "A Short History of Lichenology." *The Bryologist* 22, no. 6 (1919).
Plumb, Robert. "Brookhaven Cosmotron Achieves the Miracle of Changing Energy Back into Matter." *New York Times*, December 21, 1952.
Portree, David. "The Eagle Has Crashed (1966)." *Wired*, May 15, 2012.
Poundstone, William. *Carl Sagan: A Life in the Cosmos*. New York: Henry Holt, 2000.
Powell, James. "To a Rocky Moon," in *Four Revolutions in the Earth Sciences: From Heresy to Truth*. New York: Columbia University Press, 2014.
Prebble, John. "Peter Mitchell and the Ox Phos Wars." *Trends in Biochemical Sciences* 27, no. 4 (April 2002).
———. "The Philosophical Origins of Mitchell's Chemiosmotic Concepts." *Journal of the History of Biology* 34 (2001).
Prebble, John, and Bruce Weber. *Wandering in the Gardens of the Mind: Peter Mitchell and the Making of Glynn*. New York: Oxford University Press, 2003.

Price, Catherine. *Vitamania: How Vitamins Revolutionized the Way We Think about Food*. New York: Penguin Books, 2016.

Prothero, Donald R. *The Story of Life in 25 Fossils: Tales of Intrepid Fossil Hunters and the Wonders of Evolution*. New York: Columbia University Press, 2015.

Quammen, David. *The Tangled Tree: A Radical New History of Life*. New York: Simon & Schuster, 2018.

Racker, Efraim. "Reconstitution, Mechanism of Action and Control of Ion Pumps." *Biochemical Society Transactions* 3, no. 6 (December 1, 1975).

Radetsky, Peter. "How Did Life Start?" *Discover*, November 1992.

Ralfs, John. "The Lichens of West Cornwall," in *Transactions of the Penzance Natural History and Antiquarian Society*, vol. 1. Plymouth, 1880.

Reinhard, Christopher T., Noah J. Planavsky, et al. "Evolution of the Global Phosphorus Cycle." *Nature* 541, no. 7637 (January 19, 2017).

Rentetzi, Maria. AIP oral history interview with Leopold Halpern, March 10, 1999, https://www.aip.org/history-programs/niels-bohr-library/oral-histories/32406.

———. "Blau, Marietta," in *Complete Dictionary of Scientific Biography*, vol. 19. Detroit: Charles Scribner's Sons, 2008.

———. *Trafficking Materials and Gendered Experimental Practices: Radium Research in Early 20th Century Vienna*. New York: Columbia University Press, 2008.

Rheinberger, Hans-Jörg. "Claude, Albert," in *Complete Dictionary of Scientific Biography*, vol. 20. Detroit: Charles Scribner's Sons, 2008.

Rhodes, Richard. *The Making of the Atomic Bomb*. New York: Simon & Schuster, 1986.

Righter, Kevin, John Jones, et al. "Michael J. Drake (1946–2011)." *Geochemical Society News*, October 1, 2011.

Riordan, Michael. *The Hunting of the Quark: A True Story of Modern Physics*. New York: Simon & Schuster, 1987.

Roddis, Louis Harry. *James Lind, Founder of Nautical Medicine*. New York: Henry Schuman, 1950.

Rosenfeld, Louis. "The Last Alchemist—the First Biochemist: J. B. van Helmont (1577–1644)." *Clinical Chemistry* 31, no. 10 (October 1985).

Roskoski, Robert. "Wandering in the Gardens of the Mind: Peter Mitchell and the Making of Glynn." *Biochemistry and Molecular Biology Education* 32, no. 1 (2004).

Rosner, Robert W., and Brigitte Strohmaier. *Marietta Blau, Stars of Disintegration: Biography of a Pioneer of Particle Physics*. Riverside, CA: Ariadne Press, 2006.

Russell, Percy, and Anita Williams. *The Nutrition and Health Dictionary*. New York:

Chapman and Hall, 1995.

Ryan, Frank. *Darwin's Blind Spot: Evolution Beyond Natural Selection*. Boston: Houghton Mifflin Harcourt, 2002.

Sagan, Carl. *Conversations with Carl Sagan*, ed. Tom Head. Jackson: University Press of Mississippi, 2006.

Sagan, Dorion. *Lynn Margulis: The Life and Legacy of a Scientific Rebel*. White River Junction, VT: Chelsea Green, 2012.

Saier, Milton H., Jr. "Peter Mitchell and the Life Force," https://petermitchellbiography.wordpress.com/.

Sapp, Jan. *Evolution by Association: A History of Symbiosis*. New York: Oxford University Press, 1994.

Schmidt, Albert. "Essai d'une biologie de l'holophyte des Lichens." *Mémoires du Muséum national d'histoire naturelle*, Série B, Botanique 3 (1953).

Schopf, William. *Cradle of Life: The Discovery of Earth's Earliest Fossils*. Princeton, NJ: Princeton University Press, 1999.

———. *Life in Deep Time: Darwin's "Missing" Fossil Record*. Boca Raton, FL: CRC Press, 2018.

———. *Major Events in the History of Life*. Boston: Jones & Bartlett Learning, 1992.

Schuchert, Charles. "Charles Doolittle Walcott, (1850–1927)." *Proceedings of the American Academy of Arts and Sciences* 62, no. 9 (1928).

Segré, Daniel, and Doron Lancet. "Theoretical and Computational Approaches to the Study of the Origin of Life" in *Origins: Genesis, Evolution and Diversity of Life*, ed. Joseph Seckbach. Dordrecht, Netherlands: Springer, 2005.

Sender, Ron, Shai Fuchs, and Ron Milo. "Revised Estimates for the Number of Human and Bacteria Cells in the Body." *PLOS Biology* 14, no. 8 (August 19, 2016).

Sender, Ron, and Ron Milo. "The Distribution of Cellular Turnover in the Human Body." *Nature Medicine* 27, no. 1 (January 2021).

Seward, Albert Charles. *Plant Life through the Ages: A Geological and Botanical Retrospect*, 2nd ed. New York: Hafner, 1959.

Sharkey, Thomas D. "Discovery of the Canonical Calvin-Benson Cycle." *Photosynthesis Research* 140, no. 2 (May 1, 2019).

Shaw, Bernard. *Annajanska, the Bolshevik Empress: A Revolutionary Romancelet, in Selected One Act Plays*. Harmondsworth: Penguin, 1976.

Shindell, Matthew. *The Life and Science of Harold C. Urey*. Chicago: University of Chicago Press, 2019.

Sime, Ruth Lewin. "Marietta Blau: Pioneer of Photographic Nuclear Emulsions and Particle Physics." *Physics in Perspective* 15 (2013).

Smith, Annie Lorrain. *Lichens*. Cambridge, UK: Cambridge University Press, 1921.

Stager, Curt. *Your Atomic Self: The Invisible Elements That Connect You to Everything Else in the Universe*. New York: Thomas Dunne Books, 2014.

Steinmaurer, Rudolf. "Erinnerungen an V.F. Hess, Den Entdecker der Kosmischen Strahlung, und an Die ersten Jahre des Betriebes des Hafelekar-Labors." *Early History of Cosmic Ray Studies* 118 (1985).

Step, Edward. *Plant-Life: Popular Papers on the Phenomena of Botany*. London: Marshall Japp, 1881.

Stevens, Charles. "The Neuron." *Scientific American* 241, no. 3 (September 1979).

St. Louis Post-Dispatch, "Is Vitamine Starvation the True Cause of Cancer?" October 27, 1924.

Sullivan, Walter. "Subatomic Tests Suggest a New Layer of Matter." *New York Times*, April 25, 1971.

———. *We Are Not Alone: The Search for Intelligent Life on Other Worlds*, rev. ed. New York: Dutton, 1993.

Sundermier, Ali. "The Particle Physics of You." *Symmetry* magazine, November 3, 2015, https://www.symmetrymagazine.org/article/the-particle-physics-of-you.

Tegmark, Max. "Solid. Liquid. Consciousness." *New Scientist* 222, no. 2964 (April 12, 2014).

Telegraph, The (London). "Lynn Margulis," December 13, 2011.

Tera, Fouad, Dimitri A. Papanastassiou, and Gerald J. Wasserburg. "A Lunar Cataclysm at ~3.95 AE and the Structure of the Lunar Crust," in *Lunar Science IV* (1973).

Thoreau, Henry David. *Walden*. Boston: Ticknor & Fields, 1854; Beacon Press, 2004.

Thorpe, Thomas Edward. *Essays in Historical Chemistry*. London: Macmillan, 1902.

Times, The (London). "The British Association: Evolution of the Universe," September 30, 1931.

Tobey, Ronald C. *Saving the Prairies: The Life Cycle of the Founding School of American Plant Ecology, 1895–1955*. Berkeley: University of California Press, 1981.

Townes, Charles H. "The Discovery of Interstellar Water Vapor and Ammonia at the Hat Creek Radio Observatory," in *Revealing the Molecular Universe: One Antenna Is Never Enough*, Proceedings of a Symposium Held at University of California, Berkeley, California, USA, September 9–10, 2005. Astronomical Society of the Pacific.

———. *How the Laser Happened: Adventures of a Scientist*. New York: Oxford University

Press, 2002.
———. "Microwave and Radio-Frequency Resonance Lines of Interest to Radio Astronomy," in International Astronomical Union Symposium, no. 4, Radio Astronomy. Cambridge, UK: Cambridge University Press, 1957.
"Tracing the Lost Railway Lines of Indonesia: The Forgotten Steamtram of Batavia," https://indonesialostrailways.blogspot.com/p/the-forgotten-steamtram-of-batavia.html.
Trewavas, Anthony. "The Foundations of Plant Intelligence." *Interface Focus* 7, no. 3 (June 6, 2017).
———. "Mindless Mastery." *Nature* 415, no. 6874 (February 21, 2002).
Trewavas, Anthony, and František Baluška. "The Ubiquity of Consciousness." European Molecular Biology Organization, *EMBO Reports* 12, no. 12 (December 1, 2011).
Turner, R. Steven. "Justus Liebig versus Prussian Chemistry: Reflections on Early Institute-Building in Germany." *Historical Studies in the Physical Sciences* 13, no. 1 (1982).
USDA FoodData Central website. "Bananas, Ripe and Slightly Ripe, Raw," April 1, 2020, https://fdc.nal.usda.gov/fdc-app.html#/food-details/1105314/nutrients.
Valley, John W. "A Cool Early Earth?" *Scientific American* 293, no. 4 (October 2005).
Van Klooster, H. S. "Jan Ingenhousz." *Journal of Chemical Education* 29, no. 7 (July 1, 1952).
Vedder, Edward Bright. *Beriberi*. New York: William Wood, 1913.
Vernadsky, Vladimir I. *The Biosphere*, ed. Mark Mcmenamin, trans. David Langmuir. New York: Copernicus, 1998.
Von Braun, Wernher, Fred L. Whipple, and Willy Ley. *Conquest of the Moon*, ed. Cornelius Ryan. New York: Viking Press, 1953.
Wächtershäuser, Günter. "Before Enzymes and Templates: Theory of Surface Metabolism." *Microbiological Reviews* 52, no. 4 (December 1988).
———. "The Origin of Life and Its Methodological Challenge." *Journal of Theoretical Biology* 187, no. 4 (August 21, 1997).
Wade, Nicholas. "Heart Muscle Renewed over Lifetime, Study Finds." *New York Times*, April 2, 2009.
———. "Making Sense of the Chemistry That Led to Life on Earth." *New York Times*, May 4, 2015.
———. "Meet Luca, the Ancestor of All Living Things." *New York Times*, July 25, 2016.
———. "Stanley Miller, Who Examined Origins of Life, Dies at 77." *New York Times*, May 23, 2007.
———. "Your Body Is Younger Than You Think." *New York Times*, August 2, 2005.

Wagener, Leon. *One Giant Leap: Neil Armstrong's Stellar American Journey*. Brooklyn, NY: Forge Books, 2004.

Walcott, Charles Doolittle. *Pre-Cambrian Fossiliferous Formations*. Rochester, NY: Geological Society of America, 1899.

———. "Pre-Carboniferous Strata in the Grand Canyon of the Colorado, Arizona." *American Journal of Science* 26 (December 1883).

———. "Report of Mr. Charles D. Walcott, July 2," in *Fourth Annual Report of the Director of the United States Geological Survey*. Washington, DC: US Government Printing Office, 1885.

Wald, George. Nobel Banquet Speech, Nobel Prize in Physiology or Medicine 1967, Stockholm, December 10, 1967.

Walker, Gabrielle. *Snowball Earth: The Story of the Great Global Catastrophe That Spawned Life as We Know It*. New York: Crown, 2003.

Walker, John. Fuel of Life, video recording of Nobel Laureate Lecture, 2018, https://www.royalacademy.dk/en/ENG_Foredrag/ENG_Walker.

Walker, Timothy. *Plants: A Very Short Introduction*. Oxford, UK: Oxford University Press, 2012.

Walter, Michael. "From the Discovery of Radioactivity to the First Accelerator Experiments," in From *Ultra Rays to Astroparticles: A Historical Introduction to Astroparticle Physics*, ed. Brigitte Falkenburg and Wolfgang Rhode. Dordrecht, Netherlands: Springer, 2012.

Watson, James D., and Andrew Berry. *DNA: The Secret of Life*. New York: Knopf, 2003.

Watson, James D., Alexander Gann, and Jan Witkowski. *The Annotated and Illustrated Double Helix*. New York: Simon & Schuster, 2012.

Weaver, Kenneth. "What the Moon Rocks Tell Us." *National Geographic*, December 1969.

Web of Stories. Interview with Francis Crick, "Molecular Biology in the Late 1940s," 1993, https://www.webofstories.com/people/francis.crick/33?o=SH.

Web of Stories. Interview with James Watson, "Complementarity and My Place in History," 2010, https://www.webofstories.com/people/james.watson/29?o=SH.

Webb, Richard. "Listening for Gravitational Waves from the Birth of the Universe." *New Scientist*, March 16, 2016.

Weiner, Charles. AIP oral history interview with William Fowler, February 6, 1973, https://www.aip.org/history-programs/niels-bohr-library/oral-histories/4608-4.

Weiss, Benjamin P., Joseph L. Kirschvink, et al. "A Low Temperature Transfer of ALH84001 from Mars to Earth." *Science* 290, no. 5492 (October 27, 2020).

West, Bert. "Moon Rocks Go to Experts on Friday." *Newsday*, September 10, 1969.

Wetherill, George W. "Contemplation of Things Past." *Annual Review of Earth and Planetary Sciences* 26, no. 1 (1998).

———. "The Formation of the Earth from Planetesimals." *Scientific American* 244, no. 6 (June 1981).

Whipple, Fred L. "Of Comets and Meteors." *Science* 289, no. 5480 (August 4, 2000).

Wilford, John Noble. "Moon Rocks Go to Houston; Studies to Begin Today: Lunar Rocks and Soil Are Flown to Houston Lab." *New York Times*, July 26, 1969.

Wilkins, Maurice. *Maurice Wilkins: The Third Man of the Double Helix: An Autobiography*. Oxford, UK: Oxford University Press, 2005.

Williams, Gareth. *Unravelling the Double Helix: The Lost Heroes of DNA*. London: Weidenfeld & Nicolson, 2019.

Wills, Christopher, and Jeffrey Bada. *The Spark of Life: Darwin and the Primeval Soup*. Oxford, UK: Oxford University Press, 2000.

Wilson, Charles Morrow. *Roots: Miracles Below*. New York: Doubleday, 1968.

Wolchover, Natalie. "Geological Explorers Discover a Passage to Earth's Dark Age." *Quanta Magazine*, December 22, 2016.

Woodard, Helen Q., and David R. White. "The Composition of Body Tissues." *British Journal of Radiology* 59, no. 708 (December 1986).

Yarris, Lynn. "Ernest Lawrence's Cyclotron: Invention for the Ages." Lawrence Berkeley National Laboratory, *Science Articles Archive*, https://www2.lbl.gov/Science-Articles/Archive/early-years.html.

Yochelson, Ellis Leon. *Charles Doolittle Walcott, Paleontologist*. Kent, OH: Kent State University Press, 1998.

Yong, Ed. "Trees Have Their Own Internet." *The Atlantic*, April 14, 2016.

Zahnle, Kevin, Laura Schaefer, and Bruce Fegley. "Earth's Earliest Atmospheres." Cold Spring Harbor Perspectives in Biology 2, no. 10 (October 2010). "The Zenith Tragedy: The Dangers of Hypoxia." *Those Magnificent Men in Their Flying Machines*, https://www.thosemagnificentmen.co.uk/balloons/zenith.html.

Ziegler, Charles A. "Technology and the Process of Scientific Discovery: The Case of Cosmic Rays." *Technology and Culture* 30, no. 4 (October 1989).

Zimmer, Carl. "Vitamins' Old, Old Edge." *New York Times*, December 9, 2013.

Zimmermann, Albrecht. "Nachrufe: Simon Schwendener." *Berichte der Deutschen Botanischen Gesellschaft* 40 (1922).

Zweig, George. "Origin of the Quark Model," in *Proceedings of the Fourth International Conference on Baryon Resonances*, Toronto, July 14–16, 1980.

역자 후기

우리 몸은 무엇으로 만들어져 있고, 어제 저녁 식사는 우리 몸에서 어떻게 변환될까? 누구나 한 번쯤 궁금하게 생각해보았을 평범한 문제이다. 우리가 건강을 유지하기 위해서 무엇을 어떻게 먹어야 하는지를 알기 위해서 꼭 필요한 의문이기도 하다. 물론 답은 간단하지 않다. 우리 몸에 상당한 양의 탄소와 적은 양의 소듐과 염소, 그리고 아주 적은 양의 철과 아연이 들어 있다는 정도는 누구나 알고 있다. 그러나 그런 정도의 상식으로 만족하는 사람은 많지 않다.

우리 몸에는 60여 종의 원소로 만들어진 30조 개의 세포가 있다. 그런 세포에 들어 있는 원자의 수를 모두 합치면 무려 7,000억경 개나 된다. 세포 하나에 원자가 100조 개를 훌쩍 넘는다는 뜻이다. 그런 원소를 모두 모아서 팔면 1,942.29달러 정도를 받을 수 있다고 한다. 그렇다고 단순히 세상의 모래알보다 많은 수의 원자를 모아놓으면 우리가 만들어지는 것은 아니다. 실제로 우리 몸은 끊임없이 변화하는 모자이크이다. 우리 몸에 있는 모든 원자가 격렬하게 좌충우돌하면서 신비로운 생명 현상을 만들어낸다. 도대체 그런 원자들은 언제, 어디에서, 어떻게 만들어진 것일까?

미국의 천체 물리학자 칼 세이건은 만물의 영장이라고 뽐내는 우리가 사실은 별 먼지star stuff로 만들어진 존재라고 했다. 우리 몸을 구성하는 모든 원자가 138억 년 전의 빅뱅으로 탄생해서 장구한 세월 동안 우주를 떠돌던 입자로 만들어졌다는 것이다. 빅뱅의 순간에 에너지가 변환되어 등장한 쿼크와 글루온으로부터 수소의 원자핵인 양성자가 만들어졌고, 2억 년이 지난 후 중력에 의해서 뜨겁게 달아오른 적색거성에서 일어나는 핵융합 반응을 통해 철에 이르는 나머지 원소들이 합성되었다. 우리 몸의 98퍼센트가 그렇게 합성된 원소이고, 나머지는 적색거성이 초신성으로 폭발하는 수십억 도의 뜨거운 환경에서 만들어진 더 무거운 원소들이다.

우리가 살고 있는 '푸른 행성' 지구는 대략 45억 년 전에 우주를 떠돌던 우주 구름이 뭉쳐져서 형성되었다. 처음에 만들어진 지구의 모습은 넓은 바다와 푸른 숲이 우거진 오늘날의 아름답고 포근한 지구와 전혀 달랐다. 지구의 가장 독특한 특징인 물도 없었고, 당연히 생명도 존재하지 않았다. 대기 중에는 우리가 숨 쉬는 산소도 없었다. 별 먼지로 만들어진 원시 지구는 지저분하고 거친 '바위투성이'였다. 태양계를 떠돌던 거대한 얼음덩어리 소행성이 총알보다 더 빠른 속도로 끊임없이 충돌했다. 위험천만한 명왕누대冥王累代의 지구를 생명이 번성하는 푸른 행성으로 만들어준 것이 소행성의 암석에 들어 있던 물이었다는 사실은 역설적이다.

지구에서 화려하게 꽃을 피운 생명의 역사도 파란만장했다. 시작은 소박했다. 처음부터 지구에 DNA라는 유전물질을 가진 온전한 생명이 등장했던 것은 아니었다. 오히려 화학반응을 가속하는 촉매인 'RNA'(리보핵산)가 들어 있는 '세포막'으로 구성된 원시 세포의 등장이 그 시작이었다. 지각地殼에서 생명 활동에 필요한 광물질이 뿜어져 나오는 '열수공熱水空'에서 처음 등장한 고세균은 생명이라고 하기도 어려울 정도로 하찮은 수준이었다. 그렇게 등장한 단세포 원핵생물prokaryote이 35억 년의 장구한 세월 동안 놀라운 생물학적, 화학적인 진화를 거듭해서 오늘날에 이르게 된 것은 명백한 기적이었다.

지구의 생명이 단선적으로 진화해왔던 것은 아니다. 하나의 세포로 이루어진 박테리아가 지구 환경을 재앙적인 수준으로 바꿔놓기도 했다. 특히 햇빛의 에너지를 이용해서 대기 중의 이산화탄소와 물을 결합해서 탄수화물을 만드는 놀라운 '광합성' 능력으로 지구의 표면을 지배하게 된 남조류인 스트로마톨라이트가 그랬다.

문제는 심각했다. 공기 중에 화학적 반응성이 큰 산소를 뿜어내면서 당시에 번성하던 미생물이 전멸하는 '산소 대학살'이 일어났고, 지표면에 노출된 철이 시뻘겋게 녹이 슬었다. 지구를 적도까지 얼어붙은 '눈덩이 지구'로 만들어버린 빙하기가 시작된 것도 최강의 온실가스인 메테인을 이산화탄소와 물로 변환시킨 남조류의 폭주 때문이었다. 여전히 하찮은 미물인 남조류가 지구 환경을 완전히 바꿔놓은 극단적인 사건을 일으켰다. 기후를 재앙적인 수준으로 변화시킨 것은 우리만이 아니었다.

빙하기가 끝났다고 모든 문제가 해결된 것은 아니었다. 대기 중의 이산화탄소가 늘어나면서 높이 솟아있던 빙하가 빠르게 녹았고, 강력한 태풍이 빈번하게 발생했다. 바다는 90미터 높이의 파도와 빈번한 태풍이 몰아치는 광란의 도가니로 변했다. 지구촌 전체에 상상을 넘어서는 대大홍수가 일상이 되었다. 그런 혼란 속에서도 생명의 진화는 절대 멈추지 않고 도도하게 계속되었다.

그런 과정에서 이중나선 구조의 복잡하고, 안정적인 유전물질인 DNA가 들어 있는 세포핵을 가지고, 박테리아보다 적어도 1만5,000배 이상 큰 진핵세포eukaryote가 등장했다. 세발자전거에서 우주왕복선에 이르는 도약보다도 훨씬 더 큰 복잡성의 비약적인 도약이었다. 아무도 상상하지 못했던 '공생symbiosys'의 기적도 일어났다. 엽록체와 미토콘드리아는 모두 한때 자연 환경에서 독립 생활을 영위하던 박테리아가 다세포 진핵생물의 세포 속에서 공생을 위해 가축화된 결과였다. 녹색식물의 잎에서 광합성을 전문으로 하는 '엽록체'와 에너지 전달물질인 ATP를 전문으로 생성하는 '미토콘드리아'가 대형 식물과 동물의 등장을 가능하게 했다. 지구 환경의 어떠한 변화에도 적응할 수 있는 다양성을 기반으로 하는 견고한 생태계가 등장한 것이다.

우리 인간은 고세균으로 시작된 지구 생명체의 진화를 통해서 등장한 최고의 걸작이다. 우리 몸에 있는 분자는 DNA, RNA, 리보솜, 효소 등을 만들고, 세포 소기관을 작동하도록 해주어 세포에 생명을 불어넣는 핵심적인 역할을 한다. 세포 속의 원자들은 끊임없이 충돌하면서 격렬하게 움직인다. 물 분자는 시속 1,600킬로미터가 넘는 속도로 세포 속을 돌아다닌다. 사실 그런 충돌과 움직임을 통해서 분자를 이동시키고, 단백질을 만들고, 효소에 의한 생리작용을 도와준다.

세포는 놀라울 정도로 정교한 분자 기계molecular machine이다. 문제가 없는 것은 아니다. 시간이 지나면 손상이 발생한다. 그래서 세포에는 끊임없이 오류를 점검하고, 하자를 수리하고, 더 이상 쓸 수 없을 정도로 망가지면 세포를 통째로 교체하거나 해체해버리기도 한다. 우리 몸은 항상 수리 중인 셈이다. 우리가 영원히 살 수 있는 것은 아니다. 세포 속의 분자 기계를 만들고, 가동하는 청사진이 담긴 DNA가 지나치게 닳아버리면 더 이상 어쩔 수가 없게 된다. 그뿐이 아니다. 뇌 속의 뉴런과 심장의 근육 세포처럼 교체가 쉽지 않은 분자 기계도 있다. 그래서 인간은 120세 이상을 살기 어려울 것이라는 조심스러운 주장도 있다.

이 책은 대학에서 화학을 전공한 과학 다큐멘터리 전문인 댄 레빗이 개인적인 호기심에서 쓴 것이다. 우리 몸을 구성하고 있는 원자의 복잡하고 난해한 '과학'을 꼼꼼하게 설명하려는 것이 아니다. 오히려 그런 원자가 어떻게 이 세상에 존재하게 되었고, 원자가 빅뱅 이후에 경험했던 극적이고 충격적인 오디세이를 다큐멘터리 형식으로 소개하는 목표이다. 빅뱅을 통해서 탄생한 원자가 어떻게 별과 행성이 되었고, 어떻게 푸른 행성 지구에서 놀라운 재조합을 통해 생명을 탄생시켰는지를 소개하고, 어제 저녁 식탁의 음식이 어떻게 우리 몸으로 변환되는지를 설명하는 것이다.

물론 원소의 오디세이를 말끔하게 정리해놓은 '역사서'가 따로 있는 것은 아니다. 유물과 유적에 의존하는 전통적인 역사학적 방법론도 원소의 역사에는 무용지물이다. 빅뱅으로 시작된 원소의 장구한 역사를 알아내는 일은 온전하게 '과학'의 힘에 의존할 수밖에 없다. 원소의 역사를 풀어내는 사소한 실마리를 찾아내고, 그런 실마리에 담긴 진실을 확인하는 실험 장비를 개발하는 과학자의 끈기와 노력이 필요한 일이라는 뜻이다.

원소의 역사를 밝혀준 과학적 발견은 대부분 현대 과학이 본격적으로 꽃을 피운 지난 한 세기 동안에 이루어진 것이다. 17세기 아이작 뉴턴에 의해서 시작된 근대 과학에 250여 년의 짧지 않은 숙성 기간이 필요했다는 뜻이다. 오늘날 현대 과학은 단순히 우주 만물을 지배하는 자연법칙을 알아내고, 인류의 미래를 위한 기술 개발에만 필요한 것이 아니다. 우리가 어떤 역사적 경험을 가지고 오늘을 살게 되었는지에 대한 가장 큰 규모의 '거대사big history'를 밝혀내는 가장 중요한 수단이기도 하다.

원소의 파란만장한 오디세이가 흥미로운 것은 사실이다. 인류의 역사가 그렇듯이, 원소의 역사에도 과학적 필연은 찾아보기 어렵다. 무수히 많은 가능성 중에서 우연히 하나의 여정을 따라서 오늘에 이르게 되었을 뿐이다. 물론 단순한 통계적 확률에 의한 결과일 수도 있을 것이다. 그러나 단순한 과학으로 밝혀낸 역사적 사실만으로는 독자의 관심을 끌 수 없다. 과학 다큐멘터리에도 독자에게 매력적인 '주인공'이 필요하다. 이 책에서는 원소의 역사를 파헤쳐주는 과학적 사실을 발견한 '과학자'가 바로 그런 주인공이다. 이 책에 등장하는 대부분의 과학자는 일반인에게는 존재조차 알려지지 않았고, 전문 과학 교과서에서도 찾아보기 어려운 무명의 과학자들이다.

아무도 예상하지 못했던 과학적 발견에는 과학자의 치열한 경쟁, 집착, 비통함, 번뜩이는 직관, 순전한 행운에 대한 흥미진진한 이야기가 가득 채워져 있다. 모든 과학자가 넉넉한 환경에서 성장한 비범한 천재였던 것도 아니다. 불우한 환경에서 교육도 받지 못했지만 역사에 기리 남을 업적을 남긴 과학자도 있었고, 이념적 갈등에 희생된 과학자도 있었다. 심지어 자신의 노력과 성과를 제대로 인정받지 못하고 좌절해서 과학계를 떠나야만 했던 과학자도 있었다. 그런 과학자들의 인생 여정도 과학적 성과만큼이나 드라마틱한 것이었다.

사실 원소의 오디세이에 대한 실마리는 언제나 우리 주변에 숨겨져 있었다. 다만 상식과 권위로 포장된 온갖 '인지 편향cognitive bias' 또는 '사고의 함정thinking trap'이 그런 실마리의 발견을 어렵게 만들었을 뿐이다. 아무도 눈치채지 못했던 위대한 돌파구를 찾아내는 과학의 발전은 온갖 편향으로 가득한 어두운 세상에서 이루어진 뜻밖의 도약에 의해서 이룩된 것이다.

우주와 원소의 역사에 대한 우리의 탐구가 완성된 것도 아니다. 현대 과학의 발전에 따라 원소의 역사도 끊임없이 보완되고, 재해석되는 일은 앞으로도 계속될 수밖에 없다. 우리가 단순한 우연일 뿐이라고 믿었던 역사적 전환이 사실은 더 깊숙하게 숨겨져 있던 과학적 사실에 의한 필연적인 결과로 밝혀질 수도 있기 때문이다. 인류의 역사에 대한 탐구와 마찬가지로 원소의 역사에 대한 과학적 거대사에 대한 탐구도 절대 포기해서는 안 된다.

댄 레빗의 이 책은 빌 브라이슨의 『거의 모든 것의 역사』 못지않게 흥미롭고 유익하다.

2024년 10월
성수동 문진탄소문화원에서
이덕환

인명 색인